饱和切换系统的非脆弱与容错控制

张新权 著

吉林科学技术出版社

图书在版编目（CIP）数据

饱和切换系统的非脆弱与容错控制 / 张新权著 . 长春：吉林科学技术出版社，2024. 6. -- ISBN 978-7-5744-1476-1

Ⅰ . TH86

中国国家版本馆 CIP 数据核字第 2024TL3978 号

饱和切换系统的非脆弱与容错控制

著　　者　张新权
出 版 人　宛　霞
责任编辑　袁　芳
封面设计　皓　月
制　　版　刘　佳
幅面尺寸　170mm × 240mm　1/16
字　　数　306 千字
页　　数　292
印　　张　18.25
印　　数　1–1500 册
版　　次　2024 年 6 月第 1 版
印　　次　2024 年 6 月第 1 次印刷

出　　版　吉林科学技术出版社
发　　行　吉林科学技术出版社
地　　址　长春市福祉大路 5788 号出版大厦
邮　　编　130118
发行部电话 / 传真　0431–81629529　81629530　81629531
81629532　81629533　81629534
储运部电话　0431–86059116
编辑部电话　0431–81629517
印　　刷　廊坊市海涛印刷有限公司

书　　号　ISBN 978-7-5744-1476-1
定　　价　90.00 元

目录

第1章　绪论

1.1　切换系统综述

1.1.1　混杂系统概述

随着科学技术的快速发展，在航天技术、生命科学、工业工程，乃至社会经济和生态环境等领域出现了大量的复杂系统的控制问题，其中的许多理论问题颇具挑战性。这些系统往往既包含连续（或离散）时间动态系统又包含离散事件动态系统以及它们之间的交互作用，因而称之为混合动态系统（Hybrid dynamical systems），简称混杂系统（Hybrid Systems）。如果只简单地将这类系统用单一的连续动态系统或单一的离散动态系统来描述，在许多情况下，理论模型与实际系统相差甚远且不能满足高精度控制目的的要求，不能较好地为系统的控制提供有效的设计和控制方法。于是，无论是从实际工程角度还是从理论研究角度，都迫切需要能将连续动态和离散动态这两种动态有机结合在一起的理论和方法，同时要求这些理论和方法能够应用于工程实际。

早在1966年，美国学者Witsenhausen针对由触发器、计数器以及数字和模拟开关等数字电路单元和模拟单元构成的混合电路进行了研究，发表了第一篇研究混杂系统理论的文献，并对该类混合电路的结构、最优控制等做了探讨[1]。然而此后的20年间，对混杂动态系统的研究并没有多大进展。直到20世纪80年代末，有关混杂系统的理论分析才开始被系统地研究。1987年9月由美国国家基金会和IEEE控制系统协会召集美国控制界知名学者，在美国加州Santa Clara大学举行了一次关于控制科学今后发展的专题讨论会，在会议报告《对于控制的挑战——集体的观点》[2]中，第一次正式提出了混杂系统的概念。随后引起了世界上控制界、计算机界以及应用数学界许多学者的浓厚兴趣。1991 年在法国召开了关于混杂系统的国际会议[3]，1992 年在丹麦召开了计算机科学问题中的混杂系统理论专题研讨会[4]，从 1989 年起至今所召开的国际控制会议均开设了混杂系统的专题，如 IFAC、IEEE/CDC、ACC 大会等，自 1998 年起，每年还召开有关混杂系统和计算和控制为主题的国际讨论会。控制领域里的几个主要国际刊物，如 IEEE Transaction on Automatic Control、Automatica、International Journal of Control、System & Control Letters 等分别出版了混杂动态系统的专刊[5-8]。混杂系统理论已发展成为当今崭新且充满活力的研究领域[9-11]，并且在很多实际工程中得到应用，如飞行器控制、化学过程、交通管理、机器人行走控制和网络控制系统等。

一个混杂动态系统通常可由下面的模型来描述[9]

$$
\begin{aligned}
&\dot{x}(t) = f(x(t), m(t), u(t)),\\
&m^{+}(t) = \varphi(x(t), m(t), u(t), \sigma(t)),\\
&y(t) = g(x(t), m(t), u(t)),\\
&o^{+}(t) = \phi(x(t), m(t), u(t), \sigma(t)).
\end{aligned}
\quad u_{\sigma} \in \mathrm{R}^{m}, \tag{1.1}
$$

其中，

$f: D_f \subseteq R^n \times M \times R^p \to R^n$， $\varphi: D_{\varphi} \subseteq R^n \times M \times R^p \times \Sigma \to M$，

$g: D_g \subseteq R^n \times M \times R^p \to R^q$， $\phi: D_{\phi} \subseteq R^n \times M \times R^p \times \Sigma \to O$.

$x(t) \in R^n$ 为连续状态变量，$m(t) \in M$ 为离散状态变量；$y(t) \in R^q$ 为连续输出变量，$o(t) \in O$ 为离散输出变量；$u(t) \in R^p$ 为连续输入变量，$\sigma(t) \in \Sigma$ 为离散输入变量。

混杂系统的框图如图 1.1 所示。

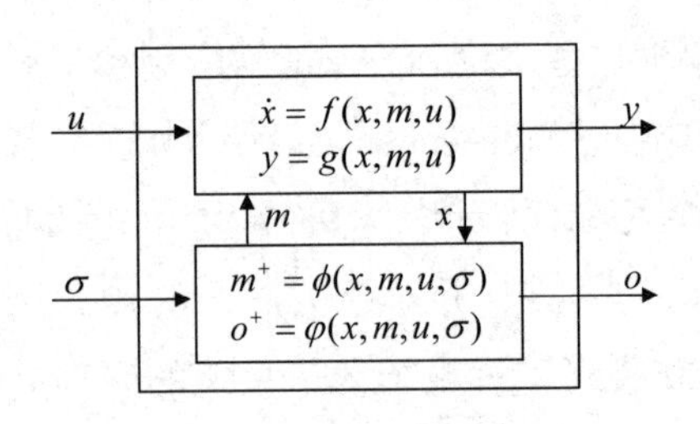

图 1.1　混杂系统的框图

其中，m 和 x 表示离散状态和连续状态及离散控制和连续控制之间的相互作用。

1.1.2　切换系统的概念

如果一个混杂系统的离散事件状态的某次转移只与所对应的离散事件是否发生有关，而与当前的离散事件状态无关，也就是离散事件状态是静止的，那么就称混杂系统为切换系统（Switched Systems）。典型的切换系统可以看作由一组连续（或离散）时间子系统和一条决定子系统之间如何切换的切换规则所组成，它是混杂系统中极其重要的一种类型。在切换时刻，系统的状态可以是连续的，也可以有跳跃存在。连续（或离散）时间子系统通常由一组微分（或差分）方程来描述。整个切换系统的运行情况受控于这条切换规则，这条规则也称为切换律、切换信号或切换函数，通常它是依赖于状态或时间，或同时依赖于两者的分段常值函数。

一个由 N 个子系统构成的连续切换系统由如下的数学模型描述[11]：

$$
\begin{cases} \dot{x}(t) = f_\sigma(x(t), u(t), w(t)),\ x(t_0) = x_0, \\ y(t) = g_\sigma(x(t), d(t)), \end{cases} \tag{1.2}
$$

其中，$x(t)$ 是系统的状态，$u(t)$ 是控制输入，$y(t)$ 为系统的输出，$w(t)$ 和 $d(t)$ 表示外部信号（如干扰等），σ 表示取值于集合 $I_N = \{1,\ 2,\ \cdots,\ N\}$ 的分段常值函数，即表示切换规则，对每个 $i \in I_N$，f_i, g_i 为光滑的向量场。图 1.2 给出了一个简单的切换系统结构框图。

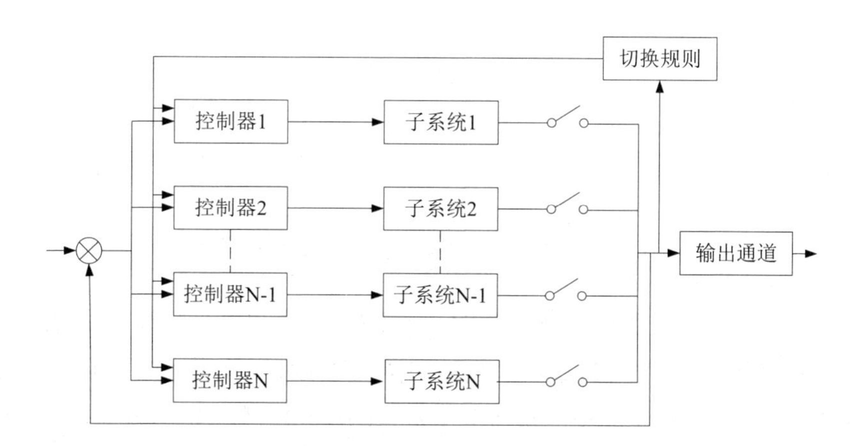

图 1.2　切换系统示意简图

当 f_i, g_i 均为线性函数时，我们得到如下的线性切换系统：

$$
\begin{cases} \dot{x}(t) = A_\sigma x(t) + B_\sigma u_\sigma(t) + E_\sigma w(t),\ x(t_0) = x_0, \\ y(t) = C_\sigma x(t) + D_\sigma d(t), \end{cases} \tag{1.3}
$$

其中，$\boldsymbol{A}_\sigma$，$\boldsymbol{B}_\sigma$，$\boldsymbol{E}_\sigma$，$\boldsymbol{C}_\sigma$，$\boldsymbol{D}_\sigma$是适当维数的常数矩阵。

相应地，由 N 个离散子系统构成的切换系统由如下差分方程描述：

$$\begin{cases} x(k+1)=f_\sigma(x(k),u(k),w(k)),\ x(k_0)=x_0, \\ y(k)=g_\sigma(x(k),d(k)). \end{cases} \tag{1.4}$$

当 f_i，g_i 为线性函数时，我们得到如下的线性离散切换系统：

$$\begin{cases} x(k+1)=A_\sigma x(k)+B_\sigma u_\sigma(k)+E_\sigma w(k),\ x(k_0)=x_0, \\ y(k)=C_\sigma x(k)+D_\sigma d(k), \end{cases} \tag{1.5}$$

其中，$\boldsymbol{A}_\sigma$，$\boldsymbol{B}_\sigma$，$\boldsymbol{E}_\sigma$，$\boldsymbol{C}_\sigma$，$\boldsymbol{D}_\sigma$是适当维数的常数矩阵。

与非切换系统相比，切换系统具有复杂性和特殊性，即切换系统的性质决不等价于各个子系统性质的简单叠加，它和所设计或给出的切换规则密切相关。切换方式的多样性，使得切换系统性质的千变万化。比如以切换系统的稳定性为例，如果切换系统选取不同的切换规则，则系统的稳定性可以得到完全相反的结果。即可能存在这样的情形，尽管切换系统的每个子系统都是不稳定的，但仍可通过构造一个适当的切换规则，保证整个切换系统是稳定的；相反地，即使切换系统的每个子系统都是稳定的，如果切换规则选择不恰当，也可导致整个系统是不稳定的，因此需对切换规则进行限制才能保证整个切换系统的稳定性[12]。

下面以两个例子说明切换系统的这种特殊性。

例 1.1 考虑下面的线性切换系统：

$$\dot{x}(t)=A_\sigma x(t),\qquad \sigma\in\{1,2\}. \tag{1.6}$$

其中，

$$A_1=\begin{bmatrix}1 & 10\\ 0 & 0\end{bmatrix},\ A_2=\begin{bmatrix}1.5 & 2\\ -2 & -0.5\end{bmatrix},\ x_0=[5;\ -4].$$

得知切换系统的两个子系统都是不稳定的，其状态轨线如图 1.3（a）和图 1.3（b）所示。下面通过选取适当的切换规则来使切换系统渐近稳定，选取切换规则为：当$(0.25x_1(t)+x_2(t))(-0.5x_1(t)+x_2(t))>0$时，切换系统的第一个子系统被激活；当$(0.25x_1(t)+x_2(t))(-0.5x_1(t)+x_2(t))\le 0$时，切换系统的第二个子系统被激活，切换系统（1.6）的相平面如图 1.3（c）所示。可见，例 1.1 中的由两个不稳定的子系统构成的切换系统，在适当的切换规则作用下是稳定的。

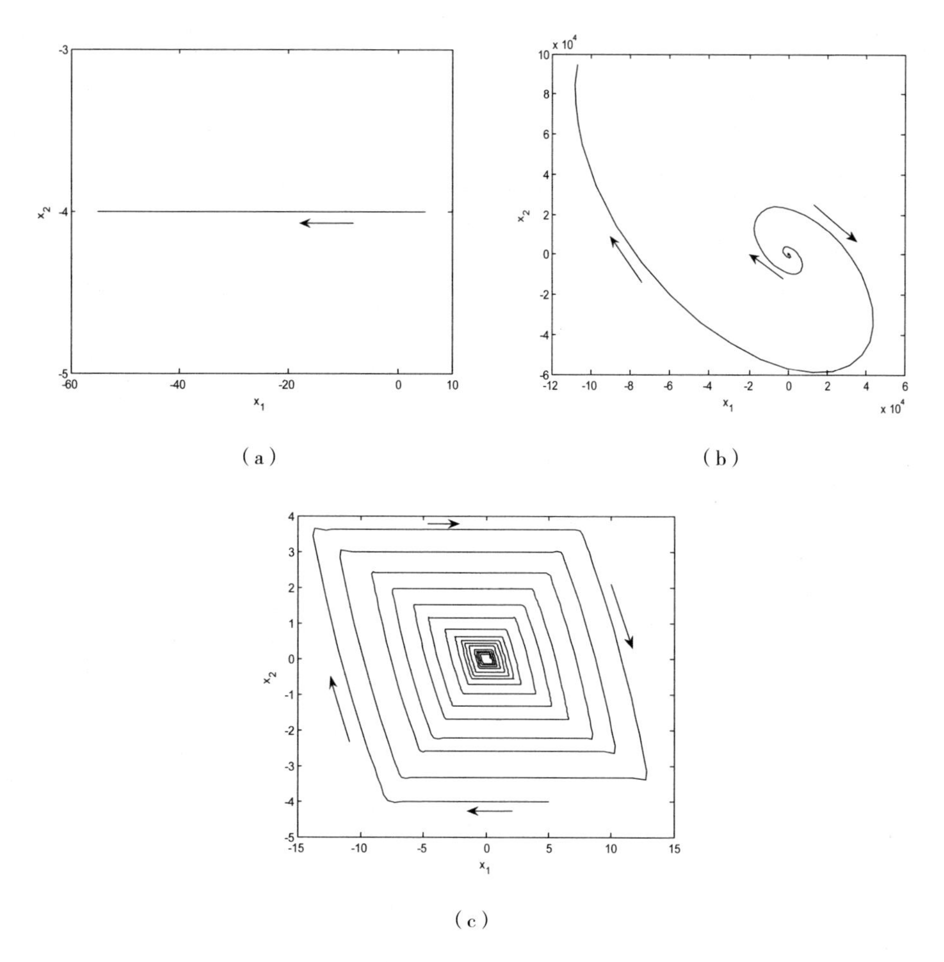

(a)　(b)　(c)

图 1.3　切换系统（1.6）的相平面轨线

例 1.2 考虑下面的线性切换系统：

$$\dot{x}(t)=A_{\sigma}x(t),\qquad \sigma\in\{1,2\}. \tag{1.7}$$

其中，

$$A_1=\begin{bmatrix}-1 & 2\\ -20 & -1\end{bmatrix},\ A_2=\begin{bmatrix}-1 & 20\\ -2 & -1\end{bmatrix},\ x_0=[0.1;\ 0.1].$$

得知切换系统的两个子系统都是稳定的，其状态轨线如图 1.4（a）和图 1.4（b）所示。下面选取两种不同的切换规则使得切换系统得到两种截然不同的结果，即系统是稳定的或不稳定的。首先取切换规则（I）为：当系统状态轨迹进入第一、三象限时，切换系统的第二个子系统被激活；当系统状态轨迹进入第二、四象限时，切换系统的第一个子系统被激活。其状态轨线的相平面如图 1.4（c）所示，得到的切换系统是发散的。然后选取切换规则（II）为：当系统状态轨迹进入第一、三象限时，切换系统的第一个子系统被激活；当系统状态轨迹进入第二、四象限时，切换系统的第二个子系统被激活。其状态轨线的相平面如图 1.4（d）所示，得到的切换系统是渐近稳定的。

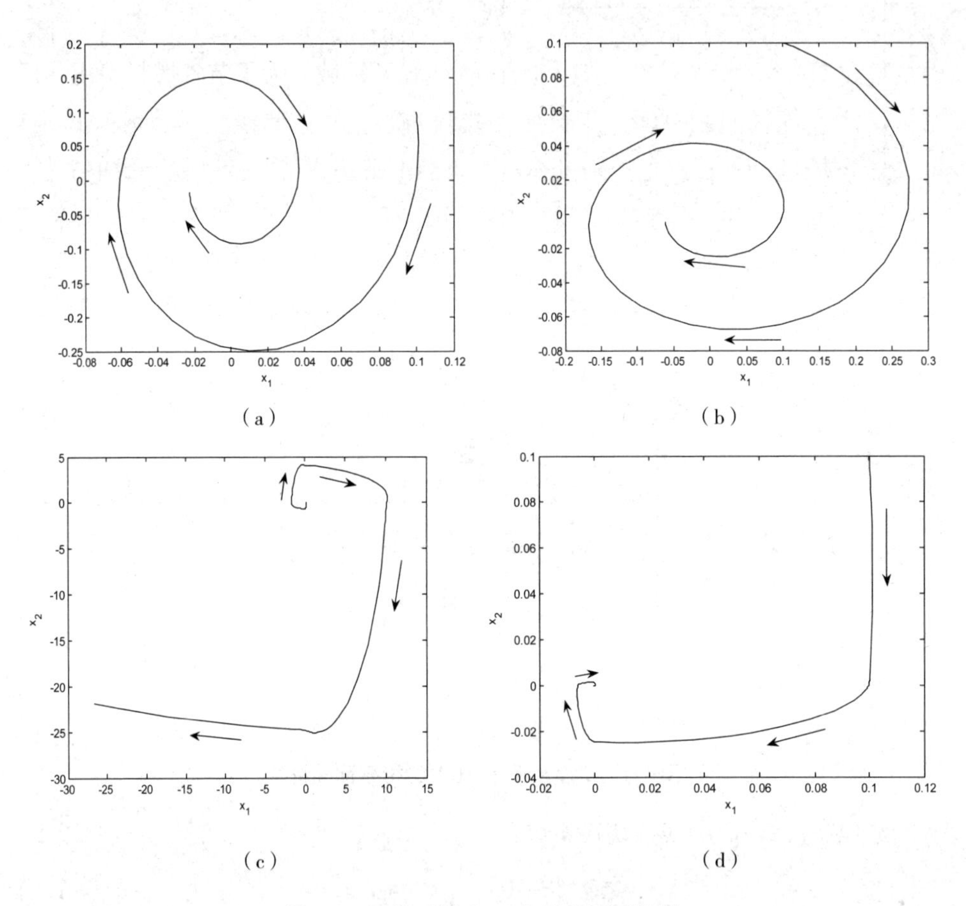

图1.4　切换系统（1.7）的相平面轨线

由上面的两个例子可以看到，与一般动态系统相比，切换系统的本质是切换。由于切换作用的存在，使得子系统的全部性质（如稳定性、可控性、可观性及状态的有界性）均不能保证得到继承，这给系统的分析和设计带来很大困难，很多具有挑战性的课题亟待解决。

1.1.3　切换系统的研究背景

Antsaklis 和 Nerode 在 IEEE TAC 的混杂系统专刊[13]的引言中给出了混杂

系统的三种类型，其中之一就是切换系统。切换控制的思想很早就在一些控制理论及工程实践中得到应用。在经典控制理论中，为了解决非线性系统出现的周期性振荡问题，特别是伺服系统的稳定性问题，提出了开关伺服系统，即包含有继电器的伺服系统，简称继电系统。这种开关系统的一个最大优点是用非常简单的"开"与"关"操作很大的功率，这可以看作切换思想在控制系统中的最早应用[14]。20 世纪 50 年代初，在航空航天领域，为了节省燃料费用，提出了时间最优控制和时间 – 燃料最优控制问题。并由此产生了著名的 Bang-Bang 控制原理。其特点是控制量在可输入的上下边界值之间切换，或取上值，或取下值。Bang-Bang 控制的控制作用为开关函数，属于继电型，也是一种开关控制，但其中由于提出"切换面"的概念，所包含的"切换"控制思想更加明显[15]。此外，监督控制、变结构控制、专家控制等方法都是采用了"切换"作为其基本思想。但这时的"切换"只是作为一种控制手段，目的是使系统获得更好的性能，对切换系统进行系统性的研究尚未出现。随着系统结构和功能日益复杂化，切换系统理论逐渐引起许多学者的重视，并成为一种重要的系统分析手段，同时也促进了许多相关学科的发展，如计算机科学、控制理论、应用数学等。

下面给出的是切换系统的几个应用实例。

例 1.3 同相比例放大器[16]

同相比例放大器电路（如图 1.5（a）所示）是一个常见的电流放大单元，同时也是一种典型的具有饱和特性的元件。在电路中引入了电压串联负反馈使得具有高输入电阻、低输出电阻的优点，可以起到阻抗匹配的作用。由于反馈电阻为零，可以将输出电压全部反馈到反相输入端，就构成了电压跟随器。理论上的这个电压跟随器的输入输出关系可以用 $V_o(t)=V_i(t)$ 来表示，但因为供电电源的原因使得放大器的输出限定在一定范围内。它的输入输出特性曲线可以由图 1.5（b）描述。图中 K 为斜率，其值可以通过加入比例放大器实现（图 1.5 中省略）。输出饱和电压 U_o 一般要比电源电压绝对值低一些，这里假设 $U_o=15\text{V}$。

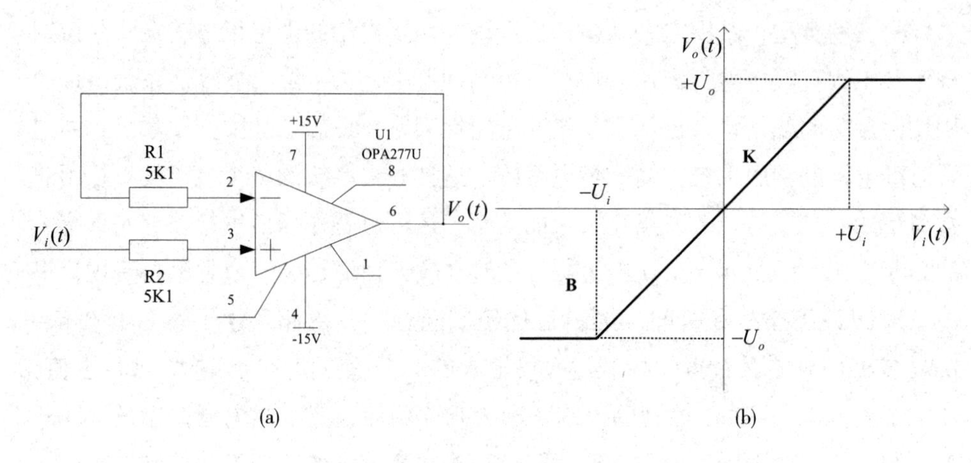

图1.5　电流放大器及输入输出曲线

如果按照传统的方法来处理这样的系统，恐怕很难找到用一个统一的数学方程式来描述它的饱和非线性特性。然而，经典的相平面分析方法就可跳过寻找单一的数学表达式的方法进行分析。尽管对高于二阶的系统，相平面方法无法分析，但是它为我们处理这类问题提供了很好的思路。

采用类似于相平面的方法，图 1.5 中的输入输出特性曲线可以分段来描述。这样就可以把复杂的非线性（比如本例中的饱和特性）用多个线性模型来表示（为了方便，这里设图 1.5（b）的斜率 $K=1$），如式（1.8）所示。

$$V_o(t)=\begin{cases}-15\text{V}, & V_i(t)<-15\text{V},\\ V_i(t), & |V_i(t)|\le 15\text{V},\\ +15\text{V}, & V_i(t)>15\text{V}.\end{cases} \tag{1.8}$$

这样，式（1.8）就成了这个具有饱和特性的电压跟随器的数学模型。在三个不同的区域中，它的表达式是不相同的。这三个线性模型可以看成这个模型的子系统，每个子系统只在自己的有效区域起作用。在有效区域中，系统模型完全由该子系统表示。这样，系统模型随着区域不同而在不同的子系统之间切换。

例 1.4 房间温度控制系统 [17]

该系统的自动调温器靠开、关加热器来调节房间的温度。当自动调温器关闭加热器时，房间的温度 x 按照方程

$$\dot{x}(t)=-ax(t)+w(t) \tag{1.9}$$

降低，其中 $a>0$，w 是扰动，它在扰动集 $W=[w_{\min},w_{\max}]$ 中取值。

当自动调温器启动加热器时，房间的温度 x 按照方程

$$\dot{x}(t) = -a(x(t)-30) + u(t) + w(t) \tag{1.10}$$

升高，其中 u 是由温度计发出的连续控制信号，由它来控制温度的上升速度。假设控制信号在控制集 $U = [u_{\min}, u_{\max}]$ 中取值。控制的目的是调节房间的温度在 20℃左右。

为了避免发生“抖颤”现象（一直开、关加热器），我们要求在温度低于 19℃时，自动调温器启动加热器，当温度高于 21℃时，自动调温器关闭加热器。

在这个切换系统中，连续动态是物理加热过程，它由方程（1.9）和（1.10）所描述。离散动态是两个过程之间的逻辑，在这里是指具有开、关两个离散状态的一个自动装置，整个切换系统如图 1.6 所示。

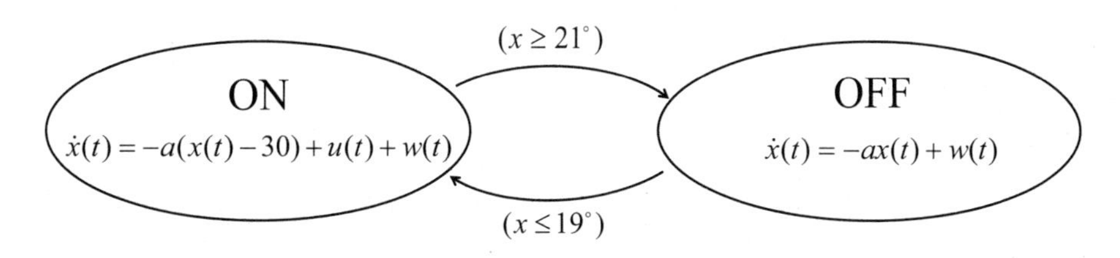

图 1.6　切换控制：自动调温器

例 1.5 计算机磁盘驱动器切换系统 [18]

在计算机磁盘驱动器中，驱动磁头沿盘面径向位置运动以寻找目标磁道位置的机构叫磁头定位驱动机构。精密、快速的磁头驱动定位切换系统是实现高密度存储、高速存取的最基本的技术保证。

为使磁头快速精确地定位，必须采用闭环控制方式。除了有电机驱动机构以外，还应有位置检测机构和速度控制机构反馈磁头当前所在位置及运动速度，根据磁头当前位置和目标位置的差值切换磁头运动的速度和方向，以逐步精确定位到目标磁道。图 1.7 描述了磁盘驱动器的结构。

近年来，对切换系统的研究之所以引起众多学者的浓厚兴趣和重视，主要原因或者说研究的动力在于以下几个方面：

（1）由于切换系统可以看作混杂系统的简化模型，其结构形式简单，便于理解，因此切换系统的设计方法和结果可为一般混杂系统的研究提供理论和方法上的借鉴和启示。

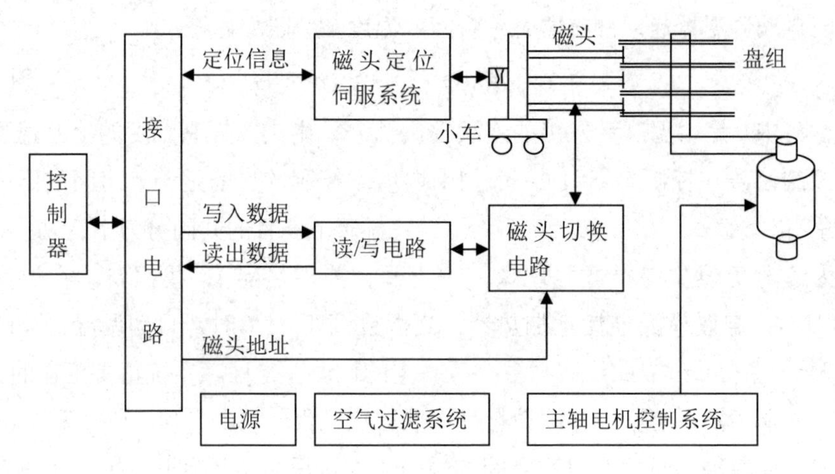

图 1.7　磁盘驱动器结构

（2）切换系统可以准确地描述实际模型，在实际问题中具有广泛的代表性。如电路系统 [19]、柔性制造系统 [20]、汽车发动机系统 [21]、熔炉的开关控制 [22] 等都可用切换系统的模型描述。

（3）切换系统不仅广泛地存在于系统与控制科学领域，而且在其他领域，如生物生态科学、社会科学、交通运输、能源环境等领域也大量存在，比如，生物细胞的生长与死亡、飞行器的起飞、穿越与降落，服务器在等候线网络缓冲区的切换等。

（4）切换技术的应用实现了系统的基本问题的同时，通过在不同的控制器之间切换能提高系统的控制性能 [23]。在高科技系统的设计领域，整体设计需要多种学科通盘考虑及更紧密的合作。通常，在作某一设计的时候，所作出的选择只能满足某一方面的性能指标，而对于其他方面则不满足，好的决策在于要尽可能地评价这种选择的全面影响。具体地说，对于控制系统而言，某一单一的控制过程，一种控制器对某一性能（或某一时段）有保障，而另外的控制器对其他性能（或其他时段）有保障，为了达到某种要求，或实现整体的良好性能，我们可以选择控制器间的相互切换。另外，为了提高系统的可靠性，使得系统在某些故障条件下仍能够继续工作，我们也需要采用多控制器间的相互切换 [24]。

（5）由很简单的子系统构成的切换系统就能表现出复杂的动力学行为，这说明整体不等于各部分之和，因此通过对切换系统的研究可以增加人们对世界的认识。

1.1.4　切换系统的研究进展

由于切换系统有着重要的理论研究意义和广泛的工程应用背景，目前已经成为混杂系统理论研究的一个国际前沿方向。国内外学者对此开展了一系列的研究，并取得了一大批研究成果。在广大科研工作者的共同努力下，切换系统的理论框架已经被初步建立起来。

（1）稳定性分析与镇定

稳定性或可镇定性是控制系统最基本的性质，是保障系统正常工作的先决条件。一个系统的稳定性如果无法保证，系统将无法正常工作，更谈不上其他性能。因此，切换系统的研究主要集中在系统的稳定性分析和镇定控制器设计问题上[25-31]。由于“切换”的引入，切换系统的稳定性发生很大的变化。比如，即使切换系统的每个子系统都是线性的，可是其稳定性却远比传统意义下线性系统的稳定性要复杂。其主要原因是切换信号的存在使得原本是线性的特性变成了非线性的特性，使得整个切换系统稳定性分析复杂化。1999 年，Daniel Liberzon 和 A. Stephen Morse 在 *IEEE Control Systems Magazine* 上发表了第一篇有关切换系统的稳定性及切换规律设计方面的综述文章[32]，比较全面地阐述了切换系统稳定性研究的基本问题，标志着切换系统的研究进入了实质性发展阶段。文中将切换系统的稳定性归结为如下三个基本问题：

问题 A：寻找切换系统在任意切换规律下均稳定的条件。

问题 B：切换系统在受限的切换规律下的稳定性问题。

问题 C：设计一个切换规律使切换系统稳定。

在这三个基本问题中，问题 A 和问题 B 研究的是关于切换系统的稳定性分析问题，而问题 C 则侧重于切换系统的设计问题。

对于问题 A，因为任意切换意味着系统可以一直保持在某个子系统上运行，所以我们很自然地假设切换系统的每一个子系统都是稳定的，但是这不足以保证系统在任意切换规律下都是稳定的。所有子系统均是稳定的仅是任意切换规律下系统稳定的一个必要条件。解决这个问题的一个可行的方法是找到各子系统共同的 Lyapunov 函数。Dayawansa 和 Martin[33]，Mancilla 和 Garcia[34] 给出的切换系统的逆 Lyapunov 定理表明切换系统的各子系统存在共同 Lyapunov 函数是保证该系统在任意切换规律下均渐近稳定的充分必要条件。所以寻求公共 Lyapunov 函数的存在条件以及构造公共 Lyapunov 函数在问题 A 的研究中占据了相当的地位[28, 35–38]。李代数方法是研究切换系统一致渐近稳定性和构造共同 Lyapunov 函数的有效方法之一。文献 [35, 36] 指出子系统向量场的可交换性或所生成的李代数可解性使得子系统能够同时三角化进而构造出共同 Lyapunov 函数。但运用李代数讨论一致渐近稳定性这种方法的保守性在于它不具有任何鲁棒性，因为对于系统矩阵或向量场的任何小的摄动都有可能引起李代数可解性的改变。另外，由于离散时间切换系统的特殊性，构造切换 Lyapunov 函数保证系统在任意切换规律下渐近稳定，大大降低了寻找共同 Lyapunov 函数的困难[39]。但到目前，尚缺乏一般的系统性的构造共同 Lyapunov 函数的方法。

存在共同 Lyapunov 函数这一条件往往过强，许多切换系统并不存在共同 Lyapunov 函数或很难找到。当共同 Lyapunov 函数不存在时切换系统的稳定性依赖于切换信号。许多学者寻求系统在一定切换信号下的稳定性或者是构造镇定切换系统的切换信号。这就是对问题 B 和问题 C 的研究。目前对这方面的研究，可利用的方法很多，比如单 Lyapunov 函数方法、多 Lyapunov 函数方法和平均驻留时间方法等。

单 Lyapunov 函数方法和多 Lyapunov 函数方法是传统 Lyapunov 函数方法在切换系统的扩展。对于状态依赖型的切换规则，两种方法都需要对整个欧氏空间 R^n 进行分割。一般而言，分割后的每个子区域与每个子系统相对应。单 Lyapunov 函数方法的基本思想就是若切换系统的所有子系统都存在单一的 Lyapunov 函数，当某个子系统被激活时，它的 Lyapunov 函数值一直是降低的，则切换系统是渐近稳定的[40, 41]。其工作原理如图 1.8 所示。使用此方法经常可设计出一个状态依赖型的切换律。单 Lyapunov 函数方法往往靠使用凸组合技术[42–44]和完备性条件[45]来实现。但单 Lyapunov 函数方法也存在一些缺陷，这种方法要求对切换系统的所有子系统都找到同一个函数满足在整个状态空间递减，这增加了 Lyapunov 函数选取的难度。

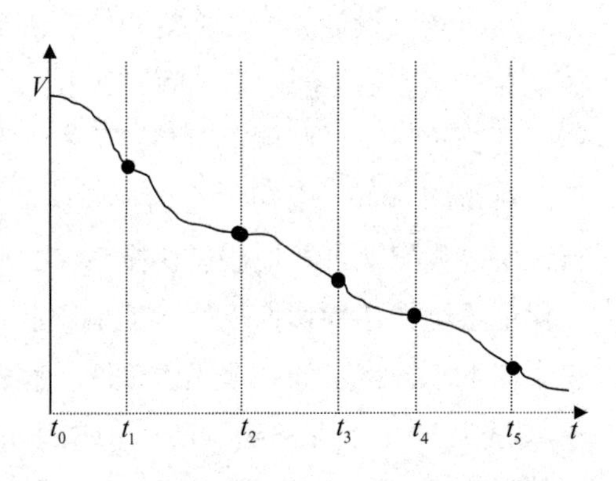

图 1.8　单 Lyapunov 函数原理

然而，跟单 Lyapunov 函数方法相比，多 Lyapunov 函数方法可充分利用各子系统的特性，在 Lyapunov 函数的选取上降低了保守性，更适合实际应用。Peleties 在文献 [46] 中，引入了 Lyapunov-like 函数的概念。在依赖于状态的切换下，多 Lyapunov 函数方法的原理可以解释为：如果能够为切换系统的每个子系统都能找到一个 Lyapunov-like 函数，同时保证同一个子系统在下一次被激活时的 Lyapunov-like 函数的终点值（或起点值）小于上一次被激活时 Lyapunov-like 函数的终点值（或起点值），则整个系统的能量将呈现递减趋势，这样切换系统将渐近稳定。其工作原理如图 1.9 所示。或者更特殊地，如果同一个子系统下一次被激活时的 Lyapunov-like 函数值小于上次被激活时的 Lyapunov-like 函数值时，这时，整个系统的能量递减趋势更加明显，此时系统也将是渐近稳定的。

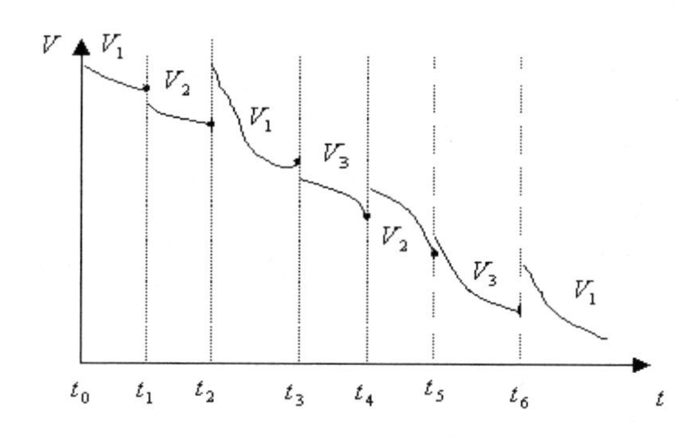

图 1.9　多 Lyapunov 函数原理

1998 年 Branicky 提出了针对更一般的切换系统的多 Lyapunov 函数结果[47]。Petterson、Lennartson、Ye 等人在削弱能量函数的保守性上作了许多有意义的工作[48-50]。但到目前为止，基于多 Lyapunov 函数方法设计切换律的结果大多没有突破 Branicky 单调性限制，即要求在切换点处能量函数的非增条件。最近，文献 [51] 基于拓广的多 Lyapunov 函数方法研究了一类非线性切换系统的稳定性问题，此方法突破了这种非增限制，使多 Lyapunov 函数方法适用范围更为广泛。

多 Lyapunov 函数技术演化出的驻留时间方法和平均驻留时间方法也是研究此类问题常用的方法。Morse 在文献 [52]，Hespanha 和 Morse 在文献 [53] 中分别提出了驻留时间方法和平均驻留时间方法，得到了在稳定的线性子系统之间进行慢切换或平均意义下的慢切换保证线性切换系统稳定性的条件和设计方法。Zhai 和 Colaneri 将平均驻留时间的方法推广到稳定的子系统和不稳定的子系统同时存在的情况[54, 55]，其基本思想是：在平均驻留时间的方案下，尽管有些子系统不稳定，只要这些不稳定的子系统被激活的时间相对短，就仍能得到使系统稳定的切换律。

此外，设计反馈控制器使切换系统镇定也是系统控制的一个基本任务[56, 57]，扩展 LaSalle 不变原理[58, 59]，自适应镇定器[60–62]，基于观测器的镇定[63]，反步法（backstepping）[64, 65]，前步法（forwarding）[66]等许多不同的工具被用来研究这一问题。

（2）能控性和能观性

与在经典的线性系统理论中的地位类似，系统的能控性、能观性在切换系统中同样占有重要地位。在切换系统可控、可达性研究中，切换规则是可变的，即不同起始点（或终止点）对应的切换规则可以不同。正是由于控制输入和切换规则均为变量，所以大大增加了研究的难度。Loparo、Aslanis 和 IIajek 于 1987 年提出了平面切换系统的可控性问题[67]。Ezzine 和 Haddad[68] 考虑了周期切换系统状态可观性和可控性问题。首先给出了能观性的充分必要条件，接着根据对偶原理给出了周期性切换系统能控性的充分必要条件，随后关于切换系统的能控性、能观性的研究开始活跃起来，其中大部分研究成果都是针对线性情形的[69–72]。Cheng[73] 给出了双线性切换系统能控性的一些充分条件，而对于一般非线性切换系统，能控性依然是个难题。

（3）最优控制

最优控制是现代控制理论的一个重要组成部分，其目标是寻找最优的控制策略，保证控制系统的性能在某种指标下最优。对于切换系统来说，其最优控制问题就是研究寻找合适的切换及控制策略使切换系统某种性能最优。因为有切换信号的存在，切换系统的最优控制问题比一般系统的最优控制问题更为复杂。近年来，由于其具有广泛的应用背景，切换系统的最优控制问题受到广泛关注[74–75]。人们主要从两个角度对切换系统的最优控制问题进行了研究：一是切换规则固定，当切换规则固定且为时间依赖型时，此时切换系统等同于一个分段连续时变系统，可直接使用经典的最大值原理、动态规划方法或其推广形式求解最优控制问题，当切换规则固定且为状态依赖时，可视为切换状态受约束的优化问题；二是切换规则可变，由于切换规则也可为设计变量，此类最优控制问题变得更加复杂，不能单独考虑切换规则的最优问题，而是需要考虑控制输入与切换规则共同作用下的最优问题。当切换规则为状态依赖型时，最优控制问题转化为研究如何对状态空间进行划分并设计控制输入实现性能指标最优，切换规则为时间依赖时，则问题转化为寻找合适的切换序列并构造控制输入实现性能指标最优。目前为止，切换系统的最优控制理论还很不成熟，需要进一步完善。

（4）切换系统的H_∞控制

在实际系统中，被控对象往往会受到各种各样不确定因素的影响，例如：作用于被控过程的各种干扰信号、传感器噪声等等。而且由于一些限制的影响，使得在一些具体问题中对系统的不确定性难以实现干扰解耦，或用匹配条件来消除干扰。根据H_2方法设计的控制器因其鲁棒性较差，闭环系统的稳定性就难以得到保证。此外，H_2方法无法处理干扰信号为未知特征的情况，这使得它在实际应用中受到很大的限制。20 世纪 80 年代，随着鲁棒控制的兴起，使系统具有较强鲁棒性的H_∞优化控制理论蓬勃兴起。H_∞控制是在保证系统稳定性的同时能将干扰对系统性能的影响抑制在一定的水平之下。换句话说，就是控制对象对于干扰具有鲁棒性。经过 40 多年的发展，H_∞控制理论已经成为目前解决鲁棒控制问题比较成功且比较完善的理论体系之一。

与一般系统 H_∞ 控制研究成果相比，有关切换系统 H_∞ 控制的研究成果相对有限。1998 年，Hespanha 首先考虑了切换系统的 H_∞控制问题[76]。此后，此问题日益受到关注，已经取得了不少研究成果[77–88]。与切换系统的稳定性类似，切换系统 H_∞ 控制问题可分为：

问题 A：任意切换规则下的H_∞控制问题。

问题 B：某类切换规则下H_∞控制问题。

问题 A 指切换系统的内部稳定性与L_2 – 增益不依赖于切换信号。处理切换系统H_∞控制问题的手段主要还是借助于共同 Lyapunov 函数、单 Lyapunov 函数、多 Lyapunov 函数等工具以及由多 Lyapunov 函数技术演化出的平均驻留时间、线性矩阵不等式和 Riccati 不等式等方法。

基于切换 Lyapunov 函数方法，文献 [77, 78] 研究了离散切换系统的问题 A。文献 [79, 80] 针对一类含有对称子系统的切换系统分别在无时滞和有时滞情形研究了问题 A。文献 [81] 使用单 Lyapunov 函数方法，采用输出反馈策略研究了时滞线性切换系统的问题 B。利用多 Lyapunov 函数方法，文献 [82–84] 在子系统都不稳定情形下讨论了问题 B。Hespanha[76] 和 Zhai[85] 设计了满足驻留时间和平均驻留时间条件的切换规则，研究了当各子系统都稳定或部分子系统不稳定时的切换系统的干扰抑制问题。上述这些成果大多针对线性切换系统。Zhao在文献 [86] 中研究了级联最小相位的非线性切换系统的问题 A。文献 [51] 用多Lyapunov 函数方法研究了仿射非线性切换系统的问题 B。Wang[87] 研究了执行器失效下的仿射非线性切换系统的H_∞控制问题。Long[88] 结合神经网络方法，研究了几类非线性切换系统的H_∞控制问题。

对于切换系统的滑模控制 [89]、跟踪控制 [90, 91]、滤波器设计 [92]、无源性 [93, 94]、输入对状态稳定性 [62]、预测控制 [95]、非脆弱控制 [96]、容错控制 [97] 等问题的研究近年来也逐渐引起了人们的关注。

另外，随着控制理论的发展，不同学科领域交叉、渗透和融合的趋势日益增强，许多经济、社会发展中的重大科学问题的提出与解决已经充分显示出一种融会贯通、综合交叉的发展趋势。在此背景下，切换系统的理论也在其他领域得到了应用。例如，应用切换系统理论可以建模一类网络控制系统 [98]，研究人工神经网络 [99] 的稳定性以及复杂动态网络的同步化问题 [100]。

1.2 饱和系统综述

1.2.1 饱和系统简介

20 世纪 50 年代以来，线性系统理论已在理论上逐步完善，不仅传统的稳定性、干扰抑制、跟踪等问题得以深入研究，并且提出了许多新的思想（如H_∞控制）与方法，而且在各种实际工业控制系统之中也得到了成功的应用。但是，随着现代工业对控制系统性能要求的不断提高，使得这些建立在线性系统的理论框架之下的方法在实际应用中受到了很大的限制。这是因为在实际的控制系统中，真正的线性系统是不存在的，几乎所有系统都无一例外地具有非线性特性。采用近似的线性模型很难刻划出系统的非线性本质，而且线性系统的动态特性也不足以解释许多常见的实际非线性现象。由于具有重要的理论和实际价值，具有非线性特性系统的控制问题受到了人们的广泛关注。

执行器饱和是一种典型的非线性特性。实际上，由于物理的限制和出于安全考虑，几乎所有的系统或多或少都受到了执行器饱和的限制。系统硬件实现的限制，控制器设计对小信号的要求，系统过大的输入，还有大信号的出现比如参考输入大的变化，大干扰信号的出现等都会导致系统出现饱和。例如：电动机的控制会受到输入电压的大小限制，比如 ± 5V、± 10V、± 220V 等；化工中最常用的阀门开到一定程度后，就不能再开大；机动车马达只能在有限的速度范围内工作等。执行器饱和的引入会使问题变得复杂，这使得我们在设计控制器时必须考虑执行器饱和非线性对闭环系统的影响。实际上，在控制理论发展的初期，也都考虑到了执行器饱和产生的约束。然而，由于执行器饱和非线性很难去处理，这给控制系统的分析与设计带来了很大的困难，以至于在后来的现代控制理论发展中没有将饱和考虑进去。因此，即使执行器饱和问题非常重要，但是在大多数的早期文献中，饱和的影响都被忽略掉了。

典型饱和非线性环节的输入输出关系曲线如图 1.10 所示，饱和函数 $\mathrm{sat}(x)$ 的数学描述为

$$y=\mathrm{sat}(x)=\begin{cases}+M,\ x>x_0\\ kx,\ -x_0\le x\le x_0\\ -M,\ x\le -x_0\end{cases}. \tag{1.11}$$

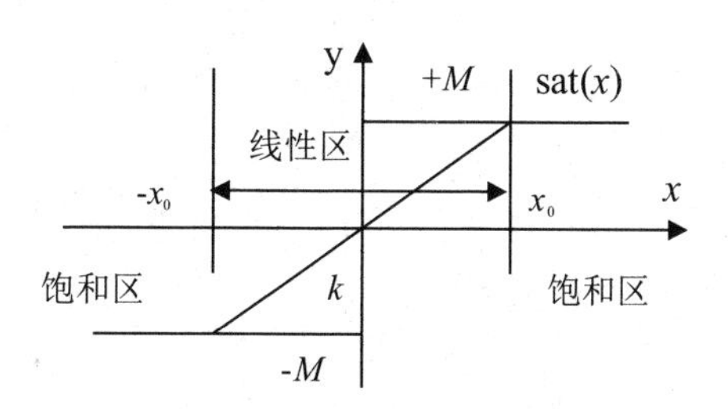

图 1.10　饱和特性函数

由图 1.10 可以看出，在线性区中饱和环节等效为系数为 k 的比例环节，输入输出关系为线性关系；在饱和区域内，尽管输入的绝对值进一步增大，但是输出的绝对值却始终恒定为 M。

我们将带有饱和环节的系统统称为饱和系统。一般的执行器饱和系统的框图如图 1.11 所示。当输入输出值不一致时，执行器将工作于饱和区，也就是控制器的输出与被控对象的输入不一致。

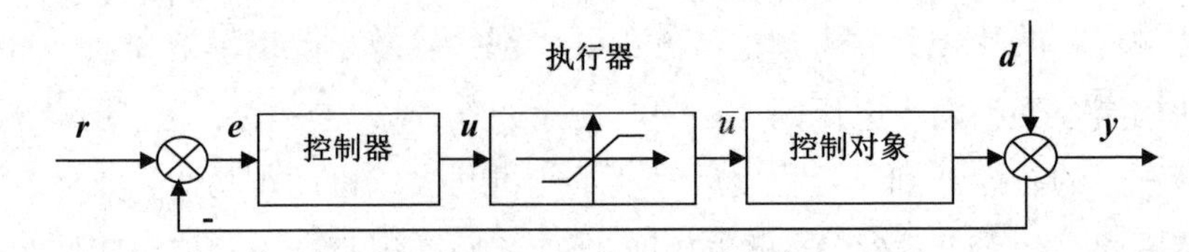

图 1.11　输入饱和系统结构简图

众所周知，除了系统严格运行在平衡态附近可以忽略饱和外，一般情况下不可随意忽略，否则会引发问题，饱和执行器能够严重地使闭环系统的性能恶化，并且在干扰比较大等极端的情况下，甚至可能导致系统不稳定，导致灾难性的后果。20 世纪 80 年代以来，控制系统执行器饱和引发了一系列重大事故[101, 102]，如包括苏联切尔诺贝利核电站第四号核反应堆发生的爆炸以及美国一系列高性能战机的坠毁。此后，对具有执行器饱和的系统的研究才又一次成为控制领域的研究热点。

分析和设计带有执行器饱和的系统具有很重要的意义。除了具有广泛的工程背景，带有执行器饱和的系统的控制问题在理论上也是富有挑战性的：①将带有输入饱和的执行器并入被控对象后将使被控对象由原来的线性系统转变成非线性系统，对于这类非线性，通常的线性化方法将不再适用；②由于执行器具有饱和特性，即使其核心部分是线性的，整个控制器也是非线性的，对此类非线性控制器的设计还是有待深入研究的；③饱和约束的引入使得通过设计反馈控制器解决的优化问题变得复杂。

1.2.2　饱和系统的研究进展

虽然执行器饱和是一种相对简单的非线性，但是它具有非光滑特性，这使得执行器饱和系统的控制问题的研究比一般非线性系统的研究更具有难度。由于执行器饱和系统的控制问题具有很强的应用背景，因此有必要对此类问题进行深入研究。可喜的是，在许多科研人员的共同努力下，已经得到了不少很有价值的成果。

（1）执行器饱和系统稳定性分析

从历史的观点来看，开创线性控制饱和系统研究局面的当属 Fuller 于 1969 年发表的一篇文章[103]，Fuller 在文中指出：若一个输入饱和系统的积分器长度 $n \geq 2$，则不存在使闭环系统全局稳定的饱和线性反馈控制的理论。非常遗憾的是，这个具有重大意义的结论在接下来的 20 多年里都没有被广大学者所重视。在这一时期，运用最优控制领域中的受限控制发展广义线性时变系统的全局渐近稳定的理论判据成为研究热点[104, 105]。

1990 年，Sontag 和 Sussman 发表的一篇文章可以说对有界控制线性系统的研究起着里程碑的作用[106]。这篇文章给出结论：对于线性可稳系统，只有当开环系统没有正实部极点时，线性系统才能够用一个有界反馈使系统全局渐近稳定。但是，对于开环不可稳定的系统，要达到全局稳定需要采用非线性控制器。这个结论在一定意义上验证了 Fuller 早前的研究成果，并且指出了新的研究方向。文献 [107, 108] 拓宽了系统的类型，得到了稳定性方面的新成果。

对于镇定问题，针对一类有界输入渐近零可控的系统（ANCBC），这里 ANCBC 是指在开右半平面没有特征根的可镇定的线性系统[105]，文献 [106] 给出了系统可全局镇定与 ANCBC 之间的关系。后来，文献 [109] 进一步指出，即使 ANCBC 也不可能采用线性状态反馈使系统得以全局镇定，要使系统达到全局镇定只能使用非线性控制。因此，利用饱和套技术，文献 [110, 111] 构造了非线性控制器，文献 [112, 113] 设计了增益可调控制器。

由于线性控制器不能保证 ANCBC 系统的全局镇定，研究的重点逐渐转向了半 – 全局镇定。所谓半 – 全局镇定是指：设计控制器使闭环系统的吸引域足够大以至于可以包含任一给定的包含原点的有界紧集。文献 [114–119] 重点研究了这一问题；文献 [114, 115] 采用小增益法分别讨论了连续时间和离散时间系统的半 – 全局镇定；文献 [116] 采用高 – 低增益法得到了对一定的模型误差和干扰均具有鲁棒性的线性控制律；对于开环不稳定系统，文献 [117, 118] 指出，虽然其不能达到半 – 全局镇定，但其吸引域在状态空间的某些方向上可以达到任意大；文献 [119] 提出了分段线性控制方法。

对于开环不稳定的执行器饱和系统，无论采用何种反馈控制，都不能使其达到全局或半 – 全局镇定[120]，闭环系统只能在一定区域内是渐近镇定的，即从这一区域内出发的任意点的状态轨线渐近收敛到平衡点，此区域就称为闭环系统在所选反馈控制下的吸引域。由于获得吸引域的精确值比较困难（文献 [121] 中仅针对单输入系统给出了吸引域的确切值），因此减少吸引域估计的保守性和在吸引域内得到尽可能大的不变集的估计就成了两个富有挑战性的课题。

利用不变集去估计系统的吸引域是比较常用的方法[122]。两种较为常用的不变集为椭球体和多面体。采用有限数目的椭球体集合可以很好地估计吸引域[123]，但是这种方法的计算量比较大。最近，多面体集合的方法也受到了较多的关注[122, 124]。一般来说，多面体集合方法本质上是不保守的，但是随着边数目的指数增长，计算量也会相应地呈指数增长。Lyapunov 稳定性理论是运用上述方法估计吸引域的基础。当引入一个 Lyapunov 函数同时，相对应地，我们将会得到一个 Lyapunov 水平集。通过 Lyapunov 水平集，我们就能够构造一个包含在吸引域内的不变集，而后可以通过构造这样的不变集来估计系统的吸引域。

我们知道饱和是一种典型的非线性，在用 Lypaunov 稳定性理论分析饱和系统时，必须对饱和非线性环节进行处理。到目前为止，已经发展出了若干处理技术。基于 Popov 原理和圆判据的方法最先被应用于饱和系统的分析与设计[125–127]，这种方法首先把饱和非线性转化为一个死区，然后用一个扇区来处理死区。这种处理饱和非线性的方法已经得到了广泛应用[128, 129]。但是由于圆判据和 Popov 判据是用于广义无记忆的扇形有界非线性的分析工具，因而饱和非线性的具体特性没有被考虑，将此方法运用于处理饱和非线性去估计系统的吸引域不可避免地会带有保守性。为了降低处理饱和非线性的保守性，针对饱和线性反馈下的系统，文献 [130] 利用饱和非线性的具体特性，给出了一种新的处理饱和非线性的方法：线性微分包处理法。其方法是通过引入一个辅助矩阵来实现的，而且稳定性条件可以表达为关于所有变参数的线性矩阵不等式，因此能很容易地用于控制器的设计。最近，对于一类特殊的饱和系统，文献 [131] 将这类饱和函数用凸函数和凹函数的组合来无限逼近。这种方法考虑到了饱和非线性环节的具体特性，所以减小了系统的保守性。

建立在 Lyapunov 函数方法的基础上的估计系统吸引域的方法中，最常用的 Lyapunov 函数是二次型，但是采用这样常规的方法会带来较强的保守性。基于二次型函数，文献 [132] 提出了一种分段线性二次 Lyapunov 函数，以及文献 [133] 给出了复合二次型 Lyapunov 函数。其中，第一种函数不一定是连续可微的，且对应的水平集也可能不是凸的；而第二种函数为一组二次型函数的集合，它是连续可微的，相应地，它的水平集为一组椭球体的凸包，其基本思想为：对于某一个执行器饱和有界控制，如果每个椭球体是不变的，那么这些椭球体的凸包对于同一个有界控制也将会是不变的。对于离散时间系统，分段线性和分段仿射 Lyapunov 函数是最常用的选择[122, 134]。Cao 等利用饱和程度信息提出了一种饱和依赖型的 Lyapunov 函数[135]，显然可以减少估计吸引域的保守性。基于二次凸包函数可以设计非线性控制器以得到较线性控制器更好的鲁棒稳定性和系统性能[136]。近年，Wang 等[137]提出了一种新的饱和依赖型 Lyapunov 函数。这些工作对于降低估计吸引域的保守性都做出了一定的贡献。

（2）干扰抑制

由于实际系统一般都会受到干扰影响，故研究饱和系统的干扰抑制问题是相当有必要的。一般来说，干扰抑制指的是包含原点的一个小（尽可能的小）邻域使得所有从原点出发的系统轨迹仍旧在这个邻域中，也就是说当干扰存在时，系统仍旧是稳定的。但是当外部干扰足够大时，无论系统的初始点位于何处，系统采用何种控制策略，系统的状态轨迹都可能是无界的。所以我们感兴趣的问题是在什么样的干扰情况下，系统依然是稳定的。

假设干扰的幅值是有界的，Nguyen 等采用状态反馈和输出反馈的方法做了大量的工作来分析和最小化系统的 L_2– 增益[138, 139]。最近，Hu 等[140]基于轨迹的有界性，提出了干扰抑制的一个新的分析方法，即通过先判断是否存在一个有界不变集。这个有界不变集具有这样的性质：所有从集合中出发的轨迹仍旧会一直在此集合中。应在此类集合存在的基础上，去设计控制器进行干扰抑制。

（3）执行器饱和控制系统的设计方法

一般来讲，饱和控制系统的设计方法可以分为两类：直接设计法和抗饱和设计法。

直接设计方法：即在控制器设计的初期就将执行器 / 传感器饱和直接考虑进去，考虑控制输入的限制，设计使得闭环稳定的系统。利用圆盘定理和 Popov 稳定性判据，文献 [126] 研究了一类具有执行器饱和的单输入单输出（SISO）系统的稳定性问题；文献 [141] 针对具有执行器饱和扇形非线性的多变量线性系统进行了研究，得到了一个保证闭环系统内部稳定和输入 / 输出稳定的充分条件；文献 [142] 将这一结果进一步推广，并弥补了 [141] 一文中所存在的不足；文献 [143] 把上述结果推广到一类时滞线性系统，得到了状态反馈可镇定的充分性条件。文献 [144–146] 和 [147] 分别利用小增益线性状态 / 输出反馈控制器和小增益变结构控制器的直接方法研究了饱和系统的稳定性问题。由于小增益法不能充分利用系统的控制容量，文献 [148] 提出了高—低增益控制器设计方法以充分利用控制器容量，从而提高系统的快速响应、干扰抑制等性能指标。最近，文献 [149–153] 利用 H 矩阵法（凸组合法）处理饱和非线性，由于充分考虑了饱和非线性的特性，在系统稳定性分析、控制器设计等方面取得了很多漂亮的研究成果。

抗饱和设计方法：也就是补偿器设计方法，即所谓的抗积分饱和补偿器（Anti-windup compensator）。这种设计方法的设计原理是：首先忽略饱和非线性，采用线性系统的理论按照给定性能指标设计控制器；然后以执行机构的输入输出差作为输入，设计一个补偿器弱化饱和对系统的影响。常用的抗饱和补偿器主要分为两大类，静态抗饱和补偿器和动态抗饱和补偿器。文献 [154] 以 L_2 增益和稳定性的形式给出了抗饱和补偿器设计方法，Popov 稳定判据也被应用到抗饱和补偿器的设计中 [155]，但通过解耦合 Ricatti 方程得到抗饱和补偿器，这对求其最优解是非常困难的。抗饱和补偿器的设计还在不断地发展，文献 [156] 指出 : 对于开环稳定的线性时不变系统，抗饱和补偿器的维数不大于被控对象维数时，系统的动态抗饱和补偿器可通过 LMIs 方法解出。目前仍有许多学者致力于抗饱和法的研究、改进与推广，运用改进的抗饱和技术，文献 [157] 和 [158] 研究了执行器饱和 LTI 系统和执行器幅值与速率均饱和的 LTI 系统的区域稳定性问题，Hu 运用动态抗饱和控制器给出了保证一般执行器饱和线性系统的区域稳定和 L_2– 增益存在的充分条件 [159, 160]。针对具有执行器饱和线性系统，文献 [161, 162] 运用抗饱和设计方法研究了此类系统的吸引域的估计扩大和跟踪问题。近年来，Gomes 等学者在抗饱和控制领域做了比较大的贡献，在不要求开环系统稳定的前提下，提出了一种新型的扇形非线性条件，使得抗饱和补偿器及吸引域估计等问题都可通过求解一个凸优化问题获得答案 [163–168]，这大大降低了抗饱和补偿器设计的保守性。

1.3 非脆弱控制

随着对控制系统研究的不断深入，传统的控制要求控制器本身必须准确实现的观念在现实当中遇到了挑战，控制器本身参数的不确定性对控制系统性能的影响成为控制理论的一个研究热点，一个新的控制研究方向——非脆弱控制得到了广泛关注。所谓脆弱性，就是研究控制器参数摄动对闭环系统性能的影响。在实际工程控制系统中，所设计的反馈控制器由于硬件（如 A/D，D/A 转换等）、软件（如计算截断误差）等原因，其很难精确实现，即控制器也存在着一定的不确定性，而这往往使得闭环系统的性能下降，甚至破坏系统的稳定性，造成灾难性后果。这样的控制器就称为脆弱性的。因此，近年来各类系统的非脆弱控制问题渐渐成为控制领域的很多学者的研究热点[169]。20 世纪 90 年代末，非脆弱控制的研究主要是借助黎卡提方程来求解，值得注意的是，这一时期的非脆弱控制研究主要是针对各种线性时变 / 时不变系统。同时，由于所采用的方法都是预先假定状态反馈控制器具有依赖于某个黎卡提方程对称正定解的给定结构，这种假设不可避免地具有保守性。进入 21 世纪，借助于线性矩阵不等式便捷的求解工具，非脆弱鲁棒控制研究得到了更多的关注。

文献 [170] 指出，控制器的脆弱性依赖于控制器特定的实现，即控制器实现方法不同，控制器的脆弱性不同。关于非脆弱控制器的设计问题，即在控制器的设计过程中，考虑控制器摄动的影响，使得当所设计的控制器存在一定的不确定性时，其控制性能仍可满足系统的控制要求，已有大量的研究成果[171-180]。其中，文献 [171] 对非线性系统的非脆弱控制器的设计问题给出了一个综述，并且指出非脆弱性问题是确保反馈系统性能要求的基本问题。基于 LMI 和 Lyapunov 泛函方法，文献 [172] 研究了一类具有执行器故障的离散时间区间值模糊系统的可靠非脆弱 H_∞ 控制设计问题。文献 [173] 讨论了具有执行器故障的正开关系统的非脆弱可靠控制，提出了线性共正李亚普诺夫函数与线性规划方法。文献 [174] 采用了单 Lyapunov 的方法讨论了一类不确定变时滞切换系统在构造的切换律下的非脆弱 H_∞ 控制问题。对于带有加性范数有界控制器增益变量的非脆弱控制问题，文献 [175] 针对有界控制信号下的不确定系统，设计了一种非脆弱鲁棒模型预测控制方法。在文献 [176] 中，给出了基于线性矩阵不等式的方法，研究了线性离散时间系统非脆弱 H_∞ 状态反馈控制问题，这里同时考虑了带有加性和乘性范数有界增益变量的情况。上述这些非脆弱控制器设计的成果所考虑的增益摄动都是范数有界型的，由于范数有界型增益变量只能粗糙地刻划控制器或滤波器增益的不确定信息，导致了设计结果具有一定的保守性。相比而言，区间有界型增益变量[177]能比范数有界型增益变量更精确地刻划不确定信息，但是区间有界型增益变量导致设计条件中包含的线性矩阵不等式个数大大增加，当系统维数高于阶的时候就会引起数值计算问题。对于这一难题，最近的文献 [178] 和 [179] 分别考虑了离散时间系统和连续时间系统的具有区间型增益摄动的非脆弱 H_∞ 滤波问题，提出了结构的顶点分离器的概念，并应用其解决了区间型参数摄动所引起的数值计算问题。文献 [180]

也考虑了区间型的增益摄动，研究了具有稀疏结构控制器的设计问题，所设计的控制器既具有稀疏结构又具有非脆弱性。

综上所述，无论从广度上还是深度上看，很多学者在非切换饱和控制系统的分析和综合上都已经取得了许多非常有意义的研究成果。但是，由于连续系统动态、离散动态以及饱和非线性之间的相互作用，饱和切换系统的行为通常要比一般的切换系统或饱和系统的行为复杂得多。到目前为止，仅有为数不多的文献研究该类系统 [181-188]。文献 [181] 利用多 Lyapunov 函数方法研究了执行器饱和线性切换系统的稳定性问题并且对系统的吸引域进行了估计。基于最小驻留时间方法，文献 [182] 研究了一类执行器饱和线性切换系统的镇定问题，并给出了控制器的设计方法。文献 [183] 针对一类执行器饱和线性系统，通过设计多个抗饱和补偿器扩大了吸引域的估计，即含有多个抗饱和补偿器的系统的吸引域要比单个抗饱和补偿器系统的吸引域要大。利用切换 Lyapunov 函数方法，文献 [184] 研究了一类具有执行器饱和的离散切换系统的镇定及吸引域估计问题。文献 [185, 186] 将上述结果进一步推广，指出在原有条件不变的前提下系统的可稳区域就可以扩大。文献 [187] 和 [188] 分别研究了一类具有执行器饱和的线性切换系统和离散切换系统的干扰抑制问题。从现有研究结果来看，饱和切换系统的研究成果较少且大多相互孤立，有许多基本问题值得进一步研究，比如，具有执行器饱和的时滞切换系统稳定性分析及饱和切换系统的跟踪控制问题等。

1.4 容错控制

容错控制是 20 世纪 80 年代发展起来的一种为了提高控制系统可靠性的技术。它是一门应用型边缘交叉学科 [189]。促使这门学科迅速发展的一个重要的动力来源于航空航天领域。20 世纪 70 年代由于研制高性能航天器的需要，提出了容错控制器的设计问题，由此发展起来一系列容错控制技术 [190-195]。

容错控制的指导思想是一个控制系统一旦发生故障，特别是对系统的稳定性及性能有很大影响的故障，例如，传感器和执行器故障、设计控制器，使得相应的闭环系统仍然是稳定的，并且满足要求的性能指标。这样的闭环系统称为容错控制系统。与一般的控制系统不同，容错控制系统不仅具有鲁棒性，而且可以适应其环境的显著变化。

“容错”原是计算机系统设计技术中的一个概念，容错（fault-tolerant）是容忍故障的简称。容错控制（fault-tolerant control，FTC）最早的文献可追溯到1971 年，以 Niededinski 提出的完整性控制的新概念为标志 [196]；1980 年 Siljak 发表的关于可靠镇定的文章是最早开始专门研究容错控制的文章之一 [197]。容错控制的概念是 1986 年 9 月由美国国家科学基金会和美国电气和电子工程师学会（IEEE）控制系统学会共同在美国加州 Santa Clara 大学举行的控制界专题讨论会的报告中正式提出的，并把多变量鲁棒、自适应和容错控制列为控制科学面临的富有挑战性的研究课题 [198]。在 1993 年，现任 IFAC 技术过程的故障诊断与安全性专业委员会主席 Patton 教授撰写了容错控制方面比较有代表性的综述文章 [199]，全面地阐述了容错控制所面临的问题和基本的解决方案。值得指出的是，我国在容错控制理论上的研究基本上与国外同步。1987 年叶银忠等发表了容错控制的论文 [200]，并于次年发表了这方面的第一篇综述文章 [201]。1994 年葛建华等出版了我国第一本容错控制的学术专著 [202]。1994 年周东华等在清华大学出版社出版了国内第一本故障诊断技术的学术专著 [203]。近三十年来，国内陆续出版了多本关于故障诊断和容错控制的专著 [204-207]，还发表了大量综述性的文章 [208-209]。

容错控制发展至今只有几十年的历史，作为一门交叉学科，容错控制的理论基础涉及现代控制理论、信号处理、模式识别、人工智能、最优化方法、计算机工程等以及相应的应用科学。容错控制与鲁棒控制、自适应控制、智能控制等有着密切的联系。

容错控制按照设计方法特点可分为被动容错控制（passive F1 陀）和主动容错控制（active FTC）。被动容错控制具有使系统的反馈对故障不敏感的作用。主动容错控制通过故障调节或信号重构保证故障发生后系统的稳定性和性能指标。

主动容错控制概念来源于需要对发生的故障进行主动处理这一事实，是将系统的故障做出实时检测，对不同的故障系统将进行重组，使系统达到稳定及满足一定的性能指标。主动容错控制在故障发生后需要重新调整控制器参数，也可能需要改变控制器的结构。多数主动容错控制需要故障诊断子系统，少部分不需要故障诊断子系统，但需要已知各种故障的先验知识。依据容错控制器的重构规则，主动容错控制可分为控制律重新调度、控制律重构设计和模型跟随重组控制[206]。

被动容错控制是在不改变控制器结构和参数的条件下，利用鲁棒控制技术使整个闭环系统对某些确定的故障具有不敏感性，以达到故障后系统在原有的性能指标下继续工作的目的。也就是设计适当固定结构的控制器，不仅在所有控制部件正常运行时，而且在执行器、传感器和其他部件失效时。保障系统仍然具有稳定性和令人满意的性能。被动容错控制器的参数一般为常数，不需要获知故障信息，也不需要在线调整控制器的结构和参数。被动容错控制大致可以分成可靠镇定、同时镇定、完整性、可靠控制等几种类型。

可靠镇定是针对控制器故障的容错控制。其研究思想是 Siljak[197] 于 1980 年提出的使用多个补偿器并行镇定同一个被控对象。随后一些学者又对该方法进行了深入研究[190,210,211]。文献 [190] 证明了当采用两个补偿器时，存在可靠镇定解的充要条件是被控对象是强可镇定的，即此对象可以被稳定的控制器所镇定。然而，当被控对象不满足强可镇定条件时，补偿器就会出现不稳定的极点，闭环系统不稳定。另外，即使可镇定问题是可解的，怎样设计这两个补偿器也是一个非常困难的问题。文献 [210] 解决了上述部分问题，给出了设计两个动态补偿器的参数化方法，以得到可靠镇定问题的解。文献 [211] 进一步给出了对不是强可镇定的多交量系统采用多个动态补偿器进行可靠镇定问题的求解方法。综上所述，可靠镇定问题已基本上趋于成熟。

同时镇定是针对被控对象内部元件故障的容错控制。其实质是设计一个控制器去镇定一个动态系统的多模型。该问题近二十几年来已引起了许多学者的注意[212–214]。1982 年发表在 IEEE AC 上的文章是最早开始研究联立镇定问题的文章之一[212]。文献 [214] 在此问题的研究上取得了重要进展，基于广义的采样数据保持函数，该文献得到了联立镇定问题有解的充分条件和控制律的构造方法以及实现线性二次型最优控制的充分条件和相应的控制律的构造方法。

完整性控制是针对执行器和传感器故障的容错控制。该问题一直是被动容错控制中的热点研究问题。正如前文所述，执行器和传感器是最容易发生故障的部件。因此该问题有很高的应用价值。完整性控制一般研究的对象是 MIMO 线性定常系统[215–219]。文献 [216] 研究了执行器断路故障的完整性问题，提出了求解静态反馈增益阵的一种简单的伪逆方法。文献 [218] 给出了执行器故障下闭环系统配置在给定域中的完整性问题的数值求解方法。该方法的不足是当系统的维数大于 3 时，解析解不存在，并可能无解。此外，近年来分散大系统的完整性问题也受到了广泛关注[220-221]。

可靠控制主要采用鲁棒控制技术设计容错控制系统，是针对执行器和传感器故障的容错控制。早期某些研究完整性的学者也称他们的工作为可靠控制，而近期的可靠控制与容错控制的完整性还是有区别的。可靠控制更多地强调的是除了实现故障稳定性外，还使系统满足一定的性能指标。换言之，可靠控制是通过设计控制器使得系统在一部分指定的执行器或者传感器出现故障时仍能正常工作同时能保证希望的系统特性比如其安全性与可靠性。简言之，可靠控制就是利用鲁棒控制技术设计容错控制器，其最初被定义为完整性，更一般地被认为是克服执行器或者传感器故障的被动容错控制。

1.5　可靠控制的发展与现状

20 世纪 80 年代可靠控制产生到现在，先后经历了从线性系统到非线性系统[222-225]、从连续系统到离散系统[226-227]、从确定系统到不确定系统[228-229]、从无时滞系统到时滞系统[229-231]以及从单目标控制到多目标控制[232]的发展历程。

可靠控制在近四十年来一直备受人们的青睐，提出了许多可靠控制的研究方法。对于线性系统，如参数空间设计方法[233]、矩阵 Riccati 方程方法[234]、自适应设计方法[235]及 H 无穷设计方法[236]等。文献 [236] 基于 Riccati 方程方法，在系统的执行器和传感器发生失效的情况下，研究了可靠观测器的设计及可靠 H 无穷控制问题，是最早把 H 无穷性能指标引入容错控制系统设计的文献之一。杨光红扩展了 Veillette 的研究结果，首次将连续故障模型用在线性系统的可靠控制器的设计上，并给出了解决线性系统可靠控制设计 Riccati 不等式方法，使所设计的可靠控制器保证闭环系统稳定和 H 无穷性能[194]。

由于非线性系统控制理论的不完善，且大多是针对特定非线性系统进行研究。因此现有对非线性系统的可靠控制问题也大都是针对特定非线性系统进行研究，且研究成果非常有限。文献 [193] 将线性系统的可靠控制设计方法推广到了一类准非线性系统（非线性项满足 Lipshitz 条件），并给出了基于 Riccafi 方程的可靠控制器的设计方法。文献 [224] 将线性 H 无穷控制思想引入仿射非线性系统可靠控制中，通过求解 Hamilton-Jaccobi-Issacs 不等式，得到了非线性系统 H 无穷状态反馈可靠控制器设计方法。文献 [237] 利用 T–S 模糊线性化建模方法，研究了一类执行器故障非线性系统基于 LMI 方法的可靠控制问题，获得了闭环系统稳定且满足一个线性二次性能指标的控制器设计方法。

可靠控制的优点是故障发生时能及时实现容错控制，不存在重构容错控制中分离延时而引起的控制性能变坏问题。但由于系统故障的多样性和对系统性能的高要求，此可靠控制器的设计方法只能适应少数几种故障情况，不可能用一个控制器实现对所有故障的鲁棒性，并且以牺牲系统的性能为代价。研究既能保证系统的容错能力，又使系统保持一定的稳态、动态性能，同时用一个可靠控制器实现尽可能多的故障的容错是可靠控制进一步发展的方向。

切换系统的可靠控制有着自身的特殊性，主要是由切换系统的特殊性造成的。切换系统的性能并不是各子系统性能的简单叠加，而是使切换系统具有了新的特性。这些特性使得系统的动态行为多样化，研究工具也需多样化。切换系统的可靠控制的研究及切换技术在可靠控制问题中的使用扩大了容错控制理论的应用范围。但由于切换系统本身的特性，已有的可靠控制理论和方法又不完全适用于切换系统。因此，切换系统可靠控制的研究难度很大，目前已有的研究成果还相当少。文献 [238] 针对一类具有执行器失效的线性系统，通过设计一个自适应观测器，提出一个控制器切换策略，使系统保持渐近稳定。文献 [239] 研究了一类不确定切换时滞系统鲁棒可靠控制问题，通过设计状态反馈控制器，使得闭环系统在任意切换下是全局渐近稳定的。

文献 [240] 针对一类非线性切换系统，组合 safe–parking 和参数重构方法，提出两种切换策略来实现执行器失效情形下的容错控制。但是当执行器出现故障时，该方法需要确定执行器修复时刻，一般来说是很难获得的。文献［241］研究基于观测器的一类非线性切换系统的容错控制，考虑到系统的外部扰动。文献［242］针对非线性切换系统利用平均驻留时间方法研究了容错控制，但是系统中非线性项是并联到系统中的，它可以直接通过控制信号获得补偿。文献［243］利用多李雅普诺夫函数方法研究了一类非线性时滞切换系统的鲁棒容错控制。文献［244］研究一类不确定非线性切换系统的鲁棒容错控制问题。当执行器失效或部分失效时，利用李雅普诺夫函数法建立切换闭环系统混杂状态反馈容错控制器存在的充分条件。但是从系统结构的角度出发，文献［241–244］的非线性项是并联到系统中的，可以直接通过设计控制器完全补偿这样的非线性项；而当非线性子系统与线性子系统级联使得该类非线性系统的研究增加了结构的复杂性。文献［245］针对一类具有执行器失效的线性系统，通过设计一个自适应观测器，提出一个控制器切换策略，使系统保持渐近稳定。文献［246］研究了一类不确定切换时滞系统鲁棒容错控制问题，通过设计状态反馈控制器，使得闭环系统在任意切换下是全局渐近稳定的。将平均驻留时间方法应用到非切换系统容错控制问题中的很少。文献［247］提出了一类基于自适应逻辑切换的容错控制方法的不确定性结构非线性系统处理执行器故障，采用了与文献［242］中类似方法来处理未建模的动态系统。文献［248］中研究了切换系统鲁棒容错控制的若干问题，进一步丰富了切换系统容错控制的理论成果。文献［248］中的特点是没有考虑输入矩阵的结构不确定性，仅考虑了执行器完全失效的情形，而且在设计容错控制器过程中是将执行器分解成失效的执行器和对故障具有鲁棒性的执行器，但是在控制器执行过程中需要事先知道哪些执行器失效哪些执行器对故障具有鲁棒性，这在实际应用中一般不易获得。

1.6　主要研究内容

本书的主要工作是使用 Lyapunov 函数原理并借助饱和非线性项的处理技术，研究了几类具有执行饱和的切换系统的稳定性分析、镇定、L_2- 增益分析、保成本控制、非脆弱控制及容错控制问题。本书针对几类执行器饱和切换系统模型中具有不确定性、控制器参数具有不确定性、执行器发生故障、带有干扰、子系统有不可稳、非线性项及时滞等情形，分别利用多 Lyapunov 函数、切换 Lyapunov 函数、最小驻留时间方法、凸优化等技术，研究状态反馈控制器设计，吸引域估计、扩大，干扰抑制，保成本控制，非脆弱控制和容错控制等控制问题。书中的主要结果除了给出严格的理论证明外，还给出了数值例子进行仿真，从直观角度验证所提出方法的正确性。

本书的后续部分具体安排如下：

第二章研究了连续时间非线性饱和切换系统的非脆弱 L_2- 增益控制问题。本章共分为两个部分。第一部分基于多李雅普诺夫函数方法，针对一类含有控制器摄动和执行器饱和的非线性切换系统进行分析，研究了其受到外部干扰时系统的最大容许干扰能力，L_2- 增益以及非脆弱控制器设计问题。首先证明了同时具有控制器摄动和执行器饱和的非线性切换系统在一个外部干扰的作用下保证状态轨迹有界的充分条件，因为系统状态轨迹有界集合的大小与系统的容许干扰能力值有关，所以还要对上述系统容许干扰能力进行分析并利用 LMI 相关方法将其转化为一个约束优化问题来求得最优值。再对上述系统的 L_2- 增益进行分析，并将求解系统的受限 L_2- 增益的最小上界问题转化为一个优化问题。当控制器增益矩阵为一个可设计的变量时，通过求解优化问题来获得系统的最大容许干扰能力以及系统的受限 L_2- 增益最小上界，当两个优化问题都有解时，则可以得到对应的状态反馈增益矩阵。最后将本章节的研究成果应用到一个数值仿真例子中，使用仿真软件获取部分系统参数的变化曲线图，通过这些参数的变化情况来证明本章节内容所提方法的正确性和有效性。第二部分基于最小驻留时间方法，针对具有控制器摄动的饱和非线性切换系统，研究了其受到外部干扰时系统的最大容许干扰能力，L_2- 增益以及非脆弱控制器设计问题。第一步给出了系统指数稳定的证明以及证明了在每个切换时刻被激活的新的子系统都是满足饱和非线性处理条件。第二步将系统容许干扰能力的估计问题转化为受约束的优化问题，其约束条件可以用线性矩阵不等式来描述。第三步对系统的 L_2- 增益进行分析，并将求解系统的 L_2- 增益上限问题转化为优化问题，这个优化问题同样受一个线性矩阵不等式约束。第四步在控制器增益矩阵可设计的前提下，对两个优化问题进行求解，当两个优化问题有解时，可以得到对应的状态反馈增益矩阵。最后将本章节的研究成果应用到一个数值仿真例子中，使用仿真软件获取部分系统参数的变化曲线图，通过这些参数的变化情况来证明本章节内容所提方法的正确性和有效性。

第三章基于多 Lyapunov 函数方法、切换 Lyapunov 函数方法以及最小驻留时间原理研究了具有执行器饱和的离散时间非线性切换系统的非脆弱镇定控制问题。本章共分三个部分：第一部分首次将多 Lyapunov 函数方法运用在了研究带有饱和环节的离散非线性切换系统的非脆弱镇定控制问题上。首先，在多 Lyapunov 函数方法作为切换指令的基础上，给出了闭环系统在原点渐近稳定的充分条件；其次，当闭环系统在控制器参数摄动时，给出非脆弱控制器设计的有效方法；最后，运用不变集这一思想，扩大了闭环系统的吸引域估计。第二部分在第一部分的基础上，同时考虑了系统结构与控制器内部具有不确定性，利用切换 Lyapunov 函数方法，研究了具有执行器饱和的不确定离散时间非线性切换系统的鲁棒非脆弱镇定控制。首先给出在任意切换规则下，闭环系统在原点渐近稳定的充分条件；其次设计鲁棒非脆弱状态反馈控制器，确保了闭环系统的镇定性；最后通过线性矩阵不等式的可行解设计出了控制器增益。第三部分利用最小驻留时间的方法，研究了带有饱和非线性的离散非线性切换系统的指数稳定性问题。首先给出闭环系统在受限的切换规则下渐近稳定的充分条件，然后证明闭环系统满足指数稳定性和对吸引域的估计满足并集的形式，最后将凸优化问题转化成线性矩阵不等式问题，仿真数例验证所得结果的正确性。

第四章基于多 Lyapunov 函数方法和切换 Lyapunov 函数方法，研究了带有执行器饱和的非线性切换系统的非脆弱保成本控制问题。本章共分为两个部分。第一部分基于多 Lyapunov 函数方法研究了一类具有执行器饱和的离散非线性切换系统在基于状态切换规则下的非脆弱保成本控制及优化设计问题。当控制器参数中含有时变不确定性时，目的是设计非脆弱状态反馈控制律使得闭环系统渐近稳定的同时，使得所给定的成本函数的上界最小。第二部分基于切换 Lyapunov 函数方法，研究了一类在任意切换规则下的具有执行器饱和的离散时间非线性切换系统的非脆弱保成本控制问题。首先给出了保证闭环系统渐渐稳定的充分条件，然后提出了非脆弱保成本控制器的设计方法，最后通过求解一组具有线性矩阵不等式约束的优化问题，获得了成本函数的最小上界。

第五章基于多李雅普诺夫函数方法研究具有执行器饱和的不确定非线性切换系统的容错控制问题。本章共分为两个部分。第一部分研究了一类具有执行器饱和的不确定非线性切换系统的鲁棒容错控制问题。目的是设计切换律和鲁棒容错控制律，以保证闭环系统是渐近稳定的，同时吸引域估计尽可能大。首先，利用多 Lyapunov 函数方法，给出了闭环系统鲁棒容错镇定的充分条件；然后，当某些标量参数事先给定时，将容错控制器设计和吸引域估计问题转化为具有线性矩阵不等式（LMI）约束的凸优化问题；最后，通过数值算例验证了所提设计方法的有效性。第二部分研究了一类不确定非线性执行器饱和切换系统的可靠保成本控制问题。考虑到系统存在不确定因素和执行器故障因素，通过设计切换律和可靠保成本控制器，保证闭环系统仍能渐近稳定，并获得成本函数的最小上界。首先，采用多 Lyapunov 函数方法，给出了可靠保成本控制器存在的充分条件。然后，在给定一些标量参数的前提下，将上述的可靠保成本控制器设计问题和确定成本函数最小上界的问题转换为线性矩阵不等式约束下的优化问题。最后，通过算例，验证所提方法的有效性。

第六章基于最小驻留时间技术，研究了具有执行器饱和和执行器故障的非线性切换系统的 L_2- 增益分析、指数稳定与容错控制问题。本章共分为两个部分。第一部分针对具有输入饱和的非线性连续时间切换系统，研究了外部扰动存在下的执行器失效问题。首先，用最小驻留时间法得到了系统鲁棒指数镇定的充分条件。其次，用类似的方法得到了系统最大容忍干扰的充分条件。然后，对加权 L_2- 增益进行了分析。考虑集合的形状，引入形状参考集使闭环系统的吸引域估计最大化，并在此基础上，设计了干扰抑制容错控制器，以获得容错干扰的最大值和加权 L_2- 增益的最小上界。最后，给出了两个数值算例，验证了所提方法的有效性，并比较了容错控制器和标准控制器作用下的状态轨迹。第二部分研究了具有输入饱和和时变时滞的非线性连续时间切换系统的 L_2- 增益分析和容错控制问题。首先，利用增广 Lyapunov-Krasovskii 泛函方法，结合 Jensen 积分不等式和自由权重矩阵方法，得到了系统存在外部扰动时容许干扰存在的充分条件。其次，在不存在外界干扰的情况下，利用最小驻留时间方法给出了系统指数稳定性的一个推论。再次，对系统加权 L_2- 增益进行了分析，并在此基础上，设计了干扰抑制容错控制器，以获得容错干扰的最大值和加权 L_2- 增益的最小上界。最后，通过数值算例验证了所提方法的有效性，并比较了容错控制器与标准控制器作用下的状态轨迹。

第七章基于多李雅普诺夫函数方法、最小驻留时间技术，研究了具有执行器饱和的离散时间非线性切换系统的 L_2- 增益分析与容错控制问题。本章共分为两个部分。第一部分基于线性矩阵不等式和干扰抑制理论，利用多李雅普诺夫函数方法研究了一类具有执行器饱和的不确定非线性离散切换系统的 L_2- 增益分析与容错控制问题，设计了状态反馈控制器和切换律，使带有执行器故障的闭环系统保持渐近稳定，满足扰动衰减性能指标。保证闭环系统在外部扰动作用下状态轨迹有界，将估计容许干扰能力的问题转化为一个受限优化问题。通过解受限优化问题估计了受限 L_2- 增益的上界，最后通过数值算例验证了该设计方法的有效性。第二部分利用最小驻留时间策略研究了一类具有执行器饱和的不确定非线性离散切换系统的加权 L_2- 增益分析与容错控制问题。首先利用李亚普诺夫函数方法研究了离散时间闭环切换系统的指数稳定性，基于线性矩阵不等式和干扰抑制理论，设计了容错状态反馈控制器和切换律，使带有执行器故障的闭环系统保持指数稳定，并且在切换律下的闭环系统具有容许干扰

能力和加权 L_2- 增益。其次为了保证闭环系统在外部扰动作用下状态轨迹有界，将估计容许干扰能力的问题转化为一个优化问题。通过解优化问题估计了加权 L_2- 增益的上界。最后通过数值算例验证了该设计方法的有效性。

第八章对全书的工作进行了总结，并展望了下一步的研究工作。

第2章　非线性饱和切换系统的非脆弱 L_2-增益控制

2.1　引言

对于控制系统来说，不可避免地在实际运行过程中会遇到各种形式的干扰，其中一个评价系统干扰抑制能力的指标就是所谓的 L_2- 增益。对于切换系统，同样也会遇到各种各样的干扰。关于切换系统的 L_2- 增益分析，目前已经有了很多方法，在众多分析切换系统抗干扰能力的方法中，多李雅普诺夫函数法 [46-51] 和驻留时间方法作为切换系统寻找或设计切换规律的方法从众多针对切换系统的研究方法中脱颖而出，这种方法的优点在于不仅具有较小的保守性，而且与有着诸多使用限制的单李雅普诺夫函数方法 [40-41] 和共同李雅普诺夫函数方法 [39] 相比，多李雅普诺夫函数法和驻留时间方法的适用范围更广，更容易满足实际控制需要。

另外，执行器饱和是在工程实际控制系统中最常见的一种非线性的呈现方式，由于其具有非光滑特性，相关的控制问题的研究往往难以进行。在实际运行过程中，由于各种实际条件的限制以及出于对系统运行期间安全性的考虑，实际中几乎所有的控制系统均对执行器的线性工作区间进行严格的限制，一旦超过这个区间就会进入饱和状态。因此，以应用于实际为最终目的，针对受到执行器饱和限制的系统的稳定性分析和综合问题进行深入研究具有重大意义 [181-188]。

此外，基于传统的鲁棒控制方法控制的系统，在最优控制器和鲁棒控制器的实施过程中，每当受到外部干扰时传统控制器会呈现出脆弱性：当控制器受到一个微小的摄动影响时，闭环系统可能会变得不稳定或者部分性能下降无法满足控制要求，导致事故的产生并带来巨大的经济损失[170-180]。

在切换系统的研究工作中，系统的 L_2– 增益经常作为一种评估系统鲁棒性的参考指标被用来度量系统的干扰抑制能力。因此，为了确保系统运行过程的稳定，关于切换系统的 L_2– 增益进行研究是一个重要的研究课题。当切换系统同时具有控制器摄动以及执行器饱和时，想要对切换系统的性能分析就变得更为困难。因此，这方面的研究成果还不多见。

本章针对以上几个问题，研究了非线性饱和切换系统的非脆弱 L_2– 增益控制问题。本章共分为两个部分。

第一部分的工作内容是基于多李雅普诺夫函数方法对同时拥有控制器摄动和执行器饱和的非线性切换系统展开研究工作，对其受外部干扰时的最大容许干扰问题，L_2– 增益以及非脆弱控制器设计问题进行研究。第一步首先基于多李雅普诺夫函数方法针对同时具有控制器摄动和执行器饱和的非线性切换系统，分析其在受到外部干扰作用时，系统的状态轨迹有界性，并通过严谨的证明得出系统的状态轨迹在系统运行的全过程中均位于一个有界的集合的充分条件，这个有界集合的大小与系统的容许干扰能力值有关。然后将系统容许干扰能力的估计问题转化为一个凸约束优化问题。第二步首先证明系统的 L_2– 增益有界的充分条件，然后给出转化为优化问题形式的 L_2– 增益的求解方法，最后将求解 L_2– 增益的优化问题中的不等式以及约束条件转化为线性矩阵不等式形式。第三步将控制器增益矩阵视为可设计的变量，首先通过求解优化问题来获得系统的最大容许干扰能力 β^*，再将系统的最大容许干扰值代入求解系统的受限 L_2– 增益最小上界的优化问题中可以求得系统的受限 L_2– 增益最小上界，当两个优化问题都有解时，则可以得到对应的状态反馈增益矩阵。最后将本章节的研究成果应用到一个数值仿真例子中，使用仿真软件获取部分系统参数的变化曲线图，通过这些参数的变化情况来证明本章节所提方法的正确性和有效性。

第二部分工作内容是基于最小驻留时间方法对同时具有控制器摄动和执行器饱和的非线性切换系统展开研究，在对其受外部干扰时的最大容许干扰问题，L_2– 增益以及非脆弱控制器设计问题进行研究。第一步研究工作包括如下几点：先给出了系统指数稳定的证明，然后证明了在每个切换时刻被激活的新的子系统都是满足饱和非线性处理条件，再通过证明得出系统的状态轨迹有界的充分条件，最后将系统容许干扰能力的估计问题转化为一个凸约束优化问题。第二步研究工作基于最小驻留时间方法对同时具有控制器摄动以及执行器饱和的非线性切换系统的具有权重系数的 L_2- 增益进行分析并将求解系统的 L_2- 增益最小上界问题转化为一个优化问题。第三步将控制器增益矩阵视为可设计的变量，通过前两步中的两个优化问题求解，获得系统的最大容许干扰能力 β^* 以及系统的加权 L_2- 增益最小上界，当两个优化问题都有解时，则可以得到对应的状态反馈增益矩阵。第四步将本章节的研究成果应用到一个数值仿真例子中，使用仿真软件获取部分系统参数的变化曲线图，通过这些参数的变化情况来证明本章节所提方法的正确性和有效性。

2.2 基于多Lyapunov函数方法的饱和非线性切换系统 L_2-增益分析与非脆弱控制器设计

2.2.1 问题描述与预备知识

考虑如下切换系统：

$$\begin{cases} \dot{x} = A_\sigma x + B_\sigma \mathrm{sat}(u_\sigma) + D_\sigma f_\sigma(x) + E_\sigma w, \\ z = C_\sigma x, \end{cases} \tag{2.1}$$

式中各个字符的定义如下：A_σ，B_σ，C_σ，D_σ，E_σ均为常数矩阵，$x \in \mathrm{R}^n$为系统状态，$u_\sigma \in \mathrm{R}^m$为控制输入，$f_\sigma(x)$表示一个具有非线性性质的未知函数，$z \in \mathrm{R}^p$为被控输出。

对于切换系统来说，系统的 L_2- 增益可以为评估系统的鲁棒性，抗扰动性等系统性能提供一种有效的参考指标，所以系统（2.1）的干扰抑制能力可以用 L_2- 增益来衡量。一般来说，关于切换系统的干扰抑制方面的主要研究工作是寻找包含原点的邻域，使得所有始于原点的系统轨迹均处于一个有界邻域中，则当干扰存在时，系统仍保持稳定，系统的状态轨迹虽然会在干扰的作用下发生改变，但不会到达这个邻域以外，而且要在满足条件的基础上获得最小的邻域。但是任何系统都不可能做到在任何种类、任意大小的干扰作用下都保持稳定，当外部干扰大到一定程度时，无论对系统设计何种控制方法，其状态轨迹都会最终趋向于无穷，此时再进行系统抗干扰能力的分析就变得没有任何意

义。所以在进行系统的干扰抑制能力方面的研究时必须基于一个有界的干扰集合，因此，做出如下规定[140]

$$W_\beta^2 := \left\{ w : \mathrm{R}_+ \to \mathrm{R}^q : \int_0^\infty w^{\mathrm{T}}(t) w(t) dt \le \beta \right\}, \tag{2.2}$$

式（2.2）中的β是一个正数，通过式（2.2）可以看出系统的容许干扰能力与β的大小息息相关。$\sigma:[0,\infty)\to I_N=\{1,\cdots,N\}$为系统的切换信号；当$\sigma=i$时则表示切换系统中的第$i$个子系统处于激活状态。$\mathrm{sat}:\mathrm{R}^m\to\mathrm{R}^m$为标准的向量值饱和函数，其定义如（2.3）所示：

$$\begin{cases} \mathrm{sat}(u_i) = \left[\mathrm{sat}(u_i^1),\ \cdots,\ \mathrm{sat}(u_i^m) \right]^{\mathrm{T}}, \\ \mathrm{sat}(u_i^j) = \mathrm{sign}(u_i^j) \min\left\{1,\ \left|u_i^j\right|\right\}, \\ \forall j \in Q_m = \left\{1,\ \cdots,\ m\right\}. \end{cases} \tag{2.3}$$

对系统（2.1）做如下假设：

假设 2.1[249] 对于$x\in\mathrm{R}^n$，存在 N 个已知常数阵N_{1i}，当$\sigma=i$时，使得式（2.1）中的$f_i(x)$满足如下条件：

$$\| f_i(x) \| \le \| N_{1i} x \|. \tag{2.4}$$

考虑带有如下形式增益摄动的非脆弱控制器：

$$u_i = (k_i + \Delta k_i) x. \tag{2.5}$$

其中，$\Delta k_i = H_i F_i(t) G_i$，$F_i(t)^{\mathrm{T}} F_i(t) \le I$，

则切换系统（2.1）可以表示为：

$$\begin{cases} \dot{x} = A_i x + B_i \mathrm{sat}(k_i + \Delta k_i) x + D_i f_i(x) + E_i w, \\ z = C_i x. \end{cases} \tag{2.6}$$

如前文所述，系统的L_2– 增益可以为评估系统的鲁棒性，抗扰动性等系统性能提供一种有效的参考指标，但是对于带有执行器饱和的系统通常仅可以得到受限的L_2– 增益。因此给出如下定义

定义 2.1[187] 当给定$\gamma>0$，如果存在切换信号σ，满足初始状态$x(0)=0$以及非零$w\in W_\beta^2$，使得不等式

$$\int_0^\infty z^{\mathrm{T}}(t) z(t) dt < \gamma^2 \int_0^\infty w^{\mathrm{T}}(t) w(t) dt, \tag{2.7}$$

成立，则系统（2.6）从干扰输入$w(t)$到控制输出$z(t)$的L_2–增益小于γ。

对于正定矩阵$P\in\mathrm{R}^{n\times n}$，定义如下的椭球体$\Omega$：

$$\Omega(P,\ \beta)=\left\{x\in \mathrm{R}^n : x^{\mathrm{T}}Px\le \beta,\ \beta>0\right\}. \tag{2.8}$$

用F^j表示矩阵$F\in \mathrm{R}^{m\times n}$的第$j$行，定义一个对称多面体，用$L$来表示：

$$L(F)=\left\{x\in \mathrm{R}^n : |F^j x|\le 1, j\in Q_m\right\}. \tag{2.9}$$

在此定义一个m行m列的对角矩阵，用D来表示它，对角矩阵D的所有对角元素均为0或1，因此，共有2^m个元素在矩阵D中，假设其中的每一个元素被标记为：$D_s,\ s\in Q=\{1,2,\cdots,2^m\}$，所以有$D_s^-=I-D_s\in D$.

引理 2.1[130] 给定矩阵$F,H\in \mathrm{R}^{m\times n}$，对于$x\in \mathrm{R}^n$，如果满足$x\in L(H)$，则有

$$\mathrm{sat}(Fx)\in \mathrm{co}\left\{D_sFx+D_s^-Hx, s\in Q\right\}, \tag{2.10}$$

其中，co{}表示一个集合的凸包。因此，相应的$\mathrm{sat}(Fx)$可表示为

$$\mathrm{sat}(Fx)=\sum_{s=1}^{2^m}\eta_s(D_sF+D_s^-H)x, \tag{2.11}$$

其中，η_s是状态x的函数，并且有

$$\sum_{s=1}^{2^m}\eta_s=1, 0\le \eta_s\le 1\ . \tag{2.12}$$

引理 2.2[250] 给定任意常数$\lambda>0$，任意具有相容维数的矩阵M,Γ,U，则对所有的$x\in \mathrm{R}^n$，有

$$2x^{\mathrm{T}}M\Gamma Ux\le \lambda x^{\mathrm{T}}MM^{\mathrm{T}}x+\lambda^{-1}x^{\mathrm{T}}U^{\mathrm{T}}Ux, \tag{2.13}$$

其中，Γ为满足$\Gamma^{\mathrm{T}}\Gamma\le I$的不确定阵。

引理 2.3[251] 对于分块矩阵：$S=S^{\mathrm{T}}\in \mathrm{R}^{(n+q)\times(n+q)}$.

$$S=\begin{bmatrix} S_{11} & S_{12}\\ S_{21} & S_{22}\end{bmatrix}. \tag{2.11}$$

其中，$S_{11}\in \mathrm{R}^{n\times n}, S_{12}=S_{21}^{\mathrm{T}}\in \mathrm{R}^{n\times q}, S_{22}\in \mathrm{R}^{q\times q}$. 则以下三个条件等价：

(1) $S<0$;

(2) $S_{11}<0,\ S_{22}-S_{12}^{\mathrm{T}}S_{11}^{-1}S_{12}<0$;

(3) $S_{22}<0,\ S_{11}-S_{12}S_{22}^{-1}S_{12}^{\mathrm{T}}<0$。

将$S_{22}-S_{12}^{\mathrm{T}}S_{11}^{-1}S_{12}$称为$S_{11}$在$S$中的 Schur 补。

2.2.2 系统容许干扰分析

在这一小节中，首先基于多 Lyapunov 函数方法通过证明得到了能够保证闭环系统（2.6）始于原点的状态轨迹能够被一个有界集合完全包含在内的充分条

件，然后提出一种获得系统（2.6）的容许干扰能力的方法，最后将这种方法转化为一个优化问题。

定理 2.1 如果存在实数 $\beta_{ir} \geq 0$，正定对称矩阵 P_i，矩阵 N_i 以及正实数 λ_i，使下列矩阵不等式成立：

$$\begin{aligned}&\left[A_i + B_i(D_s k_i + D_s^- N_i)\right]^{\mathrm{T}} P_i + P_i\left[A_i + B_i(D_s k_i + D_s^- N_i)\right] + \\&\lambda_i P_i B_i H_i H_i^{\mathrm{T}} B_i^{\mathrm{T}} P_i + \lambda_i^{-1} G_i G_i^{\mathrm{T}} + \lambda_i P_i D_i D_i^{\mathrm{T}} P_i + \lambda_i^{-1} N_{1i} N_{1i}^{\mathrm{T}} + P_i E_i E_i^{\mathrm{T}} P_i + \\&\sum_{r=1,\, r\neq i}^{N} \beta_{ir}(P_r - P_i) < 0,\ i \in I_N,\ s \in Q,\end{aligned} \tag{2.14}$$

并且使椭球体 Ω 与多面体 L 之间满足如下关系

$$\Omega(P_i,\ \beta) \cap \Phi_i \subset L(N_i), \tag{2.15}$$

其中

$$\Phi_i = \{x \in \mathrm{R}^n : x^{\mathrm{T}}(P_r - P_i)x \geq 0, \forall r \in I_N, r \neq i\}, \tag{2.16}$$

那么，对于 $\forall w \in W_\beta^2$,闭环系统（2.6）从原点出发的状态轨迹始终保持在有界集合 $\bigcup_{i=1}^{N}\left(\Omega(P_i, \beta) \cap \Phi_i\right)$ 内，对应的状态依赖型切换律设计为

$$\sigma = \arg\min\left\{x^{\mathrm{T}} P_i x, i \in I_N\right\}. \tag{2.17}$$

证明 根据引理 2.1，对任意 $x \in \Omega(P_i, \beta) \cap \Phi_i \subset L(N_i)$，可得

$$\mathrm{sat}(k_i + H_i F_i(t) G_i)x \in \mathrm{co}\{D_s[k_i + H_i F_i(t) G_i]x + D_s^{\,-} N_i x, s \in Q\}. \tag{2.18}$$

对闭环系统（2.6）选取 Lyapunov 函数：

$$V(x) = V_\sigma(x) = x^{\mathrm{T}} P_\sigma x. \tag{2.19}$$

当 $\sigma = i$ 时，对于任意 $x \in \Omega(P_i, \beta) \cap \Phi_i \subset L(N_i)$，$V_i(x)$ 沿闭环系统（2.6）的轨迹关于时间的导数，为

$$\begin{aligned}\dot{V}_i(x) &= \dot{x}^{\mathrm{T}} P_i x + x^{\mathrm{T}} P_i \dot{x} \\&= \sum_{S=1}^{2^m} \eta_{is}\, 2[(A_i + B_i D_s k_i + B_i D_s H_i F_i(t) G_i) + D_s^{\,-} N_i)^{\mathrm{T}} + f_i^{\mathrm{T}} D_i^{\mathrm{T}} + w^{\mathrm{T}} E_i^{\mathrm{T}}] P_i x \\&\leq \max_{s\in Q} 2x^{\mathrm{T}}[P_i(A_i + B_i D_s k_i x + B_i D_s^- N_i)x + P_i B_i H_i F_i(t) G_i x + P_i D_i f_i(x) \\&\quad + P_i E_i w].\end{aligned} \tag{2.20}$$

根据引理 2.2、假设 2.1 以及切换律（2.17），可得

$$\begin{aligned}\dot{V}_i(x) \le \max_{s\in Q} x^{\mathrm{T}} \Big\{ &\left[A_i + B_i(D_s k_i + D_s^- N_i)\right]^{\mathrm{T}} P_i + P_i\left[A_i + B_i(D_s k_i + D_s^- N_i)\right] \\ &+ \lambda_i P_i B_i H_i H_i^{\mathrm{T}} B_i^{\mathrm{T}} P_i + \lambda_i^{-1} G_i^{\mathrm{T}} G_i + \lambda_i P_i D_i D_i^{\mathrm{T}} P_i + \lambda_i^{-1} N_{1i}^{\mathrm{T}} N_{1i} \\ &+ P_i E_i E_i^{\mathrm{T}} P_i \Big\} x + w^{\mathrm{T}} w \\ < w^{\mathrm{T}} w.\end{aligned} \tag{2.21}$$

考虑$V(x)$作为闭环系统（2.6）的 Lyapunov 函数，因此有

$$\dot{V} < w^{\mathrm{T}} w, \forall x \in \bigcup_{i=1}^{N} (\Omega(P_i, \beta) \cap \Phi_i). \tag{2.22}$$

对式（2.22）两边从$t_0 = 0$至$t_0 = t$同时进行积分，可得

$$\sum_{k\in Z^+} \int_{t_k}^{t_{k+1}} \dot{V}_{i_k} d\tau < \sum_{k\in Z^+} \int_{t_k}^{t_{k+1}} w^{\mathrm{T}} w d\tau. \tag{2.23}$$

根据切换律

$$\sigma = \arg\min \left\{ x^{\mathrm{T}} P_i x, i \in I_N \right\}, \tag{2.24}$$

在切换时刻$t_k (k \in Z^+)$有

$$V_i(x(t_k)) = V_j(x(t_k)),\ i, j \in I_N,\ i \ne j\ . \tag{2.25}$$

因此可得

$$V(x(t)) \le V(x(0)) + \int_0^t w^T w d\tau. \tag{2.26}$$

又因为$x(0) = 0$，$\int_0^{\infty} w^{\mathrm{T}} w dt \le \beta$，

所以可得：

$$V(x(t)) \le \beta. \tag{2.27}$$

式（2.27）表明了闭环系统（2.6）始于原点的状态轨线不会超出有界集合$\bigcup_{i=1}^{N} (\Omega(P_i, \beta) \cap \Phi_i)$的范围。

证毕。

从（2.2）中可以看出，式（2.27）中标量β的大小能够反映系统的容许干扰的能力，β的值越大则系统的抗干扰能力越强。因此，需要找到满足条件的β的最大值β^*来描述系统的最大容许干扰能力。根据定理 2.1，可通对下面的优化问题进行求解获得系统（2.6）的最大容许干扰水平β^*：

$$
\begin{aligned}
&\sup_{P_i, N_i, \beta_{ir}, \lambda_i} \beta, \\
&\text{s.t.}(a) \text{ inequality} (2.14), i \in I_N, s \in Q, \\
&\quad (b) \Omega(P_i, \beta) \cap \Phi_i \subset L(N_i), i \in I_N.
\end{aligned} \tag{2.28}
$$

首先令 $P_i^{-1} = X_i$，$N_i X_i = M_i$，然后在式（2.14）的两端分别左乘和右乘矩阵$\boldsymbol{P}_i^{-1}$并且结合引理 2.3 的方法，可将式（2.14）转化为如下 LMI 形式

$$
\begin{bmatrix}
\Psi_{is11} & * & * & * & * & * \\
G_i X_i & -\lambda_i I & * & * & * & * \\
N_{1i} X_i & 0 & -\lambda_i I & * & * & * \\
X_i & 0 & 0 & -\beta_{i1}^{-1} X_1 & * & * \\
\vdots & 0 & 0 & 0 & \ddots & * \\
X_i & 0 & 0 & 0 & 0 & -\beta_{iN}^{-1} X_N
\end{bmatrix} < 0, \tag{2.29}
$$

其中，

$$
\begin{aligned}
\Psi_{is11} = &A_i X_i + X_i A_i^{\mathrm{T}} + B_i (D_s k_i X_i + D_s^- M_i) + (D_s K_i X_i + D_s^- M_i)^{\mathrm{T}} B_i^{\mathrm{T}} \\
&+ \lambda_i B_i H_i H_i^{\mathrm{T}} B_i^{\mathrm{T}} + \lambda_i D_i D_i^{\mathrm{T}} + E_i E_i^{\mathrm{T}} - \sum_{r=1, r\neq i}^{N} \beta_{ir} X_i.
\end{aligned} \tag{2.30}
$$

令$\beta^{-1} = \varepsilon$，约束条件$\Omega(P_i, \beta) \cap \Phi_i \subset L(N_i)$可用如下矩阵不等式表示：

$$
\begin{bmatrix}
\varepsilon & N_i^j \\
* & P_i - \sum_{r=1, r\neq i}^{N} \delta_{ir} (P_r - P_i)
\end{bmatrix} \geq 0, \tag{2.31}
$$

其中，N_i^j为矩阵N_i的第J行，$\delta_{ir} > 0$，$P_i - \sum_{r-1, r\neq i}^{N} \delta_{ir} (P_r - P_i) > 0$.

令$T_i = P_i - \sum_{r=1, r\neq i}^{N} \delta_{ir} (P_r - P_i)$，可得

$$
x^{\mathrm{T}} T_i x \leq \varepsilon^{-1}. \tag{2.32}
$$

由引理 2.3、式（2.31）可得

$$
N_i^{j\mathrm{T}} \varepsilon^{-1} N_i^j \leq T_i. \tag{2.33}
$$

所以，由式（2.32）、式（2.33）可得

$$
x^{\mathrm{T}} N_i^{j\mathrm{T}} \varepsilon^{-1} N_i^j x \leq x^{\mathrm{T}} T_i x \leq \varepsilon^{-1}. \tag{2.34}
$$

进而可得

$$
x^{\mathrm{T}} N_i^{j\mathrm{T}} N_i^j x \leq 1. \tag{2.35}
$$

最终可以得到

$$\left|N_i^j x\right| \le 1 . \tag{2.36}$$

式（2.36）表明约束条件（2.15）可以由不等式（2.31）表达。

将（2.31）转化为LMI形式，可得

$$\begin{bmatrix} X_i + \sum\limits_{r=1, r\neq i}^{N} \delta_{ir} X_i & * & * & * & * \\ M_i^j & \varepsilon & * & * & * \\ X_i & 0 & \delta_{i1}^{-1} X_1 & * & * \\ X_i & 0 & 0 & \ddots & * \\ X_i & 0 & 0 & 0 & \delta_{iN}^{-1} X_N \end{bmatrix} \ge 0, \tag{2.37}$$

其中，M_i^j表示矩阵M_i的第j行。

最终，可以用下面的优化问题获得系统（2.6）的最大容许干扰能力值。

$$\begin{aligned} &\inf_{X_i, M_i, \beta_{ir}, \lambda_i, \delta_{ir}} \varepsilon, \\ &\text{s.t.}\,(a)\ \text{inequality}\,(2.29), i \in I_N, s \in Q, \\ &\quad (b)\ \text{inequality}\,(2.37), i \in I_N, j \in Q_m. \end{aligned} \tag{2.38}$$

2.2.3 L_2–增益分析

在这一小节中，在状态反馈控制律已给出的情况下，根据上一小节的方法计算出系统（2.6）的最大容许干扰能力，在系统（2.6）的容许干扰不超过其最大值的条件下，首先通过证明得到系统（2.6）存在受限L_2–增益的充分条件，然后给出了求解系统（2.6）的受限L_2–增益上界的最小值的方法。

定理 2.2 给定一个具体的能够反映系统的容许干扰的能力的正常数β，其值不超过闭环系统（2.6）的最大容许干扰水平β^*，如果存在正定对称矩阵P_i，实数$\beta_{ir} \ge 0$，$\gamma > 0$，矩阵N_i以及正实数λ_i，能够使下列矩阵不等式成立：

$$\begin{aligned} &\left[A_i + B_i(D_s k_i + D_s^- N_i)\right]^{\mathrm{T}} P_i + P_i\left[A_i + B_i(D_s k_i + D_s^- N_i)\right] + \\ &\lambda_i P_i B_i H_i H_i^{\mathrm{T}} B_i^{\mathrm{T}} P_i + \lambda_i^{-1} G_i^{\mathrm{T}} G_i + \lambda_i P_i D_i D_i^{\mathrm{T}} P_i + \lambda_i^{-1} N_{1i}^{\mathrm{T}} N_{1i} + P_i E_i E_i^{\mathrm{T}} P_i \\ &+\gamma^{-2} C_i^{\mathrm{T}} C_i + \sum_{r=1, r\neq i}^{N} \beta_{ir}(P_r - P_i) < 0,\ i \in I_N,\ s \in Q. \end{aligned} \tag{2.39}$$

并且使椭球体Ω与多面体L之间满足如下关系

$$\Omega(P_i, \beta) \cap \Phi_i \subset L(N_i)\ , \tag{2.40}$$

其中，

$$\Phi_i = \left\{ x \in \mathrm{R}^n : x^{\mathrm{T}} (P_r - P_i) x \ge 0, \forall r \in I_N, r \ne i \right\}, \tag{2.41}$$

则在切换律

$$\sigma = \arg\min \left\{ x^{\mathrm{T}} P_i x, i \in I_N \right\} \tag{2.42}$$

的作用下，对所有$w \in W_\beta^2$,闭环系统（2.6）从 w 到 z 的受限L_2–增益$<\gamma$。

证明 选取 Lyapunov 函数为

$$V(x) = V_\sigma(x) = x^{\mathrm{T}} P_\sigma x. \tag{2.43}$$

当$\sigma = i$时，对于$\forall x \in \Omega(P_i, \beta) \cap \Phi_i \subset L(N_i)$，$V_i(x)$沿闭环系统（2.6）的轨迹关于时间的导数满足如下不等式：

$$\begin{aligned}
\dot{V}_i(x) &= \dot{x}^{\mathrm{T}} P_i x + x^{\mathrm{T}} P_i \dot{x} \\
&= \sum_{S=1}^{2^m} \eta_{is} 2[(A_i + B_i D_s k_i + B_i D_s H_i F_i(t) G_i) \\
&\quad + D_s^- N_i)^{\mathrm{T}} + f_i^{\mathrm{T}} D_i^{\mathrm{T}} + w^{\mathrm{T}} E_i^{\mathrm{T}}] P_i x \\
&\le \max_{s \in Q} 2x^{\mathrm{T}} [P_i (A_i + B_i D_s k_i x + B_i D_s^- N_i) x \\
&\quad + P_i B_i H_i F_i(t) G_i x + P_i D_i f_i(x) + P_i E_i w] \ .
\end{aligned} \tag{2.44}$$

根据引理 2.2、假设 2.1 以及切换律（2.42），可得

$$\begin{aligned}
\dot{V}_i(x) \le \max_{s \in Q} x^{\mathrm{T}} &\left\{ \left[A_i + B_i (D_s k_i + D_s^- N_i) \right]^{\mathrm{T}} P_i + P_i \left[A_i + B_i (D_s k_i + D_s^- N_i) \right] + \lambda_i P_i \right. \\
&\left. B_i H_i H_i^{\mathrm{T}} B_i^{\mathrm{T}} P_i + \lambda_i^{-1} G_i^{\mathrm{T}} G_i + \lambda_i P_i D_i D_i^{\mathrm{T}} P_i + \lambda_i^{-1} N_{1i}^{\mathrm{T}} N_{1i} + P_i E_i E_i^{\mathrm{T}} P_i \right\} x + w^{\mathrm{T}} w \\
&< -\gamma^{-2} x^{\mathrm{T}} C_i^{\mathrm{T}} C +_i w^{\mathrm{T}} w.
\end{aligned} \tag{2.45}$$

将$V(x)$作为（2.6）的李雅普诺夫函数，可得

$$\dot{V} < -\gamma^{-2} z^{\mathrm{T}} z + w^{\mathrm{T}} w, \forall x \in \bigcup_{i=1}^{N} (\Omega(P_i, \beta) \cap \Phi_i). \tag{2.46}$$

对式（2.46）两侧同时从$t_0 = 0$至∞进行积分，可得

$$\sum_{k \in Z^+} \int_{t_k}^{t_{k+1}} \dot{V}_{i_k} dt < \sum_{k \in Z^+} \int_{t_k}^{t_{k+1}} (-\gamma^{-2} z^{\mathrm{T}} z + w^{\mathrm{T}} w) dt. \tag{2.47}$$

又由于$x(0) = 0$，$V(x(\infty)) \ge 0$，所以有

$$\int_0^\infty z^{\mathrm{T}} z dt < \gamma^2 \int_0^\infty w^{\mathrm{T}} w dt. \tag{2.48}$$

不等式（2.48）中描述的不等关系表明，对于所有的$w \in W_\beta^2$，闭环系统（2.6）从w到z的受限L_2 – 增益小于γ。

证毕。

根据定理 2.2，对每个给定的大于零且不大于闭环系统（2.6）的最大容许干扰水平β^*的常数β，闭环系统（2.6）受限L_2－增益的最小上界γ可通过解下面的优化问题获得。

$$
\begin{aligned}
&\inf_{P_i, N_i, \beta_{ir}, \lambda_i} \gamma^2, \\
&\text{s.t.}\,(a)\,\text{inequality}\,(2.39), i \in I_N, s \in Q, \\
&\qquad (b)\,\Omega(P_i, \beta) \bigcap \Phi_i \subset L(N_i), i \in I_N.
\end{aligned}
\tag{2.49}
$$

为了将优化问题（2.49）转化为带有线性矩阵不等式约束的优化问题，对不等式（2.39）使用前文中将优化问题（2.28）处理为优化问题（2.38）的方法，可将（2.39）等价转化为下式：

$$
\begin{bmatrix}
\begin{array}{l}
A_i X_i + X_i A_i^{\mathrm{T}} + B_i(\\
D_s k_i X_i + D_s^- M_i) + \\
(D_s k_i X_i + D_s^- M_i)^{\mathrm{T}} B_i^{\mathrm{T}} \\
+\lambda_i B_i H_i H_i^{\square} B_i \ +\lambda_i D_i D_i \\
+E_i E_i^{\mathrm{T}} - \sum\limits_{r=1, r\neq i}^{N} \beta_{ir} X_i
\end{array} & * & * & * & * & * & * \\
G_i X_i & -\lambda_i I & * & * & * & * & * \\
N_{1i} X_i & 0 & -\lambda_i I & * & * & * & * \\
X_i & 0 & 0 & -\beta_{i1}^{-1} X_1 & * & * & * \\
\vdots & 0 & 0 & 0 & \ddots & * & * \\
X_i & \vdots & \vdots & \vdots & 0 & -\beta_{iN}^{-1} X_N & * \\
C_i X_i & 0 & 0 & 0 & \cdots & 0 & -\zeta I
\end{bmatrix} < 0 . \tag{2.50}
$$

其中$\zeta = \gamma^2$。

约束条件可以由以下矩阵不等式保证：

$$
\begin{bmatrix}
X_i + \sum\limits_{r=1, r\neq i}^{N} \delta_{ir} X_i & * & * & * & * \\
M_i^j & \beta^{-1} & * & * & * \\
X_i & 0 & \delta_{i1}^{-1} X_1 & * & * \\
X_i & 0 & 0 & \ddots & * \\
X_i & 0 & 0 & 0 & \delta_{iN}^{-1} X_N
\end{bmatrix} \geq 0. \tag{2.51}
$$

那么，优化问题（2.49）可以转化为如下优化问题：

$$
\begin{aligned}
&\inf_{X_i, M_i, \beta_{ir}, \lambda_i, \delta_{ir}} \zeta, \\
&\text{s.t.}\,(a)\,\text{inequality}\,(2.50), i \in I_N, s \in Q, \\
&\quad (b)\,\text{inequality}\,(2.51), i \in I_N, j \in Q_m.
\end{aligned} \tag{2.52}
$$

2.2.4　非脆弱控制器设计与优化

当控制器增益矩阵为可设计的变量时，系统的最大容许干扰指标 β 的最优值可以通过对如下的优化问题进行求解来获得：

$$
\begin{aligned}
&\inf_{X_i, M_i, F_{1i}\, \beta_{ir}, \lambda_i, \delta_{ir}} \varepsilon, \\
&\text{s.t.}\ (a) \begin{bmatrix} \amalg_{isi} & * & * & * & * & * \\ G_i X_i & -\lambda_i I & * & * & * & * \\ N_{1i} X_i & 0 & -\lambda_i I & * & * & * \\ X_i & 0 & 0 & -\beta_{i1}^{-1} X_1 & * & * \\ \vdots & \vdots & \vdots & 0 & \ddots & * \\ X_i & 0 & 0 & 0 & \cdots & -\beta_{iN}^{-1} X_N \end{bmatrix} < 0, \\
&\quad i \in I_N, s \in Q, \\
&\quad (b)\,\text{inequality}\,(2.37), i \in I_N, j \in Q_m,
\end{aligned} \tag{2.53}
$$

其中，

$$
\begin{aligned}
\amalg_{is1} &= A_i X_i + X_i A_i^{\mathrm{T}} + B_i (D_s F_{1i} + D_s^- M_i) + (D_s F_{1i} + D_s^- M_i)^{\mathrm{T}} B_i^{\mathrm{T}} \\
&+ \lambda_i B_i H_i H_i^{\mathrm{T}} B_i^{\mathrm{T}} + \lambda_i D_i D_i^{\mathrm{T}} + E_i E_i^{\mathrm{T}} - \sum_{r=1, r\neq i}^{N} \beta_{ir} X_i, k_i X_i = F_{1i}.
\end{aligned} \tag{2.54}
$$

在通过求解优化问题得到最大容许干扰能力最优值 β^* 后，对于每个给定的不超过最优值 β^* 的 β，估计闭环系统（3.6）的受限 L_2 – 增益的最小上界 γ 可通过如下优化问题解得。

$$
\begin{aligned}
&\inf_{X_i, M_i, F_{1i}, \beta_{ir}, \lambda_i, \delta_{ir}} \zeta, \\
&\text{s.t.}\ (a) \begin{bmatrix} \Pi_{is1} & * & * & * & * & * & * \\ G_i X_i & -\lambda_i I & * & * & * & * & * \\ N_{1i} X_i & 0 & -\lambda_i I & * & * & * & * \\ X_i & 0 & 0 & -\beta_{i1}^{-1} X_1 & * & * & * \\ \vdots & 0 & 0 & 0 & \ddots & * & * \\ X_i & \vdots & \vdots & \vdots & 0 & -\beta_{iN}^{-1} X_N & * \\ C_i X_i & 0 & 0 & 0 & \cdots & 0 & -\zeta I \end{bmatrix} < 0, \\
&\qquad\qquad\qquad\qquad\qquad\qquad i \in I_N, s \in Q, \\
&\quad (b)\,\text{inequality}\,(2.51), i \in I_N, j \in Q_m,
\end{aligned} \tag{2.55}
$$

其中，$\zeta=\gamma^2$，

$\Pi_{is1}=A_iX_i+X_iA_i^{\mathrm T}+B_i(D_sF_{1i}+D_s^-M_i)+(D_sF_{1i}+D_s^-M_i)^{\mathrm T}B_i^{\mathrm T}+\lambda_iB_iH_iH_i^{\mathrm T}B_i^{\mathrm T}+$

$\lambda_iD_iD_i^{\mathrm T}+E_iE_i^{\mathrm T}-\sum\limits_{r=1,r\neq i}^{N}\beta_{ir}X_i,k_iX_i=F_{1i}$.

如果优化问题有解，则对应的非脆弱状态反馈增益矩阵 $k_i=F_{1i}X_i^{-1}$.

2.2.5 数值仿真

考虑如下非线性切换系统：

$$\begin{cases}\dot x=A_\sigma x+B_\sigma \mathrm{sat}(u_\sigma)+D_\sigma f_\sigma(x)+E_\sigma w,\\ z=C_\sigma x,\end{cases}\tag{2.56}$$

其中，$\sigma\in\{1,2\},x_0=\begin{bmatrix}0 & 0\end{bmatrix}^{\mathrm T}$，

$$A_1=\begin{bmatrix}-0.5 & -2\\ 0 & 0\end{bmatrix},A_2=\begin{bmatrix}1 & 0\\ 0 & 0.5\end{bmatrix},B_1=\begin{bmatrix}0\\ 1\end{bmatrix},B_2=\begin{bmatrix}0\\ 1\end{bmatrix},E_1=\begin{bmatrix}0.1\\ 0.1\end{bmatrix},E_2=\begin{bmatrix}0.1\\ 0.1\end{bmatrix},$$

$$C_1=\begin{bmatrix}1 & 1\end{bmatrix},C_2=\begin{bmatrix}1 & 1\end{bmatrix},D_1=\begin{bmatrix}0.1 & 0\\ 0 & 0.1\end{bmatrix},D_2=\begin{bmatrix}0.1 & 0\\ 0 & 0.1\end{bmatrix}H_1=\begin{bmatrix}0.1\\ 0\end{bmatrix},H_2=\begin{bmatrix}0\\ 0.1\end{bmatrix},$$

$$G_1=\begin{bmatrix}0.12 & 0\\ 0 & 0.11\end{bmatrix}G_2=\begin{bmatrix}0.1 & 0\\ 0 & 0.13\end{bmatrix},\quad N_{21}=\begin{bmatrix}0.08 & 0\\ 0 & 0.1\end{bmatrix}.$$

令 $\beta_1=\beta_2=10,\delta_1=\delta_2=1$，解得如下最优解：

$$\varepsilon^*=0.0323,\ \beta^*=30.9727,\ \lambda_1=60.1247,\ \lambda_2=58.9451,$$

$$X_1=\begin{bmatrix}12.7274 & 7.9207\\ 7.9207 & 16.1108\end{bmatrix},X_2=\begin{bmatrix}9.7287 & 5.8704\\ 5.8704 & 15.1803\end{bmatrix},$$

$$P_1=\begin{bmatrix}0.0562 & -0.0385\\ -0.0385 & 0.0579\end{bmatrix},P_2=\begin{bmatrix}0.1341 & -0.0518\\ -0.0518 & 0.0859\end{bmatrix},$$

$$N_1=\begin{bmatrix}1.6568 & -1.9391\end{bmatrix},N_2=\begin{bmatrix}1.5291 & -1.6475\end{bmatrix},$$

$$k_1=\begin{bmatrix}3.2441 & -3.9599\end{bmatrix},k_2=\begin{bmatrix}2.8006 & -3.4676\end{bmatrix}$$

将 $\beta^*=30.9727$ 代入优化问题中，解得闭环系统（2.56）的受限增益上界最小值 $\gamma^*=4.4452$。

对系统加入一个外部干扰输入 $w(t)=\sqrt{2\beta^*}e^{-t}$，可以得到部分系统参数变化图如图 2.1、图 2.2、图 2.3、图 2.4、图 2.6、图 2.6 所示：图 2.1 是切换系统

（2.56）的状态响应曲线图，从图 2.1 中可以看出非线性饱和切换系统（2.56）是渐近稳定的。

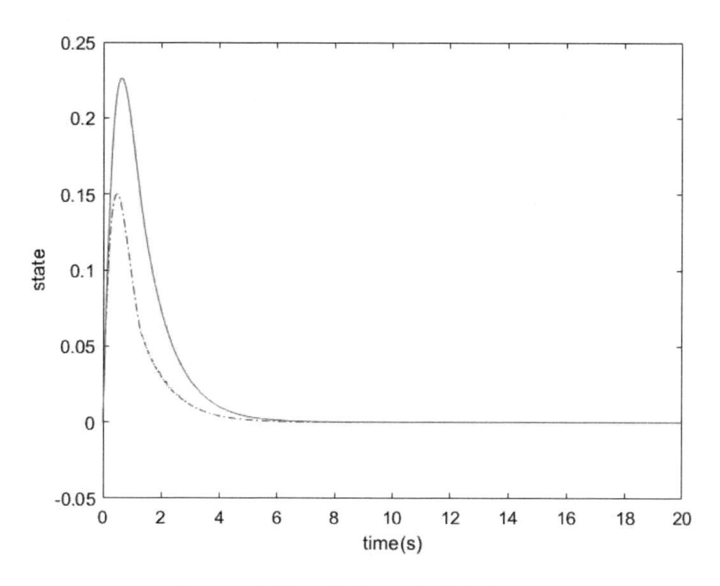

图2.1　切换系统（2.56）的状态响应

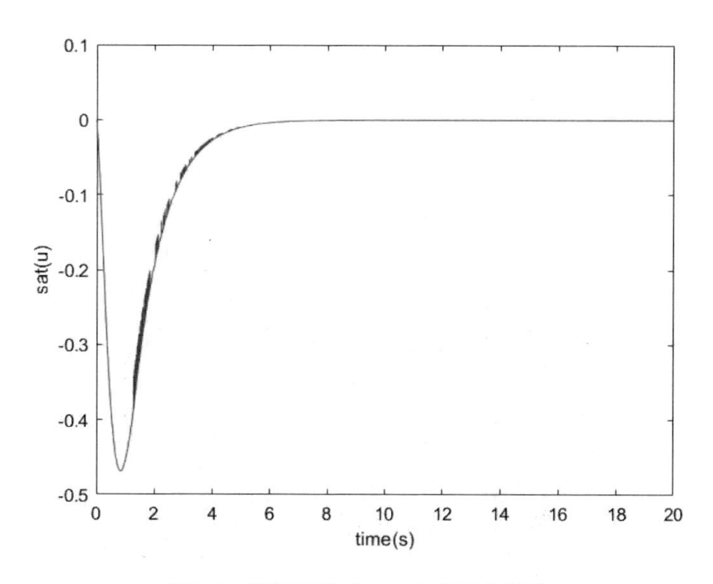

图2.2　切换系统（2.56）的输入信号

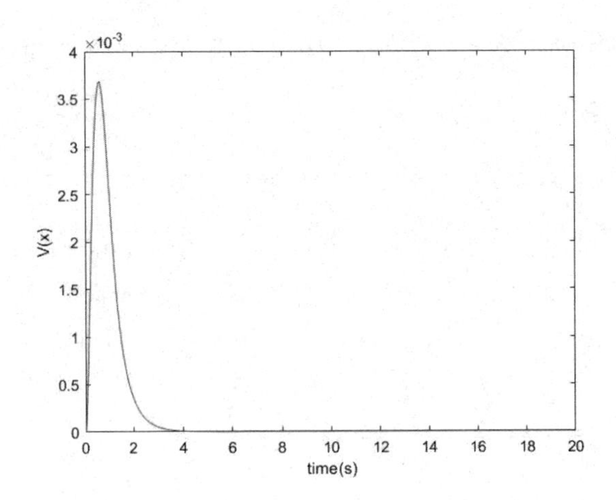

图2.3　切换系统（2.56）的Lyapunov函数值

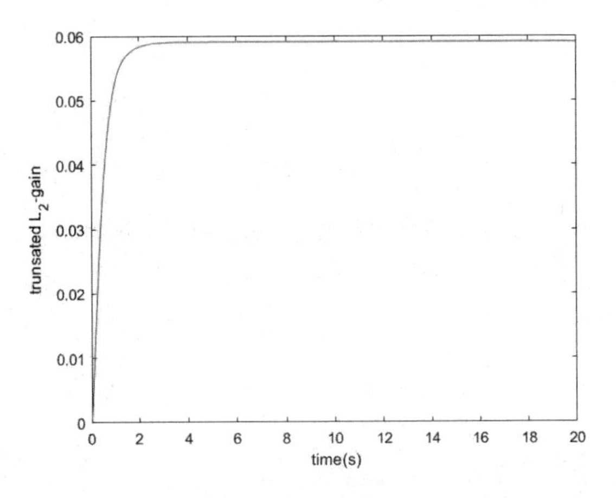

图2.4　切换系统（2.56）的截断L_2–增益

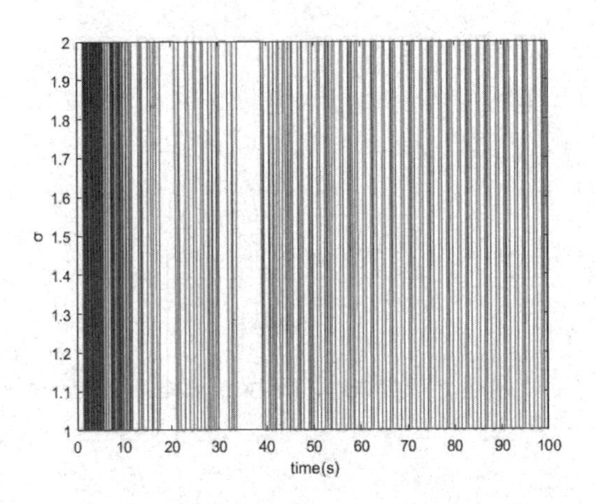

图2.5　切换系统（2.56）的切换信号

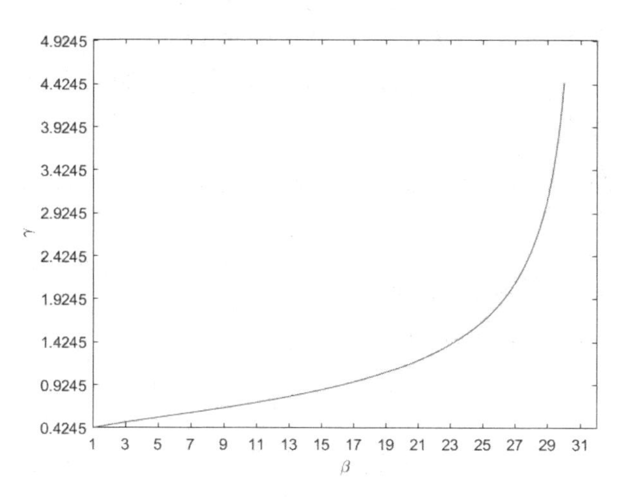

图2.6 对任意切换系统（2.56）的受限 L_2– 增益

图 2.2、图 2.3 分别是切换系统（2.56）的控制输入信号图、Lyapunov 函数值曲线图。通过图 2.3 可以看出，切换系统（2.56）运行的全程中系统的 Lyapunov 函数值始终小于 $\beta^*=30.9727$，这说明切换系统（2.56）从原点出发的状态轨迹始终位于有界集合 $\bigcup_{i=1}^{N}\left(\Omega(P_i,\beta)\bigcap\Phi_i\right)$ 内。

图 2.4 为系统（2.56）从系统运行初始时刻开始的一段时间内的截断 L_2 – 增益变化曲线，从中可以看出，切换系统（2.56）的截断 L_2– 增益始终小于 $\gamma^*=4.4452$。系统（2.56）的容许干扰水平 $\beta\in(0,\beta^*]$ 与其相应的受限 L_2 – 增益 γ 值的对应关系曲线如图 2.6 所示。

2.3　基于最小驻留时间方法的饱和非线性切换系统 L_2– 增益分析与非脆弱控制器设计

2.3.1　问题描述与预备知识

考虑如下的具有执行器饱和的非线性切换系统：

$$\begin{cases}\dot{x}=A_\sigma x+B_\sigma \mathrm{sat}(u_\sigma)+D_\sigma f_\sigma(x)+E_\sigma w,\\ z=C_\sigma x.\end{cases}\tag{2.57}$$

式（2.57）中，$x\in \mathrm{R}^n$ 为系统状态向量，$u_\sigma\in \mathrm{R}^m$ 为控制输入向量，$f_\sigma(x)$ 表示一个具有非线性性质的未知函数，满足假设 2.1。A_σ , B_σ , C_σ , D_σ , E_σ 为具有

适当维数的常数矩阵，$z\in \mathrm{R}^p$ 为被控输出；$\sigma:[0,\infty)\to I_N=\{1,\cdots,N\}$ 为切换信号；$\sigma=i$ 时第 i 个子系统被激活；$\mathrm{sat}:\mathrm{R}^m\to \mathrm{R}^m$ 为标准的向量值饱和函数，定义同上 2.2 节中描述。

考虑带有如下形式增益摄动的非脆弱控制器：

$$u_i=(k_i+\Delta k_i)x\ . \tag{2.58}$$

其中，$\Delta k_i=H_iF_i(t)G_i$，$F_i(t)^{\mathrm{T}}F_i(t)\le I$，

则相应的闭环系统可表示为

$$\begin{cases}\dot{x}=A_ix+B_i\mathrm{sat}(k_i+\Delta k_i)x+D_if_i(x)+E_iw,\\ z=C_ix.\end{cases} \tag{2.59}$$

定义 2.2[252] 对于切换信号 σ 和 $0\le\tau\le t$，$N_\sigma(\tau,t)$ 表示在时间段 (τ,t) 内切换的次数，如果存在 $N_0>0,\tau_a>0$，使得

$$N_\sigma(t,\tau)\le N_0+\frac{t-\tau}{\tau_a} \tag{2.60}$$

成立，则正数 τ_a 称为最小驻留时间，即每个子系统被激活时的最小停留时间，其中 N_0 称为抖振界，为了简化计算过程，此处取 $N_0=0$。

定义 2.3[253] 对于给定的常数 $\alpha>0,\gamma>0$，如果在零初始条件下，在切换信号 σ 作用下，使得下式

$$\int_0^\infty e^{-\alpha t}z^{\mathrm{T}}(t)z(t)dt\le\gamma^2\int_0^\infty w^{\mathrm{T}}(t)w(t)dt \tag{2.61}$$

中的不等关系成立，则系统（2.59）具有加权 L_2–增益。

2.3.2 扰动包容条件分析

在这一小节中，首先给出了系统（2.59）指数稳定的证明，然后证明了在每个切换时刻被激活的新的子系统都是满足饱和非线性处理条件，再通过证明得出系统（2.59）状态轨迹有界的充分条件，最后对系统（2.59）容许干扰能力进行分析。

定理 2.3 对于上述具有执行器饱和的非线性切换系统，如果存在正定对称矩阵，矩阵 N_i 以及正数 λ_i，正数 α_0 使得以下条件

$$\begin{aligned}&\left[A_i+B_i(D_sk_i+D_s^-N_i)\right]^{\mathrm{T}}P_i+P_i\left[A_i+B_i(D_sk_i+D_s^-N_i)\right]+\lambda_iP_iB_iH_iH_i^{\mathrm{T}}B_i^{\mathrm{T}}P_i\\&+\lambda_i^{-1}G_iG_i^{\mathrm{T}}+\lambda_iP_iD_iD_i^{\mathrm{T}}P_i+\lambda_i^{-1}N_{1i}N_{1i}^{\mathrm{T}}+P_iE_iE_i^{\mathrm{T}}P_i+2\alpha_0P_i<0,\ i\in I_N,\ s\in Q\end{aligned} \tag{2.62}$$

成立，并且满足

$$\Omega(P_i,\ \beta) \subset L(N_i), \tag{2.63}$$

其中，$P_i \le \mu P_j, \forall i, j \in I_N, \mu \ge 1$.

若上述条件成立，则对于任意满足最小驻留时间

$$\tau_a \ge \tau_a^* = \frac{\ln \mu}{2\alpha}, \alpha \in (0, \alpha_0) \tag{2.64}$$

的切换律，闭环系统是指数稳定的，并且从原点出发的状态轨迹将一直保持在集合 $\bigcup_{i=1}^{N}(\Omega(P_i, \beta))$ 内。

证明　根据引理 2.1，对任意 $x \in \Omega(P_i, \beta) \subset L(N_i)$ 可得

$$\text{sat}(k_i + H_i F_i(t) G_i) x \in \text{co}\{D_s[k_i + H_i F_i(t) G_i]x + D_s^- N_i(x), s \in Q\}. \tag{2.65}$$

所以可得

$$\begin{aligned} &A_i x + B_i \text{sat}[k_i + H_i F_i(t) G_i]x + D_i f_i(x) + E_i w \in \text{co}\{A_i x \\ &+ B_i[D_s(k_i + H_i F(t)_i G_i) + D_s^- N_i]x, s \in Q\}. \end{aligned} \tag{2.66}$$

对闭环系统（2.59）选取 Lyapunov 函数

$$V(x) = V_\sigma(x) = x^{\text{T}} P_\sigma x, \tag{2.67}$$

则有下式成立：

$$a\|x\|^2 \le V_i(x) \le b\|x\|^2, \tag{2.68}$$

其中，$a = \inf\limits_{i \in I_N} a_{\min}(P_i), b = \sup\limits_{i \in I_N} a_{\max}(P_i)$.

当 $\sigma = i$ 时，对于任意 $x \in \Omega(P_i, \beta) \subset L(N_i)$，$V_i(x)$ 沿闭环系统（2.59）的轨迹关于时间的导数为

$$\begin{aligned} \dot{V}_i(x) &= \dot{x}^{\text{T}} P_i x + x^{\text{T}} P_i \dot{x} \\ &= \sum_{S=1}^{2^m} \eta_{is} 2[(A_i + B_i D_s k_i + B_i D_s H_i F_i(t) G_i) + D_s^- N_i)^{\text{T}} + f_i^{\text{T}} D_i^{\text{T}} + w^{\text{T}} E_i^{\text{T}}] P_i x \\ &\le \max_{s \in Q} 2x^{\text{T}}[P_i(A_i + B_i D_s k_i x + B_i D_s^- N_i)x + P_i B_i H_i F_i(t) G_i x + P_i D_i f_i(x) + P_i E_i w]. \end{aligned} \tag{2.69}$$

根据引理 2.2 可得

$$2x^{\text{T}} P_i B_i H_i F_i(t) G_i x \le \lambda_i x^{\text{T}} P_i B_i H_i H_i^{\text{T}} B_i^{\text{T}} P_i x + \lambda_i^{-1} x^{\text{T}} G_i^{\text{T}} G_i x \tag{2.70}$$

以及

$$2x^{\text{T}} P_i E_i w \le x^{\text{T}} P_i E_i E_i^{\text{T}} P_i x + w^{\text{T}} w. \tag{2.71}$$

根据假设 2.1 可得

$$2x^{\mathrm{T}}P_iD_if_i(x)\le\lambda_ix^{\mathrm{T}}P_iD_iD_i^{\mathrm{T}}P_ix+\lambda_i^{-1}x^{\mathrm{T}}N_{1i}^{\mathrm{T}}N_{1i}x\text{ ,}\tag{2.72}$$

所以可得

$$\dot{V}_i+2a_0V_i-w^{\mathrm{T}}w<0\text{ .}\tag{2.73}$$

根据条件 $P_i\le\mu P_j$ 以及（2.73）可得

$$\begin{aligned}V(t)&\le V_i(t_k)e^{-2a_0(t-t_k)}+\int_{t_k}^{t}e^{-2a_0(t-\tau)}w^{\mathrm{T}}(\tau)w(\tau)d\tau\\&\le\mu V_j(t_k)e^{-2a_0(t-t_k)}+\int_{t_k}^{t}e^{-2a_0(t-\tau)}w^{\mathrm{T}}(\tau)w(\tau)d\tau\\&\le\mu[V_j(t_{k-1})e^{-2a_0(t_k-t_{k-1})}+\int_{t_{k-1}}^{t_k}e^{-2a_0(t-\tau)}w^{\mathrm{T}}(\tau)w(\tau)d\tau]e^{-2a_0(t-t_k)}\\&\quad+\int_{t_k}^{t}e^{-2a_0(t-\tau)}w^{\mathrm{T}}(\tau)w(\tau)d\tau\\&\le\cdots\\&\le\mu^ke^{-2a_0t}V(0)+\mu^k\int_{t_0}^{t_1}e^{-2a_0(t-\tau)}w^{\mathrm{T}}(\tau)w(\tau)d\tau+\cdots\\&\quad+\mu^0\int_{t_k}^{t}e^{-2a_0(t-\tau)}w^{\mathrm{T}}(\tau)w(\tau)d\tau\\&\le e^{-2a_0t+N_\sigma(t,0)\ln\mu}V(0)+\int_{t_0}^{t}e^{-2a_0(t-\tau)+N_\sigma(t,0)\ln\mu}w^{\mathrm{T}}(\tau)w(\tau)d\tau.\end{aligned}\tag{2.74}$$

由式（2.60）和式（2.74）可得

$$V(t)\le e^{-2a_0t+N_\sigma(t,0)\ln\mu}V(0)+\int_{t_0}^{t}e^{-2a_0(t-\tau)+\frac{t-\tau}{\tau_a}\ln\mu}w^T(\tau)w(\tau)d\tau\text{ ,}\tag{2.75}$$

由式（2.64）和式（2.75）可得

$$\frac{t-\tau}{\tau_a}\ln\mu\le2\alpha(t-\tau)\text{ ,}\tag{2.76}$$

所以可得

$$-2a_0(t-\tau)+\frac{t-\tau}{\tau_a}\ln\mu\le0.\tag{2.77}$$

由式（2.75）和式（2.77）可得

$$V(t)\le V(0)+\int_0^{\infty}w^T(\tau)w(\tau)d\tau\text{ ,}\tag{2.78}$$

所以在零初始条件下，当 $t\to\infty$ 时，有

$$V(\infty)\le\int_0^{\infty}w^T(\tau)w(\tau)d\tau\le\beta.\tag{2.79}$$

当 $w(t)=0$ 时，有

$$V(t) \le e^{-2a_0 t + N_\sigma(t,0)\ln\mu} V(0) . \tag{2.80}$$

由式（2.60）可得

$$N_\sigma(t,0)\ln\mu \le 2\alpha\tau_a N_\sigma(t,0) . \tag{2.81}$$

当$\sigma = i$，即第 i 个子系统被激活时，可得李雅普诺夫函数的导数：

$$\dot{V}_i < -2a_0 V_i . \tag{2.82}$$

所以有：

$$V_i(t) \le V_i(t_k) e^{-2a_0(t-t_k)} . \tag{2.83}$$

由式（2.60）可得

$$N_\sigma(t,0) \le \frac{t}{\tau_a} . \tag{2.84}$$

即

$$N_\sigma(t,0)\tau_a \le t . \tag{2.85}$$

综合（2.81）（2.84）两式，可得

$$N_\sigma(t,0)\ln\mu \le 2\alpha\tau_a N_\sigma(t,0) \le 2\alpha t . \tag{2.86}$$

所以式（2.80）可变为

$$V(t) \le e^{-2\alpha_0 t + N_\sigma(t,0)\ln\mu} V(0) \le e^{-2\alpha_0 t + 2\alpha t} V(0) = e^{-2(\alpha_0 - \alpha)t} V(0) . \tag{2.87}$$

根据式（2.87）以及式（2.68），可得

$$a\|x(t)\|^2 \le V(t) \le e^{-2(\alpha_0-\alpha)t} V(0) \le b\|x_0\|^2 e^{-2(\alpha_0-\alpha)t} . \tag{2.88}$$

因此，可得

$$a\|x(t)\|^2 \le b\|x_0\|^2 e^{-2(\alpha_0-\alpha)t} . \tag{2.89}$$

进一步处理，可得

$$\|x(t)\| \le \sqrt{\frac{b}{a}} e^{-(\alpha_0-\alpha)t} \|x_0\| . \tag{2.90}$$

式（2.90）说明了闭环系统（2.59）是指数稳定的。

下面证明在每个切换时刻被激活的新的子系统都是满足饱和非线性处理条件的，即新激活的子系统满足，以切换时刻t_k作为例子来证明：

假设$[t_{k-1}, t_k)$为子系统 j 的激活时间，$[t_k, t_{k+1})$为子系统 i 的激活时间，则有

$$t_k - t_{k-1} \ge \tau_a^* = \frac{\ln \mu}{2\alpha} . \tag{2.91}$$

根据条件

$$P_i \le \mu P_j, \forall i, j \in I_N , \tag{2.92}$$

可得

$$V_i(x(t_k)) = x^{\mathrm{T}}(t_k) P_i x(t_k) \le \mu x^{\mathrm{T}}(t_k) P_j x(t_k) = \mu V_j(x(t_k)) , \tag{2.93}$$

所以可得

$$\begin{aligned} V_i(x(t_k)) &= x^{\mathrm{T}}(t_k) P_i x(t_k) \\ &\le \mu x^{\mathrm{T}}(t_k) P_j x(t_k) \\ &= \mu V_j(x(t_k)) \\ &\le \mu V_j(x(t_{k-1})) e^{-\square\alpha_0\ t_k - t_{k-1}} . \end{aligned} \tag{2.94}$$

因为 $t_k - t_{k-1} \ge \tau_a^* = \dfrac{\ln \mu}{2\alpha}$，所以有

$$\begin{aligned} V_i(x(t_k)) &\le \mu V_j(x(t_{k-1})) e^{-2\alpha_0 (t_k - t_{k-1})} \\ &\le \mu V_j(x(t_{k-1})) e^{-2\alpha_0 \frac{\ln \mu}{2\alpha}} \\ &= V_j(x(t_{k-1})) e^{\ln \mu - \alpha_0 \frac{\ln \mu}{\alpha}} \\ &= V_j(x(t_{k-1})) e^{(1-\frac{\alpha_0}{\alpha}) \ln \mu} . \end{aligned} \tag{2.95}$$

因为 $\mu > 1, \alpha_0 > \alpha$,
所以有

$$(1 - \frac{\alpha_0}{\alpha}) \ln \mu < 0 ,$$

即

$$e^{(1-\frac{\alpha_0}{\alpha}) \ln \mu} < 1 . \tag{2.96}$$

因此可得

$$V_i(x(t_k)) \le V_j(x(t_{k-1})) e^{(1-\frac{\alpha_0}{\alpha}) \ln \mu} \le \beta . \tag{2.97}$$

由式（2.79）、式（2.90）和式（2.97）可得闭环系统（2.59）是指数稳定的，并且从原点出发的状态轨迹将一直保持在集合 $\bigcup_{i=1}^{N} (\Omega(P_i, \beta))$ 内。

证毕。

闭环系统的最大容许干扰能力可以通过求解如下优化问题来获得：

$$\begin{aligned}&\sup_{P_i, N_i,\ \lambda_i} \ \beta,\\ &\text{s.t.}(a)\,\text{inequality}\,(2.62), i\in I_N, s\in Q,\\ &\quad (b)\,\Omega(P_i,\beta)\subset L(N_i), i\in I_N.\end{aligned} \tag{2.98}$$

其中 $P_i \le \mu P_j, \forall i, j\in I_N$。

令 $P_i^{-1}=X_i$，$N_i^{-1}X_i=M_i$ 然后对式（2.62）两端左乘矩阵 P_i^{-1}，右乘矩阵 P_i^{-1}，根据引理 2.3，可以将式（2.62）转化为如下线性矩阵不等式：

$$\begin{bmatrix} \begin{matrix} A_iX_i+X_iA_i^{\mathrm{T}}+B_i(D_sk_iX_i+D_s^-M_i)+\\ (D_sK_iX_i+D_s^-M_i)^{\mathrm{T}}B_i^{\mathrm{T}}+\lambda_iB_iH_iH_i^{\mathrm{T}}B_i^{\mathrm{T}}\\ +\lambda_iD_iD_i^{\mathrm{T}}+E_iE_i^{\mathrm{T}}+2\alpha_0X_i \end{matrix} & * & * \\ G_iX_i & -\lambda_iI & * \\ N_{1i}X_i & 0 & -\lambda_iI \end{bmatrix}<0 \tag{2.99}$$

令 $\beta^{-1}=\varepsilon$，约束条件 $\Omega(P_i,\ \beta)\subset L(N_i)$，可由下式保证：

$$\begin{bmatrix} \varepsilon & N_i^l \\ * & P_i \end{bmatrix}\ge 0. \tag{2.100}$$

其中 N_i^l 表示矩阵 $u_i=W_iX_i^{-1}x$ 的第 l 行，

条件 $P_i\le\mu P_j, \forall i, j\in I_N$ 也可以转化为如下形式的矩阵不等式：

$$\begin{bmatrix} -\mu X_j & * \\ X_j & -X_i \end{bmatrix}<0, \forall i, j\in I_N\ . \tag{2.101}$$

这样，优化问题（2.98）就转化为如下带有线性矩阵不等式约束的凸优化问题：

$$\begin{aligned}&\sup_{P_i, N_i,\ \lambda_i} \ \beta,\\ &\text{s.t.}(a)\,\text{inequality}\,(2.99), i\in I_N, s\in Q,\\ &\quad (b)\,\text{inequality}\,(2.100), \forall i\in I_N, \forall l\in Q_m,\\ &\quad (c)\,\text{inequality}\,(2.101), \forall i, j\in I_N.\end{aligned} \tag{2.102}$$

2.3.3　L_2–增益分析

研究切换系统的 L_2- 增益分析问题是十分重要的研究工作。系统的 L_2- 增益可以为评估系统的鲁棒性，抗扰动性等系统性能提供一种有效的参考指标，但是基于驻留时间方法分析切换系统的 L_2- 增益相关问题时，往往只能获得一

种带有权重系数的 L_2– 增益，即加权 L_2– 增益。因此，本节在上一小节 2.3.2 所给结论的基础上，基于最小驻留时间方法，研究闭环系统（2.59）的权重 L_2–增益问题。

定理 2.4 对给定的常数 $\beta \in (0, \beta^*]$ 和 $\gamma > 0$，如果存在非负实数 β_{ir}，正定对称矩阵 P_i、矩阵 N_{1i} 以及正实数 λ_i 使下列矩阵不等式成立

$$\begin{aligned}&\left[A_i + B_i(D_s k_i + D_s^- N_i)\right]^{\mathrm{T}} P_i + P_i\left[A_i + B_i(D_s k_i + D_s^- N_i)\right] + \lambda_i P_i B_i H_i H_i^{\mathrm{T}} B_i^{\mathrm{T}} P_i\\ &+\lambda_i^{-1} G_i^{\mathrm{T}} G_i + \lambda_i P_i D_i D_i^{\mathrm{T}} P_i + \lambda_i^{-1} N_{1i}^{\mathrm{T}} N_{1i} + P_i E_i E_i^{\mathrm{T}} P_i + \gamma^{-2} C_i^{\mathrm{T}} C_i < -2\alpha_0 P_i,\\ &i \in I_N,\ s \in Q.\end{aligned} \tag{2.103}$$

并且满足

$$\Omega(P_i, \beta) \subset L(N_i)\ . \tag{2.104}$$

其中，$P_i \le \mu P_j, \forall i, j \in I_N$，则系统（2.59）是指数稳定的，具有加权 L_2 – 增益并且从原点出发的状态轨迹将一直保持在集合 $\bigcup_{i=1}^{N}(\Omega(P_i, \beta))$ 内。

证明 应用类似定理 2.3 的证明方法可以证得

$$\dot{V}_i(t) + 2\alpha V_i(t) + z(t)^{\mathrm{T}} z(t) - \gamma^2 w(t)^{\mathrm{T}} w(t) < 0\ . \tag{2.105}$$

又因为

$$P_i \le \mu P_j, \forall i, j \in I_N\ ,$$

令 $\Psi(t) = z(t)^{\mathrm{T}} z(t) - \gamma^2 w(t)^{\mathrm{T}} w(t)$，可得

$$\begin{aligned}V(t) &\le V_i(t_k) e^{-2a_0(t-t_k)} - \int_{t_k}^{t} e^{-2a_0(t-\tau)} \Psi(\tau) d\tau\\ &\le \mu^k V_j(t_k) e^{-2a_0(t-t_k)} V(0) - \mu^k \int_{t_0}^{t_1} e^{-2a_0(t-\tau)} \Psi(\tau) d\tau - \cdots\\ &\quad - \mu^0 \int_{t_k}^{t} e^{-2a_0(t-\tau)} \Psi(\tau) d\tau\\ &= e^{-2a_0 t + N_\sigma(t,0)\ln\mu} V(0) - \int_{t_0}^{t} e^{-2a_0(t-\tau) + N_\sigma(t,0)\ln\mu} \Psi(\tau) d\tau.\end{aligned} \tag{2.106}$$

在零初始条件下，有

$$\int_0^t e^{-2a_0(t-\tau) + N_\sigma(t,0)\ln\mu} \Psi(\tau) d\tau \le 0\ . \tag{2.107}$$

将式（2.107）左右同时乘以 $e^{-N_\sigma(t,0)\ln\mu}$，可得

$$\int_0^t e^{-2a_0(t-\tau) + N_\sigma(t,0)\ln\mu} z(\tau)^{\mathrm{T}} z(\tau) d\tau \le \int_0^t e^{-2a_0(t-\tau) + N_\sigma(t,0)\ln\mu} \gamma^2 w(\tau)^{\mathrm{T}} w(\tau) d\tau\ . \tag{2.108}$$

根据式（2.81），式（2.84），以及式（2.108）可得

$$\int_0^t e^{-2a_0(t-\tau)-2\alpha t} z(\tau)^{\mathrm{T}} z(\tau) d\tau \le \int_0^t e^{-2a_0(t-\tau)} \gamma^2 w(\tau)^{\mathrm{T}} w(\tau) d\tau . \qquad (2.109)$$

将不等式（2.109）两侧同时从 $t=0$ 至 $t=\infty$ 积分，可得

$$\int_0^{\infty} e^{-2\alpha t} z(\tau)^{\mathrm{T}} z(\tau) d\tau \le \gamma^2 \int_0^{\infty} w(\tau)^{\mathrm{T}} w(\tau) d\tau . \qquad (2.110)$$

式（2.110）表明：对于任意满足最小驻留时间（2.60）的切换信号，闭环系统具有加权 L_2– 增益。

证毕。

根据定理 2.4，对每个给定的 $\beta \in (0,\beta^*]$，闭环系统（2.59）的 L_2 – 增益的上界可以由下面的优化问题来估计。

$$\begin{aligned} &\inf_{P_i, N_i, \lambda_i} \gamma^2, \\ &\text{s.t.}\,(a)\ \text{inequality}\,(4.54), i \in I_N, s \in Q, \\ &\quad (b)\, \Omega(P_i,\beta) \subset L(N_i), i \in I_N. \end{aligned} \qquad (2.111)$$

其中，$P_i \le \mu P_j, \forall i, j \in I_N$.

使用将式（2.62）转换为线性矩阵不等式（2.99）的方法，可以将式（2.103）转换为如下线性矩阵不等式：

$$\begin{bmatrix} \begin{array}{c} A_i X_i + X_i A_i^{\mathrm{T}} + B_i(D_s k_i X_i + D_s^- M_i) + \\ (D_s K_i X_i + D_s^- M_i)^{\mathrm{T}} B_i + \lambda_i B_i H_i H_i\ B_i \\ + \lambda_i D_i D_i^{\mathrm{T}} + E_i E_i^{\mathrm{T}} + 2\alpha_0 X_i \end{array} & * & * & * \\ G_i X_i & -\lambda_i I & * & * \\ N_{1i} X_i & 0 & -\lambda_i I & * \\ C_i X_i & 0 & 0 & -\zeta I \end{bmatrix} < 0 . \qquad (2.112)$$

约束条件 $\Omega(P_i,\beta) \subset L(N_i)$ 等价于下式：

$$\begin{bmatrix} \varepsilon & N_i^l \\ * & P_i \end{bmatrix} \ge 0, \qquad (2.113)$$

其中 N_i^l 表示矩阵 N_i 的第 l 行，$\varepsilon = \beta^{-1}$.

条件 $P_i \le \mu P_j, \forall i, j \in I_N$ 可以转化为如下形式的矩阵不等式：

$$\begin{bmatrix} -\mu X_j & * \\ X_j & -X_i \end{bmatrix} < 0, \forall i, j \in I_N \qquad (2.114)$$

所以，优化问题（2.111）可以转化为如下带有线性矩阵不等式约束的凸优化问题：

$$\begin{aligned}&\inf_{P_i,N_i,\lambda_i}\gamma^2,\\&\quad \text{s.t.}\,(a)\,\text{inequality}\,(2.112), i\in I_N, s\in Q,\\&\qquad (b)\,\text{inequality}\,(2.113), \forall i\in I_N, \forall l\in Q_m,\\&\qquad (c)\,\text{inequality}\,(2.114), \forall i,j\in I_N\end{aligned}\tag{2.115}$$

2.3.4 控制器设计与优化

在这一部分内容中，若控制器增益矩阵可设计，则前两小节的优化问题（2.102）和（2.115）可以用于控制器设计中。

首先，确定闭环系统（2.59）的最大容许干扰水平 β^* 可通过如下优化问题解决：

$$\begin{aligned}&\inf_{X_i,M_i,F_{1i}\,\lambda_i,\delta_{ir}}\varepsilon,\\&\text{s.t.}\,(a)\begin{bmatrix}\begin{matrix}A_iX_i+X_iA_i^{\mathrm{T}}+B_i(D_sF_{1i}+D_s^-M_i)+\\(D_sF_{1i}+D_s^-M_i)^{\mathrm{T}}B_i^{\mathrm{T}}+\lambda_iB_iH_iH_i^{\mathrm{T}}B_i^{\mathrm{T}}\\+\lambda_iD_iD_i^{\mathrm{T}}+E_iE_i^{\mathrm{T}}+2\alpha_0X_i\end{matrix} & * & *\\ G_iX_i & -\lambda_iI & *\\ N_{1i}X_i & 0 & -\lambda_iI\end{bmatrix}<0,\\&\qquad (b)\,\text{inequality}\,(2.100), i\in I_N, l\in Q_m,\\&\qquad (c)\,\text{inequality}\,(2.101), \forall i,j\in I_N.\end{aligned}\tag{2.116}$$

其中，$k_iX_i=F_{1i}$.

然后，闭环系统（2.59）的L_2－增益的最小上界可通过求解如下优化问题获得：

$$\begin{aligned}&\inf_{X_i,M_i,F_{1i}\,\lambda_i,\delta_{ir}}\zeta,\\&\text{s.t.}\,(a)\begin{bmatrix}\begin{matrix}A_iX_i+X_iA_i^{\mathrm{T}}+B_i(D_sF_{1i}+D_s^-M_i)+\\(D_sF_{1i}+D_s^-M_i)^{\mathrm{T}}B_i^{\mathrm{T}}+\lambda_iB_iH_iH_i^{\mathrm{T}}B_i^{\mathrm{T}}\\+\lambda_iD_iD_i^{\mathrm{T}}+E_iE_i^{\mathrm{T}}+2\alpha_0X_i\end{matrix} & * & * & *\\ G_iX_i & -\lambda_iI & * & *\\ N_{1i}X_i & 0 & -\lambda_iI & *\\ C_iX_i & 0 & 0 & -\zeta I\end{bmatrix}<0\\&\qquad (b)\,\text{inequality}\,(2.113), i\in I_N, l\in Q_m,\\&\qquad (c)\,\text{inequality}\,(2.114), \forall i,j\in I_N.\end{aligned}\tag{2.117}$$

其中，$k_iX_i=F_{1i}$.

通过解新的优化问题（2.116）和（2.117），可以获得状态反馈增益矩阵$k_i = F_{1i}X_i^{-1}$.

2.3.5　数值仿真

在这一部分，我们用一个数值例子来证明本文所介绍的方法的可行性与有效性。考虑如下具有执行器饱和的非线性切换系统：

$$\begin{cases} \dot{x} = A_\sigma x + B_\sigma \mathrm{sat}(u_\sigma) + D_\sigma f_\sigma(x) + E_\sigma w, \\ z = C_\sigma x. \end{cases} \tag{2.118}$$

其中，$\sigma \in \{1,2\}$，

$$A_1 = \begin{bmatrix} 1 & -2.6 \\ 0 & 0.4 \end{bmatrix},\ A_2 = \begin{bmatrix} -3.3 & 0.8 \\ -1.5 & -0.5 \end{bmatrix},\ B_1 = \begin{bmatrix} 0 \\ 1 \end{bmatrix},\ B_2 = \begin{bmatrix} 0 \\ 1 \end{bmatrix},$$

$$E_1 = \begin{bmatrix} 0.08 \\ 0.08 \end{bmatrix}, E_2 = \begin{bmatrix} 0.08 \\ 0.08 \end{bmatrix}, C_1 = \begin{bmatrix} 1 \\ 1 \end{bmatrix}^{\mathrm{T}}, C_2 = \begin{bmatrix} 1 \\ 1 \end{bmatrix}^{\mathrm{T}}, H_1 = \begin{bmatrix} 0.1 \\ 0 \end{bmatrix}, H_2 = \begin{bmatrix} 0 \\ 0.1 \end{bmatrix},$$

$$D_1 = \begin{bmatrix} 0.16 & 0 \\ 0 & 0.2 \end{bmatrix}, D_2 = \begin{bmatrix} 0.6 & 0 \\ 0 & 0.6 \end{bmatrix}, N_{11} = \begin{bmatrix} 0.5 & 0 \\ 0 & 0.5 \end{bmatrix}, N_{21} = \begin{bmatrix} 0.3 & 0 \\ 0 & 0.5 \end{bmatrix},$$

$$G_1 = \begin{bmatrix} 0.4 & 0 \\ 0 & 0.2 \end{bmatrix}, G_2 = \begin{bmatrix} 0.3 & 0 \\ 0 & 0.3 \end{bmatrix}, f(x) = \sin x .$$

取$\alpha = 0.4$，$\mu = 1.376$，根据（2.64）可解得：

$$\tau_a^* = 0.399,\ \beta^* = 41.5819,\ \lambda_1 = 6.3202,\ \lambda_2 = 5.9281.$$

$$X_1 = \begin{bmatrix} 2.7332 & 1.9718 \\ 1.9718 & 2.9251 \end{bmatrix}, X_2 = \begin{bmatrix} 2.2041 & 1.3128 \\ 1.3128 & 2.9270 \end{bmatrix},$$

$$P_1 = \begin{bmatrix} 0.7127 & -0.4805 \\ -0.4805 & 0.6657 \end{bmatrix}, P_2 = \begin{bmatrix} 0.6191 & -0.2777 \\ -0.2777 & 0.4662 \end{bmatrix},$$

$$k_1 = \begin{bmatrix} 4.6834 & -5.1458 \end{bmatrix}, k_2 = \begin{bmatrix} 3.4299 & -2.2589 \end{bmatrix},$$

$$N_1 = \begin{bmatrix} 2.8609 & -3.2435 \end{bmatrix}, N_2 = \begin{bmatrix} 0.8230 & -0.8587 \end{bmatrix}.$$

外部干扰输入选取$w(t) = \sqrt{2\beta^*}e^{-t}$，进行仿真，图 2.7 是切换系统（2.118）的状态响应曲线，切换系统（2.118）的切换信号如图 2.8 所示，图 2.9 给出了椭球与状态轨迹的图像，说明了状态轨迹始终在椭球面内，证明了本文提出的方法的有效性。

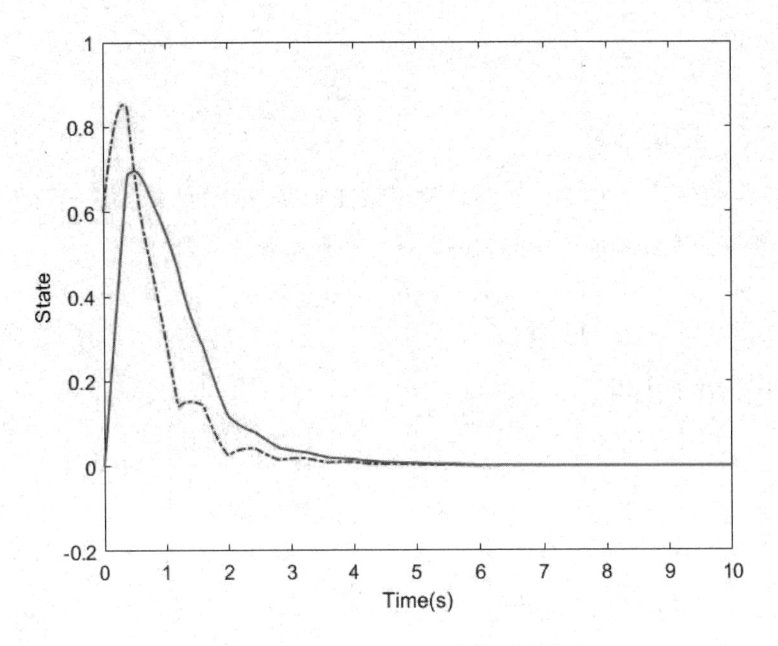

图2.7　切换系统（2.118）的状态轨迹

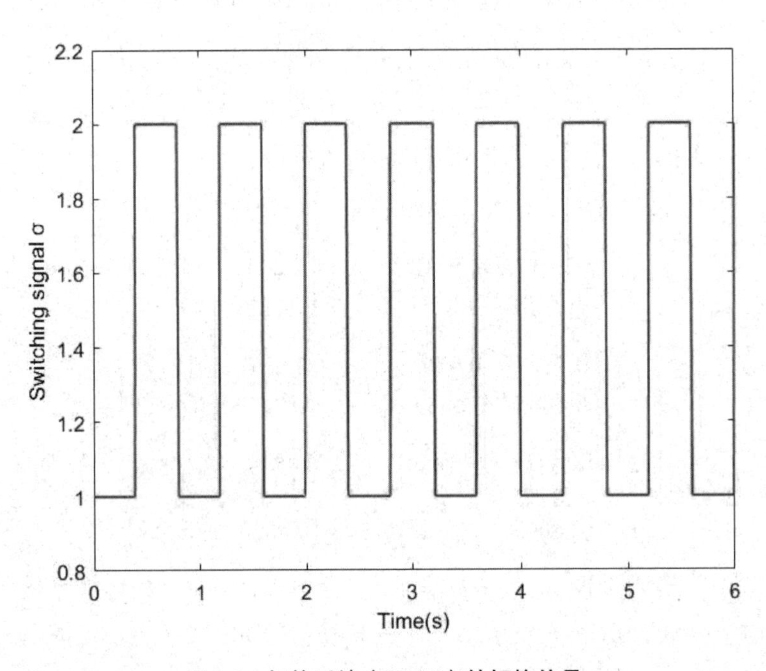

图2.8　切换系统（2.118）的切换信号

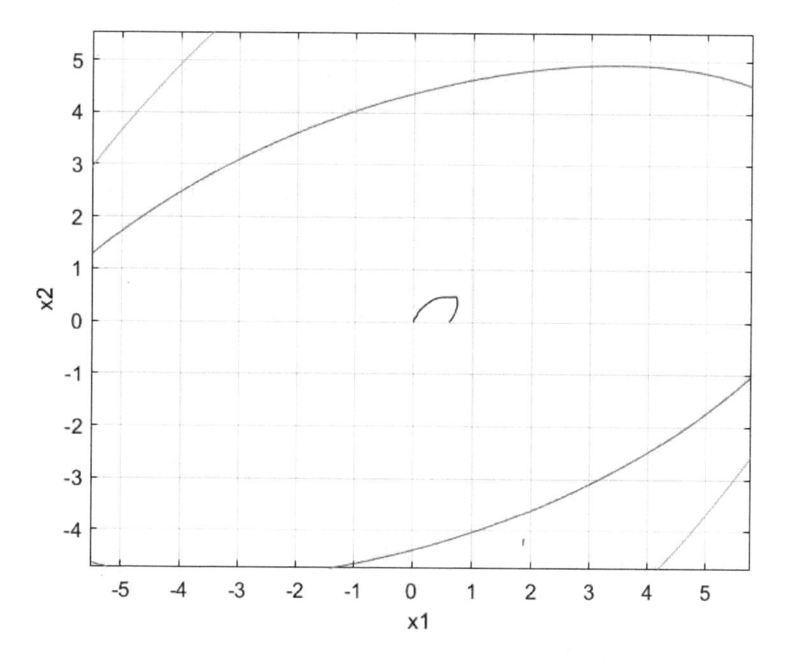

图2.9　状态轨迹与椭球

然后根据任意给定的 $\beta \in (0, \beta^*]$ 来估计（2.118）的 L_2- 增益上界。此处给出了几个不同的 β 值，对优化问题（2.117）进行求解，得到的结果如下所示：

（1）当 $\beta = 1$ 时，可得

$$\gamma = 0.0756, k_1 = \begin{bmatrix} 18.9855 \\ -29.3086 \end{bmatrix}^{\mathrm{T}}, k_2 = \begin{bmatrix} 16.8334 \\ -21.5574 \end{bmatrix}^{\mathrm{T}}.$$

（2）当 $\beta = 5$ 时，可得

$$\gamma = 0.0944, k_1 = \begin{bmatrix} 230.1824 \\ -371.9616 \end{bmatrix}^{\mathrm{T}}, k_2 = \begin{bmatrix} 158.9450 \\ -244.3461 \end{bmatrix}^{\mathrm{T}}.$$

（3）当 $\beta = 10$ 时，可得

$$\gamma = 0.1063, k_1 = \begin{bmatrix} 823.6276 \\ -1322.8744 \end{bmatrix}^{\mathrm{T}}, k_2 = \begin{bmatrix} 549.2116 \\ -848.9513 \end{bmatrix}^{\mathrm{T}}.$$

2.4　小结

本章基于 Lyapunov 函数理论研究了带有执行器饱和的连续时间非线性切换

系统的稳定性分析与非脆弱控制器设计问题。

本章第一部分研究内容为基于多 Lyapunov 法，对同时具有控制器摄动和执行器饱和的非线性切换系统，在其受到外部干扰时的最大容许干扰问题、L_2- 增益问题进行分析研究，然后将系统的最大容许干扰能力的估计问题、L_2- 增益最小上界估计问题、非脆弱控制器设计问题转化为可由线性矩阵不等式约束的优化问题进行求解。

本章第二部分研究内容是基于最小驻留时间方法对同时具有控制器摄动和执行器饱和的非线性切换系统展开研究，在对其受外部干扰时的最大容许干扰问题，L_2- 增益以及非脆弱控制器设计问题进行研究。首先给出了系统指数稳定的证明，然后证明了在每个切换时刻被激活的新的子系统都是满足饱和非线性处理条件，再通过证明得出系统的状态轨迹有界的充分条件，随后将系统容许干扰能力的估计问题转化为一个凸约束优化问题，接下来基于最小驻留时间方法对同时具有控制器摄动以及执行器饱和的非线性切换系统的具有权重系数的 L_2- 增益进行分析并将求解系统的 L_2- 增益最小上界问题转化为一个优化问题，最后将控制器增益矩阵视为可设计的变量，通过求解优化问题来获得系统的最大容许干扰能力 β^*，以及系统的加权 L_2- 增益最小上界，当两个优化问题都有解时，则可以得到对应的状态反馈增益矩阵。

第3章　具有执行器饱和的切换系统的非脆弱镇定

3.1　引言

上一章中，基于李雅普诺夫原理，研究了连续时间饱和切换系统的干扰抑制和非脆弱控制问题。但是，随着计算机技术的发展，离散时间切换系统因其有着更强的实际工程应用价值，目前在航空航天，交通运输，化工流程等领域发挥着巨大的作用[254-256]。正如文献 [257] 所提到：稳定性是此类系统中最基本的性质和要求。与研究连续时间切换系统所用到的原理类似，多 Lyapunov 函数方法、切换李雅普诺夫函数方法、驻留时间技术仍然是研究离散时间切换系统常用的方法与技术。

但是，上述文献的研究都没有考虑到执行器饱和对系统的影响。在实际的工业过程中，执行器饱和也是常见的一种现象。由于元器件自身的物理结构限制，使系统经常会受到执行器饱和的限制。因此对于执行器饱和的研究引起了国内外学者的浓厚兴趣[156-168]。此外，随着人们对饱和切换系统的深入研究，在这方面已经取得了丰硕的成果[181-186]。

尽管，上述文献对饱和切换系统进行了深入研究，但是学者们都没有考虑到控制器参数摄动对系统的影响。在实际工程应用中，控制器参数由于硬件或软件的原因会发生变化，此时采用传统的鲁棒控制器设计将导致系统性能指标下降，因此，对于切换系统的非脆弱控制研究显得同等重要，这引起了学者们的大量研究[258-260]。文献 [261] 研究了不确定时滞切换神经网络的非脆弱异步事件触发控制。虽然，对于切换系统的非脆弱控制研究硕果累累，但在具有未知非线性扰动下，对于离散时间切换系统同时考虑执行器饱和与控制器参数摄动方面的成果还未曾见过相关报道。原因在于执行器饱和与控制器参数摄动，在工程实际应用中都是非线性特性，同时还要考虑到子系统之间的切换，这将会使得系统的稳定性分析更加复杂，计算量加大。但稳定性又是控制系统安全运行的前提，所以这将成为本章要解决的问题。

本章针对以上几种问题，研究了离散时间非线性饱和切换系统的非脆弱镇定控制问题。本章共分为三个部分。

第一部分的工作内容首次将多 Lyapunov 函数方法运用在了研究带有饱和环节的离散非线性切换系统的非脆弱镇定控制问题上。首先，在多 Lyapunov 技术手段作为逻辑切换指令的基础上，给出了闭环系统在原点渐近稳定的充分条件。其次，当闭环系统在控制器参数摄动时，给出非脆弱镇定控制器设计的有效方法。最后，运用不变集这一思想对于闭环系统的吸引域估计被充分地扩大。

第二部分的工作内容同时考虑了系统结构与控制器内部具有不确定性，首次利用切换李雅普诺夫函数方法，研究了具有执行器饱和的不确定离散非线性切换系统的非脆弱鲁棒镇定控制问题。基于切换李雅普诺夫函数原理，首先给出了保证闭环系统鲁棒可镇定的充分条件，其次提出了非脆弱鲁棒镇定控制器的设计方法，再次提出了使得闭环系统吸引域估计尽可能大的设计方法，最后通过解具有线性矩阵不等式约束的优化问题，获得了相关优化问题的最优解。

第三部分的工作内容首次利用最小驻留时间方法，研究了不确定离散非线性饱和切换系统的非脆弱鲁棒镇定问题。首先给出闭环系统在基于时间的受限的逻辑切换指令下非脆弱渐近稳定的充分条件，然后证明闭环系统满足指数稳定性和对吸引域的估计满足并集的形式，最后将相关优化控制问题转化成带有线性矩阵不等式约束的优化问题进行求解。

3.2 具有执行器饱和的非线性切换系统的非脆弱镇定

3.2.1 系统模型与基础知识

考虑如下一类带有饱和环节的离散时间非线性切换系统：

$$x(k+1) = A_\sigma x(k) + B_\sigma sat(u_\sigma(k)) + D_\sigma f_\sigma(x), \tag{3.1}$$

其中 $k \in Z^{+} = \{0, 1, 2, \cdots\}$，$x(k) \in R^{n}$ 是切换系统的状态向量，$u_{\sigma}(k) \in R^{m}$ 是切换系统的控制输入，σ 指的是切换指令，这个切换指令在 $I_N = \{1,\cdots,N\}$ 中进行切换，例如 $\sigma = i$ 代表着第 i 个子系统被激活，A_i 与 B_i，D_i 是代表相应维数的常数矩阵，$f_{\delta}(x)$ 是一个未知非线性函数。$sat: R^{m} \to R^{m}$ 指的是标准的向量值饱和函数。

本章对饱和函数有如下的定义：

$$\begin{cases} \mathrm{sat}(u_i) = \left[\mathrm{sat}(u_i^1),\ \cdots,\ \mathrm{sat}(u_i^m)\right]^{\mathrm{T}}, \\ \mathrm{sat}(u_i^j) = \mathrm{sign}(u_i^j)\min\left\{1,\ \left|u_i^j\right|\right\}, \\ \forall j \in Q_m = \left\{1,\ \cdots,\ m\right\}. \end{cases} \tag{3.2}$$

当控制器内部具有不确定性时，考虑如下的非脆弱状态反馈控制器 $u_i = (F_i + \Delta F_i)x$，不确定性的描述为：$\Delta F_i = E_i \Gamma(k) N_{1i}$，其中 F_i 是本文要设计的状态反馈控制器增益矩阵，E_i 与 N_{1i} 是代表相应维数的常数矩阵，ΔF_i 是含有摄动的控制器矩阵。同时，不确定矩阵 $\Gamma(k)$ 要满足条件：$\Gamma^{\mathrm{T}}(k)\Gamma(k) \le I$，那么通过状态反馈，相应的闭环系统表示为：

$$x(k+1) = A_{\delta}x(k) + B_{\sigma}sat(F_{\sigma} + \Delta F_{\sigma})x(k) + D\ f\ (x), \sigma \in I_N. \tag{3.3}$$

下面给出本章要用到的引理与数学基础知识。

令 $P \in R^{n\times n}$ 表示正定矩阵，定义椭球体：

$$\Omega(P,\ \rho) = \left\{x \in \mathrm{R}^{n} : x^{\mathrm{T}}Px \le \rho,\ \rho > 0\right\}. \tag{3.4}$$

为了符号的简单，有时本文也用 $\Omega(P)$ 表示 $\Omega(P,1)$。

用 F^{j} 表示矩阵 $F \in R^{m\times n}$ 的第 j 行，给出如下的对称多面体：

$$L(F) = \{x \in R^{n} : \left|F^{j}x\right| \le 1, j \in Q_m\}. \tag{3.5}$$

令 D 表示 $m\times m$ 的集合，这个集合中的元素是一个对角矩阵。它的对角线上的取值是 1 或者 0。例如：如果 m=1，那么 $D = \{1,0\}$，因此可知，这里有 2m 个元素在 D 中。若 D 中的每个元素表示成 D_s，$s \in Q = \left\{1,2,...,2^{m}\right\}$，显然，$D_S^{-} = I - D_S \in D$。

假设 3.1[249] 给出 N 个已知常数矩阵 G_i，对于未知非线性函数 $f_i(x)$，对于 $\forall x \in R^{n}$，满足如下不等关系：$\|f_i(x)\| \le \|G_i x\|$，$i \in I_N$。

引理 3.1[130] 给定矩阵 $F, H \in R^{m\times n}$。对于 $x \in R^{n}$，如果 $x \in L(H)$，则

$$sat(Fx) \in \mathrm{co}\left\{D_s Fx + D_s^{-} Hx, s \in Q\right\}, \tag{3.6}$$

其中$co\{.\}$表示一个集合的凸包。因此，相应$sat(Fx)$可表示为

$$sat(Fx)=\sum_{s=1}^{2^m}\eta_s(D_sF+D_s^{-}H)x, \tag{3.7}$$

其中η_s是状态x的函数，并且$\sum_{s=1}^{2^m}\eta_s=1, 0\le\eta_s\le 1$。

引理 3.2[250] 对于三个给定的Y,U,V是相应维数的矩阵，对任意满足$\Gamma^{\mathrm{T}}\Gamma\le I$的$\Gamma$

$$Y+U\Gamma V+V^{\mathrm{T}}\Gamma^{\mathrm{T}}U^{\mathrm{T}}<0, \tag{3.8}$$

的充要条件是存在一个常数$\lambda>0$，使得

$$Y+\lambda UU^{\mathrm{T}}+\lambda^{-1}V^{\mathrm{T}}V<0. \tag{3.9}$$

3.2.2 闭环系统稳定性分析

假设非脆弱状态反馈控制律$u_i=(F_i+\Delta F_i)x$已知，使用多李雅普诺夫策略技术，在控制器内部具有不确定性，和闭环系统（3.3）具有未知非线性干扰条件下，推导出闭环系统（3.3）在原点渐近稳定的充分条件。这部分的结果为下面两节内容奠定了基础。

定理 3.1 假定存在如下的非负的实数$\beta_{ir}\ge 0$，与正数$\lambda_i>0$还有N个正定对称矩阵P_i，矩阵H_i，让下面的矩阵不等式组（3.10）成立：

$$\begin{bmatrix} -P_i+G_i^{\square}G_i+\sum\limits_{r=1,r\ne i}^{N}\beta_{ir}(P_r-P_i) & 0 & [A_i+B_i(D_sF_i+D_s^{-}H_i)]\ P_i & 0 & N_{1i} \\ 0 & -I & D_i^{\mathrm{T}}P_i & 0 & 0 \\ * & * & -P_i & P_iB_iD_sE_i & 0 \\ * & * & * & -\lambda_i^{-1}I & 0 \\ * & * & * & 0 & -\lambda_iI \end{bmatrix}<0,$$

$$i\in I_N, s\in Q\ . \tag{3.10}$$

与此同时要满足

$$\Omega(P_i)\cap\phi_i\subset L(H_i), \tag{3.11}$$

其中

$$\phi_i=\{x\in R^n: x^{\mathrm{T}}(P_r-P_i)x\ge 0,\ \forall r\in I_N, r\ne i\},$$

给定切换规则：

$$\sigma = \arg\min\{x^{\mathrm{T}} P_i x, i \in I_N\}. \tag{3.12}$$

当切换系统在规则（3.12）下切换时，闭环系统（3.3）的原点是渐近稳定的，同时 $\bigcup_{i=1}^{N}(\Omega(P_i)\cap\phi_i)$ 被包含在吸引域里面。

证明　据引理 3.1，当 $x \in \Omega(P_i)\cap\phi_i \subset L(H_i)$，可得

$$sat(u) \in co\{D_s(F_i + \Delta F_i)x + D_s^- H_i x, s \in Q\},$$

进一步可得

$$sat(u) \in co\{D_s F_i x + D_s E_i \Gamma(k) N_{1i} x + D_s^- H_i x, s \in Q\},$$

最终可得

$$\begin{aligned}&A_i x(k) + B_i sat(F_i + \Delta F_i)x(k) + D_i f_i(x) \in \\ &\quad co\{A_i x(k) + B_i(D_s F_i x(k) + D_s E_i \Gamma(k) N_{1i} x(k) + D_s^- H_i x(k)) + D_i f_i(x), s \in Q\}.\end{aligned}$$

根据切换律（3.12）可知，当 $\forall x(k) \in \Omega(P_i)\cap\phi_i \subset L(H_i)$，第 i 个子系统被激活，此时选取闭环系统（3.3）的 Lyapunov 函数为

$$V(x(k)) = V_i(x(k)) = x^{\mathrm{T}}(k) P_i x(k), \tag{3.13}$$

根据离散时间切换系统的特点，考虑以下两种情况计算 Lyapunov 函数（3.13）沿着闭环系统（3.3）的轨线的差分：

（1）当 $\sigma(k+1) = \sigma(k) = i$ 时，对于 $\forall x(k) \in \Omega(P_i)\cap\phi_i \subset L(H_i)$ 时，

$$\begin{aligned}\Delta V(x(k)) &= V_i(x(k+1)) - V_i(x(k)) \\ &= x^{\mathrm{T}}(k+1) P_i x(k+1) - x^{\mathrm{T}}(k) P_i x(k) \\ &\le \max_{s\in Q}\{x^{\mathrm{T}}(k)[A_i + B_i(D_s(F_i + \Delta F_i) + D_s^- H_i)]^{\mathrm{T}} + [D_i f_i(x)]^{\mathrm{T}}\} \\ &\quad \times P_i\{[A_i + B_i(D_s(F_i + \Delta F_i) + D_s^- H_i)]x(k) + D_i f_i(x)\} - x^{\mathrm{T}}(k) P_i x(k).\end{aligned} \tag{3.14}$$

（2）当 $\sigma(k) = i$，$\sigma(k+1) = r$，且 $i \ne r$ 时，同样对于，$\forall x(k) \in \Omega(P_i)\cap\phi_i \subset L(H_i)$

根据切换规则（3.12）可得：

$$\begin{aligned}\Delta V(x(k)) &= x^{\mathrm{T}}(k+1) P_r x(k+1) - x^{\mathrm{T}}(k) P_i x(k) \\ &\le x^{\mathrm{T}}(k+1) P_i x(k+1) - x^{\mathrm{T}}(k) P_i x(k).\end{aligned}$$

根据以上两种不同情况，对于 $\forall x(k) \in \bigcup_{i=1}^{N}(\Omega(P_i)\cap\phi_i) \subset L(H_i)$，根据切换规则（3.12），得如下结论：

$$\begin{aligned}\Delta V(x(k)) \le &\max_{s\in Q}\{x^{\mathrm{T}}(k)[A_i + B_i(D_s(F_i + \Delta F_i) + D_s^- H_i)]^{\mathrm{T}} + [D_i f_i(x)]^{\mathrm{T}}\} \times P_i \\ &\{[A_i + B_i(D_s(F_i + \Delta F_i) + D_s^- H_i)]x(k) + D_i f_i(x)\} - x^{\mathrm{T}}(k) P_i x(k).\end{aligned}$$

根据引理 2.3，定理 3.1 中的矩阵不等式组（3.10）等价于下式：

$$\begin{bmatrix} -P_i+G_i^{\mathrm{T}}G_i+\sum_{r=1,r\neq i}^{N}\beta_{ir}(P_r-P_i) & 0 & [A_i+B_i(D_sF_i+D_s^-H_i)]^{\mathrm{T}}P_i \\ * & -I & D_i^{\mathrm{T}}P_i \\ * & * & -P_i \end{bmatrix}$$

$$+\lambda_i\begin{bmatrix}0\\0\\P_iB_iD_sE_i\end{bmatrix}\begin{bmatrix}0 & 0 & E_i^{\mathrm{T}}D_s^{\mathrm{T}}B_i^{\mathrm{T}}P_i\end{bmatrix}+\lambda_i^{-1}\begin{bmatrix}N_{1i}^{\mathrm{T}}\\0\\0\end{bmatrix}\begin{bmatrix}N_{1i} & 0 & 0\end{bmatrix}<0.$$

因此，根据引理 3.2，如果上式成立的话，那么可得出下式：

$$\begin{bmatrix} -P_i+G_i^TG_i+\sum_{r=1,r\neq i}^{N}\beta_{ir}(P_r-P_i) & 0 & [A_i+B_i(D_s(F_i+\Delta F_i)+D_s^-H_i)]^TP_i \\ * & -I & D_i^TP_i \\ * & * & -P_i \end{bmatrix}<0.\qquad(3.15)$$

根据引理 2.3，式（3.15）等价于下式：

$$\begin{bmatrix} -P_i+G_i^TG_i+\sum_{r=1,r\neq i}^{N}\beta_{ir}(P_r-P_i) & 0 \\ 0 & -I \end{bmatrix}-\begin{bmatrix}W_{is}^TP_i\\D_i^TP_i\end{bmatrix}(-\mathrm{P}_i)^{-1}\begin{bmatrix}P_iW_{is} & P_iD_i\end{bmatrix}<0,\qquad(3.16)$$

其中，$W_{is}=A_i+B_i(D_s(F_i+\Delta F_i)+D_s^-H_i)$，$i\in I_N$，$s\in Q$.

将式（3.16）整理得到下式：

$$\begin{bmatrix} W_{is}^{\mathrm{T}}P_iW_{is}-P_i+G_i^{\mathrm{T}}G_i+\sum_{r=1,r\neq i}^{N}\beta_{ir}(P_r-P_i) & W_{is}^{\mathrm{T}}P_iD_i \\ * & D_i^TP_iD_i-I \end{bmatrix}<0,\qquad(3.17)$$

对上式（3.17）左乘$\begin{bmatrix}x^{\mathrm{T}} & f^{\mathrm{T}}\end{bmatrix}$，右乘$\begin{bmatrix}x\\f\end{bmatrix}$可得：

$$x^TW_{is}^TP_iW_{is}x-x^TP_ix+x^TG_i^TG_ix+x^T\sum_{r=1,r\neq i}^{N}\beta_{ir}(P_r-P_i)x$$
$$+f_i^TD_i^TP_iD_if_i-f_i^TIf_i+f_i^TD_i^TP_iW_{is}x+x^TW_{is}^TP_iD_if_i<0\ .$$

通过不等式移项得到下式：

$$x^TW_{is}^TP_iW_{is}x-x^TP_ix+x^TG_i^TG_ix$$
$$+f_i^TD_i^TP_iD_if_i-f_i^TIf_i+f_i^TD_i^TP_iW_{is}x+x^TW_{is}^TP_iD_if_i$$
$$<-x^T\sum_{r=1,r\neq i}^{N}\beta_{ir}(P_r-P_i)x<0.$$

因此可得下式：

$$
\begin{aligned}
& x^T W_{is}^{\ T} P_i W_{is} x - x^T P_i x \\
& \quad + f_i^T D_i^T P_i D_i f_i + f_i^T D_i^T P_i W_{is} x + x^T W_{is}^{\ T} P_i D_i f_i < \\
& \quad -(x^T \sum_{r=1, r\neq i}^{N} \beta_{ir}(P_r - P_i)x + x^T G_i^T G_i x - f_i^T I f_i) < 0
\end{aligned}
$$

最终，根据假设 3.1 和切换规则（3.12）得到下式成立：

$$
\begin{aligned}
\Delta V(x(k)) \leq & \max_{s\in Q}\{x^T(k)[A_i + B_i(D_s(F_i+\Delta F_i) + D_s^{-}H_i)]^T + [D_i f_i(x)]^T\} \times P_i \\
& \{[A_i + B_i(D_s(F_i+\Delta F_i) + D_s^{-}H_i)]x(k) + D_i f_i(x)\} - x^T(k) P_i x(k) \\
& < -(\sum_{r=1, r\neq i}^{N} x^T(k)\beta_{ir}(P_r - P_i)x(k) + x^T G_i^T G_i x - f_i^T I f_i) \\
& < \ 0.
\end{aligned}
$$

所以 $\Delta V(x(k)) < 0$.

因此，根据多 Lyapunov 函数原理，在控制器参数具有不确定性和系统具有未知非线性扰动条件下，对于从集合内出发的任意初始状态 $x_0 \in \bigcup_{i=1}^{N}(\Omega(P_i)\cap\phi_i)$，将一直保持在这个有界集合内。并且闭环系统（3.3）的原点是渐近稳定的，证明完毕。

3.2.3　非脆弱控制器设计

在这一部分中，将给出加性摄动的非脆弱镇定控制器的设计方法，使得闭环系统（3.3）在控制器参数摄动和未知非线性干扰的条件下是非脆弱镇定的。

定理 3.2 若存在 N 个正定矩阵 X_i，矩阵 M_i，N_i 以及一组实数 $\beta_{ir} \geq 0$，$\delta_{ir} > 0$ 和 $\lambda_i > 0$，使得下列线性矩阵不等式组（3.18）和（3.19）成立：

$$
\begin{bmatrix} \Lambda_{11} & \Lambda_{12} \\ \Lambda_{21} & \Lambda_{22} \end{bmatrix} < 0 \qquad \text{（式3.18）}
$$

式（3.18）是负定的。

其中，

$$\Lambda_{11}=\begin{bmatrix} -X_i-\sum_{r=1,r\neq i}^{N}\beta_{ir}X_i & * & * & * & * \\ 0 & -I & * & * & * \\ A_iX_i+B_i(D_SM_i+D_S^{-}N_i) & D_i & -X_i & * & * \\ 0 & 0 & E_i^{\mathrm{T}}D_s^{\mathrm{T}}B_i^{\mathrm{T}} & -\lambda_i^{-1}I & * \\ N_{1i}X_i & 0 & 0 & 0 & -\lambda_iI \end{bmatrix},$$

$$\Lambda_{12}=\begin{bmatrix} (G_iX_i)^T & X_i & X_i & X_i \\ 0 & 0 & 0 & 0 \\ 0 & 0 & 0 & 0 \\ 0 & 0 & 0 & 0 \\ 0 & 0 & 0 & 0 \end{bmatrix},$$

$$\Lambda_{21}=\begin{bmatrix} G_iX_i & 0 & 0 & 0 & 0 \\ X_i & 0 & 0 & 0 & 0 \\ X_i & 0 & 0 & 0 & 0 \\ X_i & 0 & 0 & 0 & 0 \end{bmatrix}. \tag{3.19}$$

$$\Lambda_{22}=\begin{bmatrix} -I & * & * & * \\ 0 & -\beta_{i1}X_1 & * & * \\ 0 & 0 & \ddots & * \\ 0 & 0 & 0 & -\beta_{iN}X_N \end{bmatrix}$$

$$\begin{bmatrix} X_i+\sum_{r=1,r\neq i}^{N}\delta_{ir}X_i & * & * & * & * \\ N_i^j & 1 & * & * & * \\ X_i & 0 & \delta_{i1}^{-1}X_1 & * & * \\ X_i & 0 & 0 & \ddots & * \\ X_i & 0 & 0 & 0 & \delta_{iN}^{-1}X_N \end{bmatrix}\geq 0.$$

$$i\in I_N, s\in Q, j\in Q_m,$$

在式（3.19）中，N_i^j表示矩阵N_i的第j行，令$H_i=N_iX_i^{-1}, P_i=X_i^{-1}$，在状态反馈控制器

$$u_i=F_ix_i=M_iX_i^{-1}x_i \tag{3.20}$$

和切换律

$$\sigma=\arg\min\{x^T(k)X_i^{-1}x(k), i\in I_N\} \tag{3.21}$$

同时的作用下，对 $\forall x_0 \in \bigcup_{i=1}^{N}(\Omega(P_i)\cap\phi_i)$，闭环系统（3.3）的原点在控制器摄动和未知非线性干扰下是非脆弱渐近镇定的。

证明　由引理 2.3，不等式（3.18）与不等式（3.22）互为等价关系：

$$\begin{bmatrix} -X_i+\sum\limits_{r=1,r\neq i}^{N}\beta_{ir}(X_iX_N{}^{-1}X_i-X_i) & 0 & [A_iX_i+B_i(D_sM_i+D_s^{-}N_i)]^{\mathrm{T}} & 0 & X_iN_{1i}{}^{\mathrm{T}} & X_iG_i^{\mathrm{T}} \\ * & -I & D_i^{\mathrm{T}} & 0 & 0 & 0 \\ * & * & -X_i & B_iD_sE_i & 0 & 0 \\ * & * & * & -\lambda_i^{-1}I & 0 & 0 \\ * & * & * & * & -\lambda_iI & 0 \\ * & * & * & * & * & -I \end{bmatrix}<0, \tag{3.22}$$

定义 $M_i=F_iX_i$，$N_i=H_iX_i$，$X_i=P_i^{-1}$，对矩阵不等式（3.22）先利用引理 2.3，再次分别左乘和右乘对角矩阵 $diag\{P_i,I,P_i,I,I\}$，本章可以推导出下面的不等式：

$$\begin{bmatrix} -P_i+G_i^{\square}G_i+\sum\limits_{r=1,r\neq i}^{N}\beta_{ir}(P_r-P_i) & 0 & [A_i+B_i(D_SF_i+D_S^{-}H_i)]\ P_i & 0 & N_{1i} \\ 0 & -I & D_i^{\mathrm{T}}P_i & 0 & 0 \\ * & * & -P_i & P_iB_iD_SE_i & 0 \\ * & * & * & -\lambda_i^{-1}I & 0 \\ * & * & * & 0 & -\lambda_iI \end{bmatrix}<0,$$

上式也就是定理 3.1 中的不等式（3.10），同理对于不等式（3.19）也利用类似的处理方法得到下面的线性矩阵不等式：

$$\begin{bmatrix} 1 & H_i^{j} \\ * & P_i-\sum\limits_{r=1,r\neq i}^{N}\delta_{ir}(P_r-P_i) \end{bmatrix}\geq 0, \tag{3.23}$$

其中H_i^{j}用来表示矩阵的第j行。下面来证明，对于约束条件$\Omega(P_i)\cap\phi_i\subset L(H_i)$可以用矩阵不等式（3.23）来表示。

令 $K_i=P_i-\sum\limits_{r=1,r\neq i}^{N}\delta_{ir}(P_r-P_i)$，对于状态向量 $x(k)\in\Omega(P_i)\cap\phi_i$，根据引理 2.3，得到下面两个不等式：

$$\begin{aligned} &x^{\mathrm{T}}K_ix\leq 1, \\ &H_i^{jT}H_i^{j}\leq K_i, \end{aligned} \tag{3.24}$$

所以得到

$$x^T H_i^{jT} H_i^j x \le x^T K_i x \le 1\,, \tag{3.25}$$

最终得到

$$\left|H_i^j x\right| \le 1\,, \tag{3.26}$$

因为H_i^j是矩阵H_i的第j行，最终式（3.26）表明，只要满足集合关系$\Omega(P_i)\cap\phi_i \subset L(H_i)$，那么就可以将其用矩阵不等式（3.23）来表示。与此同时，切换规则（3.21）和切换规则（3.12）一致。所以，对于任意的初始状态$x_0 \in \bigcup_{i=1}^N(\Omega(P_i)\cap\phi_i)$都包含在吸引域内，闭环系统的原点是非脆弱渐近镇定的。

证毕。

3.2.4 吸引域的估计与最大化分析

本部分所研究的切换系统的稳定性问题，是建立在局部稳定性基础上进行研究的。在局部稳定性的研究中，总是希望获得的稳定域越接近真实的吸引域越好。一般的方法是，首先利用收缩不变集去估计吸引区，其次在吸引区内扩大收缩不变集。在对吸引区进行估计时，学者们希望求出保守性较低的吸引区估计值。因此，需要先对集合的大小进行度量，然后才能把吸引域估算问题转化为公式进行表达，才能使得问题易于解决。在本文中，建立在知名学者泰斗们对集合形状的考虑下引入了形状参考集的概念。

学者们选择了一个凸集$X_R \subset R^n$，这个凸集内包含着原点。用这个凸集来作为测量集合大小的参考集。对于一个包含原点的集合$\Xi \subset \mathrm{R}^n$，定义[130]：

$$\alpha_{\mathrm{R}}(\Xi) := \sup\{\alpha > 0 : \alpha X_{\mathrm{R}} \subset \Xi\}.$$

若$\alpha_{\mathrm{R}}(\Xi) \ge 1$，那么$X_{\mathrm{R}} \subset \Xi$。可以看出，$\alpha_{\mathrm{R}}(\Xi)$能够反映集合的大小。

典型的形状参考集是椭球体和多面体。椭球体表示为：

$$X_{\mathrm{R}} = \left\{x \in \mathrm{R}^n : x^{\mathrm{T}} R x \le 1, R > 0\right\},$$

多面体表示为$X_{\mathrm{R}} = \mathrm{co}\left\{x_1, x_2, \cdots, x_l\right\}$，其中，$x_1, x_2, \cdots, x_l$是给定的$n$维向量，$\mathrm{co}\{\cdot\}$用来表示这组向量的线性微分包。

在本节，通过设计非脆弱状态反馈控制律和切换规则来研究闭环系统 (3.3) 的吸引域估计最大化问题，等同于集合$\bigcup_{i=1}^N(\Omega(P_i)\cap\phi_i)$的最大化，利用椭球体和多面体两种参考集评估$\bigcup_{i=1}^N(\Omega(P_i)\cap\phi_i)$集合的范围。

确定所研究集合$\bigcup_{i=1}^{N}(\Omega(P_i)\cap\phi_i)$的最大化问题可由下面的优化问题来表述：

$$\begin{aligned}&\sup_{X_i,M_i,N_i,\beta_{ir},\delta_{ir},\lambda_i} \alpha,\\ &s.t(a)\alpha X_R\subset\Omega(X_i^{-1}),i\in I_N,\\ &\quad(b)inequality(3.18),i\in I_N,s\in Q,\\ &\quad(c)inequality(3.19),i\in I_N,j\in Q_m.\end{aligned} \tag{3.27}$$

我们用X_R表示形状参考集合，当参考集合是椭球体时，（a）等价于下面的不等式：

$$\begin{bmatrix}\frac{1}{\alpha^2}R & I\\ I & X_i\end{bmatrix}\geq 0, \tag{3.28}$$

当参考集合是多面体时，（a）用下面的不等式来表示：

$$\begin{bmatrix}\frac{1}{\alpha^2} & X_k^{\mathrm{T}}\\ X_k & X_i\end{bmatrix}\geq 0,k\in[1,l]. \tag{3.29}$$

令$\gamma=\frac{1}{\alpha^2}$，当椭球体作为形状参考集时，优化问题（3.27）可以表示成如下的优化问题：

$$\begin{aligned}&\inf_{X_i,M_i,N_i,\beta_{ir},\delta_{ir},\lambda_i} \gamma,\\ &s.t(\mathrm{a})\begin{bmatrix}\gamma R & I\\ I & X_i\end{bmatrix}\geq 0,i\in I_N,s\in Q,\\ &\quad(\mathrm{b})inequality(3.18),i\in I_N,s\in Q,\\ &\quad(\mathrm{c})inequality(3.19),i\in I_N,j\in Q_m.\end{aligned} \tag{3.30}$$

类似地，当形状参考集为多面体时，上述的最优化问题可以用下式来表达：

$$\begin{aligned}&\inf_{X_i,M_i,N_i,\beta_{ir},\delta_{ir},\lambda_i} \gamma,\\ &s.t(\mathrm{a})\begin{bmatrix}\gamma & X_k^{\mathrm{T}}\\ X_k & X_i\end{bmatrix}\geq 0,k\in[1,l],i\in I_N,\\ &\quad(\mathrm{b})inequality(3.18),i\in I_N,s\in Q,\\ &\quad(\mathrm{c})inequality(3.19),i\in I_N,j\in Q_m.\end{aligned} \tag{3.31}$$

3.2.5　数值仿真

为了验证对于上述闭环系统（3.3），在控制器参数摄动和具有未知非线性干扰的条件下，在所使用的切换规则和非脆弱状态反馈控制器设计的合理性，本节用具体的数值例子来说明所得结果的正确性。

对于如下这个带有饱和环节的离散非线性切换系统：

$$x(k+1)=A_{\sigma}x(k)+B\ sat(u_{\sigma}(k))+D\ f\ (x), \tag{3.32}$$

令切换系统取两个子系统$\sigma\in I_2=\{1,2\}$，其中

$$A_1=\begin{bmatrix}0.2 & 0.1\\ 0 & -1\end{bmatrix},\ A_2=\begin{bmatrix}-1 & 0\\ 0 & 1.2\end{bmatrix},\ B_1=\begin{bmatrix}1\\ 0\end{bmatrix},$$

$$B_2=\begin{bmatrix}0\\ 1\end{bmatrix},\ E_1=\begin{bmatrix}0.3\end{bmatrix},\ E_2=\begin{bmatrix}0.4\end{bmatrix},\ N_{11}=\begin{bmatrix}0.23 & -0.6\end{bmatrix},$$

$$N_{12}=\begin{bmatrix}-0.4 & 0.7\end{bmatrix},\ D_1=\begin{bmatrix}0.01 & 0.02\\ 0.02 & 0\end{bmatrix},\ D_2=\begin{bmatrix}0.01 & 0.02\\ 0.02 & 0\end{bmatrix},$$

$$f_1(x)=\begin{bmatrix}0.2\sin x_1\\ 0.2\sin x_2\end{bmatrix},\ f_2(x)=\begin{bmatrix}0.1\sin x_1\\ 0.1\sin x_2\end{bmatrix},\ G_1=\begin{bmatrix}0.1 & 0\\ 0 & 0.1\end{bmatrix},$$

$$G_2=\begin{bmatrix}0.2 & 0\\ 0.5 & 0.1\end{bmatrix},\ x(0)=\begin{bmatrix}1\\ -1\end{bmatrix},\ \Gamma(\mathrm{k})=\cos(\mathrm{k}).$$

在这里我们取 $R=\begin{bmatrix}1 & 0\\ 0 & 1\end{bmatrix}$，给定标量参数 $\beta_1=\beta_2=25$，$\delta_1=\delta_2=8$，$\lambda_1=\lambda_2=16$，利用 LMI 工具箱解优化问题（3.30），得到如下的可行解：

$$X_1=\begin{bmatrix}2.7183 & -0.1051\\ -0.1051 & 4.4975\end{bmatrix},\ X_2=\begin{bmatrix}2.6286 & -0.1100\\ -0.1100 & 4.5350\end{bmatrix},\ P_1=\begin{bmatrix}0.3682 & 0.0086\\ 0.0086 & 0.2225\end{bmatrix},$$

$$P_2=\begin{bmatrix}0.3808 & 0.0092\\ 0.0092 & 0.2207\end{bmatrix},\ N_{11}=\begin{bmatrix}-0.3816 & -0.2803\end{bmatrix},\ N_{12}=\begin{bmatrix}0.0777 & -1.9638\end{bmatrix},$$

$$F_1=\begin{bmatrix}-0.2000 & 0.0766\end{bmatrix},\ F_2=\begin{bmatrix}0.0419 & -1.2000\end{bmatrix},\ M_1=\begin{bmatrix}-0.5356 & -0.3234\end{bmatrix},$$

$$M_2=\begin{bmatrix}0.2423 & -5.4466\end{bmatrix},\ H_1=\begin{bmatrix}-0.1429 & -0.0657\end{bmatrix},\ H_2=\begin{bmatrix}0.0114 & -0.4327\end{bmatrix},$$

$$\gamma=0.3269.$$

通过下面的图 3.1 和图 3.2 的仿真图例可以看出，对于切换系统（3.32），在没有设计切换规则时，每一个子系统都不能在各自的状态反馈下被单独镇定。图 3.3 是闭环系统的状态响应曲线，图 3.4 是给出切换系统的切换信号。图 3.5 是切换系统（3.32）的控制输入曲线。图 3.6 是对闭环系统（3.3）的吸

引域估计。

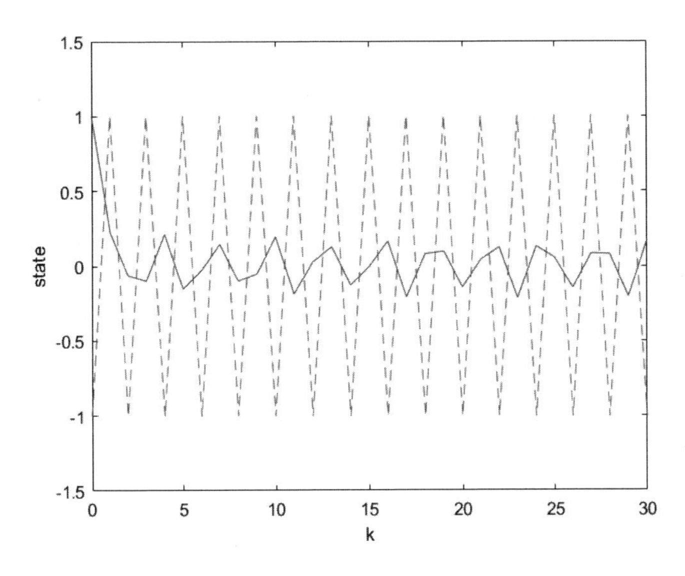

图3.1　子系统1的状态响应曲线

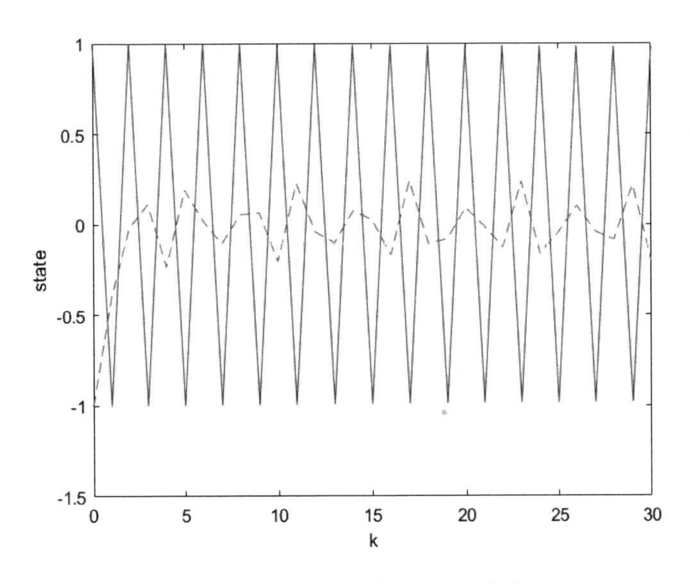

图3.2　子系统2的状态响应曲线

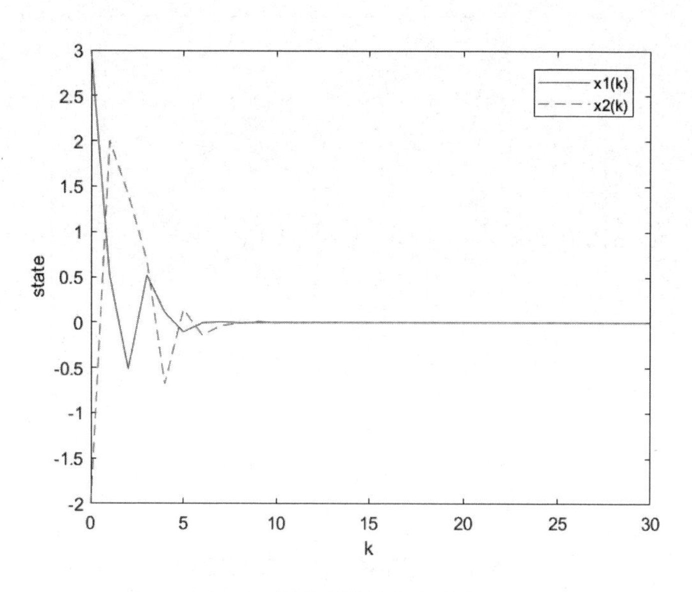

图3.3　闭环系统的状态响应

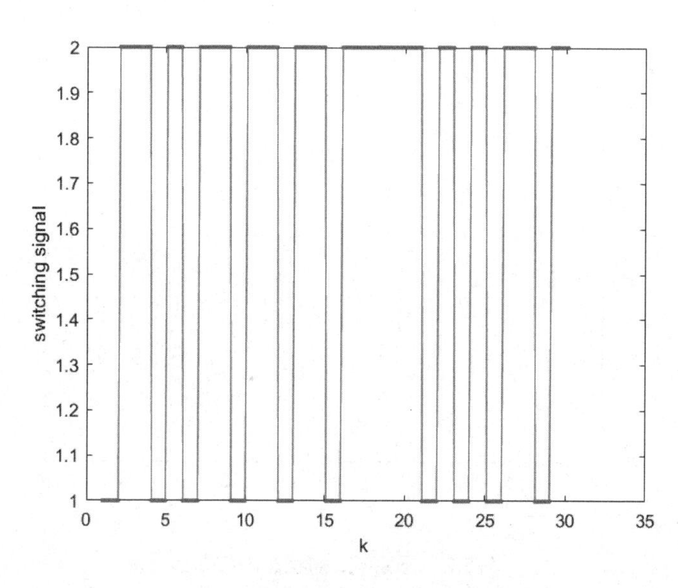

图3.4　切换系统的切换信号

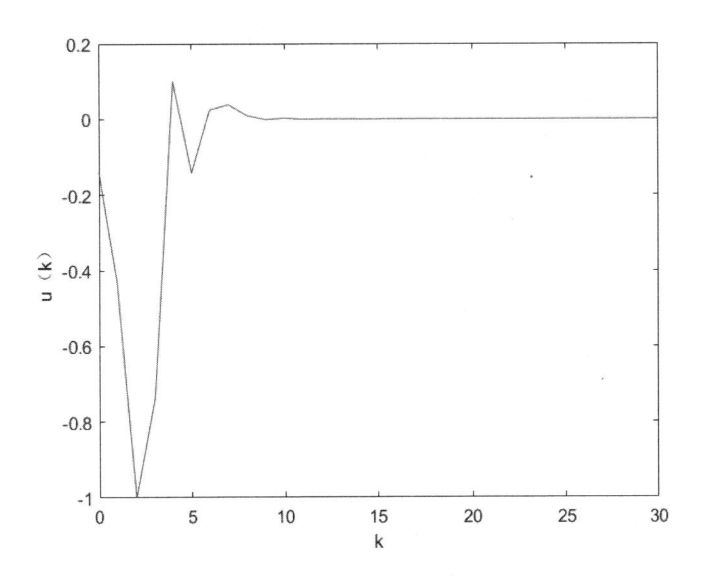

图3.5　切换系统的控制输入信号

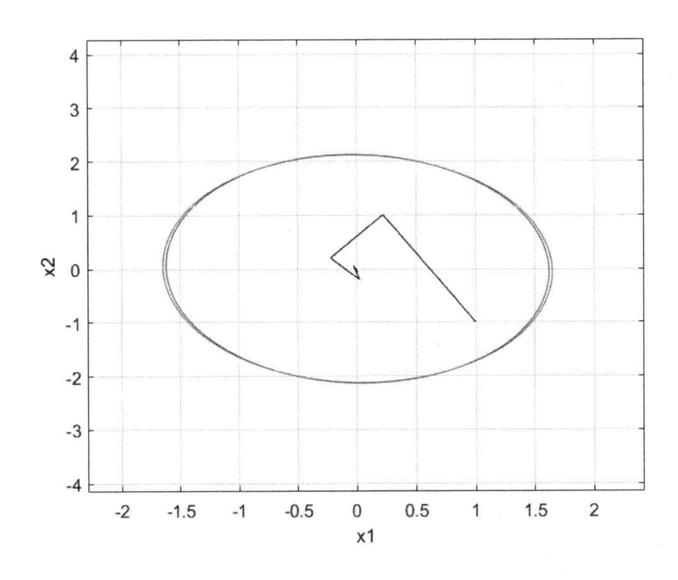

图3.6　闭环系统的吸引域估计

3.3 具有执行器饱和的非线性不确定切换系统的非脆弱鲁棒镇定

3.3.1 问题描述与预备知识

考虑如下一类带有饱和环节的不确定离散时间非线性切换系统：

$$x(k+1)=(A_\sigma+\Delta A_\sigma)x(k)+(B_\sigma+\Delta B_\sigma)sat(u_\sigma(k))+D_\sigma f\ (x),\sigma\in I_N. \quad (3.33)$$

式（3.33）中 $k\in Z^+=\{0, 1, 2, \cdots\}$，$x(k)\in R^n$ 是切换系统的状态向量，$u_\sigma(k)\in R^m$ 是切换系统的控制输入，σ 指的是切换指令，切换指令在 $I_N=\{1,\cdots,N\}$中进行切换，例如$\sigma=i$意味着第i个子系统被激活，A_i与B_i，D_i代表着相应维数的常数矩阵，ΔA_i和ΔB_i代表时变不确定矩阵，满足如下形式：

$$[\Delta A_i,\ \Delta B_i]=T_i\Gamma(k)[F_{1i},\ F_{2i}],\ i\in I_N,$$

其中，T_i,F_{1i},F_{2i}为描述不确定性的已知的适当维数的常数矩阵，$\Gamma(k)$是一个未知，时变矩阵，且满足：

$$\Gamma^T(k)\Gamma(k)\le I.$$

$f_\sigma(x)$是一个未知非线性函数（满足假设 1）。$sat:R^m\to R^m$指的是标准的向量值饱和函数。

当控制器内部具有不确定性时，考虑如下的非脆弱状态反馈控制器：

$$u_i=(F_i+\Delta F_i)x\ .$$

同时，不确定矩阵$\Gamma(k)$要满足条件：$\Gamma^{\mathrm{T}}(k)\Gamma(k)\le I$，那么通过状态反馈，相应的闭环系统表示为：

$$x(k+1)=(A_\sigma+\Delta A_\sigma)x(k)+(B_\sigma+\Delta B_\sigma)sat(F_\sigma+\Delta F_\sigma)x(k)+D_\sigma f_\sigma(x),\forall i\in I_N. \quad (3.34)$$

然后，我们定义如下的切换指示函数：

$$\xi(k)=\left[\xi_1(k),\cdots,\xi_N(k)\right]^{\mathrm{T}},$$

其中，当第i个子系统被激活时，$\xi_i(k)=1$，否则$\xi_i(k)=0$，所以闭环系统（3.34）也可以写成如下形式：

$$x(k+1)=\sum_{i=1}^{N}\xi_i(k)[(A_i+\Delta A_i)x(k)+(B_i+\Delta B_i)sat(F_i+\Delta F_i)x(k)+D_if_i(x)],\forall i\in I_N. \quad (3.35)$$

3.3.2　闭环系统稳定性分析

假设非脆弱状态反馈控制律 $u_i=(F_i+\Delta F_i)x$ 已知，使用切换 Lyapunov 函数技术，在控制器参数与系统结构同时具有不确定性的情况下，运用公式推导出闭环系统（3.35）在原点渐近稳定的充分条件。所得结果为后面两节内容奠定了基础。

定理 3.3 考虑闭环系统（3.35），若存在 N 个正定对称矩阵 P_i，矩阵F_i，H_i，确保如下的矩阵不等式组（3.36）成立：

$$\begin{bmatrix} -P_i+G_i^TG_i & 0 & U_{is}{}^TP_r \\ * & -I & D_i^TP_r \\ * & * & -P_r \end{bmatrix}<0, \tag{3.36}$$
$$\forall(i,r)\in I_N\times I_N,$$
$$s\in Q=\left\{1,2,\cdots 2^m\right\}.$$

与此同时要满足

$$\Omega(P_i)\subset L(H_i),i\in I_N, \tag{3.37}$$

其中

$$U_{is}=(A_i+\Delta A_i)+(B_i+\Delta B_i)[D_s(F_i+\Delta F_i)+D_s^-H_i].$$

那么，在任意切换指令的作用下，闭环系统（3.35）的原点是鲁棒渐近稳定的，而且 $\bigcup_{i=1}^N(\Omega(P_i))$ 被包含在吸引域内。

证明　根据引理 3.1，当 $x\in\Omega(P_i)\subset L(H_i)$，可得

$$sat(u_i)\in co\{D_s(F_i+\Delta F_i)x+D_s^-H_ix,s\in Q\},$$

进一步 $sat(u_i)\in co\{D_sF_ix+D_sE_i\Gamma(k)N_{1i}x+D_s^-H_ix,s\in Q\}$，最终可得

$$\begin{aligned}&(A_i+\Delta A_i)x(k)+(B_i+\Delta B_i)sat(F_i+\Delta F_i)x(k)\\&+D_if_i(x)\in\ co\{(A_i+\Delta A_i)x(k)+(B_i+\Delta B_i)(D_sF_ix(k)\\&+D_sE_i\Gamma(k)N_{1i}x(k)+D_s^-H_ix(k))+D_if_i(x),s\in Q\}.\end{aligned}$$

当 $\forall x(k)\in\Omega(P_i)\subset L(H_i)$，本章选取闭环系统（3.35）的切换李亚普诺函数为

$$V(x(k))=V_i(x(k))=x^T(k)(\sum_{i=1}^N\xi_i(k)P_i)x(k). \tag{3.38}$$

根据离散时间切换系统的特点，对切换 Lyapunov 函数（3.38）沿着闭环系

统（3.35）的轨线做前向差分，对于$\forall x(k)\in\Omega(P_i)\subset L(H_i)$时，

$$\begin{aligned}
\Delta V(x(k)) &= V_r(x(k+1)) - V_i(x(k)) \\
&= x^T(k+1)(\sum_{r=1}^{N}\xi_r(k+1)P_r)x(k+1) - x^T(k)(\sum_{i=1}^{N}\xi_i(k)P_i)x(k) \\
&= \{\sum_{i=1}^{N}\xi_i(k)[(A_i+\Delta A_i)x(k)+(B_i+\Delta B_i)sat(F_i+\Delta F_i)x(k)+D_i f_i(x)]\}^T \times \\
&\quad (\sum_{r=1}^{N}\xi_r(k+1)P_r)\{\sum_{i=1}^{N}\xi_i(k)[(A_i+\Delta A_i)x(k)+(B_i+\Delta B_i)sat(F_i+\Delta F_i)x(k) \\
&\quad +D_i f_i(x)]\} - x^T(k)(\sum_{i=1}^{N}\xi_i(k)P_i)x(k) \\
&= \{\sum_{i=}^{N}\xi_i(k)[(A_i+\Delta A_i)x(k)+(B_i+\Delta B_i)(\sum_{s=}^{2^m}\eta_s(D_S(F_i+\Delta F_i)+D_s^- H_i))x(k) \\
&\quad +D_i f_i(x)]\}^T \times (\sum_{r=1}^{N}\xi_r(k+1)P_r)\{\sum_{i=1}^{N}\xi_i(k)[(A_i+\Delta A_i)x(k)+(B_i+\Delta B_i) \\
&\quad (\sum_{s=1}^{2^m}\eta_s(D_S(F_i+\Delta F_i)+D_s^- H_i))x(k)+D_i f_i(x)]\} - x^T(k)(\sum_{i=1}^{N}\xi_i(k)P_i)x(k) \\
&\le \max_{s\in Q}\{x^{\mathrm{T}}(k)[(A_i+\Delta A_i)+(B_i+\Delta B_i)(D_s(F_i+\Delta F_i)+D_s^- H_i)]^{\mathrm{T}} \\
&\quad +[D_i f_i(x)]^{\mathrm{T}}\}\times \\
&\quad P_r\{[(A_i+\Delta A_i)+(B_i+\Delta B_i)(D_s(F_i+\Delta F_i)+D_s^- H_i)]x(k) \\
&\quad +D_i f_i(x)\} - x^{\mathrm{T}}(k)P_i x(k).
\end{aligned}$$

因而，在任意切换规则下得如下结论：

$$\begin{aligned}
\Delta V(x(k)) \le \max_{s\in Q}&\{x^{\mathrm{T}}(k)[(A_i+\Delta A_i)+(B_i+\Delta B_i)(D_s(F_i+\Delta F_i)+D_s^- H_i)]^{\mathrm{T}}+[D_i f_i(x)]^{\mathrm{T}}\}\times P_r \\
&\{[(A_i+\Delta A_i)+(B_i+\Delta B_i)(D_s(F_i+\Delta F_i)+D_s^- H_i)]x(k)+D_i f_i(x)\} - x^{\mathrm{T}}(k)P_i x(k).
\end{aligned}$$

根据引理 2.3，定理 3.3 中的矩阵不等式组（3.36）等价于下式：

$$\begin{bmatrix} -P_i+G_i^T G_i & 0 \\ 0 & -I \end{bmatrix} - \begin{bmatrix} U_{is}{}^T P_r \\ D_i^T P_r \end{bmatrix}(-P_r)^{-1}\begin{bmatrix} P_r U_{is} & P_r D_i \end{bmatrix} < 0.$$

将上式整理，得

$$\begin{bmatrix} -P_i+G_i^T G_i & 0 \\ 0 & -I \end{bmatrix} + \begin{bmatrix} U_{is}{}^T P_r U_{is} & U_{is}{}^T P_r D_i \\ D_i^T P_r U_{is} & D_i^T P_r D_i \end{bmatrix} < 0.$$

将上式整理得到下式：

$$\begin{bmatrix} -P_i+G_i^T G_i+U_{is}{}^T P_r U_{is} & U_{is}{}^T P_r D_i \\ * & D_i^T P_r D_i - I \end{bmatrix} < 0.$$

对上式左乘$\begin{bmatrix} x^T & f^T \end{bmatrix}$，右乘$\begin{bmatrix} x \\ f \end{bmatrix}$得到下式：

$$\begin{aligned} &x^T U_{is}{}^T P_r U_{is} x + x^T G_i^T G_i x + f_i^T D_i^T P_r D_i f_i - f_i^T I f_i \\ &+ f_i^T D_i^T P_r U_{is} x + x^T U_{is}{}^T P_r D_i f_i - x^T P_i x < 0, \end{aligned} \tag{3.39}$$

其中

$$U_{is} = (A_i + \Delta A_i) + (B_i + \Delta B_i)[D_s(F_i + \Delta F_i) + D_s^- H_i].$$

所以，根据假设 3.1 和式（3.39）可知下式成立：

$$\begin{aligned} \Delta V(x(k)) \le \max_{s\in Q} &\{x^{\mathrm{T}}(k)[(A_i + \Delta A_i) + (B_i + \Delta B_i)(D_s(F_i + \Delta F_i) + D_s^- H_i)]^{\mathrm{T}} \\ &+ [D_i f_i(x)]^{\mathrm{T}}\} \times P_r \\ &\{[(A_i + \Delta A_i) + (B_i + \Delta B_i)(D_s(F_i + \Delta F_i) + D_s^- H_i)]x(k) + D_i f_i(x)\} \\ &- x^{\mathrm{T}}(k) P_i x(k) \\ &< -(x^T G_i^T G_i x - f_i I f_i) \\ &< 0. \end{aligned} \tag{3.40}$$

所以，最终证明：

$$\Delta V(x(k)) < 0. \tag{3.41}$$

结合条件（3.37）和（3.41）可得如下的结论：

（1）利用切换 Lyapunov 函数方法，不难发现，其中的每个子系统在原点都是渐近稳定的，与此同时集合$\Omega(P_i)$被包含在吸引域内。

（2）当$\sigma(k)=i$，$\sigma(k+1)=r$时，由于$V(k+1)<V(k)$，所以第r个子系统的状态运动轨迹将在集合$\Omega(P_r)$内。

所以，闭环系统（3.35）从集合$\cup_{i=1}^{N}\Omega(P_i)$内出发的状态运动轨迹将一直保持在这个有界集合内。进一步地说，在任意逻辑切换指令的作用下，闭环系统（3.35）在原点是渐近稳定的，并且集合$\cup_{i=1}^{N}\Omega(P_i)$被包含在吸引域中。

证毕。

3.3.3　非脆弱控制器设计

这一小节中，将给出非脆弱镇定控制器的设计方法，保证闭环系统（3.35）在控制器参数摄动和未知非线性干扰的条件下是鲁棒非脆弱镇定的。

定理 3.4 若存在N个正定对称矩阵X_i，矩阵M_i，N_i以及一组正常数$\lambda_{ir}>0$和$\varepsilon_{ir}>0$，使得下列线性矩阵不等式组（3.42）和（3.43）成立：

$$
\begin{bmatrix}
-X_i & 0 & [A_iX_i + B_i(D_S M_i + D_S^- N_i)]^T & [F_{1i}X_i + F_{2i}(D_s M_i + D_s^- N_i)]^T & 0 & X_iN_{1i}^T & X_iG_i^T \\
* & -I & D_i^T & 0 & \square & & \\
* & * & -X_r + \lambda_{ir}T_iT_i^T & 0 & B_iD_sE_i & 0 & 0 \\
* & * & * & -\lambda_{ir}I & F_{2i}D_sE_i & 0 & 0 \\
* & * & * & * & -\varepsilon_{ir}^{-1}I & 0 & 0 \\
* & * & * & * & * & -\varepsilon_{ir}I & 0 \\
* & * & * & * & * & * & -I
\end{bmatrix} < 0, \tag{3.42}
$$

$$
\begin{bmatrix} X_i & * \\ N_i^j & 1 \end{bmatrix} \geq 0, i \in I_N, s \in Q, j \in Q_m, \tag{3.43}
$$

在式（3.43）中，N_i^j 表示矩阵 N_i 的第 j 行，令 $H_i = N_iX_i^{-1}, P_i = X_i^{-1}$，在状态反馈控制器：

$$
u_i = F_ix = M_iX_i^{-1}x, \tag{3.44}
$$

和任意切换规则的作用下，对 $\forall x_0 \in \bigcup_{i=1}^{N}(\Omega(P_i))$，闭环系统（3.35）的原点在控制器摄动和未知非线性干扰下是鲁棒非脆弱渐近镇定的。

证明　不等式（3.36）等价于下式：

$$
\begin{bmatrix}
-P_i + G_i^TG_i & 0 & [A_i + B_i(D_sF_i + D_s\Delta F_i + D_s^- H_i)]^T P_r \\
* & -I & D_i^T P_r \\
* & * & -P_r
\end{bmatrix} +
$$

$$
\begin{bmatrix}
0 & 0 & [\Delta A_i + \Delta B_i(D_sF_i + D_s\Delta F_i + D_s^- H_i)]^T P_r \\
* & 0 & 0 \\
* & * & 0
\end{bmatrix} < 0. \tag{3.45}
$$

将上式（3.45）处理成如下等价形式：

$$\begin{bmatrix} -P_i + G_i^T G_i & 0 & [A_i + B_i(D_s F_i + D_s \Delta F_i + D_s^- H_i)]^T P_r \\ * & -I & D_i^T P_r \\ * & * & -P_r \end{bmatrix} + \begin{bmatrix} 0 \\ 0 \\ P_r T_i \end{bmatrix} \Gamma(\mathrm{k}) \begin{bmatrix} F_{1i} + F_{2i}(D_s(F_i + \Delta F_i) + D_s^- H_i) & 0 & 0 \end{bmatrix} + \tag{3.46}$$

$$\begin{bmatrix} F_{1i} + F_{2i}(D_s(F_i + \Delta F_i) + D_s^- H_i) & 0 & 0 \end{bmatrix}^T \Gamma^T(\mathrm{k}) \begin{bmatrix} 0 \\ 0 \\ P_r T_i \end{bmatrix}^T < 0 .$$

根据引理 3.2，得知下式成立：

$$\begin{bmatrix} -P_i + G_i^T G_i & 0 & [A_i + B_i(D_s F_i + D_s \Delta F_i + D_s^- H_i)]^T P_r \\ * & -I & D_i^T P_r \\ * & * & -P_r \end{bmatrix} + \lambda_{ir} \begin{bmatrix} 0 \\ 0 \\ P_r T_i \end{bmatrix} \begin{bmatrix} 0 \\ 0 \\ P_r T_i \end{bmatrix}^T$$

$$+\lambda^{-1}{}_{ir} \begin{bmatrix} F_{1i} + F_{2i}(D_s(F_i + \Delta F_i) + D_s^- H_i) & 0 & 0 \end{bmatrix}^T$$

$$\begin{bmatrix} F_{1i} + F_{2i}(D_s(F_i + \Delta F_i) + D_s^- H_i) & 0 & 0 \end{bmatrix} < 0.$$

根据引理 2.3，可得下式成立：

$$\begin{bmatrix} -P_i + G_i^T G_i & 0 & \vartheta_{is} & \zeta_{is} \\ * & -I & D_i^T P_r & 0 \\ * & * & -P_r + \lambda_{ir} P_r T_i T_i^T P_r & 0 \\ * & * & * & -\lambda_{ir} I \end{bmatrix} < 0$$

其中

$$\vartheta_{is} = [A_i + B_i(D_s(F_i + \Delta F_i) + D_s^- H_i)]^T P_r ,$$

$$\zeta_{is} = [F_{1i} + F_{2i}(D_s(F_i + \Delta F_i) + D^-{}_s H_i)]^T .$$

将 $\Delta F_i = E_i \Gamma(k) N_{1i}$ 代入上式得：

$$\begin{bmatrix} -P_i + G_i^T G_i & 0 & [A_i + B_i(D_s F_i + D_s^- H_i)]^T P_r & [F_{1i} + F_{2i}(D_s F_i + D_s^- H_i)]^T \\ * & -I & D_i^T P_r & 0 \\ * & * & -P_r + \lambda_{ir} P_r T_i T^T{}_i P_r & 0 \\ * & * & * & -\lambda_{ir} I \end{bmatrix}$$

$$
+\begin{bmatrix} 0 & 0 & (B_iD_sE_i\Gamma(k)N_{1i})^TP_r & (F_{2i}D_sE_i\Gamma(k)N_{1i})^T \\ * & 0 & 0 & 0 \\ * & * & 0 & 0 \\ * & * & * & 0 \end{bmatrix}<0,
$$

进一步，得知下式与上式等价：

$$
\begin{bmatrix} -P_i+G_i^TG_i & 0 & [A_i+B_i(D_sF_i+D_s^-H_i)]^TP_r & [F_{1i}+F_{2i}(D_sF_i+D_s^-H_i)]^T \\ * & -I & D_i^TP_r & 0 \\ * & * & -P_r+\lambda_{ir}P_rT_iT^T{}_iP_r & 0 \\ * & * & * & -\lambda_{ir}I \end{bmatrix}
$$

$$
+\begin{bmatrix} 0 \\ 0 \\ P_rB_iD_sE_i \\ F_{2i}D_sE_i \end{bmatrix}\Gamma(k)\begin{bmatrix} N_{1i} & 0 & 0 & 0 \end{bmatrix}+\begin{bmatrix} N_{1i} & 0 & 0 & 0 \end{bmatrix}^T\Gamma^T(k)\begin{bmatrix} 0 \\ 0 \\ P_rB_iD_sE_i \\ F_{2i}D_sE_i \end{bmatrix}^T<0 .
$$

根据引理 3.2，得知下式成立：

$$
\begin{bmatrix} -P_i+G_i^TG_i & 0 & [A_i+B_i(D_sF_i+D_s^-H_i)]^TP_r & [F_{1i}+F_{2i}(D_sF_i+D_s^-H_i)]^T \\ * & -I & D_i^TP_r & 0 \\ * & * & -P_r+\lambda_{ir}P_rT_iT^T{}_iP_r & 0 \\ * & * & * & -\lambda_{ir}I \end{bmatrix}
$$

$$
+\varepsilon_{ir}\begin{bmatrix} 0 \\ 0 \\ P_rB_iD_sE_i \\ F_{2i}D_sE_i \end{bmatrix}\begin{bmatrix} 0 \\ 0 \\ P_rB_iD_sE_i \\ F_{2i}D_sE_i \end{bmatrix}^T+\varepsilon_{ir}^{-1}\begin{bmatrix} N_{1i} & 0 & 0 & 0 \end{bmatrix}^T\begin{bmatrix} N_{1i} & 0 & 0 & 0 \end{bmatrix}<0.
$$

根据引理 2.3，得知下式成立：

$$
\begin{bmatrix} -P_i+G_i^TG_i+\varepsilon_{ir}^{-1}N_{1i}^TN_{1i} & 0 & [A_i+B_i(D_sF_i+D_s^-H_i)]^TP_r & [F_{1i}+F_{2i}(D_sF_i+D_s^-H_i)]^T & 0 \\ * & -I & D_i^TP_r & 0 & 0 \\ * & * & -P_r+\lambda_{ir}P_rT_iT^T{}_iP_r & 0 & P_rB_iD_sE_i \\ * & * & * & -\lambda_{ir}I & F_{2i}D_sE_i \\ * & * & * & * & -\varepsilon_{ir}^{-1}I \end{bmatrix}<0.
$$

对上式再次利用引理 2.3，可得下式：

$$\begin{bmatrix} \Pi_{11} & \Pi_{12} \\ * & \Pi_{22} \end{bmatrix} < 0,$$

其中，对于上面的这个矩阵不等式的各个分块的部分描述如下式所示：

$$\Pi_{11} = \begin{bmatrix} -P_i & 0 & [A_i + B_i(D_s F_i + D_s^- H_i)]^T P_r & [F_{1i} + F_{2i}(D_s F_i + D_s^- H_i)]^T \\ * & -I & D_i^T P_r & 0 \\ * & * & -P_r + \lambda_{ir} P_r T_i T_i^T P_r & 0 \\ * & * & * & -\lambda_{ir} I \end{bmatrix},$$

$$\Pi_{12} = \begin{bmatrix} 0 & N_{1i}^T & G_i^T \\ 0 & 0 & 0 \\ P_r B_i D_s E_i & 0 & 0 \\ F_{2i} D_s E_i & 0 & 0 \end{bmatrix},$$

$$\Pi_{21} = \begin{bmatrix} 0 & 0 & (P_r B_i D_s E_i)^T & (F_{2i} D_s E_i)^T \\ N_{1i} & 0 & 0 & 0 \\ G_i & 0 & 0 & 0 \end{bmatrix},$$

$$\Pi_{22} = \begin{bmatrix} -\varepsilon_{ir}^{-1} I & 0 & 0 \\ * & -\varepsilon_{ir} I & 0 \\ * & * & -I \end{bmatrix}.$$

对上面的不等式两端分别左乘和右乘对角矩阵块 $diag\{P_i^{-1}, I, P_r^{-1}, I, I, I, I\}$，并且令 $P_i^{\ 1} = X_i$，$P_r^{\ 1} = X_r$，$F_i X_i = M_i, H_i X_i = N_i$，最终得到下式：

$$\begin{bmatrix} -X_i & 0 & [A_i X_i + B_i(D_S M_i + D_S^- N_i)]^T & [F_{1i} X_i + F_{2i}(D_s M_i + D_s^- N_i)]^T \\ * & -I & D_i^T & 0 \\ * & * & -X_r + \lambda_{ir} T_i T_i^T & 0 \\ * & * & * & -\lambda_{ir} I \\ * & * & * & * \\ * & * & * & * \\ * & * & * & * \end{bmatrix}$$

$$
\begin{bmatrix}
0 & X_iN_{1i}^T & X_iG_i^T \\
\square & & \\
B_iD_sE_i & 0 & 0 \\
F_{2i}D_sE_i & 0 & 0 \\
-\varepsilon_{ir}^{-1}I & 0 & 0 \\
* & -\varepsilon_{ir}I & 0 \\
* & * & -I
\end{bmatrix} < 0 .
$$

上式也就是定理 3.4 中的线性矩阵不等式（3.42）。

同理对于不等式（3.43）两端分别左乘和右乘对角矩阵块 $diag\{P_i, I\}$ 得到下面的不等式：

$$
\begin{bmatrix} 1 & H_i^j \\ * & P_i \end{bmatrix} \geq 0, \tag{3.47}
$$

其中 H_i^j 用来表示矩阵 H_i 的第 j 行。下面来说明，对于约束条件 $\Omega(P_i) \subset L(H_i)$ 可以用矩阵不等式（3.47）来表示。

对于状态向量 $x(k) \in \Omega(P_i)$，根据引理 2.3 及式（3.47），得到下面两个不等式：

$$
\begin{aligned}
& x^{\mathrm{T}} P_i x \leq 1, \\
& H_i^{jT} H_i^j \leq P_i .
\end{aligned} \tag{3.48}
$$

进而可得

$$
x^T H_i^{jT} H_i^j x \leq x^T P_i x \leq 1 . \tag{3.49}
$$

因为 H_i^j 是矩阵 H_i 的第 j 行，最终式（3.49）表明，只要满足集合关系 $\Omega(P_i) \subset L(H_i)$，那么就可以将其用矩阵不等式（3.47）来表示。

所以，在任意逻辑切换指令的作用下，对于任意的初始状态 $x_0 \in \cup_{i=1}^N(\Omega(P_i))$ 都包含在吸引域内，闭环系统的原点是鲁棒非脆弱渐近镇定的。

证毕。

3.3.4 吸引域的估计与最大化分析

在本节，通过设计非脆弱状态反馈控制律来研究闭环系统（3.35）的吸引域估计最大化问题，等同于集合 $\cup_{i=1}^N(\Omega(P_i))$ 的最大化，利用椭球体和多面体两种参考集评估 $\cup_{i=1}^N(\Omega(P_i))$ 集合的范围。

确定所研究集合 $\cup_{i=1}^N(\Omega(P_i))$ 的最大化问题可由下面的优化问题来表述：

$$
\begin{aligned}
&\sup_{X_i, M_i, N_i, \varepsilon_{ir}, \lambda_{ir}} \alpha, \\
&s.t(a)\alpha X_R \subset \Omega(X_i^{-1}), i \in I_N, \\
&\quad (b) inequality(3.42), (i,r) \in I_N \times I_N, s \in Q, \\
&\quad (c) inequality(3.43), i \in I_N, j \in Q_m.
\end{aligned} \tag{3.50}
$$

我们用X_R表示形状参考集合，当参考集合是椭球体时，（a）等价于下面的不等式：

$$
\begin{bmatrix} \frac{1}{\alpha^2}R & I \\ I & X_i \end{bmatrix} \geq 0, \tag{3.51}
$$

当参考集合是多面体时，（a）用下面的不等式来表示：

$$
\begin{bmatrix} \frac{1}{\alpha^2} & X_k^{\mathrm{T}} \\ X_k & X_i \end{bmatrix} \geq 0, k \in [1,l]. \tag{3.52}
$$

令$\gamma = \frac{1}{\alpha^2}$，当椭球体作为形状参考集时，优化问题（3.50）可以表示成如下的优化问题：

$$
\begin{aligned}
&\inf_{X_i, M_i, N_i, \lambda_{ir}, \varepsilon_{ir}} \gamma, \\
&s.t(\mathrm{a}) \begin{bmatrix} \gamma R & I \\ I & X_i \end{bmatrix} \geq 0, i \in I_N, s \in Q, \\
&\quad (\mathrm{b}) inequality(3.42), (i,r) \in I_N \times I_N, s \in Q, \\
&\quad (\mathrm{c}) inequality(3.43), i \in I_N, j \in Q_m.
\end{aligned} \tag{3.53}
$$

类似地，当形状参考集为多面体时，上述的最优化问题可以用下式来表达：

$$
\begin{aligned}
&\inf_{X_i \square M_i\ N_i, \lambda_{ir}\ \varepsilon_{ir}} \gamma, \\
&s.t(\mathrm{a}) \begin{bmatrix} \gamma & X_k^{\mathrm{T}} \\ X_k & X_i \end{bmatrix} \geq 0, k \in [1,l], i \in I_N, \\
&\quad (\mathrm{b}) inequality(3.42), (i,r) \in I_N \times I_N, s \in Q, \\
&\quad (\mathrm{c}) inequality(3.43), i \in I_N, j \in Q_m.
\end{aligned} \tag{3.54}
$$

3.3.5　数值仿真

为了验证对于上述闭环系统（3.35），在控制器参数摄动和具有未知非线性干扰的条件下，利用切换 Lyapunov 函数方法对非脆弱状态反馈控制器设计的合理性，本节用具体的数值例子来证明所得结果的正确性。

对于一类具有执行器饱和的不确定离散时间非线性切换系统：

$$x(k+1)=(A_\sigma+\Delta A_\sigma)x(k)+(B_\sigma+\Delta B\ )sat(u_\sigma(k))+D_\sigma f_\sigma(x), \qquad (3.55)$$

令切换系统取两个子系统$\sigma\in I_2=\{1,2\}$，其中：

$$A_1=\begin{bmatrix}0.7 & 0\\ 0 & -0.7\end{bmatrix},\ A_2=\begin{bmatrix}1 & -0.7\\ 0 & -0.2\end{bmatrix},\ B_1=\begin{bmatrix}1.5\\ 1\end{bmatrix}$$

$$B_2=\begin{bmatrix}1.1\\ 1\end{bmatrix},\ E_1=\begin{bmatrix}0.1\end{bmatrix},E_2=\begin{bmatrix}0.2\end{bmatrix},N_{11}=\begin{bmatrix}0.23 & -0.6\end{bmatrix}$$

$$N_{12}=\begin{bmatrix}-0.4 & 0.2\end{bmatrix},D_1=\begin{bmatrix}0.01 & 0.02\\ 0.02 & 0\end{bmatrix},D_2=\begin{bmatrix}0.01 & 0.02\\ 0.02 & 0\end{bmatrix}$$

$$f_1(x)=\begin{bmatrix}0.1\sin x_1\\ 0.1\sin x_2\end{bmatrix},f_2(x)=\begin{bmatrix}0.2\sin x_1\\ 0.2\sin x_2\end{bmatrix},\ G_1=\begin{bmatrix}0.1 & 0\\ 0 & 0.1\end{bmatrix}$$

$$G_2=\begin{bmatrix}0.2 & 0\\ 0.5 & 0.1\end{bmatrix},\ x(0)=\begin{bmatrix}1\\ -2\end{bmatrix},\ \Gamma_1(k)=\cos(k)\ ,\Gamma_2(k)=\sin(k)$$

$$T_1=\begin{bmatrix}0.1\\ 0\end{bmatrix},T_2=\begin{bmatrix}0\\ 0.1\end{bmatrix},F_{11}=\begin{bmatrix}0.15 & -0.3\end{bmatrix},F_{12}=\begin{bmatrix}-0.3 & 0.2\end{bmatrix}$$

$$F_{21}=\begin{bmatrix}0.1\end{bmatrix},F_{22}=\begin{bmatrix}0.2\end{bmatrix}$$

在这里我们取$R=\begin{bmatrix}1 & 0\\ 0 & 1\end{bmatrix}$，给定标量参数，$\varepsilon_{11}=\varepsilon_{12}=20,\varepsilon_{21}=\varepsilon_{22}=17$，利用 LMI 工具箱解优化问题（3.53），得到如下的可行解：

$$X_1=\begin{bmatrix}9.9094 & -2.7806\\ -2.7806 & 9.0748\end{bmatrix},X_2=\begin{bmatrix}1.9695 & 0.9082\\ 0.9082 & 8.5724\end{bmatrix},\ P_1=\begin{bmatrix}0.1104 & 0.0338\\ 0.0338 & 0.1206\end{bmatrix}$$

$$P_2=\begin{bmatrix}0.5338 & -0.0566\\ -0.0566 & 0.1226\end{bmatrix},N_1=\begin{bmatrix}-2.7299 & 0.9337\end{bmatrix},N_2=\begin{bmatrix}-0.7403 & 1.8869\end{bmatrix}$$

$$F_1=\begin{bmatrix}-0.4303 & 0.0544\end{bmatrix},\ F_2=\begin{bmatrix}-0.7274 & 0.5487\end{bmatrix},M_1=\begin{bmatrix}-4.4157 & 1.6902\end{bmatrix}$$

$$M_2=\begin{bmatrix}-0.9343 & 4.0431\end{bmatrix},H_1=\begin{bmatrix}-0.2698 & 0.0202\end{bmatrix},H_2=\begin{bmatrix}-0.5019 & 0.2733\end{bmatrix}$$

$$\lambda_{11}=35.0035,\ \lambda_{12}=24.2056\quad \lambda_{21}=32.8750\quad \lambda_{22}=36.2335$$

$$\gamma=0.4175$$

图 3.7 是闭环系统（3.55）在任意切换规则下的状态响应曲线，可以看出

闭环系统（3.55）在原点是渐近稳定的。图 3.8 给出闭环系统（3.55）的切换信号曲线。图 3.9 是闭环系统（3.55）的控制输入曲线，图 3.10 是闭环系统的吸引域估计。

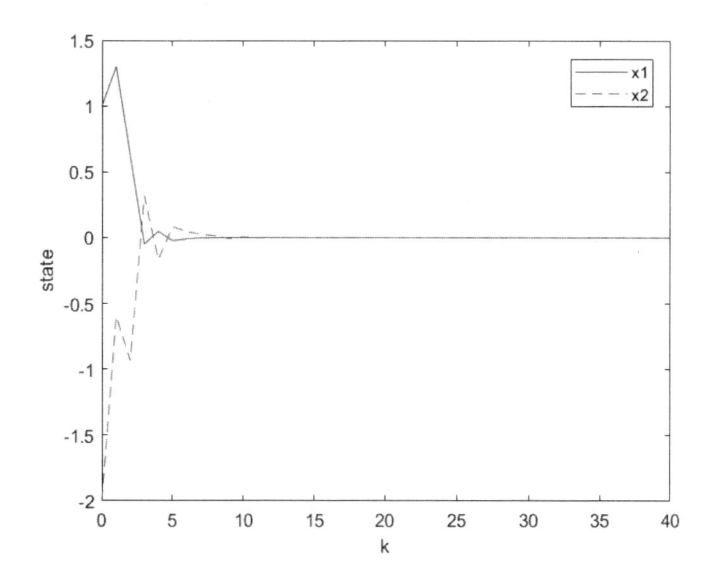

图3.7　闭环系统（3.55）的状态响应曲线

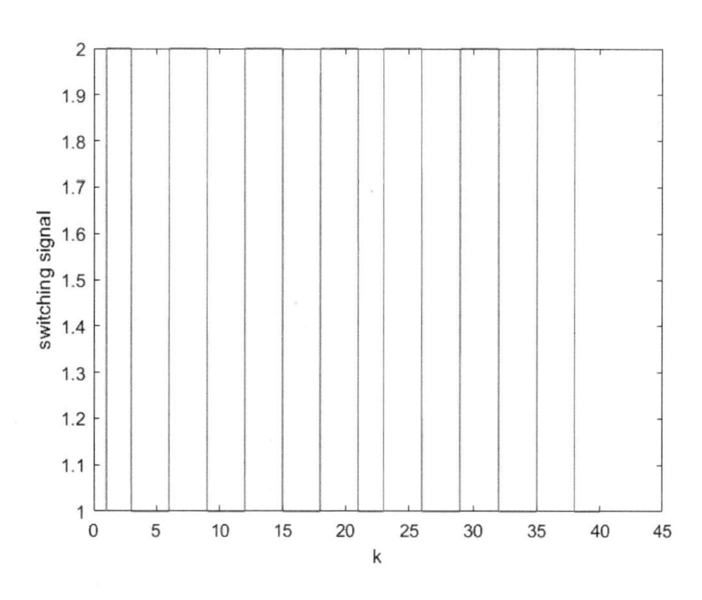

图3.8　闭环系统（3.55）的切换信号

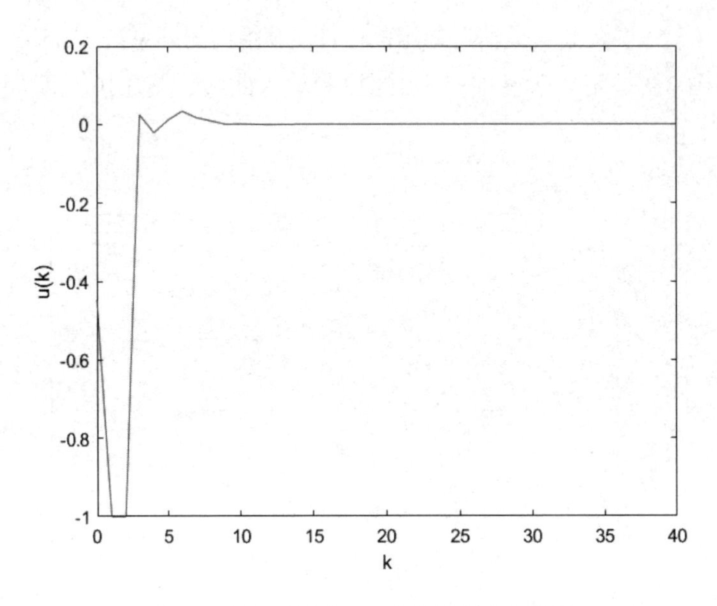

图3.9　闭环系统（3.55）的控制输入信号

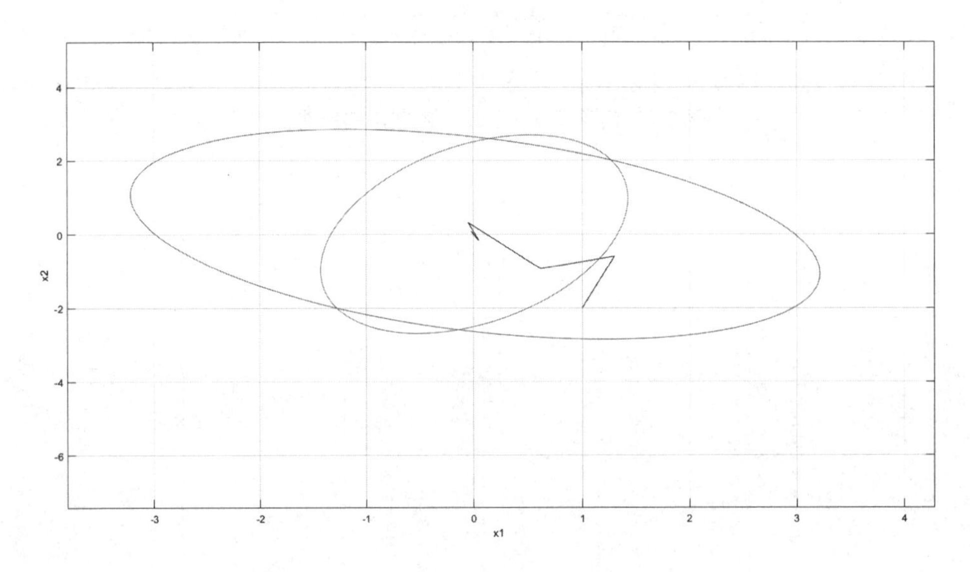

图3.10　闭环系统（3.55）的吸引域估计

3.4　具有执行器饱和的非线性不确定切换系统的非脆弱鲁棒指数镇定

3.4.1　问题描述与预备知识

考虑如下一类具有执行器饱和的不确定离散时间非线性切换系统：

$$x(k+1)=(A_{\delta}+\Delta A\ )x(k)+(B\ +\Delta B_{\sigma})sat(u_{\sigma}(k))+D\ f\ (x),\sigma\in I_{N} \quad (3.56)$$

式（3.56）中 $k\in Z^{+}=\{0,\ 1,\ 2,\ \cdots\}$， $x(k)\in R^{n}$ 是切换系统的状态向量， $u_{\sigma}(k)\in R^{m}$ 是切换系统的控制输入， $\sigma(k)$ 指的是依赖于时间的切换信号，这个切换指令在 $I_{N}=\{1,\cdots,N\}$ 中进行取值切换，例如：$\sigma(k)=\sigma(k_{p})=i$，当 $k\in[k_{p},k_{p+1})$ 时，意味着在第 k_{p} 时刻，第 i 个子系统被激活。A_{i} 与 $B_{i}D_{i}$ 代表相应维数的常数矩阵，ΔA_{i} 和 ΔB_{i} 为描述不确定的时变矩结构，与第三章表达式相同。$f_{\delta}(x)$ 是一个未知非线性函数（满足假设 3.1）。$sat:R^{m}\rightarrow R^{m}$ 指的是标准的向量值饱和函数。

考虑如下的非脆弱状态反馈控制律：

$$u_{i}=(F_{i}+\Delta F_{i})x \quad (3.57)$$

ΔF_{i} 是加性控制器摄动。同时，不确定矩阵 $\Gamma(k)$ 要满足条件：$\Gamma^{\mathrm{T}}(k)\Gamma(k)\leq I$，那么通过状态反馈，相应的闭环系统表示为：

$$x(k+1)=(A_{\sigma}+\Delta A_{\sigma})x(k)+(B_{\sigma}+\Delta B_{\sigma})sat(F_{\sigma}+\Delta F_{\sigma})x(k)+D_{\sigma}f_{\sigma}(x),\forall i\in I_{N}. \quad (3.58)$$

引理 3.3[252] 在切换信号 σ 的作用下，如果存在 $\alpha>0$，$0<\theta<1$ 使得闭环系统（3.58）满足

$$\|x(k)\|\leq\alpha\theta^{k-k_{0}}\|x(k_{0})\|,\quad\forall k\geq k_{0}.$$

那么，称闭环系统（3.58）在平衡点 $x=0$ 是指数稳定的。

引理 3.4[252] 对于切换信号 $\sigma\in I_{N}$ 和 $0\leq k_{0}\leq k$，$N_{\sigma}(k_{0},k)$ 指的是在时间间隔 (k_{0},k) 上进行切换的次数。若存在抖动界 $N_{0}\geq0$，$\tau_{a}\geq0$，使得下式成立：

$$N_{\sigma}(k_{0},k)=N_{0}+\frac{k-k_{0}}{\tau_{a}}, \quad (3.59)$$

同时 $k_{p+1}-k_{p}\geq\tau_{a}$，$p=0,1,2,\cdots$，$k_{0}<k_{1}<k_{2}\cdots<k_{p}<\cdots$ 称为切换时间序列。那么称 τ_{a} 为最小停留时间。即当每个子系统被激活时的最小停留时间间隔。定义

中 $N_0=0$。

3.4.2 指数稳定性分析

在这个部分，假设非脆弱状态反馈控制律 $u_i=(F_i+\Delta F_i)x$ 已知，在最小驻留时间 $k_{p+1}-k_p\ge\tau_a$ 作为切换规则的作用下，每个子系统都能被单独镇定。此时给出闭环系统（3.58）在系统结构具有不确定性和控制器摄动同时作用下指数稳定的充分条件。

定理 3.5 考虑闭环系统（3.58），若存在 N 个正定对称矩阵 P_i，矩阵 F_i，H_i，实数 $0<\omega<1$，$\mu>1$ 使得下面的矩阵不等式组（3.60），式（3.61），式（3.62）成立：

$$\begin{bmatrix} -P_i+G_i^TG_i+\omega P_i & 0 & U_{is}^TP_i \\ * & -I & D_i^TP_i \\ * & * & -P_i \end{bmatrix}<0, \tag{3.60}$$

$$i\in I_N,\ \ s\in Q=\left\{1,2,\cdots 2^m\right\},$$

$$\Omega(P_i)\subset L(H_i),\ i\in I_N, \tag{3.61}$$

$$P_i\le\mu P_l,\forall i,l\in I_N, \tag{3.62}$$

其中

$$U_{is}=(A_i+\Delta A_i)+(B_i+\Delta B_i)[D_s(F_i+\Delta F_i)+D_s^-H_i],$$

那么对于任意满足最小驻留时间

$$\tau_a\ge\tau_a^*=\frac{\ln\mu}{\ln\lambda},\ \ \lambda\in(1,\frac{1}{1-\omega}) \tag{3.63}$$

的切换律，闭环系统的原点是鲁棒指数稳定的。并且集合 $\bigcup_{i=1}^{N}(\Omega(P_i))$ 被包含在吸引域内。

证明 根据引理 3.1，当 $x\in\Omega(P_i)\subset L(H_i)$，可得：

$$sat(u_i)\in co\{D_s(F_i+\Delta F_i)x+D_s^-H_ix,s\in Q\},$$

进一步 $sat(u_i)\in co\{D_sF_ix+D_sE_i\Gamma(k)N_{1i}x+D_s^-H_ix,s\in Q\}$，最终可得：

$$\begin{aligned}&(A_i+\Delta A_i)x(k)+(B_i+\Delta B_i)sat(F_i+\Delta F_i)x(k)+D_if_i(x)\in\\&\quad co\{(A_i+\Delta A_i)x(k)+(B_i+\Delta B_i)(D_sF_ix(k)+\\&\quad D_sE_i\Gamma(k)N_{1i}x(k)+D_s^-H_ix(k))+D_if_i(x),s\in Q\}.\end{aligned}$$

为每个子系统选取如下的候选 Lyapunov 函数：

$$V_i(x(k)) = x(k)^{\mathrm{T}} P_i x(k),\ i \in I_N. \tag{3.64}$$

则下式成立

$$a\|x(k)\|^2 \le V_i(x(k)) \le b\|x\|^2 , \tag{3.65}$$

其中

$$a = \inf_{i\in I_N} \lambda_{\min}(P_i),\ \ b = \sup_{i\in I_N} \lambda_{\max}(P_i) \tag{3.66}$$

当第 i 个子系统被激活时，对式（3.64）的 Lyapunov 函数沿着闭环系统（3.58）的轨线作前向差分得到下式：

$$\begin{aligned}
\Delta V(x(k)) &= V_i(k+1) - V_i(k) \\
&= x^T(k+1)P_i x(k+1) - x^T(k)P_i x(k) \\
&\le \max_{s\in Q}\{x^T(k)[(A_i+\Delta A_i)+(B_i+\Delta B_i)(D_s(F_i+\Delta F_i)+D_s^- H_i)]^T \\
&\quad +[D_i f_i(x)]^T\}\times P_i\{[(A_i+\Delta A_i)+(B_i+\Delta B_i)(D_s(F_i+\Delta F_i)+D_s^- H_i)]x(k) \\
&\quad +D_i f_i(x)\} - x^T(k)P_i x(k).
\end{aligned}$$

根据引理 2.3，定理 3.5 中的矩阵不等式组（3.60）等价于下式：

$$\begin{bmatrix} -P_i + G_i^T G_i + \omega P_i & 0 \\ 0 & -I \end{bmatrix} - \begin{bmatrix} U_{is}{}^T P_i \\ D_i^T P_i \end{bmatrix} (-P_i)^{-1} \begin{bmatrix} P_i U_{is} & P_i D_i \end{bmatrix} < 0. \tag{3.67}$$

将上式整理得：

$$\begin{bmatrix} -P_i + G_i^T G_i + \omega P_i & 0 \\ 0 & -I \end{bmatrix} + \begin{bmatrix} U_{is}{}^T P_i U_{is} & U_{is}{}^T P_i D_i \\ D_i^T P_i U_{is} & D_i^T P_i D_i \end{bmatrix} < 0. \tag{3.68}$$

将上式进一步整理得到下式：

$$\begin{bmatrix} -P_i + G_i^T G_i + U_{is}{}^T P_i U_{is} + \omega P_i & U_{is}{}^T P_i D_i \\ * & D_i^T P_i D_i - I \end{bmatrix} < 0 \tag{3.69}$$

对上式左乘 $\begin{bmatrix} x^T & f^T \end{bmatrix}$，右乘 $\begin{bmatrix} x \\ f \end{bmatrix}$ 得到下式：

$$\begin{aligned}
& x^T U_{is}{}^T P_i U_{is} x + x^T G_i^T G_i x + f_i^T D_i^T P_i D_i f_i - f_i^T I f_i \\
& + f_i^T D_i^T P_i U_{is} x + x^T U_{is}{}^T P_i D_i f_i - x^T P_i x + \omega x^T P_i x < 0.
\end{aligned} \tag{3.70}$$

其中，$U_{is} = (A_i + \Delta A_i) + (B_i + \Delta B_i)[D_s(F_i + \Delta F_i) + D_s^- H_i]$.

所以，根据假设 3.1 和式（3.70）可知下式成立：

$$\Delta V(x(k)) \le \max_{s\in Q}\{x^T(k)[(A_i+\Delta A_i)+(B_i+\Delta B_i)(D_s(F_i+\Delta F_i)+D_s^- H_i)]^T+[D_i f_i(x)]^T\}\times P_i$$
$$\{[(A_i+\Delta A_i)+(B_i+\Delta B_i)(D_s(F_i+\Delta F_i)+D_s^- H_i)]x(k)+D_i f_i(x)\}-x^T(k)P_i x(k)+$$
$$x^T G_i^T G_i x - f_i^T I f_i$$
$$< -\omega V_i(x(k))$$
$$< 0.$$

因而可得

$$V_i(x(k+1)) < (1-\omega)V_i(x(k))$$

进一步根据切换时间序列：$k_0 < k_1 < k_2 \cdots < k_p < \cdots \ p = 0,1,2,\cdots$得知下式成立

$$V_p(k) < (1-\omega)^{k-k_p} V_p(k_p)$$

再由条件（3.62）得：

$$V(k) < (1-\omega)^{k-k_p} V_p(k_p) \le \mu(1-\omega)^{k-k_p} V_{p-1}(k_p) \tag{3.71}$$

进而可得：

$$\begin{aligned} V(k) &< (1-\omega)^{k-k_p} V_p(k_p) \\ &\le \mu(1-\omega)^{k-k_p} V_{p-1}(k_p) \\ &\le \mu(1-\omega)^{k-k_p}(1-\omega)^{k_p-k_{p-1}} V_{p-1}(k_{p-1}) \\ &\le \cdots \le \mu^{N_{\sigma(k)}}(1-\omega)^{k-k_0} V(k_0) \end{aligned} \tag{3.72}$$

根据式（3.63）可得：

$$N_{\sigma(k)} \ln \mu \le N_{\sigma(k)} \tau_a \ln \lambda \tag{3.73}$$

因而得到如下结论：

$$\mu^{N_{\sigma(k)}} \le \lambda^{N_{\sigma(k)}\tau_a} \tag{3.74}$$

再次利用引理 3.4 可得：

$$N_{\sigma(k)} \tau_a \le k - k_0 \tag{3.75}$$

结合式（3.74）与式（3.75）得到如下关系式：

$$\mu^{N_{\sigma(k)}} \le \lambda^{N_{\sigma(k)}\tau_a} \le \lambda^{k-k_0} \tag{3.76}$$

结合式（3.72）与式（3.76），得知下式成立：

$$\begin{aligned} V(k) &< \mu^{N_{\sigma(k)}}(1-\omega)^{k-k_0} V(k_0) \\ &\le [\lambda(1-\omega)]^{k-k_0} V(k_0) \end{aligned} \tag{3.77}$$

由式（3.65）和式（3.77）可得

$$a\|x(k)\|^2 \le V(k) \le [\lambda(1-\omega)]^{k-k_0} V(k_0) \le b\|x(k_0)\|^2 [\lambda(1-\omega)]^{k-k_0} . \tag{3.78}$$

所以可得

$$a\|x(k)\|^2 \le b\|x(k_0)\|^2 [\lambda(1-\omega)]^{k-k_0} . \tag{3.79}$$

对上式进一步处理得到

$$\|x(k)\| \le \sqrt{\frac{b}{a}}\{[\lambda(1-\omega)]^{\frac{1}{2}}\}^{k-k_0} \|x(k_0)\| . \tag{3.80}$$

接下来本文将说明在每个切换时刻，新激活的子系统满足饱和非线性处理条件即：$x^T P_i x \le 1$。下面以任意切换时刻 k_p 为例进行说明，假设 $[k_{p-1}, k_p)$，$[k_p, k_{p+1})$，分别为子系统 i, l 的激活时间，根据条件（3.62）可得：

$$V_i(x(k_p)) = x^T(k_p) P_i x(k_p) \le \mu x^T(k_p) P_l x(k_p) = \mu V_l(x(k_p)) . \tag{3.81}$$

由 $V_i(x(k+1)) < (1-\omega) V_i(x(k))$ 可以得到：

$$\begin{aligned}
&V_i(x(k_p)) \\
&= x^T(k_p) P_i x(k_p) \\
&\le \mu x^T(k_p) P_l x(k_p) \\
&= \mu V_l(x(k_p)) \\
&\le \mu V_l(x(k_{p-1}))[(1-\omega)]^{k_p - k_{p-1}} .
\end{aligned} \tag{3.82}$$

因为 $k_p - k_{p-1} \ge \tau_a^* = \dfrac{\ln\mu}{\ln\lambda}$，所以

$$\begin{aligned}
&V_i(x(k_p)) \\
&\le \mu V_l(x(k_{p-1}))[(1-\omega)]^{k_p - k_{p-1}} \\
&\le \mu V_l(x(k_{p-1}))[(1-\omega)]^{\frac{\ln\mu}{\ln\lambda}} \\
&\le e^{\ln\mu} e^{\frac{\ln\mu}{\ln\lambda}\ln(1-\omega)} V_l(x(k_{p-1})) \\
&= e^{\ln\mu(1+\frac{\ln(1-\omega)}{\ln\lambda})} V_l(x(k_{p-1})) .
\end{aligned} \tag{3.83}$$

根据式（3.63）可得：$1 < \lambda < (1-\omega)^{-1}$，因此容易推出：$\ln\lambda < \ln(1-\omega)^{-1}$。也即 $\dfrac{\ln(1-\omega)}{\ln\lambda} < -1$。因而可以得到 $e^{\ln\mu(1+\frac{\ln(1-\omega)}{\ln\lambda})} < 1$.

根据式（3.78）可以得到

$$V_i(x(k_p)) \le e^{\ln\mu(1+\frac{\ln(1-\omega)}{\ln\lambda})} V_l(x(k_{p-1})) \le 1 . \tag{3.84}$$

由式（3.80）和式（3.84）得出结论：对于具有执行器饱和的切换系统是指数稳定的，并且集合$\bigcup_{i=1}^{N}(\Omega(P_i))$被包含在吸引域内。

证毕。

注 3.1：这里需要指出的是，对于具有执行器饱和的切换系统而言，只能采用最小驻留时间方法。因为正如文献错误！未找到引用源。所提出的：当驻留时间的时间间隔N足够小时，若依旧使用平均驻留时间方法，那么下一个切换点X_i可能会落在椭球体外，这就无法确保闭环系统（3.58）在随后的激活时间间隔内的稳定性了。

3.4.3　非脆弱控制器设计

在这一部分中，以最小驻留时间技术策略作为切换律，提出非脆弱镇定控制器的设计方法，使得闭环系统（3.58）在控制器参数摄动和未知非线性干扰的条件下是鲁棒指数镇定的。

定理 3.6 如果存在 N 个正定矩阵 X_i，矩阵 M_i、N_i 以及一组正实数 $\lambda_i>0$ 和 $\varepsilon_i>0$，$0<\omega<1$，$\mu>1$，使得下列线性矩阵不等式组（3.85）、（3.86）、（3.87）成立：

$$\begin{bmatrix} \Xi_{11} & \Xi_{12} \\ * & \Xi_{22} \end{bmatrix}<0 . \tag{3.85}$$

其中，各个矩阵块的具体形式如下式所示：

$$\Xi_{11}=\begin{bmatrix} -X_i+\omega X_i & 0 & \begin{matrix}[A_iX_i+\\ B_i(D_SM_i+D_S^-N_i)]^{\mathrm T}\end{matrix} & \begin{matrix}[F_{1i}X_i+\\ F_{2i}(D_sM_i+D_s^-N_i)]^{\mathrm T}\end{matrix} \\ * & -I & D_i^{\mathrm T} & 0 \\ * & * & -X_i+\lambda_iT_iT_i^{\mathrm T} & 0 \\ * & * & * & -\lambda_iI \end{bmatrix},$$

$$\Xi_{12}=\begin{bmatrix} 0 & X_iN_{1i}^{\mathrm T} & X_iG_i^{\mathrm T} \\ 0 & 0 & 0 \\ B_iD_sE_i & 0 & 0 \\ F_{2i}D_sE_i & 0 & 0 \end{bmatrix},$$

$$\Xi_{21}=\begin{bmatrix} 0 & 0 & E_i^{\mathrm T}D_s^{\mathrm T}B_i^{\mathrm T} & E_i^{\mathrm T}D_s^{\mathrm T}F_{2i}^{\mathrm T} \\ N_{1\mathrm i}X_{\mathrm i} & 0 & 0 & 0 \\ G_iX_i & 0 & 0 & 0 \end{bmatrix},$$

$$\Xi_{22}=\begin{bmatrix}-\varepsilon_i^{-1}I & 0 & 0\\ * & -\varepsilon_i I & 0\\ * & * & -I\end{bmatrix},$$

$$\begin{bmatrix}X_i & *\\ N_i^j & 1\end{bmatrix}\geq 0, i\in I_N, s\in Q, j\in Q_m, \tag{3.86}$$

$$\begin{bmatrix}-\mu X_l & X_l\\ X_l & -X_i\end{bmatrix}<0, \quad \forall i,l\in I_N. \tag{3.87}$$

在式（3.86）中，N_i^j 表示矩阵 N_i 的第 j 行，令 $H_i=N_iX_i^{-1}, P_i=X_i^{-1}$，在状态反馈控制器

$$u_i=F_ix=M_iX_i^{-1}x \tag{3.88}$$

和最小驻留时间 $\tau_a\geq\tau_a^*=\dfrac{\ln\mu}{\ln\lambda}$，$\lambda\in(1,\dfrac{1}{1-\omega})$ 作为切换规则的作用下，对 $\forall x_0\in\bigcup_{i=1}^N(\Omega(P_i))$，闭环系统（3.58）的原点在控制器摄动和未知非线性干扰下是鲁棒非脆弱指数镇定的。

证明　不等式（3.60）等价于下式：

$$\begin{bmatrix}-P_i+G_i^{\mathrm T}G_i+\omega P_i & 0 & [A_i+B_i(D_sF_i+D_s\Delta F_i+D_s^-H_i)]^{\mathrm T}P_i\\ * & -I & D_i^{\mathrm T}P_i\\ * & * & -P_i\end{bmatrix}+\begin{bmatrix}0 & 0 & [\Delta A_i+\Delta B_i(D_sF_i+D_s\Delta F_i+D_s^-H_i)]^{\mathrm T}P_i\\ * & 0 & 0\\ * & * & 0\end{bmatrix}<0. \tag{3.89}$$

将式（3.89）处理成如下等价形式：

$$\begin{aligned}&\begin{bmatrix}-P_i+G_i^{\mathrm T}G_i+\omega P_i & 0 & [A_i+B_i(D_sF_i+D_s\Delta F_i+D_s^-H_i)]^{\mathrm T}P_i\\ * & -I & D_i^{\mathrm T}P_i\\ * & * & -P_i\end{bmatrix}+\\ &\begin{bmatrix}0\\0\\P_iT_i\end{bmatrix}\Gamma(k)\begin{bmatrix}F_{1i}+F_{2i}(D_s(F_i+\Delta F_i)+D_s^-H_i) & 0 & 0\end{bmatrix}+\\ &\begin{bmatrix}F_{1i}+F_{2i}(D_s(F_i+\Delta F_i)+D_s^-H_i) & 0 & 0\end{bmatrix}^{\mathrm T}\Gamma^{\mathrm T}(k)\begin{bmatrix}0\\0\\P_iT_i\end{bmatrix}^{\mathrm T}<0.\end{aligned} \tag{3.90}$$

根据引理 3.2，得知下式成立：

$$\begin{bmatrix} -P_i + G_i^{\mathrm{T}} G_i + \omega P_i & 0 & [A_i + B_i(D_s F_i + D_s \Delta F_i + D_s^- H_i)]^{\mathrm{T}} P_i \\ * & -I & D_i^{\mathrm{T}} P_i \\ * & * & -P_i \end{bmatrix} + \lambda_i \begin{bmatrix} 0 \\ 0 \\ P_i T_i \end{bmatrix} \begin{bmatrix} 0 \\ 0 \\ P_i T_i \end{bmatrix}^{\mathrm{T}}$$

$$+\lambda^{-1}{}_i \left[F_{1i} + F_{2i}(D_s(F_i + \Delta F_i) + D_s^- H_i) \quad 0 \quad 0 \right]^{\mathrm{T}}$$

$$\left[F_{1i} + F_{2i}(D_s(F_i + \Delta F_i) + D_s^- H_i) \quad 0 \quad 0 \right]$$

$$< 0$$

根据引理 2.3，可得下式成立：

$$\begin{bmatrix} -P_i + G_i^{\mathrm{T}} G_i + \omega P_i & 0 & \hbar_{is} & \mho_{is} \\ * & -I & D_i^{\mathrm{T}} P_i & 0 \\ * & * & -P_i + \lambda_i P_i T_i T_i^{\mathrm{T}} P_i & 0 \\ * & * & * & -\lambda_i I \end{bmatrix} < 0 .$$

其中

$$\hbar_{is} = [A_i + B_i(D_s(F_i + \Delta F_i) + D_s^- H_i)]^{\mathrm{T}} P_i , \qquad \mho_{is} = [F_{1i} + F_{2i}(D_s(F_i + \Delta F_i) + D^-{}_s H_i)]^{\mathrm{T}}$$

将$\Delta F_i = E_i \Gamma(k) N_{1i}$代入上式得：

$$\begin{bmatrix} -P_i + G_i^{\mathrm{T}} G_i + \omega P_i & 0 & [A_i + B_i(D_s F_i + D_s^- H_i)]^{\mathrm{T}} P_i & [F_{1i} + F_{2i}(D_s F_i + D_s^- H_i)]^{\mathrm{T}} \\ * & -I & D_i^{\mathrm{T}} P_i & 0 \\ * & * & -P_i + \lambda_i P_i T_i T^{\mathrm{T}}{}_i P_i & 0 \\ * & * & * & -\lambda_i I \end{bmatrix}$$

$$+ \begin{bmatrix} 0 & 0 & (B_i D_s E_i \Gamma(k) N_{1i})^{\mathrm{T}} P_i & (F_{2i} D_s E_i \Gamma(\mathrm{k}) \mathrm{N}_{1i})^{\mathrm{T}} \\ * & 0 & 0 & 0 \\ * & * & 0 & 0 \\ * & * & * & 0 \end{bmatrix} < 0.$$

进一步，得知下式与上式等价：

$$\begin{bmatrix} -P_i + G_i^{\mathrm{T}} G_i + \omega P_i & 0 & [A_i + B_i(D_s F_i + D_s^- H_i)]^{\mathrm{T}} P_i & [F_{1i} + F_{2i}(D_s F_i + D_s^- H_i)]^{\mathrm{T}} \\ * & -I & D_i^{\mathrm{T}} P_i & 0 \\ * & * & -P_i + \lambda_i P_i T_i T^{\mathrm{T}}{}_i P_i & 0 \\ * & * & * & -\lambda_i I \end{bmatrix}$$

$$+ \begin{bmatrix} 0 \\ 0 \\ P_i B_i D_s E_i \\ F_{2i} D_s E_i \end{bmatrix} \Gamma(k) \begin{bmatrix} N_{1i} & 0 & 0 & 0 \end{bmatrix} + \begin{bmatrix} N_{1i} & 0 & 0 & 0 \end{bmatrix}^{\mathrm{T}} \Gamma^{\mathrm{T}}(k) \begin{bmatrix} 0 \\ 0 \\ P_i B_i D_s E_i \\ F_{2i} D_s E_i \end{bmatrix}^{\mathrm{T}} < 0.$$

根据引理 3.2，得知下式成立：

本小节将如下的矩阵块用下面的符号 Δ_{is} 来进行代替。

$$\Delta_{is}=\begin{bmatrix} -P_i+G_i^{\mathrm{T}}G_i+\omega P_i & 0 & [A_i+B_i(D_sF_i+D_s^{-}H_i)]\ P_i & [F_{1i}+F_{2i}(D_sF_i+D_s^{-}H_i)] \\ * & -I & D_i^{\mathrm{T}}P_i & 0 \\ * & * & -P_i+\lambda_iP_iT_iT^{\mathrm{T}}{}_iP_i & 0 \\ * & * & * & -\lambda_iI \end{bmatrix}$$

$$\begin{bmatrix} -P_i+G_i^{\mathrm{T}}G_i+\omega P_i & 0 & [A_i+B_i(D_sF_i+D_s^{-}H_i)]^{\mathrm{T}}P_i & [F_{1i}+F_{2i}(D_sF_i+D_s^{-}H_i)]^{\mathrm{T}} \\ * & -I & D_i^{\mathrm{T}}P_i & 0 \\ * & * & -P_i+\lambda_iP_iT_iT^{\mathrm{T}}{}_iP_i & 0 \\ * & * & * & -\lambda_iI \end{bmatrix}$$

$$+\varepsilon_i\begin{bmatrix} 0 \\ 0 \\ P_iB_iD_sE_i \\ F_{2i}D_sE_i \end{bmatrix}\begin{bmatrix} 0 \\ 0 \\ P_iB_iD_sE_i \\ F_{2i}D_sE_i \end{bmatrix}^{\mathrm{T}}+\varepsilon_i^{-1}\begin{bmatrix} N_{1i} & 0 & 0 & 0 \end{bmatrix}^{\mathrm{T}}\begin{bmatrix} N_{1i} & 0 & 0 & 0 \end{bmatrix}<0.$$

根据引理 2.3，得知下式成立：

$$\begin{bmatrix} -P_i+\omega P_i+G_i^{\mathrm{T}}G+\varepsilon_i^{-1}N_{1i}^{\mathrm{T}}N_{1ii} & 0 & [A_i+B_i(D_sF_i+D_s^{-}H_i)]^{\mathrm{T}}P_i & [F_{1i}+F_{2i}(D_sF_i+D_s^{-}H_i)]^{\mathrm{T}} & 0 \\ * & -I & D_i^{\mathrm{T}}P_i & 0 & 0 \\ * & * & -P_i+\lambda_iP_iT_iT^{\mathrm{T}}{}_iP_i & 0 & P_iB_iD_sE_i \\ * & * & * & -\lambda_iI & F_{2i}D_sE_i \\ * & * & * & * & -\varepsilon_i^{-1}I \end{bmatrix}<0.$$

对上式再次利用引理 2.3 可得下式：

$$\begin{bmatrix} -P_i+\omega P_i & 0 & [A_i+B_i(D_sF_i+D_s^{-}H_i)]^{\mathrm{T}}P_i & [F_{1i}+F_{2i}(D_sF_i+D_s^{-}H_i)]^{\mathrm{T}} \\ * & -I & D_i^{\mathrm{T}}P_i & 0 \\ * & * & -P_i+\lambda_iP_iT_iT^{\mathrm{T}}{}_iP_i & 0 \\ * & * & * & -\lambda_iI \\ * & * & * & * \\ * & * & * & * \\ * & * & * & * \end{bmatrix}$$

$$\left.\begin{array}{ccc} 0 & N_{1i}^{\mathrm{T}} & G_i^{\mathrm{T}} \\ \square & & \\ P_iB_iD_sE_i & 0 & 0 \\ F_{2i}D_sE_i & 0 & 0 \\ -\varepsilon_i^{-1}I & 0 & 0 \\ * & -\varepsilon_i^{-1}I & 0 \\ * & * & -I \end{array}\right] < 0.$$

对上面的矩阵不等式两端分别左乘和右乘对角矩阵块 $diag\left\{P_i^{-1},I,P_i^{-1},I,I,I,I\right\}$，并且令 $P_i^{-1}=X_i$， $F_iX_i=M_i$, $H_iX_i=N_i$，最终得到下式:

$$\left[\begin{array}{cccc} -X_i+\omega X_i & 0 & [A_iX_i+B_i(D_SM_i+D_S^{-}N_i)]^{\mathrm{T}} & [F_{1i}X_i+F_{2i}(D_sM_i+D_s^{-}N_i)]^{\mathrm{T}} \\ * & -I & D_i^{\mathrm{T}} & 0 \\ * & * & -X_i+\lambda_iT_iT_i^{\mathrm{T}} & 0 \\ * & * & * & -\lambda_iI \\ * & * & * & * \\ * & * & * & * \\ * & * & * & * \end{array}\right.$$

$$\left.\begin{array}{ccc} 0 & X_iN_{1i}^{\mathrm{T}} & X_iG_i^{\mathrm{T}} \\ \square & & \\ B_iD_sE_i & 0 & 0 \\ F_{2i}D_sE_i & 0 & 0 \\ -\varepsilon_i^{-1}I & 0 & 0 \\ * & -\varepsilon_iI & 0 \\ * & * & -I \end{array}\right] < 0.$$

上式也就是定理 3.6 中的线性矩阵不等式（3.85）。

同理对于不等式（3.86）两端分别左乘和右乘对角矩阵块 $diag\{P_i,I\}$ 得到下面的矩阵不等式:

$$\begin{bmatrix} 1 & H_i^j \\ * & P_i \end{bmatrix} \geq 0, \tag{3.91}$$

其中 H_i^j 用来表示矩阵 H_i 的第 j 行。下面来证明，对于饱和约束条件 $\Omega(P_i)\subset L(H_i)$ 可以用矩阵不等式（3.91）来表示。对于状态向量 $x(k)\in\Omega(P_i)$，根据引理2.3，得到下面两个不等式:

$$\begin{gathered} x^{\mathrm{T}}P_ix \leq 1, \\ H_i^{j\mathrm{T}}H_i^j \leq P_i, \end{gathered} \tag{3.92}$$

进而可得：

$$x^{\mathrm{T}} H_i^{j\mathrm{T}} H_i^j x \le x^{\mathrm{T}} P_i x \le 1 . \tag{3.93}$$

因为 H_i^j 是矩阵 H_i 的第 j 行，最终式（3.93）表明，只要满足集合关系 $\Omega(P_i) \subset L(H_i)$，那么就可以将其用矩阵不等式（3.91）来表示。

此外，令 $P_i^{-1} = X_i$，$P_l^{-1} = X_l$，对条件（3.62）两端分别左乘，右乘 X_l，由引理 2.3，可得如下线性矩阵不等式的形式：

$$\begin{bmatrix} -\mu X_l & X_l \\ * & -X_i \end{bmatrix} < 0 \quad \forall i,l \in I_N , \tag{3.94}$$

也就是式（3.87）。

所以，在最小驻留时间 $\tau_a \ge \tau_a^* = \dfrac{\ln \mu}{\ln \lambda}$，$\lambda \in (1, \dfrac{1}{1-\omega})$ 作为切换规则的作用下，对于任意的初始状态 $x_0 \in \bigcup_{i=1}^{N} (\Omega(P_i))$ 都包含在吸引域内，闭环系统（3.58）的原点是鲁棒非脆弱指数镇定的。

证毕。

3.4.4　吸引域的估计与扩大

在本节中，通过设计非脆弱状态反馈控制律和切换律（3.63）来研究闭环系统（3.58）的吸引域估计最大化问题，等同于集合 $\bigcup_{i=1}^{N} (\Omega(P_i))$ 的吸引域最大，利用椭球体和多面体两种参考集评估 $\bigcup_{i=1}^{N} (\Omega(P_i))$ 集合的范围。确定所研究集合 $\bigcup_{i=1}^{N} (\Omega(P_i))$ 的最大化问题可由下面的优化问题来表述：

$$\begin{aligned} & \sup_{X_i, M_i, N_i, \varepsilon_i, \lambda_i, \omega, \mu} \quad \alpha, \\ & s.t (a) \alpha X_R \subset \Omega(X_i^{-1}), i \in I_N , \\ & \quad (b) inequality (3.85), i \in I_N s \in Q, \\ & \quad (c) inequality (3.86), i \in I_N , j \in Q_m . \\ & \quad (d) inequality (3.87), i,l \in I_N . \end{aligned} \tag{3.95}$$

本文用 X_R 表示形状参考集合，当参考集合是椭球体时，（a）等价于下面的不等式：

$$\begin{bmatrix} \dfrac{1}{\alpha^2} R & I \\ I & X_i \end{bmatrix} \ge 0 . \tag{3.96}$$

当参考集合是多面体时，（a）用下面的不等式来表示：

$$\begin{bmatrix} \frac{1}{\alpha^2} & X_k^{\mathrm{T}} \\ X_k & X_i \end{bmatrix} \geq 0, k \in [1,q]. \tag{3.97}$$

令 $\gamma = \frac{1}{\alpha^2}$，当椭球体作为形状参考集时，优化问题（3.95）可以表示成如下的优化问题。

$$\begin{aligned} &\inf_{X_i, M_i, N_i, \lambda_i, \varepsilon_i, \omega, \mu} \gamma, \\ &s.t(\text{a}) \begin{bmatrix} \gamma R & I \\ I & X_i \end{bmatrix} \geq 0, i \in I_N, s \in Q, \\ &\quad (\text{b}) inequality (3.85), i \in I_N, s \in Q, \\ &\quad (\text{c}) inequality (3.86), i \in I_N, j \in Q_m. \\ &\quad (\text{d}) inequality (3.87), i, l \in I_N. \end{aligned} \tag{3.98}$$

类似地，当形状参考集为多面体时，上述的最优化问题可以用下式来表达：

$$\begin{aligned} &\inf_{X_i, M_i, N_i, \lambda_i, \varepsilon_i, \omega, \mu} \gamma, \\ &s.t(\text{a}) \begin{bmatrix} \gamma & X_k^{\mathrm{T}} \\ X_k & X_i \end{bmatrix} \geq 0, k \in [1,q], i \in I_N, \\ &\quad (\text{b}) inequality (3.85), i \in I_N, s \in Q, \\ &\quad (\text{c}) inequality (3.86), i \in I_N, j \in Q_m. \\ &\quad (\text{d}) inequality (3.87), i, l \in I_N. \end{aligned} \tag{3.99}$$

3.4.5 数值仿真

为了验证对于上述闭环系统在控制器参数摄动和系统结构具有不确定的条件下，利用最小驻留时间方法对非脆弱状态反馈控制器设计的合理性，本节用具体的数值例子来证明所得结果的正确性。

对于一类具有执行器饱和的不确定离散时间非线性切换系统：

$$x(k+1) = (A_\sigma + \Delta A_\sigma) x(k) + (B \ + \Delta B \ ) sat(u_\sigma(k)) + D \ f \ (x). \tag{3.100}$$

令切换系统取两个子系统 $\sigma \in I_2 = \{1,2\}$，其中，

$$A_1 = \begin{bmatrix} 0.02 & 0.5 \\ 0.2 & 2 \end{bmatrix}, A_2 = \begin{bmatrix} -1 & -0.2 \\ 0.1 & 1 \end{bmatrix}, B_1 = \begin{bmatrix} 1.5 \\ 1 \end{bmatrix},$$

$$B_2=\begin{bmatrix}1.1\\1\end{bmatrix},\ E_1=[0.1],E_2=[0.2],N_{11}=[0.03\quad -0.06],$$

$$N_{12}=[-0.04\quad 0.02],D_1=\begin{bmatrix}0.01&0.02\\0.02&0\end{bmatrix},D_2=\begin{bmatrix}0.01&0.02\\0.02&0\end{bmatrix},$$

$$f_1(x)=\begin{bmatrix}0.1\sin x_1\\0.1\sin x_2\end{bmatrix},f_2(x)=\begin{bmatrix}0.2\sin x_1\\0.2\sin x_2\end{bmatrix},\ G_1=\begin{bmatrix}0.01&0.02\\0.02&0.01\end{bmatrix},$$

$$G_2=\begin{bmatrix}0.02&0\\0.05&0.01\end{bmatrix},\ x(0)=\begin{bmatrix}0.8\\-0.4\end{bmatrix},\ \Gamma_1(\mathrm{k})=\cos(\mathrm{k})\ ,\Gamma_2(k)=\sin(k),$$

$$T_1=\begin{bmatrix}0.1\\0.2\end{bmatrix},T_2=\begin{bmatrix}0.2\\-0.4\end{bmatrix},F_{11}=[0.022\quad 0.01],F_{12}=[0.001\quad -0.01],$$

$$F_{21}=[0.4],F_{22}=[0.5].$$

在这里我们取

$$R=\begin{bmatrix}1&0\\0&1\end{bmatrix},$$

给定标量参数，$\varepsilon_1=\varepsilon_2=11$，$\omega=0.5$，$\mu=2.6$，$\lambda=1.5$，由$\tau_a\geq\tau_a{}^*=\dfrac{\mathrm{In}\mu}{\mathrm{In}\lambda}=2.36$，取最小驻留时间$\tau_a=3$，利用 LMI 工具箱解优化问题（3.98），得到如下的可行解：

$$X_1=\begin{bmatrix}15.1935&-2.2225\\-2.2225&0.8750\end{bmatrix},X_2=\begin{bmatrix}7.6468&-2.2713\\-2.2713&1.8480\end{bmatrix},\ P_1=\begin{bmatrix}0.1047&0.2660\\0.2660&1.8184\end{bmatrix},$$

$$P_2=\begin{bmatrix}0.2060&0.2531\\0.2531&0.8523\end{bmatrix},N_1=[0.9625\quad -0.8491],N_2=[2.4216\quad -1.1205],$$

$$F_1=[-0.1579\quad -1.6127],\ F_2=[0.1854\quad -0.6240],M_1=[1.1855\quad -1.0603],$$

$$M_2=[2.8350\quad -1.5742],H_1=[-0.1250\quad -1.2879],H_2=[0.2151\quad -0.3419],$$

$$\gamma=1.6866,\ \ \lambda_1=2.6212\quad \lambda_2=2.3801$$

图 3.11 是闭环系统（3.100）在最小驻留时间切换规则下的状态响应曲线，可以看出闭环系统（3.100）在原点是渐近稳定的。图 3.12 给出闭环系统（3.100）的切换信号。图 3.13 是闭环系统（3.100）的控制输入曲线，从图中可以看出控制输入曲线最终收敛在平衡点。图 3.14 是闭环系统的吸引域估计。所有的仿

真图例与结论一致。

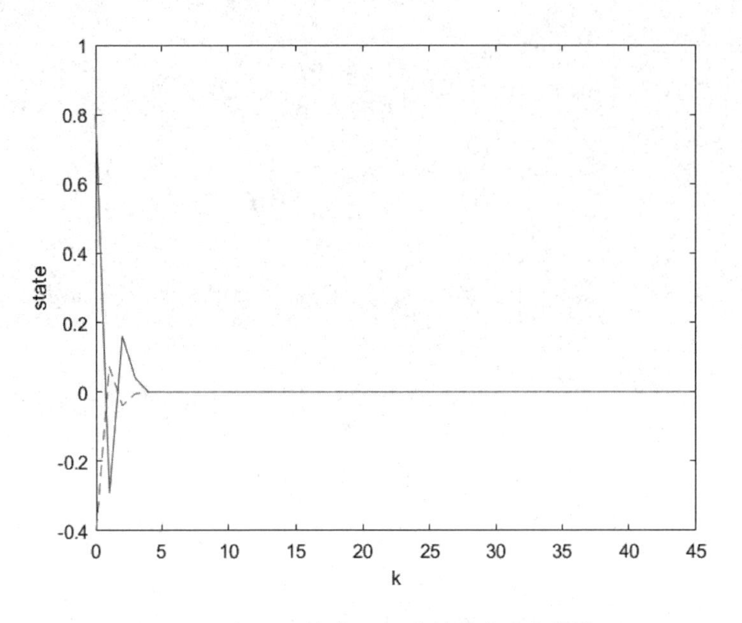

图3.11　闭环系统（3.100）的状态响应曲线

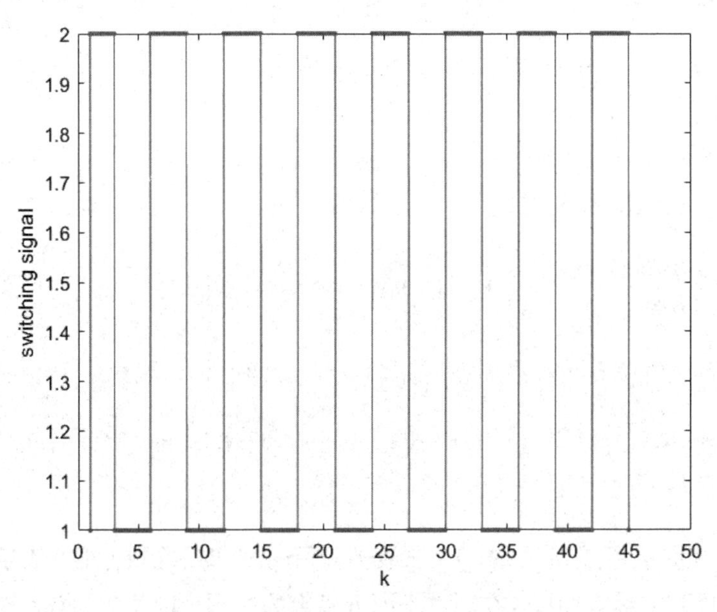

图3.32　闭环系统（3.100）的切换信号

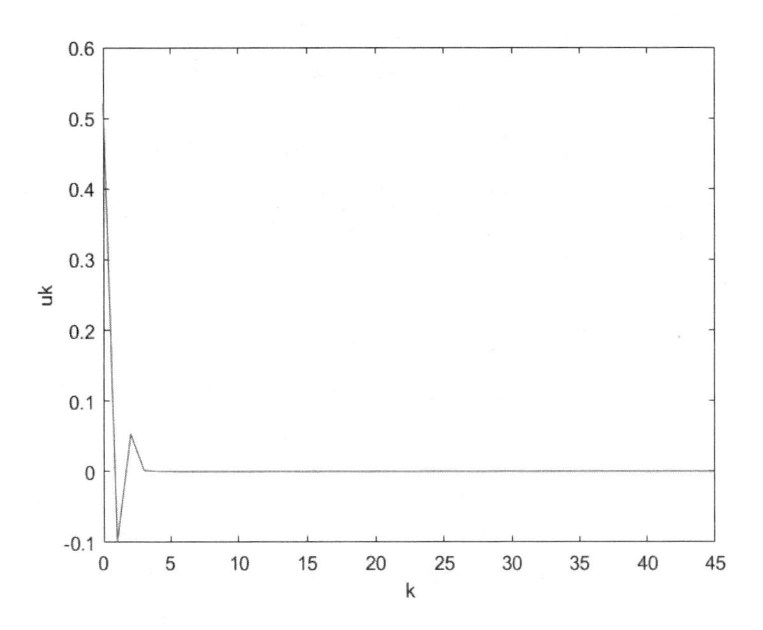

图3.13　闭环系统（3.100）的控制输入信号

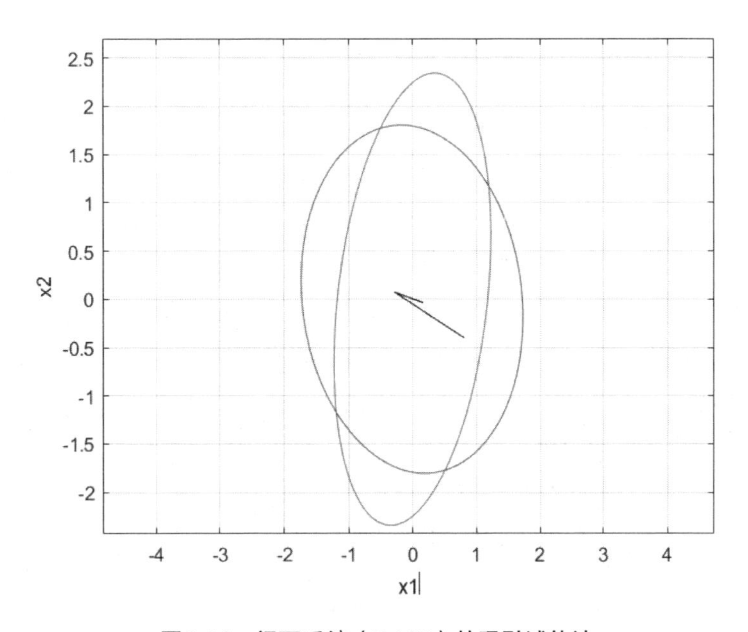

图3.14　闭环系统（3.100）的吸引域估计

3.5 小节

本章利用多 Lyapunov 函数方法，切换 Lyapunov 函数方法，最小驻留时间技术，研究了具有执行器饱和的离散时间非线性切换系统的稳定性分析，非脆弱控制器设计与吸引域估计问题。

本章第一部分首次将多 Lyapunov 函数方法运用在了研究带有饱和环节的离散非线性切换系统的非脆弱镇定控制问题上。首先，在多 Lyapunov 策略技术作为逻辑切换指令的前提下，给出了闭环系统在原点渐近稳定的充分条件；其次，当闭环系统在控制器参数摄动时，给出非脆弱控制器设计的有效方法；最后，运用不变集这一思想，闭环系统的吸引域估计被充分地扩大了。

本章第二部分同时考虑了系统结构与控制器内部具有不确定性，利用切换 Lyapunov 函数技术手段，首先给出在任意切换规则下，闭环系统在原点渐近稳定的充分条件，其次提出了非脆弱鲁棒控制器的设计方法，确保了闭环系统的镇定性，提出了确保闭环系统的吸引与估计最大化的设计方法；最后通过求解带有线性矩阵不等式约束的优化问题，获得了非脆弱镇定控制器和最大吸引域估计。

本章第三部分考虑系统结构的不确定、控制器扰动以及模型非线性因素同时存在的情况。利用最小驻留时间的方法，首先给出闭环系统在受限的切换规则下渐近稳定的充分条件，然后证明闭环系统满足指数稳定性和对吸引域的估计满足并集的形式，最后将优化问题转化成 LMI 问题便于求解。

第4章 离散非线性饱和切换系统的非脆弱保成本控制

4.1 引言

在上一章中，分别利用多李雅普诺夫函数方法、切换李雅普诺夫函数方法和最小驻留时间方法研究了离散时间非线性饱和切换系统的非脆弱镇定、控制其设计及吸引域估计问题。但事实上，实际的工程系统除了要满足稳定性和镇定性，还需要满足一定的性能指标。其中一个考虑性能指标的方法是 Chang 和 Peng [263] 所提出来的所谓保成本控制。

对于切换系统的保成本控制研究成果已相当丰富 [264-266]，随着人们对饱和切换系统的保成本控制的深入研究在这方面也取得了丰硕的成果 [267-269]。但是，当控制器参数存在摄动和执行器具有饱和时，利用多 Lyapunov 函数以及切换李雅普诺夫函数技术对于带有饱和环节的离散非线性切换系统的非脆弱保成本控制问题还未见过相关报道。这将成为本章要解决的问题。

本章针对以上几个问题，研究了离散非线性饱和切换系统的非脆弱保成本控制问题。本章共分为两个部分。第一部分在前一章考虑系统稳定性的基础上，还要使系统具有一定的性能指标。因此研究了此类系统在确定的逻辑切换规则下的保成本控制及优化设计问题。当控制器参数中含有时变不确定性时，目的是设计非脆弱状态反馈控制律使得闭环系统渐近稳定的同时，使得所给定的成本函数的上界最小。第二部分在系统结构与控制器本身同时具有不确定性时，首次运用切换 Lyapunov 函数方法研究了带有饱和非线性的离散切换系统的非脆弱状态反馈保成本控制及优化设计问题。首先，在任意切换指令下，以舒尔补技术为基础，给出了闭环系统渐近稳定的充分条件；其次，通过解一个带有 LMI 约束的优化问题，计算出了成本函数的最小上界。

4.2 基于多Lyapunov函数方法的饱和非线性切换系统的非脆弱保成本控制

4.2.1 问题描述与预备知识

研究如下一类带有饱和环节的离散时间非线性切换系统：

$$\begin{cases} x(k+1) = A_\sigma x(k) + B_\sigma sat(u_\sigma(k)) + D_\sigma f_\sigma(x), \\ x(0) = x_0. \end{cases} \tag{4.1}$$

式（4.1）中 $k \in Z^+ = \{0, 1, 2, \cdots\}$，$x(k) \in R^n$ 是切换系统的状态向量，$u_\sigma(k) \in R^m$ 是切换系统的控制输入，σ 指的是切换指令，这个切换指令在 $I_N = \{1,...,N\}$ 中进行取值切换，例如 $\sigma = i$ 意味着第 i 个子系统的能量被激活，A_i 与 B_i，D_i 代表一定维数的常数矩阵，$f_\delta(x)$ 是一个未知非线性函数（满足假设 3.1）。$sat: R^m \to R^m$ 指的是标准的向量值饱和函数（定义同前述章节）。

定义切换系统（4.1）的性能指标：

$$J = \sum_{k=0}^{\infty} \left[x^T(k)Qx(k) + (sat(u(k))^T Rsat(u(k))) \right]. \tag{4.2}$$

式（4.2）中，Q 和 R 为给定的正定对称加权矩阵。

当控制器内部具有不确定性时，考虑如下的无记忆非脆弱状态反馈控制器 $u_i = (F_i + \Delta F_i)x$，

同时，不确定矩阵 $\Gamma(k)$ 要满足条件：$\Gamma^{\mathrm{T}}(k)\Gamma(k) \le I$，那么通过状态反馈，相应的闭环系统表示为：

$$\begin{cases} x(k+1) = A_\delta x(k) + B_\sigma sat(F_\sigma + \Delta F_\sigma)x(k) + D\ f\ (x), \sigma \in I_N, \\ x(0) = x_0. \end{cases} \tag{4.3}$$

定义 4.1 对于闭环系统（4.3）和上文的性能指标（4.2），在切换规则 σ 的作用下，如果存在非脆弱状态反馈控制律 u^* 和一个正的标量 J^*，使得闭环系统（4.3）是渐近稳定的，并且成本函数值满足 $J < J^*$，则 J^* 称为闭环系统（4.3）的一个成本函数上界，u^* 称为非脆弱保成本控制律。

4.2.2　保成本控制问题分析

在这个部分，假设非脆弱状态反馈控制律 $u_i=(F_i+\Delta F_i)x$ 已知，使用多李雅普诺夫函数技术手段，给出闭环系统（4.3）非脆弱保成本控制问题可解的充分条件，并且推导出了闭环系统（4.3）满足成本函数的上界关系。

定理 4.1 如果存在 N 个正定对称矩阵 P_i，矩阵 F_i，H_i 和一组非负实数 $\beta_{ir}\ge 0$ 使得下面的矩阵不等式组（4.4）成立：

$$\begin{bmatrix} -P_i+G_i^TG_i+Q+W_{is}+\sum_{r=1,r\neq i}^{N}\beta_{ir}(P_r-P_i) & 0 & U_{is}{}^TP_i \\ * & -I & D_i^TP_i \\ * & * & -P_i \end{bmatrix}<0. \tag{4.4}$$

$$i\in I_N,s\in Q$$

与此同时要满足：

$$\Omega(P_i,\beta)\cap\phi_i\subset L(H_i), \tag{4.5}$$

$$x_0{}^TP_ix_0<\beta. \tag{4.6}$$

其中

$$\phi_i=\{x\in R^n:x^{\mathrm{T}}(P_r-P_i)x\ge 0,\ \ \forall r\in I_N,r\neq i\},$$

$$U_{is}=A_i+B_i[D_s(F_i+\Delta F_i)+D_s^-H_i]. \tag{4.7}$$

$$W_{is}=[D_s(F_i+\Delta F_i)+D_s^-H_i]^TR[D_s(F_i+\Delta F_i)+D_s^-H_i]. \tag{4.8}$$

那么，在如下切换律

$$\sigma=\arg\min\{x^{\mathrm{T}}P_ix,i\in I_N\} \tag{4.9}$$

的作用下，闭环系统（4.3）在原点是渐近稳定的，而且 $\cup_{i=1}^{N}(\Omega(P_i,\beta)\cap\phi_i)$ 被包含在吸引域内。此外，$u_i(k)=(F_i+\Delta F_i)x(k)$ 是闭环系统（4.3）的非脆弱保成本控制律，并且成本函数满足 $J<\beta$。

证明　根据引理 2.1，当 $x\in\Omega(P_i,\beta)\cap\phi_i\subset L(H_i)$，可得

$$sat(u_i)\in co\{D_s(F_i+\Delta F_i)x+D_s^-H_ix,s\in Q\}。$$

进一步 $sat(u_i)\in co\{D_sF_ix+D_sE_i\Gamma(k)N_{1i}x+D_s^-H_ix,s\in Q\}$，最终可得

$$\begin{aligned}&A_ix(k)+B_isat(F_i+\Delta F_i)x(k)+D_if_i(x)\in\\&\quad co\{A_ix(k)+B_i(D_sF_ix(k)+\\&\quad D_sE_i\Gamma(k)N_{1i}x(k)+D_s^-H_ix(k))+D_if_i(x),s\in Q\}.\end{aligned}$$

根据切换律（4.9）可知，当 $\forall x(k)\in\Omega(P_i,\beta)\cap\phi_i\subset L(H_i)$，第 i 个子系统被激活，此时选取闭环系统（4.3）的多李雅普诺夫函数为

$$V(x(k))=V_i(x(k))=x^{\mathrm{T}}(k)P_ix(k), \tag{4.10}$$

根据离散时间切换系统的特点，针对下面的两种情况，考虑 Lyapunov 函数（4.10）沿着闭环系统（4.3）的轨线作前向差分。

（1）当 $\sigma(k+1)=\sigma(k)=i$ 时，对于 $\forall x(k)\in\Omega(P_i,\beta)\cap\phi_i\subset L(H_i)$ 时，

$$\begin{aligned}\Delta V(x(k))&=V_i(x(k+1))-V_i(x(k))\\&=x^{\mathrm{T}}(k+1)P_ix(k+1)-x^{\mathrm{T}}(k)P_ix(k)\\&\le\max_{s\in Q}\{x^{\square}(k)[A_i+B_i(D_s(F_i+\Delta F_i)+D_s^{-}H_i)]\ \ +[D_if_i(x)]\ \}\\&\quad\times P_i\{[A_i+B_i(D_s(F_i+\Delta F_i)+D_s^{-}H_i)]x(k)+D_if_i(x)\}-x^{\mathrm{T}}(k)P_ix(k).\end{aligned} \tag{4.11}$$

（2）当 $\sigma(k)=i$，$\sigma(k+1)=r$，且 $i\neq r$ 时，同样对于，$\forall x(k)\in\Omega(P_i,\beta)\cap\phi_i\subset L(H_i)$，根据切换规则（4.9）可得

$$\begin{aligned}\Delta V(x(k))&=x^{\mathrm{T}}(k+1)P_rx(k+1)-x^{\mathrm{T}}(k)P_ix(k)\\&\le x^{\mathrm{T}}(k+1)P_ix(k+1)-x^{\mathrm{T}}(k)P_ix(k).\end{aligned}$$

根据以上两种不同情况，对于 $\forall x(k)\in\bigcup_{i=1}^{N}(\Omega(P_i,\beta)\cap\phi_i)\subset L(H_i)$，根据切换规则（4.9），得如下结论：

$$\begin{aligned}&\Delta V(x(k))+x(k)^TQx(k)+sat^T(u_i(k))Rsat(u_i(k))\\&\le\max_{s\in Q}\{\{x^{\mathrm{T}}(k)[A_i+B_i(D_s(F_i+\Delta F_i)+D_s^{-}H_i)]^{\mathrm{T}}\\&\quad+[D_if_i(x)]^{\mathrm{T}}\}\times P_i\{[A_i+B_i(D_s(F_i+\Delta F_i)+D_s^{-}H_i)]x(k)+D_if_i(x)\}-\\&\quad x^{\mathrm{T}}(k)P_ix(k)+x(k)^TQx(k)+W_{is}^{\ T}RW_{is}\}.\end{aligned}$$

根据引理 2.3，定理 4.1 中的矩阵不等式组（4.4）等价于：

$$\begin{bmatrix}-P_i+G_i^TG_i+Q+W_{is}+\sum\limits_{r=1,r\neq i}^{N}\beta_{ir}(P_r-P_i) & 0\\ 0 & -I\end{bmatrix}-\begin{bmatrix}U_{is}^{\ T}P_i\\ D_i^TP_i\end{bmatrix}(-P_i)^{-1}\begin{bmatrix}P_iU_{is} & P_iD_i\end{bmatrix}<0. \tag{4.12}$$

将上式整理得到：

$$\begin{bmatrix}U_{is}^{\ T}P_iU_{is}-P_i+G_i^TG_i+\sum\limits_{r=1,r\neq i}^{N}\beta_{ir}(P_r-P_i)+Q+W_{is} & U_{is}^{\ T}P_iD_i\\ * & D_i^TP_iD_i-I\end{bmatrix}<0, \tag{4.13}$$

对上式（4.13）左乘 $\begin{bmatrix}x^{\mathrm{T}} & f^{\mathrm{T}}\end{bmatrix}$，右乘 $\begin{bmatrix}x\\ f\end{bmatrix}$ 可得：

$$
\begin{aligned}
&x^T U_{is}{}^T P_i U_{is} x - x^T P_i x + x^T G_i{}^T G_i x \\
&+x^T \sum_{r=1,r\neq i}^{N} \beta_{ir}(P_r - P_i)x \\
&+f_i^T D_i^T P_i D_i f_i - f_i^T I f_i + \\
&f_i^T D_i^T P_i U_{is} x + x^T U_{is}{}^T P_i D_i f_i + x^T Q x + x^T W_{is}{}^T R W_{is} x < 0.
\end{aligned}
$$

通过不等式移项得到下式：

$$
\begin{aligned}
&x^T U_{is}{}^T P_i U_{is} x - x^T P_i x + x^T G_i{}^T G_i x + \\
&x^T Q x + x^T W_{is}{}^T R W_{is} x + f_i^T D_i^T P_i D_i f_i - f_i^T I f_i \\
&+f_i^T D_i^T P_i U_{is} x + x^T U_{is}{}^T P_i D_i f_i < -x^T \sum_{r=1,r\neq i}^{N} \beta_{ir}(P_r - P_i)x.
\end{aligned}
$$

再次进行移项可得下式：

$$
\begin{aligned}
&x^T U_{is}{}^T P_i U_{is} x - x^T P_i x + x^T Q x + x^T W_{is}{}^T R W_{is} x \\
&\quad +f_i^T D_i^T P_i D_i f_i + f_i^T D_i^T P_i U_{is} x + x^T U_{is}{}^T P_i D_i f_i < \\
&\quad -(x^T \sum_{r=1,r\neq i}^{N} \beta_{ir}(P_r - P_i)x + x^T G_i{}^T G_i x - f_i^T I f_i).
\end{aligned}
$$

因此，根据假设 3.1 和切换规则（4.9）得到下式成立：

$$
\begin{aligned}
&\Delta V(x(k)) + x(k)^T Q x(k) + (sat(u(k))^T R sat(u(k))) \\
&\leq \max_{s\in Q}\{\{x^T(k)[A_i + B_i(D_s(F_i + \Delta F_i) + D_s^- H_i)]^T \\
&+[D_i f_i(x)]^T\} \times P_i \ \{[A_i + B_i(D_s(F_i + \Delta F_i) + D_s^- H_i)]x(k) + D_i f_i(x)\} \\
&-x^T(k) P_i x(k) + x(k)^T Q x(k) + x(k)^T W_{is}{}^T R W_{is} x(k)\} \\
&< -(\sum_{r=1,r\neq i}^{N} x^T(k)\beta_{ir}(P_r - P_i)x(k) + x(k)^T G_i^T G_i x(k) - f_i(x)^T I f_i(x)) \\
&< 0.
\end{aligned}
$$

所以

$$
\Delta V(x(k)) + x(k)^T Q x(k) + (sat(u(k))^T R sat(u(k))) < 0. \tag{4.14}
$$

因为Q，R为正定加权矩阵，所以最终证明$\Delta V(x(k)) < 0$。

因此，根据多 Lyapunov 函数原理，在控制器参数具有不确定性和系统具有未知非线性扰动条件下，对任意初始状态 $x_0 \in \bigcup_{i=1}^{N}(\Omega(P_i,\beta)\cap\phi_i)$，闭环系统（4.3）在原点是渐近稳定的，证明完毕。

接下来将说明，闭环系统（4.3）满足非脆弱保成本函数的上界，根据不等式（4.14）可得

$$x^T(k)Qx(k)+(sat(u(k))^T Rsat(u(k)))<-\Delta V(x(k)) . \quad (4.15)$$

对式（4.15）两边从 $k=0$ 到 $k=\infty$ 进行求和，得到

$$J<-[(V(x(1))-V(x(0))+(V(x(2))-V(x(1))\cdots]. \quad (4.16)$$

最终得到

$$J<V(x(0))-V(x(\infty)) . \quad (4.17)$$

因为 $V(x(\infty))\geq 0$ ，

所以

$$J<V(x(0))=x_0{}^T P_i x_0<\beta .$$

证毕。

4.2.3 非脆弱保成本控制器设计

需要指出的是，定理 4.1 的充分条件所给出的矩阵不等式并非线性的，不能用来直接求解。因此，在基于定理 4.1 的基础上，本节建立在舒尔补技术的基本思想上，给出基于 LMI 技术的非脆弱保成本控制器的设计方法，进而使得闭环系统（4.3）保成本控制的问题易于求解。

定理 4.2 若存在 N 个正定对称矩阵 X_i，矩阵 M_i， N_i 以及相应的正常数 $\beta_{ir}\geq 0$，$\delta_{ir}>0$和$\lambda_i>0$使得下列线性矩阵不等式组（4.18）、（4.19）和（4.20）成立：

$$\begin{bmatrix} \Psi_{11} & \Psi_{12} \\ * & \Psi_{22} \end{bmatrix}<0 , \quad (4.18)$$

其中各个分块矩阵的具体形式如下式所示：

$$\Psi_{11}=\begin{bmatrix} -X_i-\sum_{r=1,r\neq i}^{N}\beta_{ir}X_i & 0 & \begin{matrix}[A_iX_i+ \\ B_i(D_sM_i+D_s^-N_i)]^T\end{matrix} & (D_sM_i+D_s^-N_i)^T & 0 \\ * & -\beta & \beta D_i^T & 0 & 0 \\ * & * & -X_i & 0 & B_iD_sE_i \\ * & * & * & -\beta R^{-1} & D_sE_i \\ * & * & * & * & -\lambda_i^{-1}I \end{bmatrix},$$

$$\Psi_{12}=\begin{bmatrix} X_iN_{1i}{}^T & X_i & X_iG_i^T & X_i & X_i & X_i \\ 0 & 0 & 0 & 0 & 0 & 0 \\ 0 & 0 & 0 & 0 & 0 & 0 \\ 0 & 0 & 0 & 0 & 0 & 0 \\ 0 & 0 & 0 & 0 & 0 & 0 \end{bmatrix},$$

$$\Psi_{21}=\begin{bmatrix} N_{1i}X_i & 0 & 0 & 0 & 0 \\ X_i & 0 & 0 & 0 & 0 \\ G_iX_i & 0 & 0 & 0 & 0 \\ X_i & 0 & 0 & 0 & 0 \\ X_i & 0 & 0 & 0 & 0 \\ X_i & 0 & 0 & 0 & 0 \end{bmatrix},$$

$$\Psi_{22}=\begin{bmatrix} -\lambda_i I & 0 & 0 & 0 & 0 & 0 \\ * & -\beta Q^{-1} & 0 & 0 & 0 & 0 \\ * & * & -\beta & 0 & 0 & 0 \\ * & * & * & -\beta_{i1}{}^{-1}X_1 & 0 & 0 \\ * & * & * & * & \ddots & 0 \\ * & * & * & * & * & -\beta_{iN}{}^{-1}X_N \end{bmatrix}$$

$$\begin{bmatrix} X_i+\sum\limits_{r=1,r\neq i}^{N}\delta_{ir}X_i & * & * & * & * \\ N_i^j & 1 & * & * & * \\ X_i & 0 & \delta_{i1}^{-1}X_1 & * & * \\ X_i & 0 & 0 & \ddots & * \\ X_i & 0 & 0 & 0 & \delta_{iN}^{-1}X_N \end{bmatrix}\geq 0, i\in I_N, s\in Q, j\in Q_m, \tag{4.19}$$

$$\begin{bmatrix} 1 & x_0{}^T \\ * & X_i \end{bmatrix}\geq 0, \forall i\in I_N . \tag{4.20}$$

在式（4.19）中，N_i^j 表示矩阵 N_i 的第 j 行，$N_i=H_iX_i, M_i=F_iX_i$，那么在非脆弱保成本状态反馈控制器

$$u_i=F_ix=M_iX_i^{-1}x, \tag{4.21}$$

和切换律

$$\sigma=\arg\min\{x^{\mathrm T}(k)X_i^{-1}x(k), i\in I_N\}, \tag{4.22}$$

同时的作用下，集合 $\bigcup_{i=1}^{N}(\Omega(X_i,1)\cap\phi_i)$ 被包含在闭环系统（4.3）的吸引域内，并且闭环系统（4.3）在控制器摄动和未知非线性干扰下的保成本性能指标满足 $J<\beta$。

证明　对定理 4.1 中的式（4.4）两端分别左乘和右乘对角矩阵 $diag\left\{\beta^{\frac{1}{2}}P_i^{-1},\beta^{\frac{1}{2}},\beta^{\frac{1}{2}}P_i^{-1}\right\}$ 得到如下式所示：

$$\begin{bmatrix} Z_{is} & 0 & \beta P_i^{-1} U_{is}{}^T \\ * & -\beta & \beta D_i^T \\ * & * & -\beta P_i^{-1} \end{bmatrix} < 0 , \tag{4.23}$$

其中

$$Z_{is} = -\beta P_i^{-1} + \beta P_i^{-1} \beta^{-1} Q \beta P_i^{-1} + \beta P_i^{-1} \beta^{-1} G_i{}^T G_i \beta P_i^{-1}$$
$$+ \beta P_i^{-1} \sum_{r=1, r\neq i}^{N} \beta_{ir} \beta^{-1} (P_r - P_i) \beta P_i^{-1} + \beta P_i^{-1} J_{is}{}^T \beta^{-1} R J_{is} \beta P_i^{-1} ,$$

$$J_{is} = [D_s (F_i + \Delta F_i) + D_s{}^- H_i]$$

其中 $i \in I_N$, $s \in Q$.

根据引理 2.3，对式（4.23）进行等价变换得到下式：

$$\begin{bmatrix} K_{is} & 0 & \beta P_i^{-1} U_{is}{}^T & \beta P_i^{-1} J_{is}{}^T \\ * & -\beta & \beta D_i^T & 0 \\ * & * & -\beta P_i^{-1} & 0 \\ * & * & * & -\beta R^{-1} \end{bmatrix} < 0. \tag{4.24}$$

其中

$$K_{is} = -\beta P_i^{-1} + \beta P_i^{-1} \beta^{-1} Q \beta P_i^{-1} + \beta P_i^{-1} \beta^{-1} G_i{}^T G_i \beta P_i^{-1}$$
$$+ \beta P_i^{-1} \sum_{r=1, r\neq i}^{N} \beta_{ir} \beta^{-1} (P_r - P_i) \beta P_i^{-1} .$$

将 $\Delta F_i = E_i \Gamma(k) N_{1i}$，代入式（4.24）得到如下等价形式：

$$\begin{bmatrix} K_{is} & 0 & \beta P_i^{-1} [A_i + B_i (D_s F_i + D_s{}^- H_i)]^T & \beta P_i^{-1} [D_s F_i + D_s{}^- H_i]^T \\ * & -\beta & \beta D_i^T & 0 \\ * & * & -\beta P_i^{-1} & 0 \\ * & * & * & -\beta R^{-1} \end{bmatrix} +$$

$$\begin{bmatrix} 0 \\ 0 \\ B_i D_s E_i \\ D_s E_i \end{bmatrix} \Gamma(\mathrm{k}) \begin{bmatrix} N_{1i} \beta P_i^{-1} & 0 & 0 & 0 \end{bmatrix} + \begin{bmatrix} N_{1i} \beta P_i^{-1} & 0 & 0 & 0 \end{bmatrix}^T \Gamma^T(\mathrm{k}) \begin{bmatrix} 0 \\ 0 \\ B_i D_s E_i \\ D_s E_i \end{bmatrix}^T < 0 .$$

进一步，根据引理 3.2 可推出下式：

$$\begin{bmatrix} K_{is} & 0 & \beta P_i^{-1} [A_i + B_i (D_s F_i + D_s{}^- H_i)]^T & \beta P_i^{-1} [D_s F_i + D_s{}^- H_i]^T \\ * & -\beta & \beta D_i^T & 0 \\ * & * & -\beta P_i^{-1} & 0 \\ * & * & * & -\beta R^{-1} \end{bmatrix} +$$

$$
\lambda_i \begin{bmatrix} 0 \\ 0 \\ B_i D_s E_i \\ D_s E_i \end{bmatrix} \begin{bmatrix} 0 \\ 0 \\ B_i D_s E_i \\ D_s E_i \end{bmatrix}^T + \lambda_i^{-1} \begin{bmatrix} N_{1i} \beta P_i^{-1} & 0 & 0 & 0 \end{bmatrix}^T
$$

$$
\begin{bmatrix} N_{1i} \beta P_i^{-1} & 0 & 0 & 0 \end{bmatrix} < 0.
$$

根据引理 2.3 得知下式的负定阵是成立的：

$$
\begin{bmatrix}
K_{is} & 0 & \beta P_i^{-1}[A_i + B_i(D_s F_i + D_s^{-} H_i)]^T & \beta P_i^{-1} [D_s F_i + D_s^{-} H_i]^T & 0 & \beta P_i^{-1} N_{1i}^T \\
* & -\beta & \beta D_i^T & 0 & 0 & 0 \\
* & * & -\beta P_i^{-1} & 0 & B_i D_s E_i & 0 \\
* & * & * & -\beta R^{-1} & D_s E_i & 0 \\
* & * & * & * & -\lambda_i^{-1} I & 0 \\
* & * & * & * & * & -\lambda_i I
\end{bmatrix}.
$$

同理再次根据引理 2.3 得到下式：

$$
\begin{bmatrix}
-\beta P_i^{-1} + \sum_{r=1,r\neq i}^{N} \beta P_i^{-1} \beta^{-1} \beta_{ir} (P_r - P_i) \beta P_i^{-1} & 0 & \beta P_i^{-1}[A_i + B_i(D_s F_i + D_s^{-} H_i)]^T & \beta P_i^{-1}[(D_s F_i + D_s^{-} H_i)]^T & 0 & \beta P_i^{-1} N_{1i}^T & \beta P_i^{-1} & \beta P_i^{-1} G_i^T \\
* & -\beta & \beta D_i^T & 0 & 0 & 0 & 0 & 0 \\
* & * & -\beta P_i^{-1} & 0 & B_i D_s E_i & 0 & 0 & 0 \\
* & * & * & -\beta R^{-1} & D_s E_i & 0 & 0 & 0 \\
* & * & * & * & -\lambda_i^{-1} I & 0 & 0 & 0 \\
* & * & * & * & * & -\lambda_i I & 0 & 0 \\
* & * & * & * & * & * & -\beta Q^{-1} & 0 \\
* & * & * & * & * & * & * & -\beta
\end{bmatrix} < 0. \quad (4.27)
$$

令 $\beta P_i^{-1} = X_i$， $F_i X_i = M_i$， $H_i X_i = N_i$，得到如下不等式：

$$
\begin{bmatrix}
-X_i+\sum\limits_{r=1,r\neq i}^{N}X_i\beta^{-1}\beta_{ir}(P_r-P_i)X_i & 0 & \begin{matrix}[A_iX_i\\+B_i(D_sM_i+D_s^{-}N_i)]^T\end{matrix} & [(D_sM_i+D_s^{-}N_i)]^T & 0 & X_iN_{1i}^{T} & X_i & X_iG_i^T\\
* & -\beta & \beta D_i^T & 0 & 0 & 0 & 0 & 0\\
* & * & -X_i & 0 & B_iD_sE_i & 0 & 0 & 0\\
* & * & * & -\beta R^{-1} & D_sE_i & 0 & 0 & 0\\
* & * & * & * & -\lambda_i^{-1}I & 0 & 0 & 0\\
* & * & * & * & * & -\lambda_iI & 0 & 0\\
* & * & * & * & * & * & -\beta Q^{-1} & 0\\
* & * & * & * & * & * & * & -\beta
\end{bmatrix}<0. \tag{4.28}
$$

对式子（4.28）再次利用引理 2.3 即可得到：

$$
\begin{bmatrix}
-X_i-\sum\limits_{r=1,r\neq i}^{N}\beta_{ir}X_i & 0 & \begin{matrix}[A_iX_i\\+B_i(D_sM_i+D_s^{-}N_i)]^T\end{matrix} & (D_sM_i+D_s^{-}N_i)^T & 0 & X_iN_{1i}^{T}\\
* & -\beta & \beta D_i^T & 0 & 0 & 0\\
* & * & -X_i & 0 & B_iD_sE_i & 0\\
* & * & * & -\beta R^{-1} & D_sE_i & 0\\
* & * & * & * & -\lambda_i^{-1}I & 0\\
* & * & * & * & * & -\lambda_iI\\
* & * & * & * & * & *\\
* & * & * & * & * & *\\
* & * & * & * & * & *\\
* & * & * & * & * & *\\
* & * & * & * & * & *
\end{bmatrix}
$$

$$
\begin{matrix}
X_i & X_iG_i^T & X_i & X_i & X_i \\
0 & 0 & 0 & 0 & 0 \\
0 & 0 & 0 & 0 & 0 \\
0 & 0 & 0 & 0 & 0 \\
0 & 0 & 0 & 0 & 0 \\
0 & 0 & 0 & 0 & 0 \\
-\beta Q^{-1} & 0 & 0 & 0 & 0 \\
* & -\beta & 0 & 0 & 0 \\
* & * & -\beta_{i1}^{-1}X_1 & 0 & 0 \\
* & * & * & \ddots & 0 \\
* & * & * & * & -\beta_{iN}^{-1}X_N
\end{matrix}\Bigg] < 0. \tag{4.29}
$$

式（4.29）也就是定理 4.2 中的式（4.18）。

令 $\beta^{-1}=\varepsilon$，接下来本文将证明饱和约束条件 $\Omega(P_i,\beta)\cap\phi_i\subset L(H_i)$ 可由下面的矩阵不等式组来表示

$$
\begin{bmatrix}
\varepsilon & H_i^j \\
* & P_i-\sum\limits_{r=1,r\neq i}^{N}\delta_{ir}(P_r-P_i)
\end{bmatrix}\geq 0, \tag{4.30}
$$

其中 H_i^j 用来表示矩阵 H_i 的第 j 行。

首先，令 $K_i=P_i-\sum\limits_{r=1,r\neq i}^{N}\delta_{ir}(P_r-P_i)$，根据引理 2.3 及式（4.30）可以得到下面两个不等式：

$$
x^{\mathrm{T}}K_ix\leq\varepsilon^{-1}, \tag{4.31}
$$

$$
H_i^{j^{\mathrm{T}}}\varepsilon^{-1}H_i^j\leq K_i. \tag{4.32}
$$

根据上述两个不等式可得

$$
x^T H_i^{jT}\varepsilon^{-1}H_i^j x\leq x^T K_i x\leq\varepsilon^{-1}. \tag{4.33}
$$

进而得到

$$
x^T H_i^{j\mathrm{T}}H_i^j x\leq 1. \tag{4.34}
$$

最终可得

$$
\left|H_i^j x\right|\leq 1. \tag{4.35}
$$

最终式（4.35）表明，只要满足集合关系 $\Omega(P_i,\beta)\cap\phi_i\subset L(H_i)$，那么就可以将约束条件用矩阵不等式（4.30）来表示。另外，对不等式（4.30）采用将

式（4.4）转换成式（4.18）类似的处理方法，可知式（4.30）等价于式（4.19），不等式（4.6）等价于式（4.20）。与此同时，切换规则（4.22）和切换律（4.9）一致，因此，定理 4.2 证毕。

接下来，本节的目的是希望设计非脆弱状态反馈保成本控制律和相应的切换指令，使得成本函数的上界最小化。为此，这个优化问题可由如下优化问题来描述。

$$\begin{aligned}&\inf_{X_i,M_i,N_i,\beta_{ir},\delta_{ir},\lambda_i}\beta,\\&s.t(\text{a})inequality(4.18),\forall i\in I_N,s\in Q.\\&\quad(\text{b})inequality(4.19),\forall i\in I_N,j\in Q_m.\\&\quad(\text{c})inequality(4.20),\forall i\in I_N.\end{aligned}\tag{4.36}$$

利用上述方法解优化问题（4.36），能够求出成本函数的最小上界β^*，其次可以设计出$u^*(k)=M_iX_i^{-1}x(k)$为非脆弱状态反馈保成本控制器，最终，闭环系统（4.3）的非脆弱保成本控制问题得以顺利解决。

4.2.4　数值仿真

针对如下的系统，通过具体的数值例子来验证本章所提方法的正确性与有效性。

$$x(k+1)=A_\delta x(k)+B\ sat(u_\sigma(k))+D\ f\ (x),\tag{4.37}$$

其中$\sigma\in I_2=\{1,2\}$,

$$A_1=\begin{bmatrix}0.2&0.1\\0&-1\end{bmatrix},\ A_2=\begin{bmatrix}-1&0\\0&1.2\end{bmatrix},\ B_1=\begin{bmatrix}2\\0\end{bmatrix},$$

$$B_2=\begin{bmatrix}0\\2\end{bmatrix},\ E_1=[0.2],E_2=[0.3],N_{11}=[0.24\quad -0.6],$$

$$N_{12}=[-0.5\quad 0.7],D_1=\begin{bmatrix}0.01&0.02\\0.02&0\end{bmatrix},D_2=\begin{bmatrix}0.01&0.02\\0.02&0\end{bmatrix},$$

$$f_1(x)=\begin{bmatrix}0.2\sin x_1\\0.2\sin x_2\end{bmatrix},f_2(x)=\begin{bmatrix}0.1\sin x_1\\0.1\sin x_2\end{bmatrix},\ G_1=\begin{bmatrix}0.5&0\\0&0.5\end{bmatrix},R=1,$$

$$G_2=\begin{bmatrix}0.3&0\\0.4&0.1\end{bmatrix},\ x(0)=\begin{bmatrix}0.9\\-0.2\end{bmatrix},\ \Gamma(k)=\cos(k),Q=\begin{bmatrix}0.5&0\\0&0.5\end{bmatrix},$$

在这里我们给定标量参数$\beta_1=\beta_2=6$，$\delta_1=\delta_2=8$，$\lambda_1=\lambda_2=7$，利用 LMI

工具箱解优化问题（4.36），得到如下的可行解：

$$X_1=\begin{bmatrix}12.0696 & 1.7791\\ 1.7791 & 4.3449\end{bmatrix}, X_2=\begin{bmatrix}11.0492 & 1.7887\\ 1.7887 & 4.5521\end{bmatrix}, P_1=\begin{bmatrix}0.6172 & -0.2527\\ -0.2527 & 1.7146\end{bmatrix},$$

$$P_2=\begin{bmatrix}0.6766 & -0.2659\\ -0.2659 & 1.6422\end{bmatrix}, N_{11}=\begin{bmatrix}-0.6188 & -1.0370\end{bmatrix}, N_{12}=\begin{bmatrix}-1.3589 & -1.5317\end{bmatrix},$$

$$F_1=\begin{bmatrix}-0.0961 & -0.2444\end{bmatrix}, F_2=\begin{bmatrix}-0.0803 & -0.5881\end{bmatrix}, M_1=\begin{bmatrix}-1.5942 & -1.2326\end{bmatrix},$$

$$M_2=\begin{bmatrix}-1.9389 & -2.8208\end{bmatrix}, H_1=\begin{bmatrix}-0.0171 & -0.2317\end{bmatrix}, H_2=\begin{bmatrix}-0.0732 & -0.3077\end{bmatrix},$$

$$\beta^*=7.6198.$$

最终，闭环系统（4.37）的最优保成本控制律为：

$$u_1^*(k)=\begin{bmatrix}-0.0961 & -0.2444\end{bmatrix}x(k),$$

$$u_2^*(k)=\begin{bmatrix}-0.0803 & -0.5881\end{bmatrix}x(k),$$

相应的闭环性能指标的最小上界为 $\beta^*=7.6198$。

图 4.1 是闭环系统（4.37）的成本函数值曲线，从图 4.1 的仿真图例可以看出，成本函数值小于 β^*，说明了成本函数具有最小上界这一结论的正确性。图 4.2 是闭环系统（4.37）在受限切换规则下的状态响应曲线，可以看出闭环系统（4.37）在原点是渐近稳定的。图 4.3 给出闭环系统（4.37）的切换信号。图 4.4 是闭环系统（4.37）的控制输入曲线。

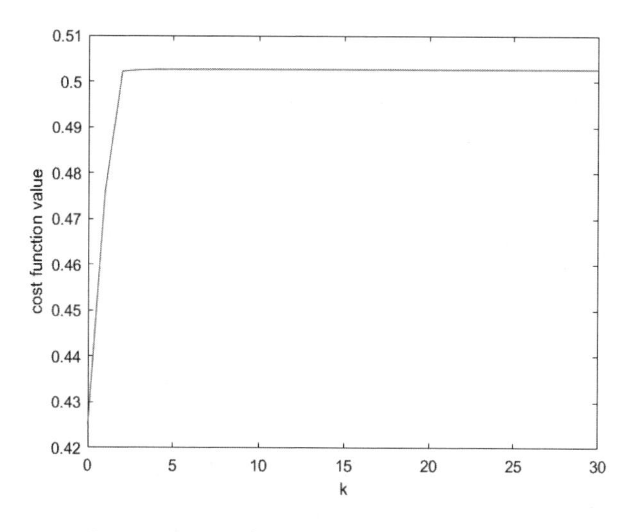

图 4.1　闭环系统（4.37）的成本函数值图像

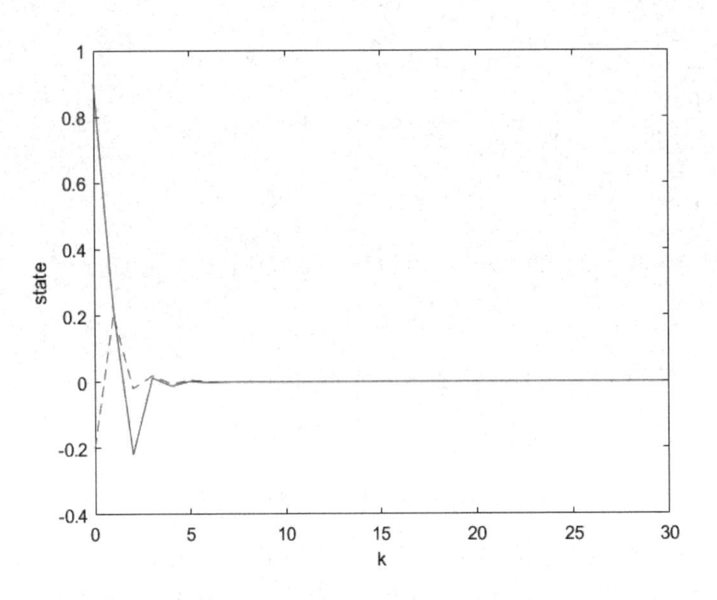

图4.2　闭环系统（4.37）的状态响应

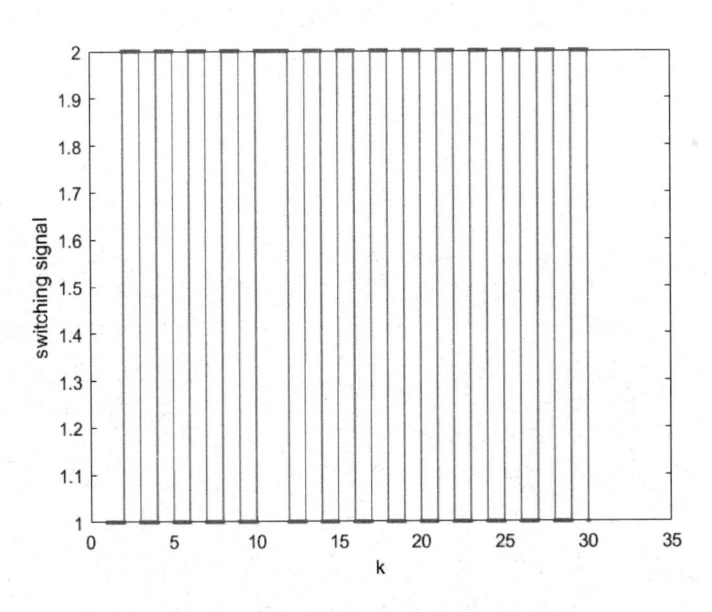

图4.3　闭环系统（4.37）的切换信号

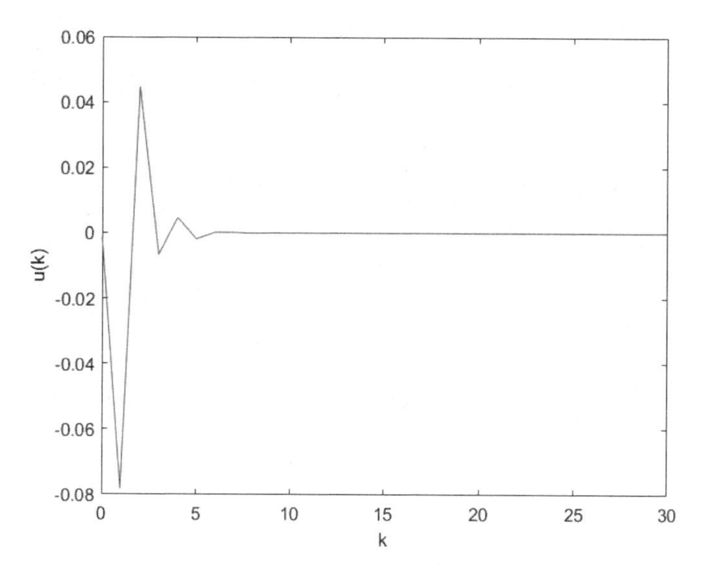

图4.4　闭环系统（4.37）的控制输入信号

4.3　基于切换Lyapunov函数方法的不确定离散非线性饱和切换系统的非脆弱保成本控制

4.3.1　问题描述与预备知识

考虑如下一类具有执行器饱和的不确定离散时间非线性切换系统：

$$\begin{cases} x(k+1)=(A_\sigma+\Delta A_\sigma)x(k)+B_\sigma sat(u_\sigma(k))+D_\sigma f_\sigma(x),\sigma\in I_N, \\ x(0)=x_0. \end{cases} \tag{4.38}$$

式（4.38）中 $k\in Z^+=\{0, 1, 2, \cdots\}$， $x(k)\in R^n$ 是切换系统的状态向量，$u_\sigma(k)\in R^m$ 是切换系统的控制输入，σ 指的是切换指令，这个切换指令在 $I_N=\{1,\cdots,N\}$中进行取值切换，例如 $\sigma=i$ 意味着第 i 个子系统被激活，A_i, B_i 与 D_i 代表相应维数的常数矩阵，ΔA_i 为时变不确定矩阵，与第二章结构相同。$f_\sigma(x)$是一个未知非线性函数（满足假设 3.1）。$sat:R^m\to R^m$ 指的是标准的向量值饱和函数（定义同前述章节）。

给定切换系统（4.38）的性能指标：

$$J=\sum_{k=0}^{\infty}\left[x^T(k)Qx(k)+(sat(u_\sigma(k))^T Rsat(u_\sigma(k)))\right].$$

式中，Q 和 R 代表正定对称加权矩阵。

当控制器内部具有不确定性时，考虑如下的非脆弱状态反馈控制器：

$$u_i=(F_i+\Delta F_i)x.$$

同时，不确定矩阵 $\Gamma(k)$ 要满足条件：$\Gamma^{\mathrm{T}}(k)\Gamma(k)\le I$，那么通过状态反馈，相应的闭环系统表示为：

$$x(k+1)=(A_\delta+\Delta A_\sigma)x(k)+B_\sigma sat(F_\sigma+\Delta F_\sigma)x(k)+D\ f\ (x),\sigma\in I_N. \quad (4.39)$$

然后，我们定义如下的切换指示函数：

$$\xi(k)=\left[\xi_1(k),\cdots,\xi_N(k)\right]^{\mathrm{T}},$$

其中，当第 i 个子系统被激活时，$\xi_i(k)=1$，否则 $\xi_i(k)=0$，所以闭环系统（4.38）也可以写成如下形式：

$$x(k+1)=\sum_{i=1}^{N}\xi_i(k)[(A_\sigma+\Delta A_\sigma)x(k)+B_\sigma sat(F_\sigma+\Delta F_\sigma)x(k)+D_\sigma f_\sigma(x)],\sigma\in I_N. \quad (4.40)$$

对于保成本控制定义已经在上一章节中说明，这里不再重复赘述。

4.3.2 保成本控制问题分析

在这个部分，使用切换 Lyapunov 函数方法，给出闭环系统（4.40）的保成本控制问题可解的充分条件，且利用公式推导说明了闭环系统（4.40）满足成本函数的上界关系。

定理 4.3 考虑闭环系统（4.40），若存在 N 个正定对称矩阵 P_i，矩阵 F_i，H_i，使得下面的矩阵不等式组（4.41）成立：

$$\begin{bmatrix} -P_i+G_i^TG_i+Q+W_{is} & 0 & U_{is}^TP_r \\ * & -I & D_i^TP_r \\ * & * & -P_r \end{bmatrix}<0, \quad (4.41)$$

$$\forall(i,r)\in I_N\times I_N,$$

$$s\in Q.$$

与此同时要满足：

$$\Omega(P_i,\beta)\subset L(H_i),i\in I_N, \quad (4.42)$$

$$x_0^TP_ix_0<\beta,i\in I_N,$$

其中 $U_{is}=(A_i+\Delta A_i)+B_i[D_s(F_i+\Delta F_i)+D_s^-H_i]$,

$$W_{is}=[D_s(F_i+\Delta F_i)+D_s^-H_i]^TR[D_s(F_i+\Delta F_i)+D_s^-H_i],$$

$$i \in I_N s \in Q \ .$$

那么，在任意逻辑切换指令下进行切换时，闭环系统（4.40）在原点是鲁棒渐近稳定的，而且 $\bigcup_{i=1}^{N}(\Omega(P_i,\beta))$ 被包含在吸引域内，$u_i(k)=(F_i+\Delta F_i)x(k)$ 是闭环系统（4.40）的非脆弱保性能控制律，且成本函数满足的不等关系为 $J<\beta$。

证明　根据引理 2.1，当 $x \in \Omega(P_i,\beta) \subset L(H_i)$，

可得：$sat(u_i) \in co\{D_s(F_i+\Delta F_i)x + D_s^- H_i x, s \in Q\}$，

进一步 $sat(u_i) \in co\{D_s F_i x + D_s E_i \Gamma(k) N_{1i} x + D_s^- H_i x, s \in Q\}$，

最终可得：

$$\begin{aligned}(A_i+\Delta A_i)x(k)+B_i sat(F_i+\Delta F_i)x(k)+D_i f_i(x) \in \\ co\{(A_i+\Delta A_i)x(k)+B_i(D_s F_i x(k) \\ +D_s E_i \Gamma(k) N_{1i} x(k)+D_s^- H_i x(k))+D_i f_i(x), s \in Q\}.\end{aligned}$$

当 $\forall x(k) \in \Omega(P_i,\beta) \subset L(H_i)$，此时选取闭环系统（4.40）的切换李雅普诺夫函数为

$$V(x(k))=V_i(x(k))=x^T(k)(\sum_{i=1}^{N}\xi_i(k)P_i)x(k), \tag{4.43}$$

因而有：

$$\begin{aligned}&\Delta V(x(k))+x^T(k)Qx(k)+(sat(u_\sigma(k))^T R sat(u_\sigma(k))) \\ &= x^T(k+1)(\sum_{r=1}^{N}\xi_r(k+1)P_r)x(k+1)-x^T(k)(\sum_{i=1}^{N}\xi_i(k)P_i)x(k) \\ &\quad +x^T(k)Qx(k)+(sat((F_i+\Delta F_i)x(k)))^T R sat((F_i+\Delta F_i)x(k))) \\ &= x^T(k+1)(\sum_{r=1}^{N}\xi_r(k+1)P_r)x(k+1)-x^T(k)(\sum_{i=1}^{N}\xi_i(k)P_i)x(k) \\ &\quad +x^T(k)Qx(k)+\{\sum_{s=1}^{m_2}\eta_s(D_s(F_i+\Delta F_i)+D_s^- H_i)x(k)\}^T R \times \\ &\quad \{\sum_{s=1}^{2^m}\eta_s(D_s(F_i+\Delta F_i)+D_s^- H_i)x(k)\} \\ &\le \max_{s\in Q}\{x^{\mathrm{T}}(k)[(A_i+\Delta A_i)+B_i(D_s(F_i+\Delta F_i)+D_s^- H_i)]^{\mathrm{T}}+[D_i f_i(x)]^{\mathrm{T}}\} \\ &\quad \times P_r\{[(A_i+\Delta A_i)+B_i(D_s(F_i+\Delta F_i)+D_s^- H_i)]x(k)+D_i f_i(x)\}-x^{\mathrm{T}}(k)P_i x(k) \\ &\quad +x^{\mathrm{T}}(k)Qx(k)+[(D_s(F_i+\Delta F_i)+D_s\ H_i)x(k)]^T R[(D_s(F_i+\Delta F_i)+D_s\ H_i)x(k)]\end{aligned}$$

因此，对于 $\forall x(k) \in \bigcup_{i=1}^{N}(\Omega(P_i,\beta)) \subset L(H_i)$，在任意切换规则下得如下结论：

$$\begin{aligned}&\Delta V(x(k))+x^T(k)Qx(k)+(sat(u(k)))^T R sat(u(k))) \\ &\le \max_{s\in Q}\{x^{\mathrm{T}}(k)[(A_i+\Delta A_i)+B_i(D_s(F_i+\Delta F_i)+D_s^- H_i)]^{\mathrm{T}}\end{aligned}$$

$$+[D_i f_i(x)]^{\mathrm{T}}\}\times P_r\{[(A_i+\Delta A_i)+B_i(D_s(F_i+\Delta F_i)+D_s^- H_i)]x(k)+D_i f_i(x)\}$$
$$-x^{\mathrm{T}}(k)P_i x(k)+x^T(k)Qx(k)$$
$$+[(D_s(F_i+\Delta F_i)+D_s^- H_i)x(k)]^T R[(D_s(F_i+\Delta F_i)+D_s^- H_i)x(k)].$$

根据引理 2.3，定理 4.3 中的矩阵不等式组（4.41）等价于下式：

$$\begin{bmatrix}-P_i+G_i^T G_i+Q+W_{is} & 0\\ 0 & -I\end{bmatrix}-\begin{bmatrix}U_{is}{}^T P_r\\ D_i^T P_r\end{bmatrix}(-P_r)^{-1}\begin{bmatrix}P_r U_{is} & P_r D_i\end{bmatrix}<0.$$

将上式整理得：

$$\begin{bmatrix}-P_i+G_i^T G_i+Q+W_{is} & 0\\ 0 & -I\end{bmatrix}+\begin{bmatrix}U_{is}{}^T P_r U_{is} & U_{is}{}^T P_r D_i\\ D_i^T P_r U_{is} & D_i^T P_r D_i\end{bmatrix}<0.$$

再次整理得到

$$\begin{bmatrix}-P_i+G_i^T G_i+U_{is}{}^T P_r U_{is}+Q+W_{is} & U_{is}{}^T P_r D_i\\ * & D_i^T P_r D_i-I\end{bmatrix}<0.$$

对上式左乘$\begin{bmatrix}x^T & f^T\end{bmatrix}$，右乘$\begin{bmatrix}x\\ f\end{bmatrix}$得到下式：

$$x^T U_{is}{}^T P_r U_{is}x+x^T G_i^T G_i x+f_i^T D_i^T P_r D_i f_i-f_i^T I f_i$$
$$+f_i^T D_i^T P_r U_{is}x+x^T U_{is}{}^T P_r D_i f_i-x^T P_i x+x^T Qx$$
$$+x^T[D_s(F_i+\Delta F_i)+D_s^- H_i]^T R[D_s(F_i+\Delta F_i)+D_s^- H_i]x<0.$$

因此得知下式成立：

$$\begin{aligned}&\Delta V(x(k))+x^T(k)Qx(k)+(sat(u_\sigma(k))^T Rsat(u_\sigma(k)))\\ &\quad\le\max_{s\in Q}\{x^T(k)[(A_i+\Delta A_i)+B_i(D_s(F_i+\Delta F_i)+D_s^- H_i)]^T+[D_i f_i(x)]^T\}\times P_r\\ &\quad\{[(A_i+\Delta A_i)+B_i(D_s(F_i+\Delta F_i)+D_s^- H_i)]x(k)+D_i f_i(x)\}-x^T(k)P_i x(k)\\ &\quad+x^T(k)Qx(k)+x^T[D_s(F_i+\Delta F_i)+D_s^- H_i]^T R[D_s(F_i+\Delta F_i)+D_s^- H_i]x\\ &\quad+x^T G_i^T G_i x-f_i^T I f_i\\ &\quad<0.\end{aligned}\tag{4.44}$$

即

$$\Delta V(x(k))+x^T(k)Qx(k)+(sat(u(k))^T Rsat(u(k)))<0.\tag{4.45}$$

因为Q,R为给定的正定对称矩阵，所以最终证明：

$$\Delta V(x(k))<0.\tag{4.46}$$

式（4.46）表明，在任意逻辑切换指令的作用下，闭环系统（4.40）在原点是渐近稳定的，并且集合$\cup_{i=1}^N\Omega(P_i,\beta)$被包含在吸引域中。

证毕。

接下来将说明，闭环系统（4.40）满足非脆弱保成本函数的上界，根据不等式（4.45）有

$$x^T(k)Qx(k)+(sat(u_\sigma(k))^T Rsat(u_\sigma(k)))<-\Delta V(x(k)). \tag{4.47}$$

对式（4.47）两边从 $k=0$ 到 $k=\infty$ 求和得到

$$J<-\sum_{k=0}^{\infty}\Delta V(x(k)). \tag{4.48}$$

因此得到

$$J<-(V(x(\infty))-V(x(0))). \tag{4.49}$$

又因为 $V(x(\infty))\geq 0$ ，可以容易证明得到

$$J<V(x(0))=x_0{}^T P_i x_0<\beta. \tag{4.50}$$

证毕。

4.3.3　非脆弱保成本控制器设计

在定理 4.3 中，式（4.41）是非线性矩阵不等式，不能直接求解。接下来将基于定理 4.3，利用 LMI 技术来设计非脆弱状态反馈保成本控制器，给出闭环系统（4.40）成本函数上界最小的优化方法。

定理 4.4 若存在 N 个正定对称矩阵 X_i，矩阵 M_i ， N_i 以及一族正常数 $\lambda_i>0$ ，和 $\varepsilon_i>0$ ，使得下列线性矩阵不等式组（4.51）和（4.52），（4.53）成立：

$$\begin{bmatrix} -X_i & 0 & [A_iX_i+B_i(D_sM_i+D_s^-N_i)]^T & X_iF_{1i}^T & (D_sM_i+D_s^-N_i)^T \\ * & -\beta & \beta D_i^T & 0 & 0 \\ * & * & -X_r+\varepsilon_iT_iT_i^T & 0 & 0 \\ * & * & * & -\varepsilon_iI & 0 \\ * & * & * & * & -\beta R^{-1} \\ * & * & * & * & * \\ * & * & * & * & * \\ * & * & * & * & * \\ * & * & * & * & * \end{bmatrix}$$

$$\left.\begin{array}{cccc} 0 & X_i N_{1i}{}^T & X_i & X_i G_i^T \\ 0 & 0 & 0 & 0 \\ B_i D_s E_i & 0 & 0 & 0 \\ 0 & 0 & 0 & 0 \\ D_s E_i & 0 & 0 & 0 \\ -\lambda_i^{-1} I & 0 & 0 & 0 \\ * & -\lambda_i I & 0 & 0 \\ * & * & -\beta Q^{-1} & 0 \\ * & * & * & -\beta \end{array}\right] < 0, \tag{4.51}$$

$$\begin{bmatrix} X_i & * \\ N_i^j & 1 \end{bmatrix} \geq 0, i \in I_N,\ j \in Q_m, \tag{4.52}$$

$$\begin{bmatrix} 1 & x_0{}^T \\ * & X_i \end{bmatrix} \geq 0, \forall i \in I_N. \tag{4.53}$$

在式（4.52）中，N_i^j 表示矩阵 N_i 的第 j 行，$H_i = N_i X_i^{-1}, F_i = M_i X_i^{-1}$，那么在任意切换指令的作用下，集合 $\cup_{i=1}^N \Omega(X_i^{-1},1)$ 被包含在闭环系统（4.40）的吸引域内，而且 $u_i(k) = M_i X_i^{-1} x(k)$ 为非脆弱保性能控制律，以及相应的性能指标满足的不等关系为 $J < \beta$。

证明 对定理4.3中的式（4.41）两端分别左乘和右乘对角矩阵块 $diag[\beta^{\frac{1}{2}} P_i^{-1}, \beta^{\frac{1}{2}}, \beta^{\frac{1}{2}} P_r^{-1}]$，我们得到下式成立：

$$\begin{bmatrix} \mathrm{O}_{is} & 0 & \beta P_i^{-1} U_{is}{}^T \\ * & -\beta & \beta D_i^T \\ * & * & -\beta P_r^{-1} \end{bmatrix} < 0. \tag{4.54}$$

其中

$$\mathrm{O}_{is} = -\beta P_i^{-1} + \beta P_i^{-1} G_i^T \beta^{-1} G_i \beta P_i^{-1} + \beta P_i^{-1} Q \beta^{-1} \beta P_i^{-1} + \beta P_i^{-1} W_{is} \beta^{-1} \beta P_i^{-1}.$$

将 $\Delta A_i = T_i \Gamma(k) F_{1i}, i \in I_N$ 代入式（4.54）中，得知上式与下式等价：

$$\begin{bmatrix} Z_{is} & 0 & \beta P_i^{-1}[A_i + B_i(D_s(F_i + \Delta F_i) + D_s^- H_i)]^T \\ * & -\beta & \beta D_i^T \\ * & * & -\beta P_r^{-1} \end{bmatrix} + \begin{bmatrix} 0 \\ 0 \\ T_i \end{bmatrix} \Gamma(\mathrm{k}) \begin{bmatrix} F_{1i} \beta P_i^{-1} & 0 & 0 \end{bmatrix}$$

$$+ \begin{bmatrix} F_{1i} \beta P_i^{-1} & 0 & 0 \end{bmatrix}^T \Gamma^T(\mathrm{k}) \begin{bmatrix} 0 \\ 0 \\ T_i \end{bmatrix}^T < 0.$$

其中

$$Z_{is}=-\beta P_i^{-1}+\beta P_i^{-1}G_i^T\beta^{-1}G_i\beta P_i^{-1}+\beta P_i^{-1}Q\beta^{-1}\beta P_i^{-1}+\beta P_i^{-1}W_{is}\beta^{-1}\beta P_i^{-1}\ .$$

根据引理 3.2 得到下式：

$$Y+\varepsilon_i\begin{bmatrix}0\\0\\T_i\end{bmatrix}\begin{bmatrix}0\\0\\T_i\end{bmatrix}^T+\varepsilon_i^{-1}\begin{bmatrix}F_{1i}\beta P_i^{-1} & 0 & 0\end{bmatrix}^T\begin{bmatrix}F_{1i}\beta P_i^{-1} & 0 & 0\end{bmatrix}<0\,.$$

其中

$$Y=\begin{bmatrix}Z_{is} & 0 & \beta P_i^{-1}[A_i+B_i(D_s(F_i+\Delta F_i)+D_s^-H_i)]^T\\ * & -\beta & \beta D_i^T\\ * & * & -\beta P_r^{-1}\end{bmatrix}.$$

对上式利用引理 2.3 得到下式：

$$\begin{bmatrix}Z_{is} & 0 & \beta P_i^{-1}[A_i+B_i(D_s(F_i+\Delta F_i)+D_s^-H_i)]^T & \beta P_i^{-1}F_{1i}^{\ T}\\ * & -\beta & \beta D_i^T & 0\\ * & * & -\beta P_r^{-1}+\varepsilon_iT_iT_i^T & 0\\ * & * & * & -\varepsilon_iI\end{bmatrix}<0\,. \qquad (4.55)$$

同理，对上式再次利用引理 2.3 得到如下等价的负定矩阵：

$$\begin{bmatrix}\lambda_{is} & 0 & \alpha_{is} & \beta P_i^{-1}F_{1i}^{\ T} & \varsigma_{is}\\ \square & -\beta & \beta D_i^T & & \\ * & * & -\beta P_r^{-1}+\varepsilon_iT_iT_i^T & 0 & 0\\ * & * & * & -\varepsilon_iI & 0\\ * & * & * & * & -\beta R^{-1}\end{bmatrix}<0\,.$$

其中

$$\lambda_{is}=-\beta P_i^{-1}+\beta P_i^{-1}G_i^T\beta^{-1}G_i\beta P_i^{-1}+\beta P_i^{-1}Q\beta^{-1}\beta P_i^{-1},$$

$$\alpha_{is}=\beta P_i^{-1}[A_i+B_i(D_s(F_i+\Delta F_i)+D_s^-H_i)]^T\ ,$$

$$\varsigma_{is}=\beta P_i^{-1}(D_s(F_i+\Delta F_i)+D_s^-H_i)^T\ .$$

将控制器增益摄动 $\Delta F_i=E_i\Gamma(k)N_{1i}$，代入上式中，得到如下等价式子：

$$\iota_{is}=\begin{bmatrix}\lambda_{is} & 0 & \alpha^{\square}_{\ is} & \beta P_i^{-}\ F_{1i}^{\ T} & \varsigma_{\ is}\\ \square & -\beta & \beta D_i^T & & \\ * & * & -\beta P_r^{-1}+\varepsilon_iT_iT_i^T & 0 & 0\\ * & * & * & -\varepsilon_iI & 0\\ * & * & * & * & -\beta R^{-1}\end{bmatrix},$$

$$\alpha^2{}_{is}=\beta P_i^{-1}[A_i+B_i(D_sF_i+D_s^-H_i)]^T,$$

$$\varsigma^2{}_{is}=\beta P_i^{-1}(D_sF_i+D_s^-H_i)^T$$

$$\begin{bmatrix} \hat{\lambda}_{is} & 0 & \beta P_i^{-1}[A_i+B_i(D_sF_i+D_s^-H_i)]^T & \beta P_i^{-1}F_{1i}^T & \beta P_i^{-1}(D_sF_i+D_s^-H_i)^T \\ * & -\beta & \beta D_i^T & 0 & 0 \\ * & * & -\beta P_r^{-1}+\varepsilon_iT_iT_i^T & 0 & 0 \\ * & * & * & -\varepsilon_iI & 0 \\ * & * & * & * & -\beta R^{-1} \end{bmatrix}+$$

$$\begin{bmatrix} 0 \\ 0 \\ B_iD_sE_i \\ 0 \\ D_sE_i \end{bmatrix}\Gamma(k)\begin{bmatrix} N_{1i}\beta P_i^{-1} & 0 & 0 & 0 & 0 \end{bmatrix}$$

$$+\begin{bmatrix} N_{1i}\beta P_i^{-1} & 0 & 0 & 0 & 0 \end{bmatrix}^T\Gamma^T(k)\begin{bmatrix} 0 \\ 0 \\ B_iD_sE_i \\ 0 \\ D_sE_i \end{bmatrix}^T<0,$$

根据引理 3.2 可得下式成立：

$$\begin{bmatrix} \hat{\lambda}_{is} & 0 & \beta P_i^{-1}[A_i+B_i(D_sF_i+D_s^-H_i)]^T & \beta P_i^{-1}F_{1i}^T & \beta P_i^{-1}(D_sF_i+D_s^-H_i)^T \\ * & -\beta & \beta D_i^T & 0 & 0 \\ * & * & -\beta P_r^{-1}+\varepsilon_iT_iT_i^T & 0 & 0 \\ * & * & * & -\varepsilon_iI & 0 \\ * & * & * & * & -\beta R^{-1} \end{bmatrix}+$$

$$\lambda_i\begin{bmatrix} 0 \\ 0 \\ B_iD_sE_i \\ 0 \\ D_sE_i \end{bmatrix}\begin{bmatrix} 0 \\ 0 \\ B_iD_sE_i \\ 0 \\ D_sE_i \end{bmatrix}^T$$

$$+\lambda_i^{-1}\begin{bmatrix} N_{1i}\beta P_i^{-1} & 0 & 0 & 0 & 0 \end{bmatrix}^T\begin{bmatrix} N_{1i}\beta P_i^{-1} & 0 & 0 & 0 & 0 \end{bmatrix}<0.$$

根据引理 2.3 可知上式等价于下式：

$$\begin{bmatrix} \lambda_{is} & 0 & \alpha^2_{is} & \beta P_i^{-1}F_{1i}^T & \varsigma^2_{is} & 0 & \beta P_i^{-1}N_{1i}^T \\ * & -\beta & \beta D_i^T & 0 & 0 & 0 & 0 \\ * & * & -\beta P_r^{-1}+\varepsilon_i T_i T_i^T & 0 & 0 & B_i D_s E_i & 0 \\ * & * & * & -\varepsilon_i I & 0 & 0 & 0 \\ * & * & * & * & -\beta R^{-1} & D_s E_i & 0 \\ * & * & * & * & * & -\lambda_i^{-1} I & 0 \\ * & * & * & * & * & * & -\lambda_i I \end{bmatrix} < 0 .$$

同理，对上式再次利用引理 2.3 即可得到如下与上式等价的矩阵不等式：

$$\begin{bmatrix} \Theta_{11} & \Theta_{12} \\ * & \Theta_{22} \end{bmatrix} < 0 .$$

其中各个矩阵块的具体形式如下式所示：

$$\Theta_{11} = \begin{bmatrix} -\beta P_i^{-1} & 0 & \begin{matrix}\beta P_i^{-1}[A_i + \\ B_i(D_s F_i + D_s^- H_i)]^T\end{matrix} & \beta P_i^{-1}F_{1i}^T & \begin{matrix}\beta P_i^{-1}(D_s F_i \\ +D_s^- H_i)^T\end{matrix} & 0 \\ * & -\beta & \beta D_i^T & 0 & 0 & 0 \\ * & * & \begin{matrix}-\beta P_r^{-1} \\ +\varepsilon_i T_i T_i^T\end{matrix} & 0 & 0 & B_i D_s E_i \\ * & * & * & -\varepsilon_i I & 0 & 0 \\ * & * & * & * & -\beta R^{-1} & D_s E_i \\ * & * & * & * & * & -\lambda_i^{-1} I \end{bmatrix},$$

$$\Theta_{12} = \begin{bmatrix} \beta P_i^{-1}N_{1i}^T & \beta P_i^{-1} & \beta P_i^{-1}G_i^T \\ 0 & 0 & 0 \\ 0 & 0 & 0 \\ 0 & 0 & 0 \\ 0 & 0 & 0 \\ 0 & 0 & 0 \end{bmatrix},$$

$$\Theta_{21} = \begin{bmatrix} N_{1i}\beta P_i^{-1} & 0 & 0 & 0 & 0 & 0 \\ \beta P_i^{-1} & 0 & 0 & 0 & 0 & 0 \\ G_i \beta P_i^{-1} & 0 & 0 & 0 & 0 & 0 \end{bmatrix},$$

$$\Theta_{22} = \begin{bmatrix} -\lambda_i I & 0 & 0 \\ * & -\beta Q^{-1} & 0 \\ * & * & -\beta \end{bmatrix}.$$

令 $\beta P_i^{-1} = X_i$， $F_i X_i = M_i$， $H_i X_i = N_i$，得到如下式子：

$$
\begin{bmatrix}
-X_i & 0 & [A_iX_i+B_i(D_sM_i+D_s^-N_i)]^T & X_iF_{1i}^T & (D_sM_i+D_s^-N_i)^T & 0 & X_iN_{1i}^T & X_i & X_iG_i^T \\
* & -\beta & \beta D_i^T & 0 & 0 & 0 & 0 & 0 & 0 \\
* & * & -X_r+\varepsilon_iT_iT_i^T & 0 & 0 & B_iD_sE_i & 0 & 0 & 0 \\
* & * & * & -\varepsilon_iI & 0 & 0 & 0 & 0 & 0 \\
* & * & * & * & -\beta R^{-1} & D_sE_i & 0 & 0 & 0 \\
* & * & * & * & * & -\lambda_i^{-1}I & 0 & 0 & 0 \\
* & * & * & * & * & * & -\lambda_iI & 0 & 0 \\
* & * & * & * & * & * & * & -\beta Q^{-1} & 0 \\
* & * & * & * & * & * & * & * & -\beta
\end{bmatrix}<0, \tag{4.56}
$$

$$\forall i\in I_N, s\in Q.$$

上式（4.56）也就是定理 4.4 中的线性矩阵不等式（4.51）。

令 $\beta^{-1}=\varepsilon$，接着我们将说明对于约束条件 $\Omega(P_i,\beta)\subset L(H_i)$ 可以用下面的矩阵不等式来表示。

$$
\begin{bmatrix}
\varepsilon & H_i^j \\
* & P_i
\end{bmatrix}\geq 0. \tag{4.57}
$$

其中 H_i^j 表示矩阵 H_i 的第 j 行，

对于状态向量 $x(k)\in\Omega(P_i,\beta)$，根据引理 2.3 及式（4.57），得到下面两个不等式：

$$x^{\mathrm{T}}P_ix\leq\varepsilon^{-1}. \tag{4.58}$$

$$H_i^{jT}\varepsilon^{-1}H_i^j\leq P_i. \tag{4.59}$$

根据上述两个不等式（4.58）和（4.59）可得

$$x^TH_i^{j\mathrm{T}}\varepsilon^{-1}H_i^jx\leq x^{\mathrm{T}}P_ix\leq\varepsilon^{-1}. \tag{4.60}$$

进一步可以得到

$$x^T H_i^{jT} H_i^j x \le 1 \tag{4.61}$$

最终可得

$$\left|H_i^j x\right| \le 1 . \tag{4.62}$$

因为 H_i^j 用来表示矩阵 H_i 的第 j 行，所以最终式（4.62）表明，只要满足集合关系 $\Omega(P_i,\beta) \subset L(H_i)$，那么就可以将其用矩阵不等式（4.57）来表示。

然后，对矩阵不等式（4.57），式（4.50）采用定理 4.4 中类似的处理方法可以得到（4.52），和（4.53）。

证毕。

本文的目的是希望设计非脆弱保性能控制器，以此来保证成本函数的上界最小化。下面，这个优化问题可由如下式子来进行描述。

$$\begin{aligned}
&\inf_{X_i, M_i, N_i, \varepsilon_i, \lambda_i} \beta, \\
&s.t(a) inequality(4.51)\ \forall (i,r) \in I_N \times I_N, s \in Q \\
&\quad (b) inequality(4.52), \forall i \in I_N, s \in Q, j \in Q_m \\
&\quad (c) inequality(4.53), \forall i \in I_N
\end{aligned} \tag{4.63}$$

通过解优化问题（4.63），求出成本函数的最小上界 β^*，其次可以计算 $u^*(k) = M_i X_i^{-1} x(k)$ 为非脆弱保成本控制器，因此，闭环系统（4.40）的保成本控制问题就得以解决。

4.3.4　数值仿真

在本节考虑如下一类具有执行器饱和的不确定离散时间非线性切换系统，以验证本章所提方法的正确性与有效性。

$$x(k+1) = (A_{\sigma} + \Delta A_{\sigma}) x(k) + B\ sat(u_{\sigma}(k)) + D\ f\ (x), \tag{4.64}$$

其中 $\sigma \in I_2 = \{1,2\}$，

$$A_1 = \begin{bmatrix} 0.07 & 0 \\ 0 & -0.03 \end{bmatrix}, A_2 = \begin{bmatrix} 0.01 & 0 \\ 0 & -0.02 \end{bmatrix}, B_1 = \begin{bmatrix} 0.5 \\ 0.1 \end{bmatrix},$$

$$B_2 = \begin{bmatrix} 0.1 \\ 0.3 \end{bmatrix}, E_1 = [0.1], E_2 = [0.2], N_{11} = [0.23 \quad -0.6], N_{12} = [-0.4 \quad 0.2],$$

$$f_1(x) = \begin{bmatrix} 0.1\sin x_1 \\ 0.1\sin x_2 \end{bmatrix}, f_2(x) = \begin{bmatrix} 0.2\sin x_1 \\ 0.2\sin x_2 \end{bmatrix}, G_1 = \begin{bmatrix} 0.01 & 0 \\ 0 & 0.01 \end{bmatrix},$$

$$G_2 = \begin{bmatrix} 0.02 & 0 \\ 0.05 & 0.01 \end{bmatrix}, x(0) = \begin{bmatrix} -1 \\ -0.1 \end{bmatrix}, Q = \begin{bmatrix} 1 & 0 \\ 0 & 1 \end{bmatrix},$$

$$T_1=\begin{bmatrix}0.1\\0\end{bmatrix},T_2=\begin{bmatrix}0\\0.1\end{bmatrix},F_{11}=\begin{bmatrix}0.15 & -0.3\end{bmatrix},F_{12}=\begin{bmatrix}-0.3 & 0.2\end{bmatrix},R=1.$$

在这里，我们给定标量参数 $\lambda_1=\lambda_2=22$，利用 LMI 工具箱解优化问题（4.63），得到如下的可行解

$$X_1=\begin{bmatrix}22.5123 & 3.0704\\3.0704 & 16.0269\end{bmatrix},X_2=\begin{bmatrix}19.2982 & 2.4429\\2.4429 & 22.4606\end{bmatrix},P_1=\begin{bmatrix}0.3193 & -0.0612\\-0.0612 & 0.4484\end{bmatrix},$$

$$P_2=\begin{bmatrix}0.3678 & -0.0400\\-0.0400 & 0.3160\end{bmatrix},N_1=\begin{bmatrix}-0.1386 & 0.0022\end{bmatrix},N_2=\begin{bmatrix}-0.0028 & 0.0259\end{bmatrix},$$

$$M_1=\begin{bmatrix}-1.1344 & -0.1326\end{bmatrix},\quad \varepsilon_1=40.7338,\quad \varepsilon_2=41.7461,$$

$$M_2=\begin{bmatrix}0.0106 & 0.2702\end{bmatrix},H_1=\begin{bmatrix}-0.0063 & 0.0014\end{bmatrix},H_2=\begin{bmatrix}-0.0003 & 0.0012\end{bmatrix},$$

$$\beta^*=1.0230.$$

然后经过计算，相应非脆弱保成本控制器增益矩阵为：

$$F_1=\begin{bmatrix}-0.0506 & 0.0014\end{bmatrix},F_2=\begin{bmatrix}-0.0010 & 0.0121\end{bmatrix}.$$

图 4.5 是闭环系统（4.64）的成本函数值曲线，从图 4.5 的仿真图例可以看出，成本函数值小于 β^*，说明了成本函数具有最小上界这一结论的正确性。图 4.6 给出闭环系统（4.64）的切换信号，图 4.7 是闭环系统（4.64）在任意切换规则下的状态响应曲线，可以看出闭环系统（4.64）在原点是渐近稳定的。图 4.8 是闭环系统（4.64）的控制输入曲线。

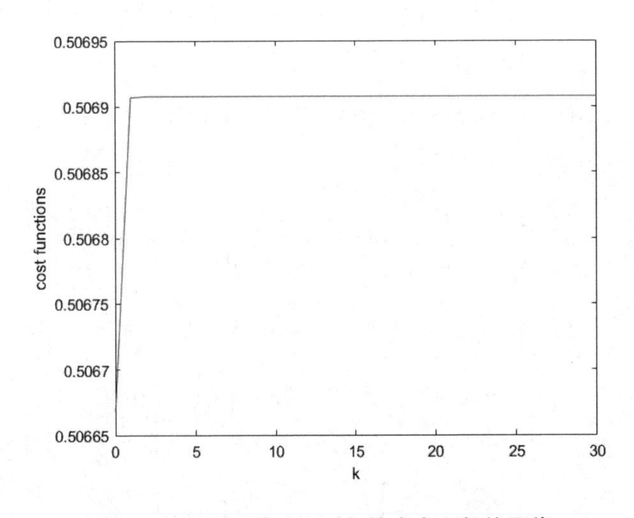

图4.5　闭环系统（4.64）的成本函数值图像

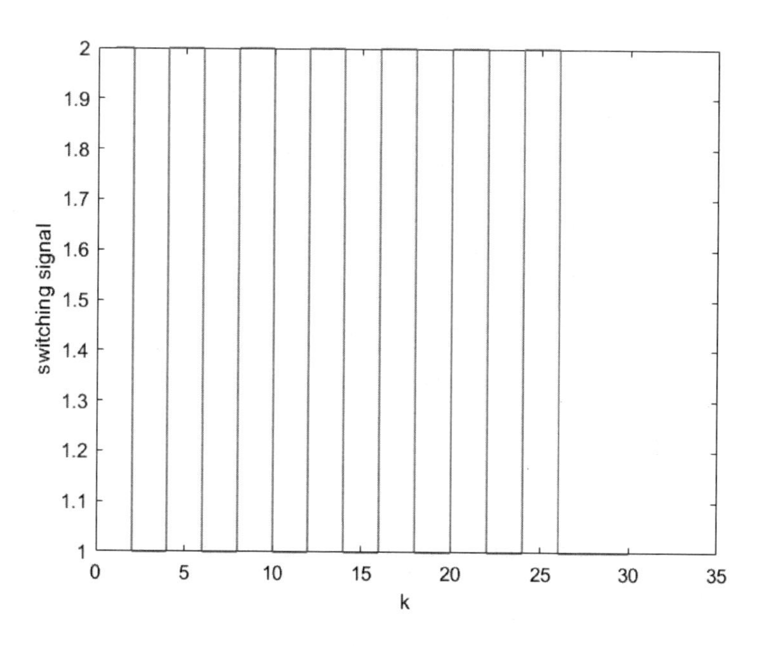

图4.6　闭环系统（4.64）的切换信号

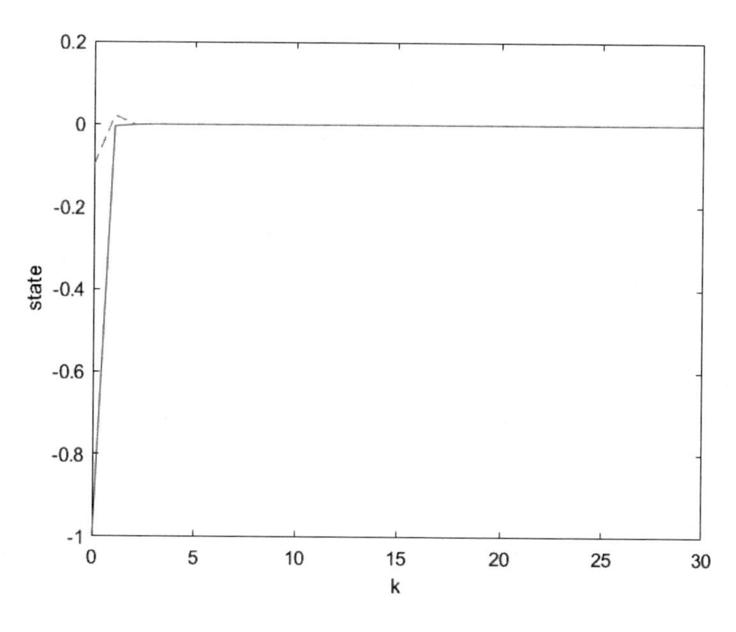

图4.7　闭环系统（4.64）的状态响应

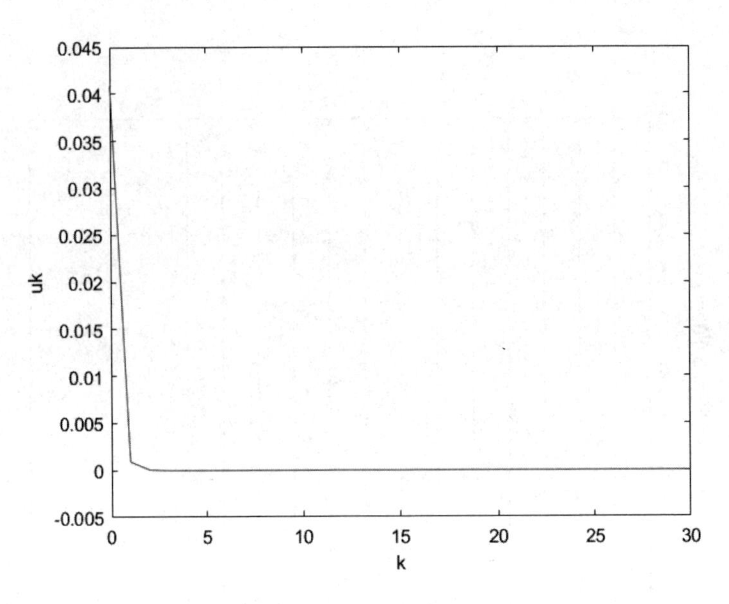

图4.8　闭环系统（4.64）的控制输入信号

4.4　小结

本章利用多李雅普诺夫函数方法和切换李雅普诺夫函数技术，研究了带有执行器饱和的离散时间非线性切换系统的非脆弱保成本控制问题。

第一部分在上一章的基础上，基于多李雅普诺夫函数方法，为了使系统具有一定的性能指标，因此研究了离散饱和非线性切换系统在受限的切换规则下的非脆弱保成本控制及优化设计问题。当控制器参数中含有时变不确定性时，目的是希望设计非脆弱保成本控制律以此来保证在闭环系统渐近稳定的基础上，使得所给定的成本函数的上界最小。

第二部分在系统结构与控制器本身同时具有不确定性时，首次运用切换李雅普诺夫函数方法研究了带有饱和非线性的离散切换系统的非脆弱状态反馈保成本控制及优化设计问题。首先在任意逻辑切换指令下，以舒尔补技术为基础，给出了闭环系统渐近稳定的充分条件；其次通过解一个带有 LMI 的凸优化问题，计算出了成本函数的最小上界。

第5章　不确定非线性连续时间饱和切换系统的容错控制

5.1　引言

前述各章节，基于多李雅普诺夫函数方法、切换利亚普诺夫函数方法、最小驻留时间方法，分别针对连续时间非线性饱和切换系统和离散时间非线性饱和切换系统，研究了闭环系统的非脆弱镇定问题与非脆弱可靠保成本控制问题，提出了切换律和非脆弱控制器的设计方法，并给出了相关优化问题的估计方法。但是，上述章节都没考虑一个在实际工程系统中常常遇到的问题，那就是对于大型复杂设备，系统运行时间的增加导致部分部件（例如执行器、传感器甚至设备本身）发生故障。关键零部件的失效会导致严重事故，对工厂人员和环境都是危险的。在这种情况下，为了保证得到的闭环系统能够正常工作并满足一定的性能要求，学者们提出了容错控制问题[270-273]。因此，切换系统的容错控制也是一个研究热点。文献 [274] 研究了连续时间切换系统的鲁棒容错控制问题，文献 [275] 利用公共 Lyapunov 函数方法研究了一类具有结构不确定性的切换非线性系统的容错控制问题。文献 [276] 中研究了不确定切换系统的自适应模糊可靠控制，文献 [277] 中研究了正切换系统的可靠控制。然而在实际的控制系统中，满足系统闭环稳定的前提下，还要考虑一定的性能指标，保成本控制就是其中典型的代表。在文献 [278] 首次提出这一控制方法后，后续学者也对该控制方法进行研究。例如文献 [279] 中研究了执行器出现故障的系统的保成本控制问题，文献 [280] 研究了事件触发非脆弱有限时间保成本控制问题。然而，上述结果并未考虑执行器饱和的影响。由于执行器饱和、切换和执行器故障之间相互作用的复杂性，现有的研究成果很少用于分析和综合具有执行器饱和和执行器故障的切换系统，这也是我们考虑容错控制问题的动机。

本章基于上述研究成果，利用李雅普诺夫函数原理，研究具有执行器饱和和执行器故障的非线性切换系统的鲁棒容错控制问题和可靠保成本控制问题。本章共分为两个部分。第一部分的工作内容是利用多 Lyapunov 函数方法，提出了一类具有执行器饱和和执行器故障的不确定非线性切换系统稳定性的充分条件。然后，设计切换律和容错控制律，使闭环系统具有鲁棒容错稳定的特性。在此基础上，提出一种带有线性矩阵不等式约束的凸优化问题，同时最大化吸引域估计。最后，通过数值算例验证了所提设计方法的有效性。第二部分的工作内容是研究了不确定非线性饱和切换系统的可靠保成本控制。通过设计切换规律和可靠保成本控制器来使闭环系统在执行器失效、饱和以及不确定因素影响下依然可以渐进稳定，并获得成本函数的最小上界。利用多 Lyapunov 函数方法给出可靠保成本控制器存在的充分条件，将上述问题转化为矩阵不等式优化问题并求解，最后通过算例说明该方法的有效。

5.2 具有执行器饱和的不确定非线性切换系统的鲁棒容错控制

5.2.1 问题描述与预备知识

考虑到如下具有执行器饱和的不确定非线性切换系统：

$$\dot{x}=(A_\sigma+\Delta A_\sigma)x+(B_\sigma+\Delta B_\sigma)\mathrm{sat}(u_\sigma)+D_\sigma f_\sigma. \tag{5.1}$$

其中，$x\in \mathrm{R}^n$ 为系统状态 $u_\sigma\in \mathrm{R}^m$ 为控制输入，$\sigma:[0,\infty)\to I_N=\{1,\cdots,N\}$ 为分段常值且右连续的待设计切换信号，$\sigma=i$ 意味着第 i 个子系统被激活。对于子系统 i，A_i、B_i 和 D_i 为适当维数的常数矩阵，f_i 为非线性函数。ΔA_i 和 ΔB_i 为具有下面结构的时变不确定矩阵

$$\begin{gathered}\left[\Delta A_i,\Delta B_i\right]=E_i\Gamma(t)\left[F_{1i},F_{2i}\right],i\in I_N,\\ \Gamma^{\mathrm{T}}(t)\Gamma(t)\le I.\end{gathered} \tag{5.2}$$

其中，E_i、F_{1i}、F_{2i} 为描述不确定性的已知的适当维数的常数矩阵，$\Gamma(t)$ 是一个满足 Lebesgue 可测条件的未知时变实矩阵。$\mathrm{sat}:\mathrm{R}^m\to\mathrm{R}^m$ 为标准的向量

值饱和函数，定义如下：

$$\begin{cases} \mathrm{sat}(u_i)=\left[\mathrm{sat}(u_i^1),\ \cdots,\ \mathrm{sat}(u_i^m)\right]^{\mathrm{T}}, \\ \mathrm{sat}(u_i^j)=\mathrm{sign}(u_i^j)\min\left\{1,\ \left|u_i^j\right|\right\}, \\ \forall j\in Q_m=\{1,\ \cdots,\ m\}. \end{cases} \tag{5.3}$$

显然，假设单位饱和限幅是不失一般性的，因为非标准饱和函数总可以通过改变矩阵 B 和 u 转化为单位饱和函数，为简单起见，按文献中普遍采用的记号，我们采用符号 $sat(\bullet)$ 同时表示标量与向量饱和函数。对系统（5.1）做出如下假设。

假设 5.1[249] 存在 N 维常数矩阵 G_i，对 $x\in R^n$，非线性函数 f_i 满足下面的限制条件：

$$\left\|f_i(x)\right\|\le\left\|G_i x\right\|, i\in I_N \tag{5.4}$$

对系统（5.1）采用如下形式的状态反馈控制律

$$u_i=F_i x, i\in I_N,$$

则相应的闭环系统（5.1）为

$$\dot{x}=(A_i+\Delta A_i)x+(B_i+\Delta B_i)\mathrm{sat}(F_i x)+D_i f_i, i\in I_N. \tag{5.5}$$

考虑执行器故障的可能性，其中执行器故障矩阵 M_i 如下所示。

$$M_i=diag\left\{h_{i1},h_{i2},\ldots,h_{ij}\right\},$$

其中，$0\le\underline{h}_{ij}\le h_{ij}\le\overline{h}_{ij}\le 1, j\in Q_m$，$\underline{h}_{ij}$ 和 $\overline{h}_{ij}$ 为已知常数。因此，矩阵关系如下：

$$M_{0i}=diag\left\{\tilde{h}_{i1},\tilde{h}_{i2},\tilde{h}_{i3}\ldots,\tilde{h}_{ij}\right\},$$

$$\mathrm{J}_i=diag\left\{\widehat{k}_{i1},\widehat{k}_{i2},\widehat{k}_{i3}\ldots,\widehat{k}_{ij}\right\},$$

$$\mathrm{L}_i=diag\left\{l_{i1},l_{i2},l_{i3}\ldots,l_{ij}\right\},$$

其中 $\tilde{h}_{ij}=\dfrac{\underline{h}_{ij}+\overline{h}_{ij}}{2},\widehat{k}_{ij}=\dfrac{\overline{h}_{ij}-\underline{h}_{ij}}{\overline{h}_{ij}+\underline{h}_{ij}},l_{ij}=\dfrac{h_{ij}-\tilde{h}_{ij}}{\tilde{h}_{ij}}$，根据上式我们得到

$$\begin{aligned} &M_i=M_{0i}(I+L_i),L_i^{\mathrm{T}}L_i\le J_i\le I. \\ &\left|L_i\right|=diag\left\{\left|l_{i1}\right|,\left|l_{i2}\right|,\left|l_{i3}\right|\ldots,\left|l_{ij}\right|\right\}. \end{aligned} \tag{5.6}$$

则闭环系统可以改写为

$$\dot{x}=(A_\sigma+\Delta A_\sigma)x+(B_\sigma+\Delta B_\sigma)M_i\mathrm{sat}(F_\sigma x)+D_\sigma f_\sigma,\sigma\in I_N. \tag{5.7}$$

令 $P \in \mathrm{R}^{n\times n}$ 表示正定矩阵，定义椭球体：

$$\Omega(P,\ \rho)=\left\{x\in \mathrm{R}^{n}: x^{\mathrm{T}}Px\le \rho,\ \rho>0\right\},$$

用F^{j}表示矩阵 $F\in R^{m\times n}$ 的第 j 行，定义了以下对称多面体：

$$L(F)=\left\{x\in \mathrm{R}^{n}: |F^{j}x|\le 1,\ j\in Q_{m}\right\}.$$

令 D 表示 $m\times m$ 的对角矩阵集合，它的对角元素为 1 或 0。例如：如果 $m=2$，那么，

$$D=\left\{\begin{bmatrix}1&0\\0&1\end{bmatrix},\begin{bmatrix}1&0\\0&0\end{bmatrix},\begin{bmatrix}0&0\\0&1\end{bmatrix},\begin{bmatrix}0&0\\0&0\end{bmatrix}\right\}.$$

得知，这里有 2^{m} 个元素在 D 中。假定 D 中的元素表示成 $D_{s},\ s\in Q=\{1,2,\cdots,2^{m}\}$，显然 $D_{s}^{-}=I-D_{s}\in D$。

在接下来的推导过程中我们用到以下引理。

引理 5.1[250] 对于给定的任意常数 $\lambda>0$，任意具有相容维数的矩阵 M,Γ,U，则对所有的 $x\in \mathrm{R}^{n}$，有

$$2x^{\mathrm{T}}M\Gamma Ux\le \lambda x^{\mathrm{T}}MM^{\mathrm{T}}x+\lambda^{-1}x^{\mathrm{T}}U^{\mathrm{T}}Ux,$$

其中 Γ 为满足 $\Gamma^{\mathrm{T}}\Gamma\le I$ 的不确定矩阵。

引理 5.2[130] 给定矩阵 $F,H\in \mathrm{R}^{m\times n}$，对于 $x\in \mathrm{R}^{n}$，如果 $x\in L(H)$，则

$$\mathrm{sat}(Fx)\in \mathrm{co}\left\{D_{s}Fx+D_{s}^{-}Hx,\ s\in Q\right\},$$

其中 $\mathrm{co}\{\cdot\}$ 表示一个集合的凸包。因此，相应的 $\mathrm{sat}(Fx)$ 可表示为

$$\mathrm{sat}(Fx)=\sum_{s=1}^{2^{m}}\eta_{s}(D_{s}F+D_{s}^{-}H)x,$$

其中 η_{s} 是状态 x 的函数，并且 $\sum_{s=1}^{2^{m}}\eta_{s}=1, 0\le \eta_{s}\le 1$。

引理 5.3[281] 对于任意适当维数矩阵 X，Y 以及 $\varepsilon>0$，有

$$X^{\mathrm{T}}Y+Y^{\mathrm{T}}X\le \varepsilon X^{\mathrm{T}}X+\varepsilon^{-1}Y^{\mathrm{T}}Y.$$

引理 5.4[282] 设 R_{1}，R_{2}为已知的具有适当维数的常矩阵，U 作为一个正定对角矩阵和 $\Sigma(t)$ 作为一个时变矩阵，满足 $|\Sigma(t)|\le U$，那么下面的矩阵不等式成立。

$$R_{1}\Sigma(t)R_{2}+R_{2}^{\mathrm{T}}\Sigma(t)R_{1}^{\mathrm{T}}\le \beta_{i}R_{1}UR_{1}^{\mathrm{T}}+\beta_{i}^{-1}R_{2}^{\mathrm{T}}UR_{2},$$

其中 $\beta_{i}>0,\Sigma(t)=diag\left\{\sigma_{1},\sigma_{2,\ldots}\sigma_{p}\right\}$。

引理 5.5[251] 对于分块对称矩阵 $S = S^{\mathrm{T}} \in \mathrm{R}^{(n+q)\times(n+q)}$：

$$S = \begin{bmatrix} S_{11} & S_{12} \\ S_{21} & S_{22} \end{bmatrix},$$

其中，$S_{11} \in \mathrm{R}^{n\times n}, S_{12} = S_{21}^{\mathrm{T}} \in \mathrm{R}^{n\times q}, S_{22} \in \mathrm{R}^{q\times q}$。则以下三个条件等价：

(1) $S < 0$,

(2) $S_{11} < 0,\ S_{22} - S_{12}^{\mathrm{T}} S_{11}^{-1} S_{12} < 0$,

(3) $S_{22} < 0,\ S_{11} - S_{12} S_{22}^{-1} S_{12}^{\mathrm{T}} < 0$.

将 $S_{22} - S_{12}^{\mathrm{T}} S_{11}^{-1} S_{12}$ 称为 S_{11} 在 S 中的 Schur 补。

5.2.2　稳定性分析

在这一部分，我们利用多 Lyapunov 函数方法给出了切换系统（5.7）可容错稳定的充分条件。

定理 5.1 对于闭环系统（5.7），若存在一组非负实数 $\beta_{ir} \geq 0$ 和正数 $\lambda_i > 0$，$\varepsilon_i > 0$，$\beta_i > 0$ 以及正定矩阵 P_i，矩阵 H_i，使得下面不等式组成立。

$$\begin{bmatrix} \Pi & * & * \\ F_{1i} + F_{2i} M_{0i}(D_s F_i + D_s^- H_i) + \beta_i F_{2i} M_{0i} J_i M_{0i}^{\mathrm{T}} B_i^{\mathrm{T}} P_i & -\lambda_i I + \beta_i F_{2i} M_{0i} J_i M_{0i}^{\mathrm{T}} F_{2i}^{\mathrm{T}} & * \\ J_i^{1/2}(D_s F_i + D_s^- H_i) & 0 & -\beta_i I \end{bmatrix} < 0, \tag{5.8}$$

$$i \in I_N, s \in Q.$$

其中

$$\Pi = P_i(A_i + B_i M_{0i}(D_s F_i + D_s^- H_i)) + (A_i + B_i M_{0i}(D_s F_i + D_s^- H_i))^{\mathrm{T}} P_i + \lambda_i P_i E_i E_i^{\mathrm{T}} P_i + \varepsilon_i P_i D_i D_i^{\mathrm{T}} P_i$$
$$+ \varepsilon_i^{-1} G_i G_i^{\mathrm{T}} + \beta_i P_i B_i M_{0i} J_i M_{0i}^{\mathrm{T}} B_i^{\mathrm{T}} P_i + \sum_{r=1, r\neq i}^{N} \beta_{ir}(P_r - P_i),$$

并且有

$$\Omega(P_i) \cap \Phi_i \subset L(H_i).$$

其中，$\Phi_i = \{x \in \mathrm{R}^n : x^{\mathrm{T}}(P_r - P_i)x \geq 0, \forall r \in I_N, r \neq i\}$. 选取切换律如下

$$\sigma = \arg\min\{x^{\mathrm{T}} P_i x, i \in I_N\}. \tag{5.9}$$

则在切换律（5.9）作用下，闭环系统（5.77）的原点是鲁棒容错渐近稳定的，并且集合 $\bigcup_{i=1}^{N}(\Omega(P_i) \cap \Phi_i)$ 被包含在吸引域中。

证明　根据引理 5.2，对任意 $x \in \Omega(P_i) \cap \Phi_i \subset L(H_i)$，有

$$\mathrm{sat}(F_i x) \in \mathrm{co}\{D_s F_i x + D_s^- H_i x, s \in Q\}.$$

进一步，

$$(A_i+\Delta A_i)x+(B_i+\Delta B_i)M_i\mathrm{sat}(F_ix)\in \mathrm{co}\left\{(A_i+\Delta A_i)x+(B_i+\Delta B_i)M_i(D_sF_i+D_s^-H_i)x, s\in Q\right\}.$$

根据切换律（5.9），得知对$\forall x\in\Omega(P_i)\bigcap\Phi_i\subset L(H_i)$，第$i$个子系统被激活。为系统（5.7）的每个子系统选取下面的候选 Lyapunov 函数：

$$V_i(x)=x^{\mathrm{T}}P_ix,\ i\in I_N.$$

当第i个子系统被激活时，对任意$\forall x\in\Omega(P_i)\bigcap\Phi_i\subset L(H_i)$并且$x\neq 0$，Lyapunov 函数$V_i(x)$沿着系统（5.7）的轨迹的时间导数满足如下不等式：

$$\begin{aligned}V_i(x)&=x^{\mathrm{T}}P_i\dot{x}+\dot{x}^{\mathrm{T}}P_ix\\&=x^{\mathrm{T}}P_i\left[\left(A_i+\Delta A_i\right)+(B_i+\Delta B_i)M_i\mathrm{sat}(F_ix)+D_if_i\right]\\&+\left[\left(A_i+\Delta A_i\right)+(B_i+\Delta B_i)M_i\mathrm{sat}(F_ix)+D_if_i\right]^{\mathrm{T}}P_ix\\&\le\max_{s\in Q}2x^{\mathrm{T}}\left\{P_i\left[A_i+B_iM_i\left(D_sF_i+D_sH_i\right)\right]+\right.\\&\left.P_iE_i\Gamma\left[F_{1i}+F_{2i}M_i\left(D_sF_i+D_s^-H_i\right)\right]\right\}x+x^{\mathrm{T}}P_iD_if_i+f_i^{\mathrm{T}}D_i^{\mathrm{T}}P_ix.\end{aligned}\tag{5.10}$$

根据引理 5.3 和假设 5.1，有

$$x^{\mathrm{T}}P_iD_if_i+f_i^{\mathrm{T}}D_i^{\mathrm{T}}P_ix\le\varepsilon x^{\mathrm{T}}P_iD_iD_i^{\mathrm{T}}P_ix+\varepsilon^{-1}f_i^{\mathrm{T}}f_i\le\varepsilon x^{\mathrm{T}}P_iD_iD_i^{\mathrm{T}}P_ix+\varepsilon^{-1}x^{\mathrm{T}}G_i^{\mathrm{T}}G_ix\ .\tag{5.11}$$

根据引理 5.1，有

$$\begin{aligned}&2x^{\mathrm{T}}P_iE_i\Gamma\left[F_{1i}+F_{2i}M_i\left(D_sF_i+D_s^-H_i\right)\right]x\\&\le\lambda_ix^{\mathrm{T}}P_iE_iE_i^{\mathrm{T}}P_ix+\lambda_i^{-1}x^{\mathrm{T}}\left[F_{1i}+F_{2i}M_i\left(D_sF_i+D_s^-H_i\right)\right]^{\mathrm{T}}\\&\left[F_{1i}+F_{2i}M_i\left(D_sF_i+D_s^-H_i\right)\right]x.\end{aligned}\tag{5.12}$$

结合式（5.11）和式（5.12），可得

$$\begin{aligned}\dot{V}_i(x)\le\max_{s\in Q}x^{\mathrm{T}}&\left\{P_i\left[A_i+B_iM_i\left(D_sF_i+D_s^-H_i\right)\right]+\left[A_i+B_iM_i\left(D_sF_i+D_s^-H_i\right)\right]^{\mathrm{T}}P_i\right.\\&+\lambda_iP_iE_iE_i^{\mathrm{T}}P_i+\lambda_i^{-1}\left[F_{1i}+F_{2i}M_i\left(D_sF_i+D_s^-H_i\right)\right]^{\mathrm{T}}\left[F_{1i}+F_{2i}M_i\left(D_sF_i+D_s^-H_i\right)\right]\\&\left.+\varepsilon_iP_iD_iD_i^{\mathrm{T}}P_i+\varepsilon_i^{-1}G_i^{\mathrm{T}}G_i\right\}x.\end{aligned}\tag{5.13}$$

由引理 5.5，其中不等式（5.8）等价于下式：

$$\begin{bmatrix} \tilde{\Pi} & * \\ F_{1i}+F_{2i}M_{0i}\left(D_sF_i+D_s^-H_i\right) & -\lambda_i I \end{bmatrix}+\beta_i\begin{bmatrix} P_iB_iM_{0i} \\ F_{2i}M_{0i} \end{bmatrix}J_i\begin{bmatrix} M_{0i}{}^{\mathrm{T}}B_i^{\mathrm{T}}P_i & M_{0i}{}^{\mathrm{T}}F_{2i}{}^{\mathrm{T}} \end{bmatrix}$$

$$+\beta_i^{-1}\begin{bmatrix} \left(D_sF_i+D_s^-H_i\right)^{\mathrm{T}} \\ 0 \end{bmatrix}J_i\begin{bmatrix} D_sF_i+D_s^-H_i & 0 \end{bmatrix}<0$$

其中，

$$\tilde{\Pi}=P_i(A_i+B_iM_{0i}(D_sF_i+D_s^-H_i))+(A_i+B_iM_{0i}(D_sF_i+D_s^-H_i))^{\mathrm{T}}P_i+\lambda_iP_iE_iE_i^{\mathrm{T}}P_i+\varepsilon_iP_iD_iD_i^{\mathrm{T}}P_i$$

$$+\varepsilon_i^{-1}G_iG_i^{\mathrm{T}}+\sum_{r=1,r\neq i}^{N}\beta_{ir}(P_r-P_i),$$

根据引理 5.4 和等式（5.6），下式成立：

$$\begin{bmatrix} \tilde{\Pi} & * \\ F_{1i}+F_{2i}M_{0i}\left(D_sF_i+D_s^-H_i\right) & -\lambda_i I \end{bmatrix}+\begin{bmatrix} P_iB_iM_{0i} \\ F_{2i}M_{0i} \end{bmatrix}L_i\begin{bmatrix} D_sF_i+D_s^-H_i & 0 \end{bmatrix}$$

$$+\left\{\begin{bmatrix} P_iB_iM_{0i} \\ F_{2i}M_{0i} \end{bmatrix}L_i\begin{bmatrix} D_sF_i+D_s^-H_i & 0 \end{bmatrix}\right\}^{\mathrm{T}}<0.$$

根据式（5.6），上式可转化为如下形式不等式：

$$\begin{bmatrix} \Pi_0 & * \\ F_{1i}+F_{2i}M_i\left(D_sF_i+D_s^-H_i\right) & -\lambda_i I \end{bmatrix}<0,$$

其中，

$$\Pi_0=P_i\left[A_i+B_iM_i\left(D_sF_i+D_s^-H_i\right)\right]+\left[A_i+B_iM_i\left(D_sF_i+D_s^-H_i\right)\right]^{\mathrm{T}}P_i$$
$$+\lambda_iP_iE_iE_i^{\mathrm{T}}P_i+\varepsilon_iP_iD_iD_i^{\mathrm{T}}P_i+\varepsilon_i^{-1}G_i^{\mathrm{T}}G_i+\sum_{r=1,r\neq i}^{N}\beta_{ir}(P_r-P_i).$$

对上式采用引理 5.5，可以得到：

$$\begin{aligned}&P_i\left[A_i+B_iM_i\left(D_sF_i+D_s^-H_i\right)\right]+\left[A_i+B_iM_i\left(D_sF_i+D_s^-H_i\right)\right]^{\mathrm{T}}P_i\\&+\lambda_iP_iE_iE_i^{\mathrm{T}}P_i+\lambda_i^{-1}\left[F_{1i}+F_{2i}M_i\left(D_sF_i+D_s^-H_i\right)\right]^{\mathrm{T}}\left[F_{1i}+F_{2i}M_i\left(D_sF_i+D_s^-H_i\right)\right]\\&+\varepsilon_iP_iD_iD_i^{\mathrm{T}}P_i+\varepsilon_i^{-1}G_i^{\mathrm{T}}G_i+\sum_{r=1,r\neq i}^{N}\beta_{ir}(P_r-P_i)<0.\end{aligned}\tag{5.14}$$

根据不等式（5.13）和不等式（5.14），可得

$$\dot{V}_i(x)<-\sum_{r=1,r\neq i}^{N}x^{\mathrm{T}}\beta_{ir}(P_r-P_i)x.$$

根据切换律（5.9），可得

$$\sum_{r=1,r\neq i}^{N} x^{\mathrm{T}}\beta_{ir}(P_r - P_i)x > 0.$$

由此可以得到

$$\dot{V}_i(x) \le 0$$

又在切换时刻 t_k 我们有

$$V_{\sigma_{(t_k)}}(x(t_k)) \le \lim_{t\to t_k^-} V_{\sigma(t)}(x(t)).$$

因此，基于多 Lyapunov 函数方法，切换系统（5.7）对所有的初始状态 $x_0 \in \bigcup_{i=1}^{N}(\Omega(P_i)\cap\Phi_i)$ 都是渐近稳定的。

证明完毕。

5.2.3　容错控制器设计

在这一部分，我们通过求解一组 LMI 约束来设计鲁棒容错状态反馈控制器，使得闭环系统（5.7）是可镇定的。

定理 5.2 若存在 N 个正定矩阵 X_i，矩阵 W_i，N_i 以及一组非负实数 $\beta_{ir} \ge 0$，正实数 $\delta_{ir} > 0$ 和 $\lambda_i > 0$，$\varepsilon_i > 0$，$\beta_i > 0$ 使得下列矩阵不等式组成立。

$$\begin{bmatrix} \Theta & * & * & * & * & * & * \\ \begin{array}{l} F_{1i}X_i + F_{2i}M_{0i}(D_sW_i \\ +D_s^- N_i) + \beta_i F_{2i}M_{0i} \\ \times J_i M_{0i}^{\mathrm{T}} B_i^{\mathrm{T}} \end{array} & \begin{array}{l} \beta_i F_{2i}M_{0i} \\ \times J_i M_{0i}^{\mathrm{T}} F_{2i}^{\mathrm{T}} \\ -\lambda_i I \end{array} & * & * & * & * & * \\ J_i^{1/2}(D_sW_i + D_s^- N_i) & 0 & -\beta_i I & * & * & * & * \\ G_iX_i & 0 & 0 & -\varepsilon_i I & * & * & * \\ X_i & 0 & 0 & 0 & -\beta_{i1}^{-1}X_1 & * & * \\ X_i & 0 & 0 & 0 & 0 & \ddots & * \\ X_i & 0 & 0 & 0 & 0 & 0 & -\beta_{iN}^{-1}X_N \end{bmatrix} < 0 \tag{5.15}$$

和

$$\begin{bmatrix} X_i + \sum_{r=1,r\neq i}^{N}\delta_{ir}X_i & * & * & * & * \\ N_i^j & 1 & * & * & * \\ X_i & 0 & \delta_{i1}^{-1}X_1 & * & * \\ X_i & 0 & 0 & \ddots & * \\ X_i & 0 & 0 & 0 & \delta_{iN}^{-1}X_N \end{bmatrix} \ge 0, \tag{5.16}$$

$$i \in I_N, s \in Q, j \in Q_m,$$

其中，

$$\Pi = A_iX_i + B_iM_{0i}(D_sW_i + D_s^-N_i) + (A_iX_i + B_iM_{0i}(D_sW_i + D_s^-N_i))^{\mathrm{T}} + \lambda_iE_iE_i^{\mathrm{T}} + \varepsilon_iD_iD_i^{\mathrm{T}}$$
$$+\beta_iB_iM_{0i}J_iM_{0i}^{\mathrm{T}}B_i^{\mathrm{T}} - \sum_{r=1,r\neq i}^{N}\beta_{ir}X_i,$$

N_i^j 表示矩阵 N_i 的第 j 行，$H_i = N_iX_i^{-1}$，$P_i = X_i^{-1}$。则在状态反馈控制器

$$u_i = F_ix = W_iX_i^{-1}x$$

和切换律

$$\sigma = \arg\min\{x^{\mathrm{T}}(k)X_i^{-1}x(k), i\in I_N\} \tag{5.17}$$

作用下，对 $\forall x_0 \in \bigcup_{i=1}^{N}\left(\Omega\left(P_i\right)\cap\Phi_i\right)$，闭环系统（5.7）的原点是鲁棒容错渐近镇定的。

证明　根据引理 5.5，不等式（5.15）等价于下式

$$\begin{bmatrix} \Theta_0 & * & * & * \\ \begin{matrix} F_{1i}X_i + F_{2i}M_{0i}(D_sW_i + D_s^-N_i) \\ +\beta_iF_{2i}M_{0i}J_iM_{0i}^{\mathrm{T}}B_i^{\mathrm{T}} \end{matrix} & -\lambda_iI + \beta_iF_{2i}M_{0i}J_iM_{0i}^{\mathrm{T}}F_{2i}^{\mathrm{T}} & * & * \\ J_i^{1/2}(D_sW_i + D_s^-N_i) & 0 & -\beta_iI & * \\ G_iX_i & 0 & 0 & -\varepsilon_iI \end{bmatrix} < 0, \tag{5.18}$$

其中

$$\Theta_0 = A_iX_i + B_iM_{0i}(D_sW_i + D_s^-N_i) + (A_iX_i + B_iM_{0i}(D_sW_i + D_s^-N_i))^{\mathrm{T}} + \lambda_iE_iE_i^{\mathrm{T}} + \varepsilon_iD_iD_i^{\mathrm{T}}$$
$$+\beta_iB_iM_{0i}J_iM_{0i}^{\mathrm{T}}B_i^{\mathrm{T}} + \sum_{r=1,r\neq i}^{N}\beta_{ir}(X_iX_N^{-1}X_i - X_i).$$

先令 $W_i = F_iX_i$，$N_i = H_iX_i$，$X_i = P_i^{-1}$。然后，对式（5.18）两端分别左乘和右乘对角矩阵 $diag\{P_i, I, I, I\}$，我们得到

$$\begin{bmatrix} \Psi & * & * \\ \begin{matrix} F_{1i} + F_{2i}M_{0i}(D_sF_i + D_s^-H_i) \\ +\beta_iF_{2i}M_{0i}J_iM_{0i}^{\mathrm{T}}B_i^{\mathrm{T}}P_i \end{matrix} & -\lambda_iI + \beta_iF_{2i}M_{0i}J_iM_{0i}^{\mathrm{T}}F_{2i}^{\mathrm{T}} & * \\ J_i^{1/2}(D_sF_i + D_s^-H_i) & 0 & -\beta_iI \end{bmatrix} < 0,$$
$$i\in I_N, s\in Q.$$

其中

$$\Pi = P_i(A_i + B_iM_{0i}(D_sF_i + D_s^-H_i)) + (A_i + B_iM_{0i}(D_sF_i + D_s^-H_i))^{\mathrm{T}}P_i + \lambda_iP_iE_iE_i^{\mathrm{T}}P_i + \varepsilon_iP_iD_iD_i^{\mathrm{T}}P_i$$
$$+\varepsilon_i^{-1}G_iG_i^{\mathrm{T}} + \beta_iP_iB_iM_{0i}J_iM_{0i}^{\mathrm{T}}B_i^{\mathrm{T}}P_i + \sum_{r=1,r\neq i}^{N}\beta_{ir}(P_r - P_i),$$

即定理 5.1 中不等式（8）成立。

对不等式（5.16）采用类似的处理方法，我们有

$$\begin{bmatrix} 1 & H_i^j \\ * & P_i - \sum_{r=1, r\neq i}^{N} \delta_{ir}\left(P_r - P_i\right) \end{bmatrix} \geq 0, \tag{5.19}$$

其中，H_i^j 表示矩阵 H_i 的第 j 行。

接下来，我们给出证明：将约束条件 $\Omega(P_i)\cap\Phi_i \subset L\left(H_i\right)$ 转化为矩阵不等式（5.19）。令 $G_i = P_i - \sum_{r=1, r\neq i}^{N} \delta_{ir}\left(P_r - P_i\right)$，对于 $x(k)\in\Omega(P_i)\cap\Phi_i$，很显然下列不等式成立

$$x^{\mathrm{T}} G_i x \leq 1, \qquad \sum_{r=1, r\neq i}^{N} \delta_{ir} x^{\mathrm{T}}(P_r - P_i)x \geq 0,$$

因此我们可以得到

$$G_i - H_i^{j\mathrm{T}} H_i^j \geq 0.$$

然后

$$x^{\mathrm{T}} H_i^{j\mathrm{T}} H_i^j x \leq x^{\mathrm{T}} G_i x \leq 1,$$

所以

$$\left|H_i^j x\right| \leq 1.$$

因此，由上述不等式表明约束条件 $\Omega(P_i)\cap\Phi_i \subset L\left(H_i\right)$ 可由矩阵不等式（5.19）表达。

又因为切换律（5.17）和定理 5.1 中的切换律（5.9）相同，所以对任意初始状态 $x_0 \in \bigcup_{i=1}^{N}\left(\Omega\left(P_i\right)\cap\Phi_i\right)$，闭环系统（5.7）的原点是渐近镇定的。

证毕。

注 5.1 在不考虑执行器故障的情况下，定理 5.2 中的不等式（5.15）可简化为如下不等式：

$$\begin{bmatrix} \begin{matrix} A_i X_i + B_i(D_s W_i + D_s^- N_i) \\ +(A_i X_i + B_i (D_s W_i + D_s^- N_i))^{\mathrm{T}} \\ +\lambda_i E_i E_i^{\mathrm{T}} + \varepsilon_i D_i D_i^{\mathrm{T}} - \sum_{r=1, r\neq i}^{N} \beta_{ir} X_i \end{matrix} & * & * & * & * & * \\ F_{1i} X_i + F_{2i}(D_s W_i + D_s^- N_i) & -\lambda_i I & * & * & * & * \\ G_i X_i & 0 & -\varepsilon_i I & * & * & * \\ X_i & 0 & 0 & -\beta_{i1}^{-1} X_1 & * & * \\ X_i & \square & & & \ddots & * \\ X_i & 0 & 0 & 0 & 0 & -\beta_{iN}^{-1} X_N \end{bmatrix} < 0. \tag{5.20}$$

5.2.3　吸引域估计

定理 5.1 和定理 5.2 给出了保证该集合包含在吸引域中的充分条件。本文的目标是如何最大化吸引域的估计。因此，在本节中，通过设计状态反馈控制器和切换律使得闭环系统（5.7）的吸引域估计最大化，也就是使得集合 $\bigcup_{i=1}^{N}\left(\Omega(P_i)\cap\Phi_i\right)$ 最大化。我们用一个包含原点的凸集 $X_{\mathrm{R}}\subset \mathrm{R}^n$ 来作为测量集合大小的参考集。对于一个包含原点的集合 $\Xi\subset \mathrm{R}^n$，定义[130]

$$\alpha_{\mathrm{R}}\left(\Xi\right):=\sup\left\{\alpha>0:\alpha X_{\mathrm{R}}\subset\Xi\right\}.$$

如果 $\alpha_{\mathrm{R}}(\Xi)\geq 1$，则 $X_{\mathrm{R}}\subset\Xi$。得知 $\alpha_{\mathrm{R}}(\Xi)$ 能够反映集合 Ξ 的大小。两种典型的形状参考集类型是椭球体：

$$X_{\mathrm{R}}=\left\{x\in \mathrm{R}^n: x^{\mathrm{T}}Rx\leq 1, R>0\right\}$$

和多面体：

$$X_{\mathrm{R}}=\mathrm{co}\left\{x_1,x_2,\cdots,x_l\right\}.$$

其中，$x_1,x_2,\cdots,x_l$ 为给定的 n 维向量，$\mathrm{co}\{\cdot\}$ 表示这组向量凸包。

因此，如何确定集合 $\bigcup_{i=1}^{N}\left(\Omega(P_i)\cap\Phi_i\right)$ 最大化的问题可以归结为下面的优化问题：

Pb.1:

$$\begin{aligned}
&\sup_{X_i,M_i,N_i,\beta_{ir},\delta_{ir},\lambda_i,\varepsilon_i,\beta_i}\ \alpha_1,\\
&\mathrm{s.t.}\,(a)\ \alpha_1 X_{\mathrm{R}}\subset\Omega(X_i^{-1}), i\in I_N,\\
&\quad (b)\ \text{inequality (5.15)}, i\in I_N, s\subset Q,\\
&\quad (c)\ \text{inequality (5.16)}, i\in I_N, j\in Q_m.
\end{aligned}$$

Pb.1 考虑了执行器的故障。

Pb.2:

$$\begin{aligned}
&\sup_{X_i,W_i,N_i,\beta_{ir},\delta_{ir},\lambda_i,\varepsilon_i,\beta_i}\ \alpha_2,\\
&\mathrm{s.t.}\,(a)\ \alpha_2 X_{\mathrm{R}}\subset\Omega(X_i^{-1}), i\in I_N,\\
&\quad (b)\ \text{inequality (5.20)}, i\in I_N, s\in Q,\\
&\quad (c)\ \text{inequality (5.16)}, i\in I_N, j\in Q_m.
\end{aligned}$$

Pb.2 没有考虑执行器的故障。

那么当 X_R 被选择为椭球体时，(a) 等价于

$$\begin{bmatrix} \frac{1}{\alpha_{1,2}^{\ 2}}R & I \\ I & X_i \end{bmatrix} \geq 0.$$

当 X_R 被选择为多面体时，(a) 等价于

$$\begin{bmatrix} \frac{1}{\alpha_{1,2}^{\ 2}} & x_k^{\mathrm{T}} \\ x_k & X_i \end{bmatrix} \geq 0, k \in [1, l].$$

令 $\frac{1}{\alpha_{1,2}^{\ 2}} = \gamma_{1,2}$。当椭球体作为形状参考集合 X_{R} 的情况下，则 Pb.1 和 Pb.2 可以分别重写为

$$\begin{aligned} &\inf_{X_i, W_i, N_i, \beta_{ir}, \delta_{ir}, \lambda_i, \varepsilon_i, \beta_i} \gamma_1, \\ &\text{s.t.}\,(a) \begin{bmatrix} \gamma_1 R & I \\ I & X_i \end{bmatrix} \geq 0, i \in I_N, \\ &(b)\,\text{inequality}\,(5.15), i \in I_N, s \in Q, \\ &(c)\,\text{inequality}\,(5.16), i \in I_N, j \in Q_m. \end{aligned} \tag{5.21}$$

和

$$\begin{aligned} &\inf_{X_i, W_i, N_i, \beta_{ir}, \delta_{ir}, \lambda_i, \varepsilon_i, \beta_i} \gamma_2, \\ &\text{s.t.}\,(a) \begin{bmatrix} \gamma_2 R & I \\ I & X_i \end{bmatrix} \geq 0, i \in I_N, \\ &(b)\,\text{inequality}\,(5.20), i \in I_N, s \in Q, \\ &(c)\,\text{inequality}\,(5.16), i \in I_N, j \in Q_m. \end{aligned} \tag{5.22}$$

当多面体作为形状参考集合 X_{R}的情况下，则 Pb.1 和 Pb.2 可以分别重写为

$$\begin{aligned} &\inf_{X_i, W_i, N_i, \beta_{ir}, \delta_{ir}, \lambda_i, \varepsilon_i, \beta_i} \gamma_1, \\ &\text{s.t.}\,(a) \begin{bmatrix} \gamma_1 & x_k^{\mathrm{T}} \\ x_k & X_i \end{bmatrix} \geq 0, k \in [1, l], i \in I_N, \\ &(b)\,\text{inequality}\,(5.15), i \in I_N, s \in Q, \\ &(c)\,\text{inequality}\,(5.16), i \in I_N, j \in Q_m. \end{aligned}$$

和

$$\begin{aligned} &\inf_{X_i, W_i, N_i, \beta_{ir}, \delta_{ir}, \lambda_i, \varepsilon_i, \beta_i} \gamma_2, \\ &\text{s.t.}\,(a) \begin{bmatrix} \gamma_2 & x_k^{\mathrm{T}} \\ x_k & X_i \end{bmatrix} \geq 0, k \in [1, l], i \in I_N, \\ &(b)\,\text{inequality}\,(5.20), i \in I_N, s \in Q, \\ &(c)\,\text{inequality}\,(5.16), i \in I_N, j \in Q_m. \end{aligned}$$

5.2.4　数值仿真

为了验证该方法的有效性，考虑了以下具有执行器饱和的非线性连续时间切换系统。

$$\dot{x}=(A_i+\Delta A_i)x+(B_i+\Delta B_i)\mathrm{sat}(F_i x)+D_i f_i, i=1,2, \tag{5.23}$$

$$A_1=\begin{bmatrix}1 & 0.5 & 0.1\\ 0 & -1 & 0\\ 0 & 0.1 & -2\end{bmatrix},\ A_2=\begin{bmatrix}-2 & 0 & 1\\ -1 & -1 & 0\\ 0 & 0.5 & 1\end{bmatrix},$$

$$B_1=\begin{bmatrix}-2 & 1\\ 0 & 0.1\\ 0 & 0\end{bmatrix},\ B_1=\begin{bmatrix}0 & 0\\ 0 & 1\\ 8 & 2\end{bmatrix},$$

$$E_1=\begin{bmatrix}0.1 & 0 & 0\\ 0 & 0.2 & 0\\ 0 & 0 & 0.3\end{bmatrix},\ E_2=\begin{bmatrix}0.1 & 0 & 0\\ 0 & 0.3 & 0\\ 0 & 0 & 0.3\end{bmatrix},$$

$$F_{11}=\begin{bmatrix}0.2 & 0 & 0\\ 0 & 0.3 & 0\\ 0 & 0 & 0.5\end{bmatrix},\ F_{21}=\begin{bmatrix}0.1 & 0\\ 0 & 0.2\\ 0 & 0\end{bmatrix},$$

$$F_{12}=\begin{bmatrix}0.2 & 0 & 0\\ 0 & 0.1 & 0\\ 0 & 0 & 0.1\end{bmatrix},\ F_{22}=\begin{bmatrix}0 & 0\\ 0.2 & 0\\ 0 & 0.4\end{bmatrix},$$

$$E_{11}=\begin{bmatrix}0 & 0\\ 0 & 0\end{bmatrix},E_{12}=\begin{bmatrix}1 & 0\\ 0 & 0\end{bmatrix},E_{13}=\begin{bmatrix}0 & 0\\ 0 & 1\end{bmatrix},E_{14}=\begin{bmatrix}1 & 0\\ 0 & 1\end{bmatrix},$$

$$E_{21}=\begin{bmatrix}0 & 0\\ 0 & 0\end{bmatrix},E_{22}=\begin{bmatrix}1 & 0\\ 0 & 0\end{bmatrix},E_{23}=\begin{bmatrix}0 & 0\\ 0 & 1\end{bmatrix},E_{24}=\begin{bmatrix}1 & 0\\ 0 & 1\end{bmatrix},$$

$$D_1=\begin{bmatrix}0.2 & 0 & 0\\ 0 & 0.2 & 0\\ 0 & 0 & 0.2\end{bmatrix},\ D_2=\begin{bmatrix}0.1 & 0 & 0\\ 0 & 0.2 & 0\\ 0 & 0 & 0.3\end{bmatrix},$$

$$G_1=\begin{bmatrix}0.4 & 0 & 0\\ 0 & 0.4 & 0\\ 0 & 0 & 0.3\end{bmatrix},\mathrm{G}_2=\begin{bmatrix}0.3 & 0 & 0\\ 0 & 0.3 & 0\\ 0 & 0 & 0.2\end{bmatrix},$$

$$\Gamma_1=\begin{bmatrix}\sin t & 0 & 0\\ 0 & \cos t & 0\\ 0 & 0 & \sin t\end{bmatrix},\Gamma_2=\begin{bmatrix}\cos t & 0 & 0\\ 0 & \sin t & 0\\ 0 & 0 & \cos t\end{bmatrix},$$

$$f_1(\mathrm{x})=\begin{bmatrix}0.1\sin x_1(\mathrm{t})\\0.1\sin x_2(\mathrm{t})\\0.1\sin x_3(\mathrm{t})\end{bmatrix},f_2(\mathrm{x})=\begin{bmatrix}0.1\sin x_1(\mathrm{t})\cos x_1(\mathrm{t})\\0.1\sin x_2(\mathrm{t})\cos x_2(\mathrm{t})\\0.1\sin x_3(\mathrm{t})\cos x_3(\mathrm{t})\end{bmatrix},$$

令 $$R=\begin{bmatrix}1&0&0\\0&1&0\\0&0&1\end{bmatrix},\ \beta_{12}=4,\beta_{21}=5\quad\delta_{12}=\delta_{21}=1.$$

在不考虑执行器故障的情况下解优化问题（5.22），我们得到：

$$F_1=W_1P_1=\begin{bmatrix}0.9720&0.0613&0.2598\\-1.2437&-0.3988&-0.2698\end{bmatrix},F_2=W_2P_2=\begin{bmatrix}-1.3020&-1.0542&-3.5738\\0.8218&-0.4948&-0.1638\end{bmatrix},$$

其中F_i为常规状态反馈控制器的增益。

然后，当考虑到执行器的故障时，执行器的故障矩阵如下：

$$0.1\le h_{11}\le 0.7,\quad 0.2\le h_{12}\le 0.8,$$

$$0.1\le h_{21}\le 0.9,\quad 0.2\le h_{22}\le 0.6.$$

根据（5.6）, 我们可以得到

$$M_{10}=\begin{bmatrix}0.4&0\\0&0.5\end{bmatrix},M_{20}=\begin{bmatrix}0.5&0\\0&0.4\end{bmatrix},$$

$$J_1=\begin{bmatrix}0.75&0\\0&0.6\end{bmatrix},J_2=\begin{bmatrix}0.8&0\\0&0.5\end{bmatrix}.$$

然后，令 $$\beta_{12}=4,\beta_{21}=5,\delta_{12}=\delta_{21}=1,$$

$$R=\begin{bmatrix}1&0&0\\0&1&0\\0&0&1\end{bmatrix},\ M_1=\begin{bmatrix}0.2&0\\0&0.2\end{bmatrix},M_2=\begin{bmatrix}0.2&0\\0&0.3\end{bmatrix}.$$

解优化问题（5.21），我们得到：

$$\gamma_1=0.1325,$$

$$F_1^c=\begin{bmatrix}1.8258&0.3505&0.0622\\-1.6349&-0.4068&-0.1082\end{bmatrix},F_2^c=\begin{bmatrix}-0.3919&-0.2693&-1.9872\\-0.0956&-0.1893&-0.5676\end{bmatrix},$$

其中F_i^c表示容错状态反馈控制器的增益。如图 5.1 和图 5.2 所示，闭环系统（5.23）各子系统的状态响应曲线表明两个子系统均不稳定，但本文设计的切换律如图 5.3 所示，容错状态反馈控制器在存在子系统不稳定和执行器故障的情况下仍能使闭环系统（5.23）渐近稳定，如图 5.4 所示。然而，在执行器发生故障的情况下，传统的状态反馈控制器不能保证闭环系统的渐近稳定性。

状态响应曲线如图 5.5 所示。

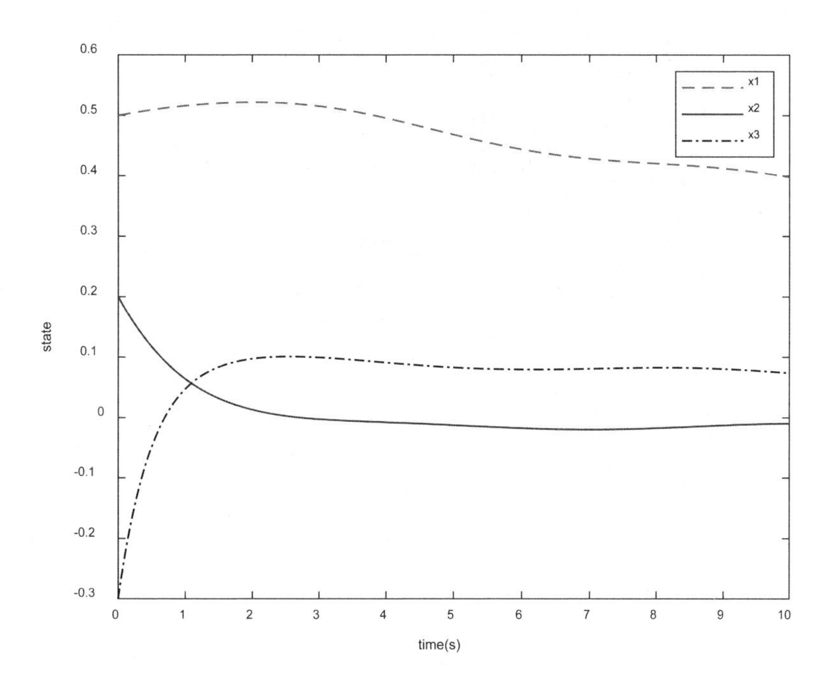

图 5.1　子系统 1 的状态响应

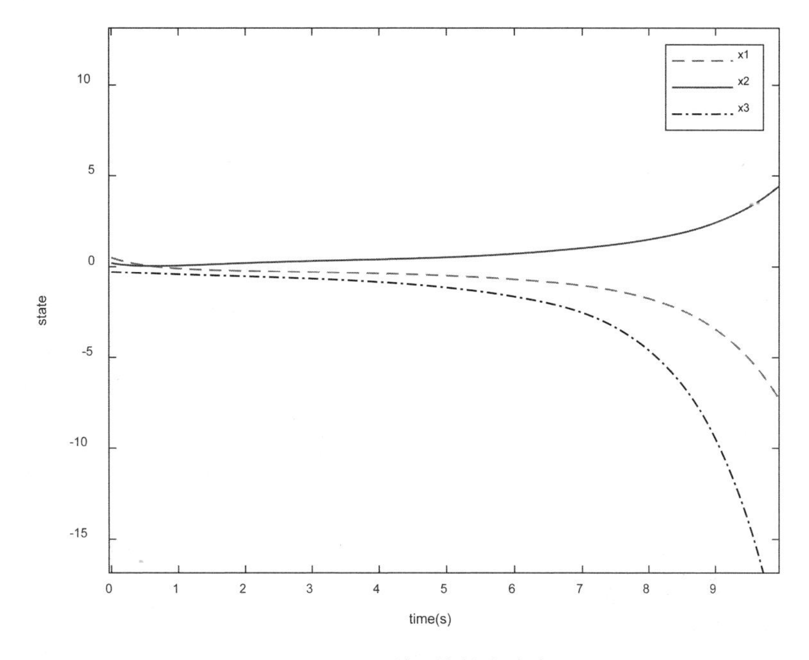

图 5.2　子系统 2 的状态响应

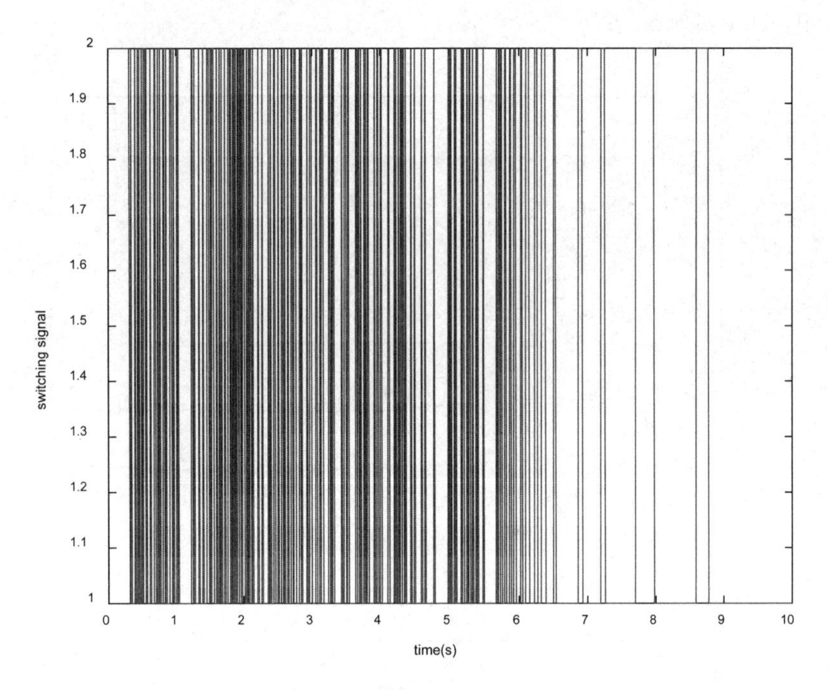

图5.3　带有故障矩阵的闭环切换系统（5.23）的切换信号

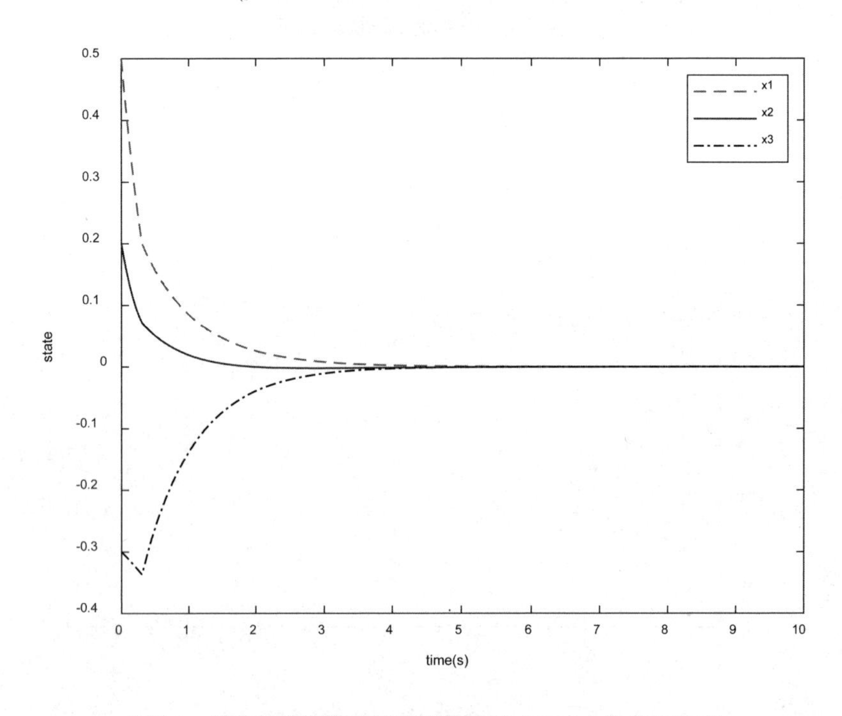

图5.4　带有故障矩阵的闭环切换系统（5.23）的状态响应

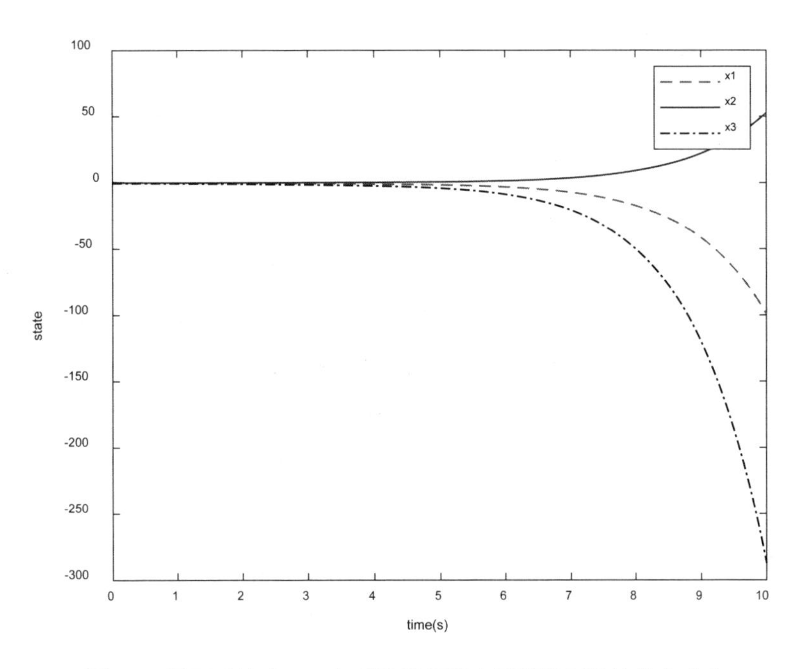

图5.5　闭环系统（5.23）采用常规状态反馈控制器的状态响应

5.3　不确定非线性饱和切换系统的可靠保成本控制

5.3.1　问题描述与预备知识

考虑以下执行器饱和的不确定非线性切换系统：

$$\begin{cases} \dot{x} = (A_\sigma + \Delta A_\sigma)x + (B_\sigma + \Delta B_\sigma)\text{sat}(u_\sigma) + D_\sigma f_\sigma, \\ x(0) = x_0. \end{cases} \tag{5.24}$$

其中$x \in \mathrm{R}^n$为系统状态，$u_\sigma \in \mathrm{R}^m$为控制输入，$\sigma:[0,\infty) \to I_N = \{1,\cdots,N\}$为分段常值且右连续的待设计切换信号，$\sigma = i$意味着第$L_2$个子系统被激活。对于子系统 i，A_i，B_i，D_i为适当维数的常数矩阵。是一个未知非线性函数（满足假设 5.1）。ΔA_i，ΔB_i为具有下面结构的时变不确定矩阵：

$$\begin{gathered} \left[\Delta A_i, \Delta B_i\right] = E_i \Gamma(t)\left[F_{1i}, F_{2i}\right], i \in I_N, \\ \Gamma^{\mathrm{T}}(t)\Gamma(t) \le I, \end{gathered} \tag{5.25}$$

其中 E_i, F_i 和 $F2_i$ 为描述不确定性的已知的适当维数的常数矩阵。$\Gamma(t)$是一个未知，时变的满足 Lebesgue 可测条件的实矩阵。$\text{sat}:\mathrm{R}^m \to \mathrm{R}^m$为标准的向量值饱和函数，定义如下：

$$\begin{cases} \mathrm{sat}(u_i)=\left[\mathrm{sat}(u_i^1),\ \cdots,\ \mathrm{sat}(u_i^m)\right]^{\mathrm{T}}, \\ \mathrm{sat}(u_i^j)=\mathrm{sign}(u_i^j)\min\left\{1,\ \left|u_i^j\right|\right\}, \\ \forall j\in Q_m=\{1,\ \cdots,\ m\}. \end{cases} \tag{5.26}$$

显然，假设单位饱和限幅是不失一般性的，因为非标准饱和函数总可以通过采用适当的变换改变矩阵而得到，为简单起见，同上一部分，按文献中普遍采用的记号，我们采用符号 $\mathrm{sat}(\cdot)$ 同时表示标量与向量饱和函数。

对系统（5.24）采用如下形式的状态反馈控制律：

$$u_i=F_ix, i\in I_N,$$

则相应的闭环系统（5.24）为

$$\dot{x}=(A_i+\Delta A_i)x+(B_i+\Delta B_i)\mathrm{sat}(F_ix)+D_if_i, i\in I_N. \tag{5.27}$$

考虑执行器故障的可能性，其中执行器故障矩阵 M_i 如下所示：

$$M_i=diag\left\{h_{i1},h_{i2},\ldots,h_{ij}\right\},$$

其中 $0\le \underline{h}_{ij}\le h_{ij}\le \overline{h}_{ij}\le 1, j\in Q_m$. $\underline{h}_{ij}$ 和 $\overline{h}_{ij}$ 为已知常数。因此，矩阵关系如下：

$$M_{0i}=diag\left\{\tilde{h}_{i1},\tilde{h}_{i2},\tilde{h}_{i3}\cdots,\tilde{h}_{ij}\right\},$$

$$\mathrm{J}_i=diag\left\{\widehat{k}_{i1},\widehat{k}_{i2},\widehat{k}_{i3}\cdots,\widehat{k}_{ij}\right\},$$

$$\mathrm{L}_i=diag\left\{l_{i1},l_{i2},l_{i3}\cdots,l_{ij}\right\},$$

其中 $\tilde{h}_{ij}=\dfrac{\underline{h}_{ij}+\overline{h}_{ij}}{2},\widehat{k}_{ij}=\dfrac{\overline{h}_{ij}-\underline{h}_{ij}}{\overline{h}_{ij}+\underline{h}_{ij}},l_{ij}=\dfrac{h_{ij}-\tilde{h}_{ij}}{\tilde{h}_{ij}}$，根据上式我们得到

$$\begin{aligned} &M_i=M_{0i}(I+L_i), L_i^{\mathrm{T}}L_i\le J_i\le I, \\ &\left|L_i\right|=diag\left\{\left|l_{i1}\right|,\left|l_{i2}\right|,\left|l_{i3}\right|\ldots,\left|l_{ij}\right|\right\}. \end{aligned} \tag{5.28}$$

则闭环系统可以改写为

$$\begin{cases} \dot{x}=(A_i+\Delta A_i)x+(B_i+\Delta B_i)M_i\mathrm{sat}(F_ix)+D_if_i, i\in I_N, \\ x(0)=x_0. \end{cases} \tag{5.29}$$

对于闭环系统（5.29），我们常用如下的二次型成本函数作为其一个重要的性能指标：

$$J=\int_0^{\infty}[x^T(t)Qx(t)+sat^T(u_i(t))M_iRM_isat(u_i(t))]\,dt \tag{5.30}$$

其中 Q 和 R 是已知的正定对称矩阵。

对闭环系统（5.29）作以下定义：

定义 5.1[283] 对于不确定饱和切换系统（5.29），如果存在一个控制律 u^* 和一个正数 J^*，使得对于所有允许的不确定性和执行器故障，闭环系统能够渐进稳定，且闭环性能指标满足 $J \le J^*$，则称 J^* 为不确定饱和切换系统（5.29）的一个性能上界，u^* 称为该系统的可靠保成本控制律。

5.3.2　主要结果

在本节中，推导出了系统（5.29）可靠保成本控制问题可解性存在的几个充分条件，并利用多 Lyapunov 函数法提出了最小化成本函数上界的方法。

定理 5.3　对于闭环系统（5.29），若存在一组非负实数 $\beta_{ir} \ge 0$ 和正数 $\lambda_i > 0$，$\varepsilon_i > 0$，$\beta_i > 0$以及正定矩阵P_i，矩阵 H_i，使得下面不等式组成立

$$\begin{aligned}&P_i[A_i + B_i M_i(D_s F_i + D_s^- H_i)] + [A_i + B_i M_i(D_s F_i + D_s^- H_i)]^{\mathrm{T}} P_i + \varepsilon_i P_i D_i D_i^{\mathrm{T}} P_i \\ &+\varepsilon_i^{-1} G_i G_i^{\mathrm{T}} + P_i E_i \Gamma\left[F_{1i} + F_{2i} M_i\left(D_s F_i + D_s^- H_i\right)\right] \\ &+\left[F_{1i} + F_{2i} M_i\left(D_s F_i + D_s^- H_i\right)\right]^{\mathrm{T}} \Gamma^{\mathrm{T}} E_i^{\mathrm{T}} P_i + (D_s F_i + D_s^- H_i)^{\mathrm{T}} \\ &\times M_i R M_i (D_s F_i + D_s^- H_i) + Q + \sum_{r=1, r\ne i}^{N} \beta_{ir}(P_r - P_i) < 0,\ \ i \in I_N, s \in \tilde{Q}.\end{aligned} \tag{5.31}$$

$$x_0^T P_i x_0 \le \beta, \forall i \in I_N, \tag{5.32}$$

成立和满足

$$\Omega(P_i, \beta) \cap \Phi_i \subset L(H_i), \forall i \in I_N, \tag{5.33}$$

其中

$$\Phi_i = \{x \in \mathrm{R}^n : x^{\mathrm{T}}(P_r - P_i)x \ge 0, \forall r \in I_N, r \ne i\},$$

然后，在状态依赖切换律的作用下

$$\sigma = \arg\min\{x^{\mathrm{T}} P_i x, i \in I_N\}. \tag{5.34}$$

闭环系统（5.29）在原点处渐近稳定，且集合包含在吸引域$\bigcup_{i=1}^{N}\left(\Omega(P_i, \beta) \cap \Phi_i\right)$内。$u_i = F_i x$ 为闭环系统（5.29）的可靠保成本控制律，且成本函数（5.30）的上界满足 $J < \beta$.

证明 根据引理 5.2，对任意 $x \in \Omega\left(P_i, \beta\right) \cap \Phi_i \subset L(H_i)$，有

$$\mathrm{sat}(F_i x) \in \mathrm{co}\left\{D_s F_i x + D_s^- H_i x, s \in \tilde{Q}\right\}.$$

进一步，

$$(A_i+\Delta A_i)x+(B_i+\Delta B_i)M_i\mathrm{sat}(F_ix)\in \mathrm{co}\left\{(A_i+\Delta A_i)x+(B_i+\Delta B_i)M_i(D_sF_i+D_s^-H_i)x, s\in\tilde{Q}\right\}.$$

根据切换律（5.34），得知对 $\forall x\in\Omega(P_i,\beta)\cap\Phi_i\subset L(H_i)$，第 i 个子系统被激活。

为系统（5.29）的每个子系统选取下面的 Lyapunov 函数

$$V_i(x)=x^{\mathrm{T}}P_ix,\ i\in I_N.$$

根据式（5.25）和引理 5.2，可以得到

$$\begin{aligned}
&\dot{V}_i+x^TQx+sat^T(u_i)M_i^{\mathrm{T}}RM_isat(u_i)\\
&=\dot{x}^TP_ix+x^TP_i\dot{x}+x^TQx+sat^T(u_i)M_i^{\mathrm{T}}RM_isat(u_i)\\
&=x^{\mathrm{T}}P_i\left[\left(A_i+\Delta A_i\right)+(B_i+\Delta B_i)M_isat(F_ix)+D_if_i\right]\\
&+\left[\left(A_i+\Delta A_i\right)+(B_i+\Delta B_i)M_isat(F_ix)+D_if_i\right]^{\mathrm{T}}P_ix+x^TQx+sat^T(u_i)M_i^{\mathrm{T}}RM_isat(u_i)\\
&\le\max_{s\in\tilde{Q}}2x^{\mathrm{T}}\left\{P_i\left[A_i+B_iM_i\left(D_sF_i+D_s^-H_i\right)\right]+P_iE_i\Gamma\left[F_{1i}+F_{2i}M_i\left(D_sF_i+D_s^-H_i\right)\right]\right\}x\\
&x^{\mathrm{T}}\left(D_sF_i+D_s^-H_i\right)^{\mathrm{T}}M_i^{\mathrm{T}}RM_i\left(D_sF_i+D_s^-H_i\right)x+x^{\mathrm{T}}Qx+x^{\mathrm{T}}P_iD_if_i+f_i^{\mathrm{T}}D_i^{\mathrm{T}}P_ix.
\end{aligned}\tag{5.35}$$

根据引理 5.3 和假设 5.1，可得

$$x^{\mathrm{T}}P_iD_if_i+f_i^{\mathrm{T}}D_i^{\mathrm{T}}P_ix\le\varepsilon_ix^{\mathrm{T}}P_iD_iD_i^{\mathrm{T}}P_ix+\varepsilon_i^{-1}f_i^{\mathrm{T}}f_i\le\varepsilon_ix^{\mathrm{T}}P_iD_iD_i^{\mathrm{T}}P_ix+\varepsilon_i^{-1}x^{\mathrm{T}}G_i^{\mathrm{T}}G_ix.\tag{5.36}$$

结合不等式（5.36），不等式（5.35）转化为如下不等式

$$\begin{aligned}
&\dot{V}_i+x^TQx+sat^T(u_i)M_i^{\mathrm{T}}RM_isat(u_i)\\
&\le\max_{s\in\tilde{Q}}x^{\mathrm{T}}\left\{P_i\left[A_i+B_iM_i\left(D_sF_i+D_s^-H_i\right)\right]+\left[A_i+B_iM_i\left(D_sF_i+D_s^-H_i\right)\right]^{\mathrm{T}}P_i\right.\\
&+P_iE_i\Gamma\left[F_{1i}+F_{2i}M_i\left(D_sF_i+D_s^-H_i\right)\right]+\left[F_{1i}+F_{2i}M_i\left(D_sF_i+D_s^-H_i\right)\right]^{\mathrm{T}}\Gamma^{\mathrm{T}}E_i^{\mathrm{T}}P_i\\
&\left.+\varepsilon_iP_iD_iD_i^{\mathrm{T}}P_i+\varepsilon_i^{-1}G_i^{\mathrm{T}}G_i+\left(D_sF_i+D_s^-H_i\right)^{\mathrm{T}}M_i^{\mathrm{T}}RM_i\left(D_sF_i+D_s^-H_i\right)+Q\right\}x\,.
\end{aligned}\tag{5.37}$$

结合不等式（5.37）和定理 1 中的不等式（5.31），可得

$$\dot{V}_i+x^TQx+sat^T(u_i)M_i^{\mathrm{T}}RM_i\,sat(u_i)<-\sum_{r=1,r\ne i}^{N}x^{\mathrm{T}}\beta_{ir}(P_r-P_i)x\le 0.\tag{5.38}$$

利用切换律（5.34）可以得到

$$\sum_{r=1,r\ne i}^{N}x^{\mathrm{T}}\beta_{ir}(P_r-P_i)x\ge 0.$$

由于矩阵 Q 和 R 是正定矩阵，可得

$$\dot{V}_i(x) < 0.$$

由上式可知，在任意切换信号下，闭环系统（5.29）在原点处渐近稳定，集合$\bigcup_{i=1}^{N}\left(\Omega(P_i,\beta)\cap\Phi_i\right)$包含在吸引域内。

下面我们证明闭环系统（5.29）满足成本函数上界，对式（5.38）两边对时间t从 0 到∞积分，可得

$$J < -\sum_{k\in Z^+}\int_{t_k}^{t_{k+1}}\dot{V}_{ik}\,dt = -[V_i(x(\infty)) - V_i(x(0))],$$

因为$V(\infty)\geq 0$，不难得出

$$J < V_i(x(0)) = x_0^T P_i x_0 \leq \beta.$$

根据定义 5.1，$u_i = F_i x$是闭环系统（5.29）的一个可靠保成本控制律，且$J^* = x_0^{\mathrm{T}} P_i x_0$是相应闭环性能指标的一个上界，定理 5.3 得证。

我们很容易看出在定理一的式（5.31）、（5.32）、（5.33）中的参数并不能通过 LMI 方法推导出来的，所以并不容易求解。因此在下面的推导中，针对闭环系统（5.29）设计了基于 LMI 的状态反馈控制器，使系统满足可靠保成本控制。

定理 5.4　如果存在正定矩阵X_i，矩阵W_i, N_i和正数$\beta_{ir}\geq 0, \delta_{ir}>0, \varepsilon_i>0$和$\beta_i>0$使下列矩阵不等式成立。

$$\left[\begin{array}{ccc}
\Theta_i & * & * \\
\begin{array}{c}F_{1i}X_i + F_{2i}M_{0i}(D_sW_i + D_s^-N_i) \\ +\beta_i F_{2i}M_{0i}J_iM_{0i}^{\mathrm{T}}B_i^{\mathrm{T}}\end{array} & -\lambda_i I + \beta_i F_{2i}M_{0i}J_iM_{0i}^{\mathrm{T}}F_{2i}^{\mathrm{T}} & * \\
M_{0i}(D_sW_i + D_s^-N_i) + \beta_i M_{0i}J_iM_{0i}^{\mathrm{T}}B_i^{\mathrm{T}} & \beta_i M_{0i}J_iM_{0i}^{\mathrm{T}}F_{2i}^{\mathrm{T}} & -\beta R^{-1} + \beta_i M_{0i}J_iM_{0i}^{\mathrm{T}} \\
J_i^{1/2}(D_sW_i + D_s^-N_i) & 0 & 0 \\
G_iX_i & 0 & 0 \\
X_i & 0 & 0 \\
X_i & 0 & 0 \\
X_i & 0 & 0 \\
X_i & 0 & 0
\end{array}\right.$$

$$\begin{bmatrix} * & * & * & * & * & * \\ * & * & * & * & * & * \\ * & * & * & * & * & * \\ -\beta_i I & * & * & * & * & * \\ \square & -\beta\varepsilon_i I & * & * & * & * \\ 0 & 0 & -\beta Q^{-1} & * & * & * \\ \square & & & -\beta_{i1}{}^{-1}X_1 & * & * \\ 0 & 0 & 0 & 0 & \ddots & * \\ 0 & 0 & 0 & 0 & 0 & -\beta_{iN}{}^{-1}X_N \end{bmatrix} < \tag{5.39}$$

$$\begin{bmatrix} 1 & x_0^T \\ * & X_i \end{bmatrix} \geq 0, \forall i \in I_N, \tag{5.40}$$

$$\begin{bmatrix} X_i + \sum\limits_{r=1, r\neq i}^{N} \delta_{ir} X_i & * & * & * & * \\ N_i^j & 1 & * & * & * \\ X_i & 0 & \delta_{i1}^{-1} X_1 & * & * \\ X_i & 0 & 0 & \ddots & * \\ X_i & 0 & 0 & 0 & \delta_{iN}^{-1} X_N \end{bmatrix} \geq 0, \tag{5.41}$$

$$i \in I_N, s \in \tilde{Q}, j \in Q_m,$$

其中

$$\Theta_i = A_i X_i + B_i M_{0i}(D_s W_i + D_s^- N_i) + (A_i X_i + B_i M_{0i}(D_s W_i + D_s^- N_i))^{\mathrm{T}} + \lambda_i E_i E_i^{\mathrm{T}} + \varepsilon_i \beta D_i D_i^{\mathrm{T}}$$

$$+\beta_i B_i M_{0i} J_i M_{0i}{}^{\mathrm{T}} B_i^{\mathrm{T}} - \sum_{r=1, r\neq i}^{N} \beta_{ir} X_i,$$

N_i^j 表示矩阵 N_i 的第 j 行，$X_i = \beta P_i^{-1}, N_i = H_i X_i, W_i = F_i X_i$. 然后，在切换律下

$$\sigma = \arg\min\{x^T X_i^{-1} x, i \in I_N\}, \tag{5.42}$$

集合$\bigcup_{i=1}^{N}\left(\Omega(P_i,\beta)\cap\Phi_i\right)$在系统（5.29）的吸引域内。其中，$u_i = W_i X_i^{-1} x$为闭环系统（5.29）的可靠保证成本控制器，对应的系统性能指标为

$$J < \beta.$$

证明 令 $X_i = \beta P_i^{-1}, N_i = H_i X_i, W_i = F_i X_i$，不等式（5.31）左右两边同乘 $\beta^{\frac{1}{2}} P_i^{-1}$，可得

$$
\begin{aligned}
&A_iX_i + B_iM_i(D_sW_i + D_s^-N_i) + [A_iX_i + B_iM_i(D_sW_i + D_s^-N_i)]^{\mathrm{T}} + \varepsilon_i\beta D_iD_i^{\mathrm{T}} + \varepsilon_i^{-1}\beta^{-1}X_iG_iG_i^{\mathrm{T}}X_i \\
&+E_i\Gamma\left[F_{1i}X_i + F_{2i}M_i\left(D_sW_i + D_s^-N_i\right)\right] + \left[F_{1i}X_i + F_{2i}M_i\left(D_sW_i + D_s^-N_i\right)\right]^{\mathrm{T}}\Gamma^{\mathrm{T}}E_i^{\mathrm{T}} \\
&+\beta^{-1}(D_sW_i + D_s^-N_i)^{\mathrm{T}}M_i^{\mathrm{T}}RM_i(D_sW_i + D_s^-N_i) + \beta^{-1}X_iQX_i + \sum_{r=1,r\neq i}^{N}\beta_{ir}(X_iX_r^{-1}X_i - X_i) < 0, \\
&\quad i \in I_N, s \in \tilde{Q}.
\end{aligned}
\tag{5.43}
$$

根据引理 5.1，可以得到

$$
\begin{aligned}
&E_i\Gamma\left[F_{1i}X_i + F_{2i}M_i\left(D_sW_i + D_s^-N_i\right)\right] + \left[F_{1i}X_i + F_{2i}M_i\left(D_sW_i + D_s^-N_i\right)\right]^{\mathrm{T}}\Gamma^{\mathrm{T}}E_i^{\mathrm{T}} \\
&\le \lambda_iE_iE_i^{\mathrm{T}} + \lambda_i^{-1}\left[F_{1i}X_i + F_{2i}M_i\left(D_sW_i + D_s^-N_i\right)\right]^{\mathrm{T}}\left[F_{1i}X_i + F_{2i}M_i\left(D_sW_i + D_s^-N_i\right)\right].
\end{aligned}
\tag{5.44}
$$

结合不等式（5.43）, 不等式（5.42）转化为下面不等式

$$
\begin{aligned}
&A_iX_i + B_iM_i(D_sW_i + D_s^-N_i) + [A_iX_i + B_iM_i(D_sW_i + D_s^-N_i)]^{\mathrm{T}} + \varepsilon_i\beta D_iD_i^{\mathrm{T}} + \varepsilon_i^{-1}\beta^{-1}X_iG_iG_i^{\mathrm{T}}X_i \\
&+\lambda_iE_iE_i^{\mathrm{T}} + \lambda_i^{-1}\left[F_{1i}X_i + F_{2i}M_i\left(D_sW_i + D_s^-N_i\right)\right]^{\mathrm{T}}\left[F_{1i}X_i + F_{2i}M_i\left(D_sW_i + D_s^-N_i\right)\right] \\
&+\beta^{-1}(D_sW_i + D_s^-N_i)^{\mathrm{T}}M_i^{\mathrm{T}}RM_i(D_sW_i + D_s^-N_i) + \beta^{-1}X_iQX_i + \sum_{r=1,r\neq i}^{N}\beta_{ir}(X_iX_r^{-1}X_i - X_i) < 0,
\end{aligned}
\tag{5.45}
$$

根据 Schur 补引理，不等式（5.39）等价于

$$
\begin{bmatrix}
\Theta_{0i} & * & * & * \\
\begin{array}{l} F_{1i} + F_{2i}M_{0i}(D_sW_i + D_s^-N_i) \\ +\beta_iF_{2i}M_{0i}J_iM_{0i}^{\mathrm{T}}B_i^{\mathrm{T}} \end{array} & \begin{array}{l} -\lambda_iI \\ +\beta_iF_{2i}M_{0i}J_iM_{0i}^{\mathrm{T}}F_{2i}^{\mathrm{T}} \end{array} & * & * \\
\begin{array}{l} M_{0i}(D_sW_i + D_s^-N_i) \\ +\beta_iM_{0i}J_iM_{0i}^{\mathrm{T}}B_i^{\mathrm{T}} \end{array} & \beta_iM_{0i}J_iM_{0i}^{\mathrm{T}}F_{2i}^{\mathrm{T}} & \begin{array}{l} -\beta R^{-1} \\ +\beta_iM_{0i}J_iM_{0i}^{\mathrm{T}} \end{array} & * \\
J_i^{1/2}(D_sW_i + D_s^-N_i) & 0 & 0 & -\beta_iI
\end{bmatrix} < 0,
\tag{5.46}
$$

$$
i \in I_N, s \in \tilde{Q},
$$

其中

$$
\begin{aligned}
\Theta_{0i} = {}& A_iX_i + B_iM_{0i}(D_sW_i + D_s^-N_i) + [A_iX_i + B_iM_{0i}(D_sW_i + D_s^-N_i)]^{\mathrm{T}} \\
&+\lambda_iE_iE_i^{\mathrm{T}} + \varepsilon_i\beta D_iD_i^{\mathrm{T}} + \varepsilon_i^{-1}\beta^{-1}X_iG_iG_i^{\mathrm{T}}X_i + \beta_iB_iM_{0i}J_iM_{0i}^{\mathrm{T}}B_i^{\mathrm{T}} \\
&+\beta^{-1}X_iQX_i + \sum_{r=1,r\neq i}^{N}\beta_{ir}(X_iX_r^{-1}X_i - X_i).
\end{aligned}
$$

根据 Schur 补引理，不等式（5.46）转化为下面不等式：

$$\begin{bmatrix} \tilde{\Pi}_i & * & * \\ F_{1i}X_i + F_{2i}M_{0i}\left(D_sW_i + D_s^-N_i\right) & -\lambda_i I & * \\ M_{0i}\left(D_sW_i + D_s^-N_i\right) & 0 & -\beta R^{-1} \end{bmatrix}$$

$$+\beta_i \begin{bmatrix} B_iM_{0i} \\ F_{2i}M_{0i} \\ M_{0i} \end{bmatrix} J_i \begin{bmatrix} M_{0i}{}^{\mathrm{T}}B_i^{\mathrm{T}} & M_{0i}{}^{\mathrm{T}}F_{2i}^{\mathrm{T}} & M_{0i}{}^{\mathrm{T}} \end{bmatrix}$$

$$+\beta_i^{-1} \begin{bmatrix} \left(D_sW_i + D_s^-N_i\right)^{\mathrm{T}} \\ 0 \\ 0 \end{bmatrix} J_i \begin{bmatrix} D_sW_i + D_s^-N_i & 0 & 0 \end{bmatrix} < 0,$$

其中

$$\tilde{\Pi}_i = A_iX_i + B_iM_{0i}(D_sW_i + D_s^-N_i) + [A_iX_i + B_iM_{0i}(D_sW_i + D_s^-N_i)]^{\mathrm{T}} + \lambda_iE_iE_i^{\mathrm{T}} + \varepsilon_i\beta D_iD_i^{\mathrm{T}}$$
$$+\varepsilon_i^{-1}\beta^{-1}X_iG_iG_i^{\mathrm{T}}X_i + \beta^{-1}X_iQX_i + \sum_{r=1,r\neq i}^{N}\beta_{ir}(X_iX_r^{-1}X_i - X_i).$$

根据引理 5.4 和等式（5.28），上式等价于

$$\begin{bmatrix} \tilde{\Pi}_i & * & * \\ F_{1i} + F_{2i}M_{0i}\left(D_sW_i + D_s^-N_i\right) & -\lambda_i I & * \\ M_{0i}\left(D_sW_i + D_s^-N_i\right) & 0 & -\beta R^{-1} \end{bmatrix} + \begin{bmatrix} B_iM_{0i} \\ F_{2i}M_{0i} \\ M_{0i} \end{bmatrix} L_i \begin{bmatrix} D_sW_i + D_s^-N_i & 0 & 0 \end{bmatrix}$$

$$+\left\{ \begin{bmatrix} B_iM_{0i} \\ F_{2i}M_{0i} \\ M_{0i} \end{bmatrix} L_i \begin{bmatrix} D_sW_i + D_s^-N_i & 0 & 0 \end{bmatrix} \right\}^{\mathrm{T}} < 0.$$

由式（5.28），将上述不等式转化为下列不等式

$$\begin{bmatrix} \Pi_{0i} & * & * \\ F_{1i}X_i + F_{2i}M_i\left(D_sW_i + D_s^-N_i\right) & -\lambda_i I & * \\ M_i\left(D_sW_i + D_s^-N_i\right) & 0 & -\beta R^{-1} \end{bmatrix} < 0, \tag{5.47}$$

其中，

$$\Pi_{0i} = A_iX_i + B_iM_i(D_sW_i + D_s^-N_i) + [A_iX_i + B_iM_i(D_sW_i + D_s^-N_i)]^{\mathrm{T}}$$
$$+\lambda_iE_iE_i^{\mathrm{T}} + \varepsilon_i\beta D_iD_i^{\mathrm{T}} + \varepsilon_i^{-1}\beta^{-1}X_iG_iG_i^{\mathrm{T}}X_i + \beta^{-1}X_iQX_i + \sum_{r=1,r\neq i}^{N}\beta_{ir}(X_iX_r^{-1}X_i - X_i).$$

根据 Schur 补引理，不等式（5.47）可以等价地转化为不等式（5.45）。

对不等式（5.40）采用类似的处理方法，我们有：

$$\begin{bmatrix} \varepsilon & H_i^j \\ * & P_i - \sum_{r=1, r\neq i}^{N} \delta_{ir}\left(P_r - P_i\right) \end{bmatrix} \geq 0 \tag{5.48}$$

其中，H_i^j 表示矩阵 H_i 的第 j 行。

接下来，我们将给出证明：约束条件 $\Omega(P_i, \beta) \cap \Phi_i \subset L\left(H_i\right)$ 转化为矩阵不等式（5.48）。令 $G_i = P_i - \sum_{r=1, r\neq i}^{N} \delta_{ir}\left(P_r - P_i\right)$，很显然，

$$x^{\mathrm{T}} P_i x \leq \varepsilon^{-1},$$

$$\sum_{r=1, r\neq i}^{N} \delta_{ir} x^{\mathrm{T}} (P_r - P_i) x \geq 0,$$

因此我们可以得到：

$$x^{\mathrm{T}} G_i x \leq \varepsilon^{-1}.$$

根据不等式（5.48），我们可得

$$G_i - H_i^{j\mathrm{T}} \varepsilon^{-1} H_i^j \geq 0.$$

然后

$$x^{\mathrm{T}} H_i^{j\mathrm{T}} \varepsilon^{-1} H_i^j x \leq x^{\mathrm{T}} G_i x \leq \varepsilon^{-1},$$

所以

$$\left|H_i^j x\right| \leq 1.$$

因此，由上述不等式表明：约束条件 $\Omega(P_i, \beta) \cap \Phi_i \subset L\left(H_i\right)$ 可由矩阵不等式（5.49）表达。

接下来，利用类似方法，将不等式（5.32）和切换律（5.34）分别转化为不等式（5.40）和切换律（5.42），就完成了定理 5.4 的证明。

以上结果是针对执行器出现故障时，我们所设计的可靠保成本控制器可以实现闭环系统的渐进稳定，并满足一定的性能指标，下面的推论是在不考虑执行器故障的情况下，采用上述方法所设计的常规状态反馈控制器。这样做的目的是在仿真算例中将我们所设计的可靠保成本控制器与常规保成本控制器进行一个比较，来验证我们所设计控制器的优越性。

推论 5.1 如果存在正定矩阵 X_i，矩阵 W_i, N_i 和正数 $\beta_{ir} \geq 0, \delta_{ir} > 0, \lambda_i > 0, \varepsilon_i > 0$ 和 $\beta_i > 0$ 使下列矩阵不等式成立。

$$
\begin{bmatrix}
\begin{array}{c} A_iX_i+B_i(D_sW_i+D_s^{-}N_i)+(A_iX_i+B_i(D_sW_i+D_s^{-}N_i))^{\mathrm{T}} \\ +\lambda_iE_iE_i^{\mathrm{T}}+\varepsilon_i\beta D_iD_i^{\mathrm{T}}-\sum\limits_{r=1,r\neq i}^{N}\beta_{ir}X_i \end{array} & * & * & * & * & * & * & * \\
F_{1i}X_i+F_{2i}(D_sW_i+D_s^{-}N_i) & -\lambda_iI & * & * & * & * & * & * \\
G_iX_i & 0 & -\beta\varepsilon_iI & -\beta R^{-1} & * & * & * & * \\
D_sW_i+D_s^{-}N & 0 & 0 & 0 & -\beta Q^{-1} & * & * & * \\
X_i & 0 & 0 & 0 & 0 & -\beta_{i1}{}^{-1}X_1 & * & * \\
X_i & 0 & 0 & \square & & & * & * \\
X_i & 0 & 0 & \square & & & \ddots & * \\
X_i & 0 & 0 & 0 & 0 & 0 & 0 & -\beta_{iN}{}^{-1}X_N
\end{bmatrix}<0, \tag{5.49}
$$

在切换律（5.42）下，对于系统（5.29），集合$\bigcup_{i=1}^{N}\left(\Omega(P_i,\beta)\cap\Phi_i\right)$的吸引域内。其中，$u_i=W_iX_i^{-1}x$为闭环系统（5.29）的常规保证成本控制器，对应的系统性能指标为$J<\beta$.

在定理5.4中，给出了满足性能指标的可靠保成本控制问题的充分条件。有效解决了可靠保成本控制问题，但是对于系统（5.29）的成本上界有很多个可行解，本节是需要给成本函数的最小上界，这个问题可以转化为下面的优化问题：

$$
\text{Pb1.}\quad
\begin{aligned}
&\inf_{X_i,W_i,N_i,\beta_{ir},\delta_{ir},\lambda_i,\beta_i}\beta,\\
&\text{s.t.}(a)\,\text{inequality}\,(5.38),\forall i\in I_N,\\
&\quad\;\,(b)\,\text{inequality}\,(5.39),\forall i\in I_N,\\
&\quad\;\,(c)\,\text{inequality}\,(5.40),\forall i\in I_N,\forall j\in Q_m.
\end{aligned}
\tag{5.50}
$$

解决了上述的优化问题，就得到了我们需要的最小成本上界β^*，在这个基础上再计算可靠保成本控制器$u_i^*=W_iX_i^{-1}x$，基于此解决了闭环系统（5.29）可靠保成本控制问题。对于常规的保成本控制器，可以通过解下面的优化问题得到：

$$\text{Pb2.}\quad \begin{aligned} &\inf_{X_i, W_i, N_i, \beta_{ir}, \delta_{ir}, \lambda_i, \beta_i} \beta, \\ &\text{s.t.}(a)\,\text{inequality}\,(5.39), \forall i \in I_N, \\ &\quad (b)\,\text{inequality}\,(5.40), \forall i \in I_N, \\ &\quad (c)\,\text{inequality}\,(5.48), \forall i \in I_N, \forall j \in Q_m. \end{aligned} \tag{5.51}$$

5.3.3　数值仿真

该部分将通过数值算例验证所提方法的有效性，考虑下面执行器饱和的不确定非线性切换系统。

$$\begin{cases} \dot{x} = (A_i + \Delta A_i)x + (B_i + \Delta B_i)\text{sat}(F_i x) + D_i f_i, i = 1, 2, \\ x(0) = x_0, \end{cases} \tag{5.52}$$

其中

$$A_1 = \begin{bmatrix} 1 & 0.5 & 0.1 \\ 0 & -1 & 0 \\ 0 & 0.1 & -2 \end{bmatrix}, A_2 = \begin{bmatrix} -2 & 0 & 1 \\ -1 & -1 & 0 \\ 0 & 0.5 & 1 \end{bmatrix}, B_1 = \begin{bmatrix} -2 & 1 \\ 0 & 0.1 \\ 0 & 1 \end{bmatrix}, B_2 = \begin{bmatrix} 0 & 0 \\ 0 & 1 \\ 8 & 4 \end{bmatrix}, x(0) = \begin{bmatrix} -0.1 \\ -0.1 \\ 0.1 \end{bmatrix},$$

$$E_1 = \begin{bmatrix} 0.1 & 0 & 0 \\ 0 & 0.2 & 0 \\ 0 & 0 & 0.3 \end{bmatrix}, E_2 = \begin{bmatrix} 0.1 & 0 & 0 \\ 0 & 0.3 & 0 \\ 0 & 0 & 0.3 \end{bmatrix},$$

$$F_{12} = \begin{bmatrix} 0.2 & 0 & 0 \\ 0 & 0.1 & 0 \\ 0 & 0 & 0.1 \end{bmatrix}, F_{22} = \begin{bmatrix} 0 & 0 \\ 0.2 & 0 \\ 0 & 0.4 \end{bmatrix}, D_1 = \begin{bmatrix} 0.2 & 0 & 0 \\ 0 & 0.2 & 0 \\ 0 & 0 & 0.2 \end{bmatrix}, D_2 = \begin{bmatrix} 0.1 & 0 & 0 \\ 0 & 0.2 & 0 \\ 0 & 0 & 0.3 \end{bmatrix},$$

$$G_1 = \begin{bmatrix} 0.4 & 0 & 0 \\ 0 & 0.4 & 0 \\ 0 & 0 & 0.3 \end{bmatrix}, \mathrm{G}_2 = \begin{bmatrix} 0.3 & 0 & 0 \\ 0 & 0.3 & 0 \\ 0 & 0 & 0.2 \end{bmatrix}$$

$$\Gamma_1 = \begin{bmatrix} \sin t & 0 & 0 \\ 0 & \cos t & 0 \\ 0 & 0 & \sin t \end{bmatrix}, \Gamma_2 = \begin{bmatrix} \cos t & 0 & 0 \\ 0 & \sin t & 0 \\ 0 & 0 & \cos t \end{bmatrix},$$

$$f_1(\mathrm{x}) = \begin{bmatrix} 0.1\sin x_1(\mathrm{t}) \\ 0.1\sin x_2(\mathrm{t}) \\ 0.1\sin x_3(\mathrm{t}) \end{bmatrix}, f_2(\mathrm{x}) = \begin{bmatrix} 0.1\sin x_1(\mathrm{t})\cos x_1(\mathrm{t}) \\ 0.1\sin x_2(\mathrm{t})\cos x_2(\mathrm{t}) \\ 0.1\sin x_3(\mathrm{t})\cos x_3(\mathrm{t}) \end{bmatrix}.$$

$$E_{11}=\begin{bmatrix}0&0\\0&0\end{bmatrix},E_{12}=\begin{bmatrix}1&0\\0&0\end{bmatrix},E_{13}=\begin{bmatrix}0&0\\0&1\end{bmatrix},E_{14}=\begin{bmatrix}1&0\\0&1\end{bmatrix},$$

$$E_{21}=\begin{bmatrix}0&0\\0&0\end{bmatrix},E_{22}=\begin{bmatrix}1&0\\0&0\end{bmatrix},E_{23}=\begin{bmatrix}0&0\\0&1\end{bmatrix},E_{24}=\begin{bmatrix}1&0\\0&1\end{bmatrix},$$

令 $R=\begin{bmatrix}0.2&0&0\\0&0.3&0\\0&0&1\end{bmatrix},\mathrm{Q}=\begin{bmatrix}0.5&0\\0&0.4\end{bmatrix},\beta_{12}=4$，$\beta_{21}=5$，$\delta_{12}=\delta_{21}=1,\varepsilon_1=\varepsilon_2=2.$

当考虑执行器故障时，执行器故障矩阵如下：

$$0.1\le h_{11}\le 0.7,\quad 0.2\le h_{12}\le 0.8,$$

$$0.1\le h_{21}\le 0.9,\quad 0.2\le h_{22}\le 0.6.$$

根据式（5.28），可得

$$M_{10}=\begin{bmatrix}0.4&0\\0&0.5\end{bmatrix},M_{20}=\begin{bmatrix}0.5&0\\0&0.4\end{bmatrix},$$

$$J_1=\begin{bmatrix}0.75&0\\0&0.6\end{bmatrix},J_2=\begin{bmatrix}0.8&0\\0&0.5\end{bmatrix}.$$

令

$$M_1=\begin{bmatrix}0.2&0\\0&0.2\end{bmatrix},M_2=\begin{bmatrix}0.2&0\\0&0.3\end{bmatrix}.$$

解优化问题（5.50），可得

$$\beta^*=0.0076,$$

$$F_1^c=\begin{bmatrix}1.7199&0.3933&0.1552\\-1.4214&-0.4336&-0.5714\end{bmatrix},F_2^c=\begin{bmatrix}-0.3107&-0.2127&-1.6197\\-0.2125&-0.2617&-0.9810\end{bmatrix},$$

F_i^c为可靠保成本控制器的增益。子系统 1 和子系统 2 的状态响应如图 5.6 和图 5.7 所示，切换系统（5.52）的状态响应曲线和切换信号如图 5.8 和图 5.9 所示。可见，本文设计的切换律和可靠保成本控制器可以在子系统 1 和子系统 2 不稳定的情况下，通过切换律实现子系统之间的切换，从而保证切换系统的稳定性和性能指标。同时，在执行器失效和饱和等因素的影响下，实现了切换系统的渐近稳定，避免了实际应用中切换系统不稳定造成的重大损失。此外，从图 5.10 可以看到系统的性能指标 $J<\beta^*$，因此所设计方法是有效的。

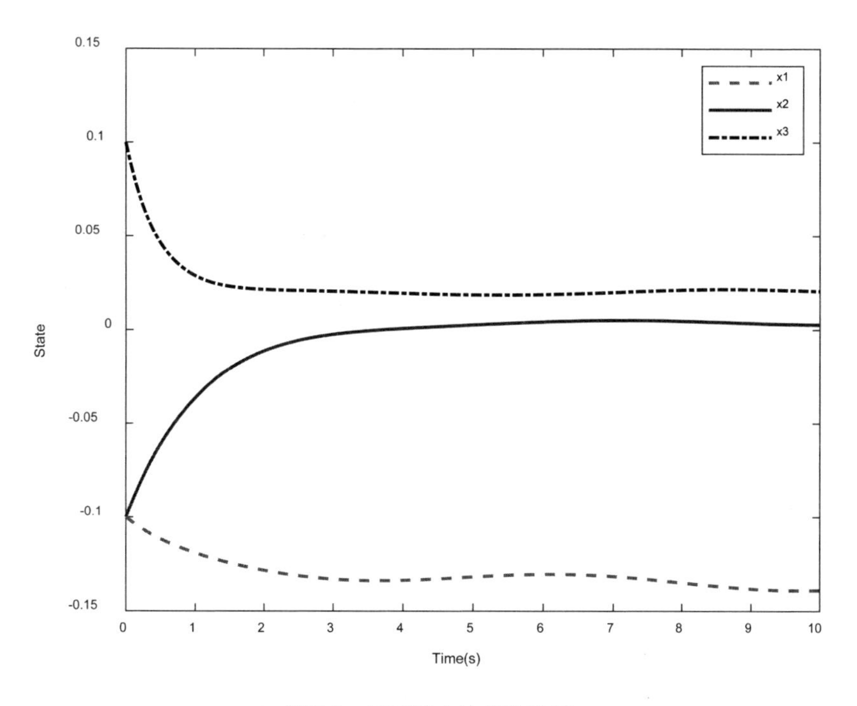

图5.6　子系统1的状态响应

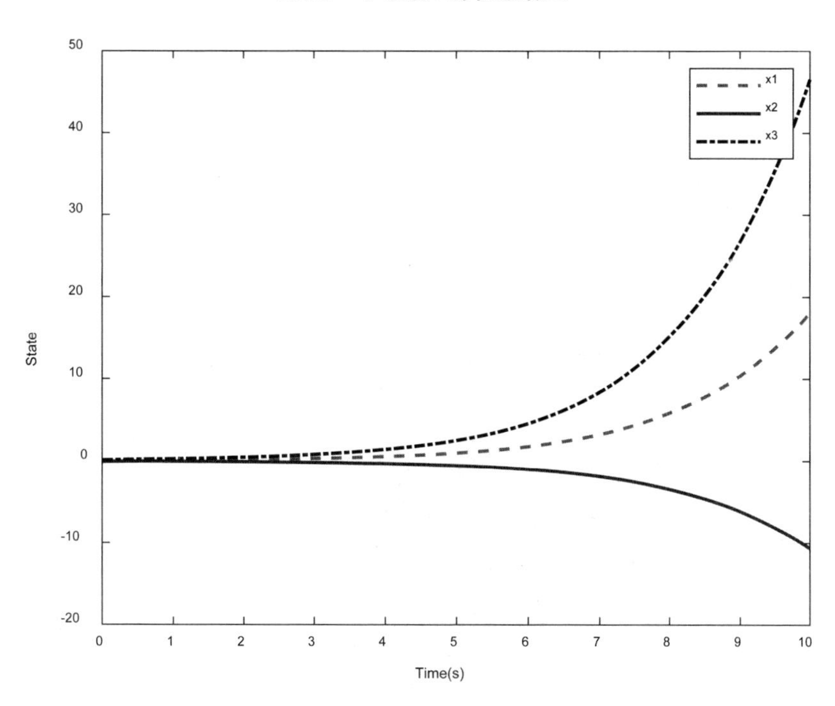

图5.7　子系统2的状态响应

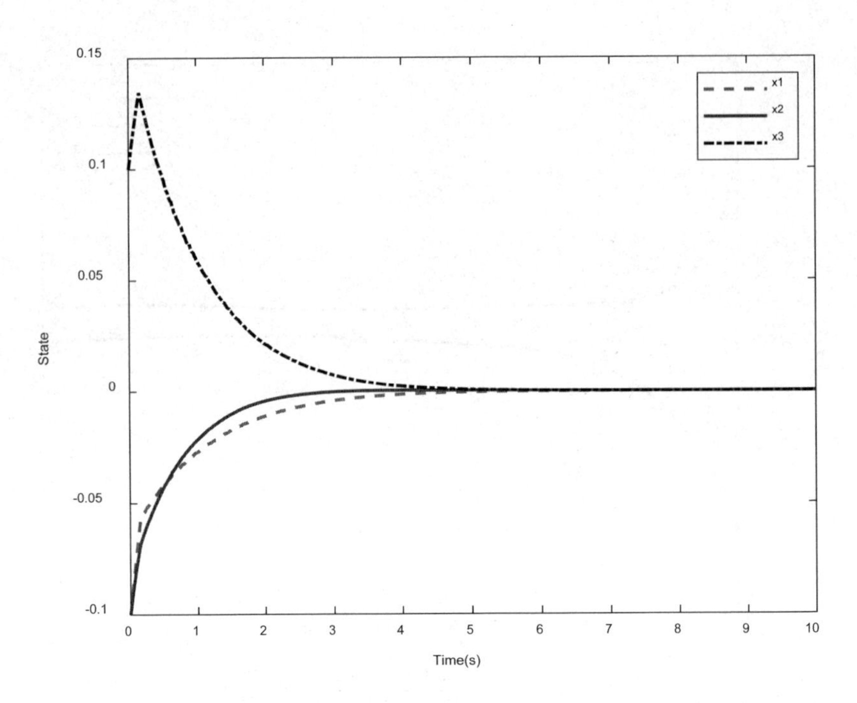

图5.8　采用可靠保成本控制器的闭环系统（5.51）的状态响应

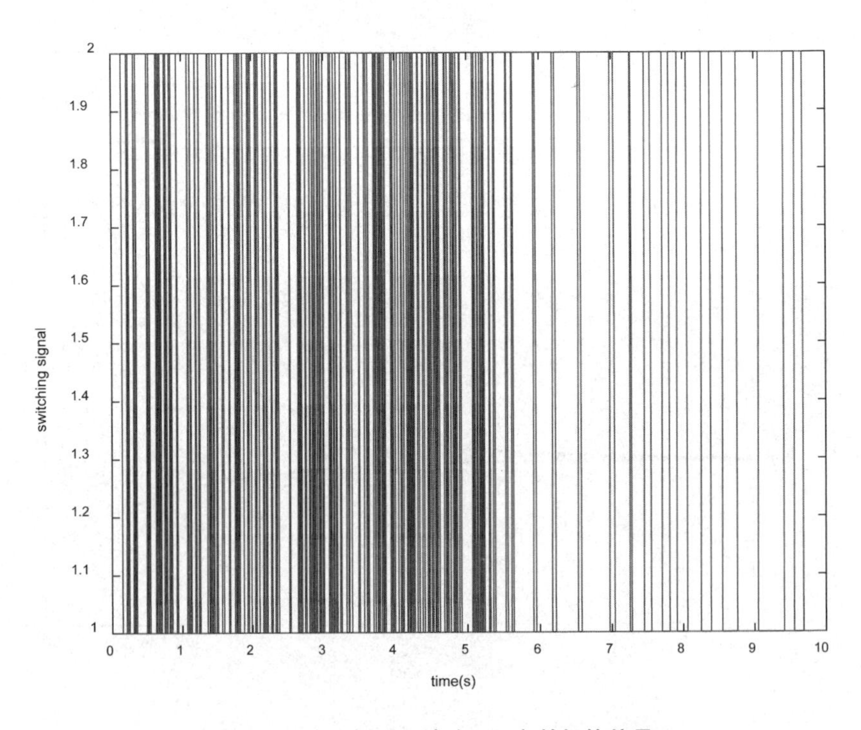

图5.9　所示 闭环系统（5.51）的切换信号

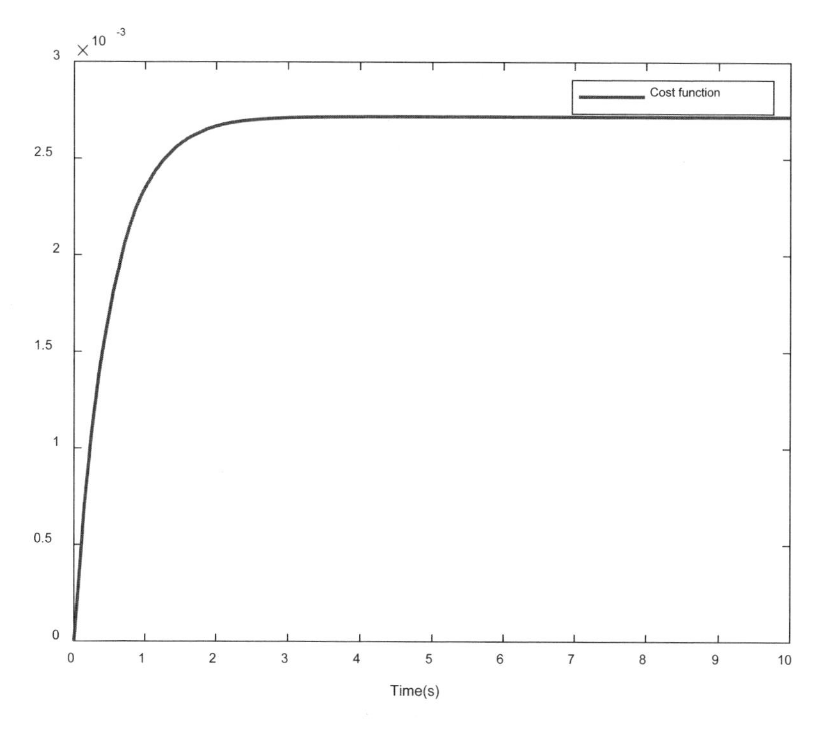

图5.10　具有可靠保成本控制器的闭环系统（5.51）的成本函数

接下来，通过解优化问题（5.51），可得

$$\beta^* = 0.0060,$$

$$F_1 = W_1P_1 = \begin{bmatrix} 0.7458 & 0.1712 & -0.0612 \\ -0.7470 & -0.2077 & 0.5529 \end{bmatrix}, F_2 = W_2P_2 = \begin{bmatrix} -0.1770 & -0.1154 & -0.1875 \\ 0.1174 & 0.1497 & -0.1384 \end{bmatrix}.$$

其中 F_i 为常规保成本控制器的增益。执行器发生故障时，闭环系统（5.52）的状态响应曲线如图 5.11 所示。在同一组数据下，显然，与本文设计的可靠保成本控制器相比，传统的保成本控制器在执行器失效的情况下无法实现切换系统（5.52）的稳定性。同样，成本函数曲线如图 5.12 所示，可以看出系统也没有达到所需要满足的性能指标 $J < \beta^*$。因此，可以证明，执行器中出现故障可以在很大程度上破坏系统的原有性能。如果在控制器设计过程中不考虑这种因素，而采用常规的保成本控制器，不仅会破坏系统稳定性，而且不能满足保成本控制的性能指标。因此，设计可靠保成本控制器的重要性不容忽视。

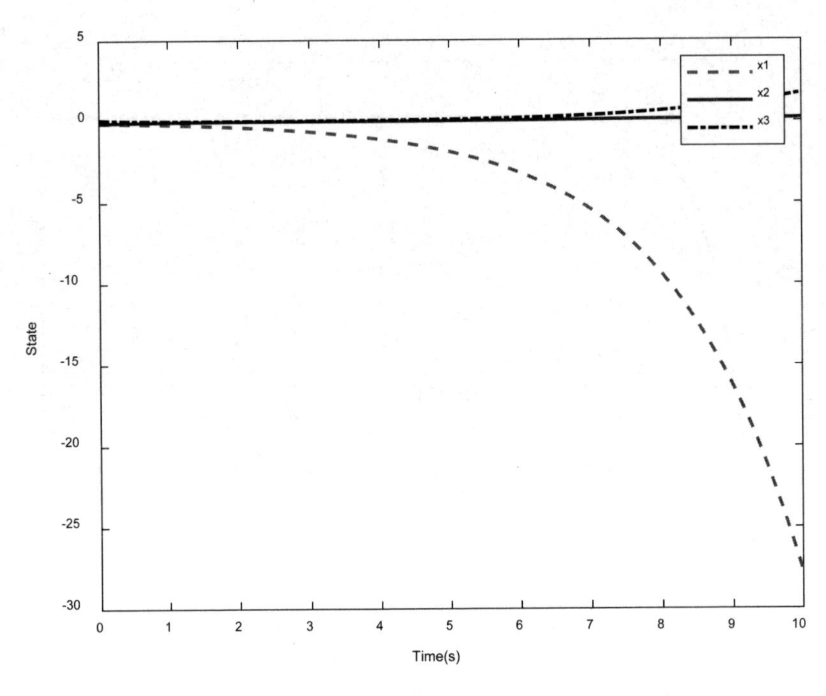

图5.11　采用常规保成本控制器的闭环系统（5.51）的状态响应

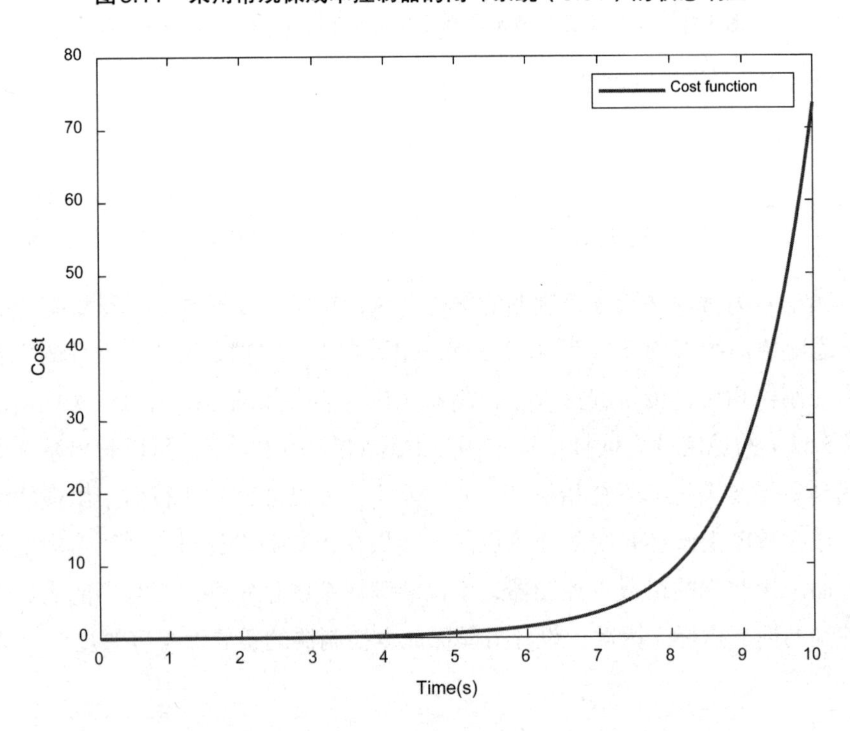

图5.12　具有常规保成本控制器的闭环系统（5.51）的成本函数

5.4 小节

本章利用多李雅普诺夫函数方法，研究了具有执行器饱和的非线性切换系统的容错控制和保成本控制问题。

第一部分研究了一类具有执行器饱和的不确定非线性切换系统的鲁棒容错控制问题。我们的目的是设计切换律和容错状态反馈控制律，使得闭环系统是渐近稳定的，并且最大化吸引域的估计值。利用多 Lyapunov 函数方法，给出了鲁棒容错控制律存在的一些充分条件。通过求解具有一组线性矩阵不等式约束的凸优化问题，给出了状态反馈鲁棒容错控制器和吸引域的估计。最后，通过数值仿真验证了所提设计方法的有效性。

此外，由最小切换律产生的 Zeno 现象会带来很多麻烦，这将对实际工程系统造成致命的破坏。因此，在未来的工作中，我们将分别使用广义多 Lyapunov 函数方法和驻留时间方法来研究带有执行器饱和和执行器故障的切换系统的镇定和控制综合问题，并且基于这两种方法设计的切换律可以有效地避免 Zeno 现象。

第二部分研究了一类不确定非线性饱和切换系统的可靠保成本控制问题。考虑到系统存在不确定因素和执行器失效因素，通过设计切换律和可靠保成本控制器，来保证在存在前面那些影响因素的前提下，闭环系统依然可以渐近稳定，并获得成本函数的最小上界。采用多 Lyapunov 函数方法，给出了可靠保成本控制器存在的充分条件。然后，在给定一些标量参数的前提下，将上述问题转换为线性矩阵不等式约束下的优化问题。通过最后的算例，验证所提方法的有效性。

通过对比现有的关于输入饱和非线性切换系统的研究成果，本部分的研究内容有以下特点。首先，在执行器饱和状态下，本文将执行器失效和一些影响因素考虑在所设计的切换系统中深入研究了保成本控制问题和稳定性问题，而不单是对稳定性的分析。其次，本部分采用多重李雅普诺夫函数方法研究饱和非线性切换系统，不需要子系统控制问题的可解性，而现有的工作是针对任意切换和每个子系统的可解性。最后，在控制器的设计中，本文采用比较的方法，更直观地看到执行器故障对系统的影响，从而证明了本文研究内容的意义。

第6章　非线性饱和切换系统的L_2-增益分析与容错控制

6.1　引言

在上一章中，基于多李雅普诺夫函数技术，研究了具有执行器饱和以及执行器故障的非线性饱和切换的可靠镇定和保成本控制问题。但是，这忽略了一个事实：那就是切换系统在实际应用中会遇到各种外部干扰。如果忽视这些干扰，系统性能将显著下降，甚至导致系统不稳定，进而可能导致灾难性事故[84-88]。因此，切换系统的L_2-增益分析与设计成为一个非常有趣的研究课题。文献[284]采用多重Lyapunov函数方法研究了切换系统的稳定性、L_2-增益和H_∞控制。[285]利用多重Lypunov函数方法研究了一类切换系统的L_2-增益分析问题。利用平均驻留时间法，[286]研究了线性切换系统的L_2-增益分析和输出反馈控制。

另外，在各个领域的大多数实际系统中，时滞是普遍存在的文献[287,288]，在最坏的情况下，时滞会导致系统性能差，甚至不稳定[289]。因此，在过去的几十年里，时滞系统的控制问题得到了特殊的关注，并取得了大量的成果[290-293]。在文献[291]中，通过构造一个新的Lyapunov-Krasovskii泛函，使用一些线性矩阵不等式设计了一个合适的切换信号，提出了保证所研究系统渐近稳定的新充分条件。对于具有时变时滞的连续线性系统，文献[292]通过构造一个新的Lyapunov-Krasovskii泛函，研究了时滞范围相关的稳定性分析问题。在文献[293]中，利用增广Lyapunov-Krasovskii泛函、广义扇区条件和一些先进不等式，解决了具有执行器饱和的线性输入时滞系统的抗干扰问题。迄今为止，对饱和切换系统在具有外部扰动、时滞和执行器失效的情况下的容错控制的研究相对较少。

本章针对以上几个问题，研究了连续时间非线性饱和切换系统的非脆弱 L_2- 增益分析与容错控制问题。本章共分为两个部分。

第一部分的工作内容是针对输入饱和作用下非线性切换系统，利用最小驻留时间方法，导出了系统鲁棒指数稳定的充分条件；其次，利用最小驻留时间法推导了在执行器失效时系统最大容许扰动存在的充分条件。在定理 6.1 的基础上，给出了系统存在加权 L_2- 增益的充分条件。进一步，为了使闭环系统的吸引域估计最大化，我们引入了形状参考集。此外，还设计了容错反馈控制器，使其具有最大的容许干扰值和最小的加权 L_2- 增益上界。通过给定一些标量参数的值，求解一个具有 LMI 约束的凸优化问题，得到定理 6.1、定理 6.2 和定理 6.3 最优化问题的解。最后，通过数值算例验证了该方法的有效性。

第二部分的工作内容是研究了一类输入饱和时变时滞的非线性连续时间切换系统的干扰抑制和执行器失效问题。首先，利用 Lyapunov–Krasovskii 泛函方法结合 Jensen 积分不等式方法，得到了系统存在外部扰动时容许干扰存在的充分条件；其次，基于最小驻留时间方法，给出了系统指数稳定性的证明，并得到了相应的推论；接下来，根据上述结果，对系统的加权 L_2- 增益进行分析；然后，设计了容错反馈控制器，使其具有最大的容许干扰值和最小的加权 L_2- 增益上界；进一步，给出一些标量参数的值，通过求解一个具有 LMI 约束的凸优化问题，得到定理 6.4 和定理 6.5 优化问题的解；最后，通过数值算例验证了该方法的有效性。

6.2　具有执行器故障的饱和切换非线性系统的鲁棒指数镇定与 L_2- 增益分析

6.2.1　问题描述与预备知识

考虑以下具有外部干扰和输入饱和的不确定非线性切换系统：

$$\begin{cases} \dot{x} = (A_\sigma + \Delta A_\sigma)x + (B_\sigma + \Delta B_\sigma)sat(u) + E_\sigma w + G_\sigma f_\sigma(x), \\ z = C_\sigma x + D_\sigma w, \end{cases} \tag{6.1}$$

其中，$x \in \mathbb{R}^n$ 是系统的状态向量，$u \in \mathbb{R}^q$ 是系统的输入向量，$w \in \mathbb{R}^d$ 是干扰输入信号，$z \in \mathbb{R}^l$ 是控制输出信号，$f_\sigma(x)$ 是未知的非线性函数。$A_\sigma, B_\sigma, E_\sigma, G_\sigma, C_\sigma$ 和 D_σ 是具有适当维数的已知实常数矩阵。作为系统的切换信号，$\sigma = \sigma(t): t \to [1, N]$ 是依赖于时间或者状态的分段常值函数。当 $t \in [t_k, t_{k+1}), \sigma = \sigma(t_k) = i \in [1, N]$ 时，意味着切换系统的第 i 个子系统被激活。$sat: \mathbb{R}^q \to \mathbb{R}^q$ 为标准向量值的饱和函数，定义如下：

$$\begin{cases} sat(u) = [sat(u^1), \cdots sat(u^q)]^T, \\ sat(u^j) = sign(u^j)\min\left\{1, |u^j|\right\}, \\ \forall j \in Q_q = \left\{1, \cdots, q\right\}. \end{cases} \tag{6.2}$$

ΔA_i 和 ΔB_i 是具有以下结构的时变不确定性矩阵 .

$$[\Delta A_i, \Delta B_i] = T_i \theta(t)[F_{1i}, F_{2i}], \tag{6.3}$$

其中，T_i, F_{1i}, F_{2i} 是用于描述不确定性的已知适当维数的常数矩阵，$\theta(t)$ 是满足 $\theta^T(t)\theta(t) \le I$ 的时变适维矩阵。

接下来，考虑采用如下结构状态反馈控制器

$$u_i(t) = F_i x, i \in I_N. \tag{6.4}$$

其中 F_i 代表控制器增益矩阵。

显然，闭环系统可以被表示为

$$\begin{cases} \dot{x} = (A_i + \Delta A_i)x + (B_i + \Delta B_i)sat(F_i x) + E_i w + G_i f_i(x), \\ z = C_i x + D_i w. \end{cases} \tag{6.5}$$

执行器故障矩阵的模型 M_i，$i \in N$，具体定义如下：

$$M_i = diag\left\{m_{i1}, m_{i2}, \cdots, m_{iq}\right\},$$

式中 $0 \le \underline{m}_{il} \le m_{il} \le \bar{m}_{il} \le 1, l \in \mathbb{Q}_q$。$\underline{m}_{il}$ 和 $\bar{m}_{il}$ 是已知常数。那么，定义矩阵

$$\begin{aligned} & L_i = diag\left\{\ell_{i1}, \ell_{i2}, \cdots, \ell_{iq}\right\}, \\ & \left|L_i\right| = diag\left\{\left|\ell_{i1}\right|, \left|\ell_{i2}\right|, \cdots, \left|\ell_{iq}\right|\right\}, \\ & J_i = diag\left\{\wp_{i1}, \wp_{i2}, \cdots, \wp_{iq}\right\}, \\ & M_{i0} = diag(\tilde{m}_{i1}, \tilde{m}_{i2}, \cdots, \tilde{m}_{iq}), \end{aligned} \tag{6.6}$$

其中，

$$l_{il}=\frac{m_{il}-\tilde{m}_{il}}{\tilde{m}_{il}},\wp_{il}=\frac{\overline{m}_{il}-\underline{m}_{il}}{\overline{m}_{il}+\underline{m}_{il}},\tilde{m}_{il}=\frac{1}{2}\left(\overline{m}_{il}+\underline{m}_{il}\right).$$

因此得到如下连续故障模型：

$$M_i=M_{i0}(I+L_i),\quad |L_i|\le J_i\le I. \tag{6.7}$$

则包含执行器故障的闭环系统（6.5）可以被重新写为：

$$\begin{cases}\dot{x}=(A_i+\Delta A_i)x+(B_i+\Delta B_i)M_i sat(F_i x)+E_i w+G_i f_i(x),\\ z=C_i x+D_i w.\end{cases} \tag{6.8}$$

我们采用以下假设、定义和引理来支持本文的主要结果。

假设 6.1[140] 对于闭环系统（6.8），系统的抗扰能力是通过 L_2– 增益来衡量的，因此必须扰动的能量必须是有界的，否则系统状态可能是无界的。因此，规定：

$$W_\beta^2:=\left\{w:\mathbb{R}_+\to\mathbb{R}^d:\int_0^\infty w^T(t)w(t)dt\le\beta\right\}, \tag{6.9}$$

其中 β 是一个正常数，表示系统的容许干扰能力。

假设 6.2[249] 存在 N 个已知常数矩阵 Γ_i 使得未知非线性函数 $f_i(x),\forall x\in\mathbb{R}^n$ 满足如下约束

$$\|f_i(x)\|\le\|\Gamma_i x\|,i\in I_N. \tag{6.10}$$

定义 6.1[253] 对于 $\alpha>0$ 和 $\gamma>0$，如果在零初始条件下，有

$$\int_0^\infty e^{-\alpha t}z^T(t)z(t)dt<\gamma^2\int_0^\infty w^T(t)w(t)dt. \tag{6.11}$$

成立，则系统（6.8）被称为具有加权 L_2– 增益。

引理 6.1[250] 给定任意常数 $\xi>0$，任意就具有适当维数的矩阵 M，Ξ，U。如果对于 $x\in\mathbb{R}^n$，Ξ 满足 $\Xi^T\Xi\le I$，那么如下矩阵不等式成立：

$$2x^T M\Xi Ux\le\xi x^T MM^T x+\xi^{-1}x^T U^T Ux \tag{6.12}$$

令 $P\in\mathbb{R}^{n\times n}$ 为正定矩阵，那么椭球体定义为：

$$\Omega(P,\rho)=\left\{x\in\mathbb{R}^n:x^T Px\le\rho,\rho>0\right\} \tag{6.13}$$

H^l 代表矩阵 $H\in\mathbb{R}^{q\times n}$ 的第 l 行。定义如下对称多面体：

$$L(H)=\left\{x\in\mathbb{R}^n:|H^l x|\le 1,l\in\mathbb{Q}_q\right\} \tag{6.14}$$

令 D 表示 $q\times q$ 对角矩阵的集合，其对角元素是 1 或 0。例如：若 $q=2$，那么

$$D=\left\{\begin{bmatrix}1&0\\0&1\end{bmatrix},\begin{bmatrix}1&0\\0&0\end{bmatrix},\begin{bmatrix}0&0\\0&1\end{bmatrix},\begin{bmatrix}0&0\\0&0\end{bmatrix}\right\}.$$

得知，在 D 中有 2^q 个元素。假定 D 中的元素表示成 D_s，显然有 $D_s^-=I-D_s\in D,s\in Q=\{1,2,\cdots,2^q\}$。

引理 6.2[130] 给定 $F_i,H_i\in\mathbb{R}^{q\times n}$，对于任意 $x\in\mathbb{R}^n$，如果 $x\in L(H)$，那么

$$sat(F_ix)\in co\{D_sF_ix+D_s^-H_ix,s\in Q\},$$

其中 $co\{\bullet\}$ 表示集合的凸包。因此，$sat(F_ix)$ 可以被写为

$$sat(F_ix)=\sum_{s=1}^{2^q}\eta_s(D_sF_i+D_s^-H_i)x,$$

其中 $\sum_{s=1}^{2^q}\eta_s=1,0\le\eta_s\le1$。

引理 6.3[282] 对于适维矩阵 R_1 和 R_2，假设存在正标量 $\alpha_i>0$，使得

$$R_1\Sigma(t)R_2+R_2^T\Sigma^T(t)R_1^T\le\alpha_iR_1UR_1^T+\alpha_i^{-1}R_2^TUR_2 \tag{6.15}$$

成立，其中 U 是正定对角矩阵，$\Sigma(t)$ 时变对角矩阵，并且 U 是满足 $|\Sigma(t)|\le U$ 的已知常值矩阵。

6.2.2 稳定性分析

在本节中，基于最小驻留时间方法，导出了当 $w=0$ 时闭环系统（6.8）指数稳定的充分条件。利用最小驻留时间方法，即 $t_{k+1}-t_k\ge\tau_\alpha$，$k=0,1,2,\cdots$，其中 $t_0<t_1<\cdots<t_k<\cdots$ 是切换时间序列，τ_α 代表最小驻留时间，我们获得下面主要结论。

定理 6.1 对于给定常数 $\mu\ge1$ 和 $\alpha>0$，如果存在正定矩阵 P_i，矩阵 H_i 以及正常数 $\xi_i,\varepsilon_i,\zeta_i$ 使得对于 $\forall i,j\in[1,N]$，$\forall s\in\mathbb{Q}$，有如下条件成立：

$$\begin{bmatrix}\Pi_{is0} & * \\ \Pi_{is1} & -\xi_iI+\zeta_iF_{2i}M_{i0}J_iM_{i0}^TF_{2i}^T\end{bmatrix}<0, \tag{6.16}$$

$$\Omega(P_i,1)\subset \mathrm{L}\ (H_i), \tag{6.17}$$

$$P_i\le\mu P_j,i\ne j, \tag{6.18}$$

其中

$$\begin{aligned}\Pi_{is} &= P_i[A_i + B_iM_i\ (D_sF_i + D_s^-H_i)] + [A_i + B_iM_i\ (D_sF_i + D_s^-H_i)]^T P_i \\ &\quad + \varepsilon_i P_iG_iG_i^T P_i + \varepsilon_i^{-1}\Gamma_i^T\Gamma_i + \alpha P_i + \zeta_i P_iB_iM_{i0}J_iM_{i0}^TB_i^TP_i \\ &\quad + \xi_iP_iT_iT_i^TP_i + \zeta_i^{-1}(D_sF_i + D_s^-H_i)^T J_i(D_sF_i + D_s^-H_i), \\ \Pi_{is1} &= F_{1i} + F_{2i}M_{i0}(D_sF_i + D_s^-H_i) + \zeta_iF_{2i}M_{i0}J_iM_{i0}^TB_i^TP_i.\end{aligned}$$

那么，对于最小驻留时间 τ_α 满足

$$\tau_\alpha \ge \tau_\alpha^* = \frac{\ln\mu}{\alpha}, \tag{6.19}$$

的切换信号 σ，闭环系统（6.8）是指数稳定的。

证明　根据引理 6.2，对于任意的 $x \in L(H_i)$，有

$$sat(F_ix) \in co\{D_sF_ix + D_s^-H_ix, s \in Q\},$$

那么，

$$\begin{aligned}&(A_i + \Delta A_i)x + (B_i + \Delta B_i)M_isat(F_ix) \in \\ &co\left\{(A_i + \Delta A_i)x + (B_i + \Delta B_i)M_i(D_sF_i + D_s^-H_i)x, s \in Q\right\}.\end{aligned}$$

选择如下 Lyapunov 函数：

$$V(t) = V_{\sigma(t)}(x) = x^T(t)P_{\sigma(t)}x(t). \tag{6.20}$$

对于任意切换时间序列 $t_0 < t_1 < \cdots < t_k < \cdots$，假设对于 $\forall t \in [t_k, t_{k+1})$，有 $\sigma = \sigma(t_k) = i \in [1, N]$。当 $t \in [t_k, t_{k+1})$ 时，知 $V_i(x)$ 沿闭环系统（6.8）的轨迹关于时间的导数为

$$\begin{aligned}\dot V_i(x) &= \dot x^T P_i x + x^T P_i \dot x \\ &= \sum_{s=1}^{2^q}\eta_{is}2x^TP_i\{[(A_i + \Delta A_i) + (B_i + \Delta B_i)M_i(D_sF_i + D_s^-H_i)]x + E_iw + G_if_i(x)\} \\ &\le \max_{s\in\mathbb{Q}} 2x^TP_i\{[A_i + B_iM_i(D_sF_i + D_s^-H_i)] + T_i\theta(t)[F_{1i} + F_{2i}M_i(D_sF_i + D_s^-H_i)]\}x \\ &\quad + 2x^TP_iG_if_i(x).\end{aligned}$$

根据引理 6.1 和假设 6.2，有如下不等式成立：

$$2x^TP_iG_if_i(x) \le \varepsilon_ix^TP_iG_iG_i^TP_ix + \varepsilon_i^{-1}x^T\Gamma_i^T\Gamma_ix,$$

$$\begin{aligned}&x^T\{P_iT_i\theta(t)[F_{1i} + F_{2i}M_i(D_sF_i + D_s^-H_i)] + [F_{1i} + F_{2i}M_i(D_sF_i + D_s^-H_i)]^T\theta^T(t)T_i^TP_i\}x \\ &\le \xi_ix^TP_iT_iT_i^TP_ix + \xi_i^{-1}x^T[F_{1i} + F_{2i}M_i(D_sF_i + D_s^-H_i)]^T[F_{1i} + F_{2i}M_i(D_sF_i + D_s^-H_i)]x.\end{aligned}$$

很容易计算出

$$
\begin{aligned}
&\dot{V}_i(t)+\alpha V_i(t)\\
&\leq \max_{s\in\mathbb{Q}} x^T\{P_i[A_i+B_iM_i(D_sF_i+D_s^-H_i)]+[A_i+B_iM_i(D_sF_i+D_s^-H_i)]^T P_i+\xi_i P_iT_iT_i^T P_i+\varepsilon_i^{-1}\Gamma_i{}^T\Gamma_i\\
&\quad+\xi_i^{-1}[F_{1i}+F_{2i}M_i(D_sF_i+D_s^-H_i)]^T[F_{1i}+F_{2i}M_i(D_sF_i+D_s^-H_i)]+\varepsilon_i P_iG_iG_i^T P_i+\alpha P_i\}x,
\end{aligned}
$$

根据（6.16），利用矩阵变换的方法，我们可以得到如下不等式：

$$
\begin{aligned}
&\begin{bmatrix}\Pi_{is0} & * \\ \Pi_{is1} & -\xi_i I+\zeta_i F_{2i}M_{i0}J_iM_{i0}^TF_{2i}^T\end{bmatrix}\\
&=\begin{bmatrix}\Pi_{is2} & * \\ F_{1i}+F_{2i}M_{i0}(D_sF_i+D_s^-H_i) & -\xi_i I\end{bmatrix}+\zeta_i\begin{bmatrix}P_iB_iM_{i0}\\ F_{2i}M_{i0}\end{bmatrix}J_i\begin{bmatrix}M_{i0}^TB_i^TP_i & M_{i0}^TF_{2i}^T\end{bmatrix}\\
&\quad+\zeta_i^{-1}\begin{bmatrix}(D_sF_i+D_s^-H_i)^T\\ 0\end{bmatrix}J_i\begin{bmatrix}D_sF_i+D_s^-H_i & 0\end{bmatrix}<0
\end{aligned}
\tag{6.21}
$$

其中

$$
\begin{aligned}
\Pi_{is2}=&P_i[A_i+B_iM_{i0}(D_sF_i+D_s^-H_i)]+[A_i+B_iM_{i0}(D_sF_i+D_s^-H_i)]^TP_i\\
&+\xi_iP_iT_iT_i^TP_i+\varepsilon_iP_iG_iG_i^TP_i+\varepsilon_i^{-1}\Gamma_i{}^T\Gamma_{ii}+\alpha P_i
\end{aligned}
$$

根据等式（6.7）和引理 6.3，可得：

$$
\begin{aligned}
&\begin{bmatrix}\Pi_{is2} & * \\ F_{1i}+F_{2i}M_{i0}(D_sF_i+D_s^-H_i) & -\xi_i I\end{bmatrix}+\begin{bmatrix}P_iB_iM_{i0}\\ F_{2i}M_{i0}\end{bmatrix}L_i\begin{bmatrix}D_sF_i+D_s^-H_i & 0\end{bmatrix}\\
&\quad+\left\{\begin{bmatrix}P_iB_iM_{i0}\\ F_{2i}M_{i0}\end{bmatrix}L_i\begin{bmatrix}D_sF_i+D_s^-H_i & 0\end{bmatrix}\right\}^T\\
&=\begin{bmatrix}\Pi_{is2} & * \\ F_{1i}+F_{2i}M_{i0}(D_sF_i+D_s^-H_i) & -\xi_i I\end{bmatrix}\\
&\quad+\begin{bmatrix}P_iB_iM_{i0}L_i(D_sF_i+D_s^-H_i) & 0\\ F_{2i}M_{i0}L_i(D_sF_i+D_s^-H_i) & 0\end{bmatrix}+\\
&\quad\begin{bmatrix}(D_sF_i+D_s^-H_i)^TL_i^TM_{i0}^TB_i^TP_i & (D_sF_i+D_s^-H_i)^TL_i^TM_{i0}^TF_{2i}^T\\ 0 & 0\end{bmatrix}\\
&=\begin{bmatrix}\Pi_{is3} & * \\ F_{1i}+F_{2i}M_i(D_sF_i+D_s^-H_i) & -\xi_i I\end{bmatrix}<0,
\end{aligned}
\tag{6.22}
$$

其中，

$$
\begin{aligned}
\Pi_{is3}=&P_i[A_i+B_iM_i(D_sF_i+D_s^-H_i)]+[A_i+B_iM_i(D_sF_i+D_s^-H_i)]^TP_i\\
&+\xi_iP_iT_iT_i^TP_i+\varepsilon_iP_iG_iG_i^TP_i+\varepsilon_i^{-1}\Gamma_i{}^T\Gamma_i+\alpha P_i.
\end{aligned}
$$

由 Schur 补引理，可得

$$\begin{aligned}&P_i[A_i+B_iM_i(D_sF_i+D_s^-H_i)]+[A_i+B_iM_i(D_sF_i+D_s^-H_i)]^TP_i\\&\quad+\xi_i^{-1}[F_{1i}+F_{2i}M_i(D_sF_i+D_s^-H_i)]^T[F_{1i}+F_{2i}M_i(D_sF_i+D_s^-H_i)]\\&\quad+\xi_iP_iT_iT_i^TP_i+\varepsilon_i^{-1}\Gamma_i^T\Gamma_i+\varepsilon_iP_iG_iG_i^TP_i+\alpha P_i<0.\end{aligned}\tag{6.23}$$

将（6.23）式左边乘以 x^T，右边乘以 x，可得

$$\begin{aligned}&x^T\{A_i+B_iM_i(D_sF_i+D_s^-H_i)]+[A_i+B_iM_i(D_sF_i+D_s^-H_i)]^TP_i+\xi_iP_iT_iT_i^TP_i+\varepsilon_i^{-1}\Gamma_i^T\Gamma_i\\&\quad+\xi_i^{-1}[F_{1i}+F_{2i}M_i(D_sF_i+D_s^-H_i)]^T[F_{1i}+F_{2i}M_i(D_sF_i+D_s^-H_i)]\\&\quad+\varepsilon_iP_iG_iG_i^TP_i+\alpha P_i\}x<0.\end{aligned}\tag{6.24}$$

即

$$\dot{V}_i(t)+\alpha V_i(t)<0.\tag{6.25}$$

根据上述不等式，有

$$V_i(t)\le e^{-\alpha(t-t_k)}V_i(t_k),\quad \forall t\in[t_k,t_{k+1}).\tag{6.26}$$

特别地，可以从上述证明中，得出

$$V_{\sigma(t_k)}(t)=x^T(t)P_{\sigma(t_k)}x(t)\le e^{-\alpha(t-t_k)}V_{\sigma(t_k)}(t_k),\forall t\in[t_k,t_{k+1}),k=0,1,2,\cdots.\tag{6.27}$$

在切换时刻 t_k，由式（6.18）中的不等式，可知

$$V_{\sigma(t_k)}(t_k)\le\mu V_{\sigma(t_k^-)}(t_k),\quad k=1,2,3,\cdots.\tag{6.28}$$

那么，对于任意初始状态 $x_0\in\Omega(P_i,1)$，可以根据式（6.27）得到如下不等式

$$\begin{aligned}V_{\sigma(0)}(t)&=x^T(t)P_{\sigma(0)}x(t)\le e^{-\alpha t}V_{\sigma(0)}(0)\\&\le V_{\sigma(0)}(0),\quad \forall t\in[0,t_1),(t_0=0),\end{aligned}\tag{6.29}$$

即，对于 $\forall t\in[0,t_1)$，有 $x(t)\in\Omega(P_{\sigma(0)},1)$。根据条件（6.17），不难得出 $x(t)\in L\ (H_{\sigma(0)}),\forall t\in[0,t_1)$. 此外，利用不等式（6.27）–（6.29）以及 $t_{k+1}-t_k>\tau_\alpha^*=\dfrac{\ln\mu}{\alpha}$，$(e^{-\alpha\tau_\alpha^*}=\dfrac{1}{\mu})$，得知

$$\begin{aligned}V_{\sigma(t_1)}(t_1)&\le\mu V_{\sigma(t_1^-)}(t_1)\le\mu e^{-\alpha t_1}V_{\sigma(0)}(0)\\&\le e^{-\alpha t_1+\frac{t_1-t_0}{\tau_\alpha}\ln\mu}V_{\sigma(0)}(0)\le V_{\sigma(0)}(0).\end{aligned}\tag{6.30}$$

类似地，对于 $\forall t\in[t_1,t_2)$，从（6.27）和（6.30）不难得出

$$V_{\sigma(t_1)}(t)=x^T(t)P_{\sigma(t_1)}x(t)\le e^{-\alpha(t-t_1)}V_{\sigma(t_1)}(t_1)\le V_{\sigma(t_1)}(t_1),$$

即 $x(t)\in\Omega(P_{\sigma(t_1)},1),\forall t\in[t_1,t_2)$。根据条件（6.17），对于 $\forall t\in[t_1,t_2)$，有 $x(t)\in L(H_{\sigma(t_1)})$。重复以上分析过程，那么对于 $\forall t\in[t_k,t_{k+1})$，$k=1,2,\cdots$，可得 $x(t)\in L(H_{\sigma(t_k)})$。换言之，对于任意初始条件 $x_0\in\Omega(P,1)$，在任意切换信号作用下我们总能得出 $x(t)\in L(H_{\sigma(t)})$。

当 $\sigma(t_k)=i$ 时，根据（6.18）和（6.26），在切换时刻 $t_0<t_1<\cdots<t_k<t$，有

$$\begin{aligned}V_{\sigma(t_k)}(t)&\le e^{-\alpha(t-t_k)}V_{\sigma(t_k)}(t_k)\\&\le \mu e^{-\alpha(t-t_k)}V_{\sigma(t_k^-)}(t_k^-)\\&\le \mu e^{-\alpha(t_k-t_{k-1})}V_{\sigma(t_{k-1})}(t_{k-1})\le\cdots\\&\le \mu^k e^{-\alpha(t-t_0)}V_{\sigma(t_0)}(t_0)\\&\le e^{-\alpha(t-t_0)+\frac{t-t_0}{\tau_\alpha}\ln\mu}V_{\sigma(t_0)}(t_0).\end{aligned}\tag{6.31}$$

根据 $t_{k+1}-t_k\ge\tau_\alpha$，$k=0,1,2,\cdots$ 和驻留时间 $\tau_\alpha>\tau_\alpha^*=\dfrac{\ln\mu}{\alpha}$，记 $k\le\dfrac{t-t_0}{\tau_\alpha}$。那么可以得到

$$V_{\sigma(t_k)}(t)\le e^{-\lambda(t-t_0)}V_{\sigma(t_0)}(t_0),\tag{6.32}$$

其中，$\lambda=\alpha-\dfrac{\ln\mu}{\tau_\alpha}$。

由上式可推导出

$$a\|x(t)\|^2\le V(t)\le e^{-\lambda(t-t_0)}V_{\sigma(t_0)}(t_0)\le b\|x_0\|^2e^{-\lambda(t-t_0)},\tag{6.33}$$

其中，$a=\inf\limits_{i\in[1,N]}\lambda_{\min}(P_i),b=\sup\limits_{i\in[1,N]}\lambda_{\max}(P_i)$.

更进一步，很容易得到当 $w(t)=0$ 时，（6.16）、（6.17）、（6.18）是闭环切换系统（6.8）满足以下不等式的充分条件

$$\|x(t)\|\le\sqrt{\frac{b}{a}e^{-\alpha(t-t_0)}}\|x_0\|.\tag{6.34}$$

这意味着系统（6.8）是指数稳定的。

证毕。

6.2.3 容许干扰

在本节中，当 $w\neq0$ 时，基于最小驻留时间方法，导出了闭环系统（6.8）从原点出发的状态轨迹始终保持在有界集合内的一个充分条件。

定理 6.2 对于给定常数 $\mu \geq 1$ 和 $\alpha > 0$，如果存在正定矩阵 P_i，矩阵 H_i 以及正常数 $\xi_i, \varepsilon_i, \zeta_i$ 使得对于 $\forall i, j \in [1, N]$，$\forall s \in \mathbb{Q}$，有如下条件成立：

$$\begin{bmatrix} \Pi_{is4} & * \\ \Pi_{is1} & -\xi_i I + \zeta_i F_{2i} M_{i0} J_i M_{i0}^T F_{2i}^T \end{bmatrix} < 0, \tag{6.35}$$

$$\Omega(P_i, \beta) \subset \mathrm{L}\ (H_i), \tag{6.36}$$

$$P_i \leq \mu P_j, i \neq j, \tag{6.37}$$

其中，

$$\begin{aligned} \Pi_{is\square} = & P_i[A_i + B_i M_i\ (D_s F_i + D_s^- H_i)] + [A_i + B_i M_i\ (D_s F_i + D_s^- H_i)]^T P_i \\ & + \varepsilon_i P_i G_i G_i^T P_i + \varepsilon_i^{-1} \Gamma_i^T \Gamma_i + P_i E_i E_i^T P_i + \alpha P_i + \zeta_i P_i B_i M_{i0} J_i M_{i0}^T B_i^T P_i \\ & + \xi_i P_i T_i T_i^T P_i + \zeta_i^{-1} (D_s F_i + D_s^- H_i)^T J_i (D_s F_i + D_s^- H_i). \end{aligned}$$

那么，对于最小驻留时间 τ_α 满足

$$\tau_\alpha \geq \tau_\alpha^* = \frac{\ln \mu}{\alpha} \tag{6.38}$$

的切换信号 σ，闭环系统（6.8）的状态轨迹始终保持在集合 $\cup_{i=1}^N \Omega(P_i, \beta)$ 内。

证明．根据引理 6.1，有如下不等式成立：

$$2x^T P_i E_i w \leq x^T P_i E_i E_i^T P_i x + w^T w.$$

利用类似于定理 6.1 的证明方法，可以推导出下列不等式

$$\dot{V}_i(t) + \alpha V_i(t) - w^T w < 0. \tag{6.39}$$

进一步可得

$$V_i(t) \leq e^{-\alpha(t-t_k)} V_i(t_k) + \int_{t_k}^t e^{-\alpha(t-\delta)} w^T(\delta) w(\delta) d\delta, \quad \forall t \in [t_k, t_{k+1}). \tag{6.40}$$

由上面的证明可以看出

$$\begin{aligned} V_{\sigma(t_k)}(t) = x^T(t) P_{\sigma(t_k)} x(t) \leq e^{-\alpha(t-t_k)} V_{\sigma(t_k)}(t_k) + \int_{t_k}^t e^{-\alpha(t-\delta)} w^T(\delta) w(\delta) d\delta, \\ \forall t \in [t_k, t_{k+1}), k = 0, 1, 2, \cdots. \end{aligned} \tag{6.41}$$

在每个切换瞬间 t_k，根据不等式（6.37），可得

$$V_{\sigma(t_k)}(t_k) \leq \mu V_{\sigma(t_k^-)}(t_k), \quad k = 1, 2, 3, \cdots. \tag{6.42}$$

那么，在零初始条件下，根据（6.41）可以得到下列不等式

$$\begin{aligned} V_{\sigma(0)}(t) = x^T(t) P_{\sigma(0)} x(t) & \leq e^{-\alpha t} V_{\sigma(0)}(0) + \int_0^t e^{-\alpha(t-\delta)} w^T(\delta) w(\delta) d\delta \\ & \leq V_{\sigma(0)}(0) + \int_0^t w^T(\delta) w(\delta) d\delta \leq \beta, \quad \forall t \in [0, t_1), (t_0 = 0). \end{aligned} \tag{6.43}$$

当$\sigma(t_k)=i$时，根据（6.29）和（6.31），在切换时刻$t_0<t_1<\cdots<t_k<t$，有

$$\begin{aligned}V_{\sigma(t_k)}(t)&\le e^{-\alpha(t-t_k)}V_{\sigma(t_k)}(t_k)+\int_{t_k}^{t}e^{-\alpha(t-\delta)}w^T(\delta)w(\delta)d\delta\\&\le \mu e^{-\alpha(t-t_k)}V_{\sigma(t_k^-)}(t_k^-)+\int_{t_k}^{t}e^{-\alpha(t-\delta)}w^T(\delta)w(\delta)d\delta\\&\le \mu[e^{-\alpha(t_k-t_{k-1})}V_{\sigma(t_{k-1})}(t_{k-1})+\int_{t_{k-1}}^{t_k}e^{-\alpha(t_k-\delta)}w^T(\delta)w(\delta)d\delta\,]e^{-\alpha(t-t_k)}\\&\quad+\int_{t_k}^{t}e^{-\alpha(t-\delta)}w^T(\delta)w(\delta)d\delta\le\cdots\\&\le \mu^k e^{-\alpha(t-t_0)}V_{\sigma(t_0)}(t_0)+\mu^k\int_{t_0}^{t_1}e^{-\alpha(t-\delta)}w^T(\delta)w(\delta)d\delta\\&\quad+\cdots+\mu^0\int_{t_k}^{t}e^{-\alpha(t-\delta)}w^T(\delta)w(\delta)d\delta\\&\le e^{-\alpha(t-t_0)+\frac{t-t_0}{\tau_\alpha}\ln\mu}V_{\sigma(t_0)}(t_0)+\int_{t_0}^{t}e^{-\alpha(t-\delta)+\frac{t-\delta}{\tau_\alpha}\ln\mu}w^T(\delta)w(\delta)d\delta.\end{aligned}\tag{6.44}$$

进而有

$$V_{\sigma(t_k)}(t)\le e^{-\lambda(t-t_0)}V_{\sigma(t_0)}(t_0)+\int_{t_0}^{t}e^{-\lambda(t-\delta)}w^T(\delta)w(\delta)d\delta.\tag{6.45}$$

当 $t\to\infty$ 时，可得

$$V(\infty)\le V_{\sigma(0)}(0)+\int_0^{\infty}w^T(\delta)w(\delta)d\delta\le\beta.\tag{6.46}$$

由此可知，在零初始条件下，闭环系统（6.8）的状态轨迹始终保持在集合$\bigcup_{i=1}^{N}\Omega(P_i,\beta)$内。

证毕。

6.2.4 L_2–增益分析

在本节中，基于定理 6.2，导出了保证加权 L_2 性能的充分条件。其前提是假定状态反馈控制律$u_i=F_ix$已经给定，并计算出相应的允许扰动β^*的最大值。

定理 6.3 对于给定常数$\beta\in[0,\beta^*]$，γ，$\mu\ge1$ 和 $\alpha>0$，假设存在正定矩阵P_i，矩阵H_i以及正常数$\xi_i,\varepsilon_i,\zeta_i$使得对于 $\forall i,j\in[1,N]$，$\forall s\in\mathbb{Q}$，有如下条件成立：

$$\begin{bmatrix}\Pi_{is5} & * & *\\ D_i^TC_i & D_i^TD_i+(1-\gamma^2)I & *\\ \Pi_{is1} & 0 & \nabla\end{bmatrix}<0,\tag{6.47}$$

$$\Omega(P_i,\beta)\subset\mathrm{L}\ (H_i),\tag{6.48}$$

$$P_i \le \mu P_j, i \ne j, \tag{6.49}$$

其中，

$$\begin{aligned}\Pi_{is\square} = & P_i[A_i + B_i M_i \ (D_s F_i + D_s^- H_i)] + [A_i + B_i M_i \ (D_s F_i + D_s^- H_i)]^T P_i \\ & + \varepsilon_i P_i G_i G_i^T P_i + \varepsilon_i^{-1} \Gamma_i^T \Gamma_i + P_i E_i E_i^T P_i + \alpha P_i + \zeta_i P_i B_i M_{i0} J_i M_{i0}^T B_i^T P_i \\ & + \xi_i P_i T_i T_i^T P_i + \zeta_i^{-1} (D_s F_i + D_s^- H_i)^T J_i (D_s F_i + D_s^- H_i) + C_i^T C_i, \\ \nabla = & -\xi_i I + \zeta_i F_{2i} M_{i0} J_i M_{i0}^T F_{2i}^T.\end{aligned}$$

那么，对于所有的 $w \in W_\beta^2$，在最小驻留时间 τ_α 满足

$$\tau_\alpha \ge \tau_\alpha^* = \frac{\ln \mu}{\alpha} \tag{6.50}$$

的切换信号 σ 作用下，闭环系统（6.8）从w到z的权重L_2–增益始终小于γ。

证明　引入 Lyapunov 函数

$$V(t) = V_{\sigma(t)}(x) = x^T(t) P_{\sigma(t)} x(t). \tag{6.51}$$

不难推导出

$$\begin{aligned}& \dot{V}_i(t) + \alpha V_i(t) + z^T(t) z(t) - \gamma^2 w^T w \\ \le & \max_{s \in \mathbb{Q}} x^T \{P_i[A_i + B_i M_i (D_s F_i + D_s^- H_i)] + [A_i + B_i M_i (D_s F_i + D_s^- H_i)]^T P_i + \xi_i P_i T_i T_i^T P_i \\ & + \xi_i^{-1} [F_{1i} + F_{2i} M_i (D_s F_i + D_s^- H_i)]^T [F_{1i} + F_{2i} M_i (D_s F_i + D_s^- H_i)] + \varepsilon_i P_i G_i G_i^T P_i + \varepsilon_i^{-1} \Gamma_i^T \Gamma_i \\ & + P_i E_i E_i^T P_i + \alpha P_i + C_i^T C_i\} x + x^T C_i^T D_i w + w^T D_i^T C_i x + w^T [D_i^T D_i + (1 - \gamma^2) I] w.\end{aligned}$$

根据（6.48），采用类似定理 6.2 的证明方法得到如下不等式：

$$\begin{aligned}& \begin{bmatrix} \Pi_{is5} & * & * \\ D_i^T C_i & D_i^T D_i + (1-\gamma^2) I & * \\ \Pi_{is1} & 0 & -\xi_i I + \zeta_i F_{2i} M_{i0} J_i M_{i0}^T F_{2i}^T \end{bmatrix} \\ = & \begin{bmatrix} \Pi_{is6} & * & * \\ D_i^T C_i & D_i^T D_i + (1-\gamma^2) I & * \\ F_{1i} + F_{2i} M_{i0} (D_s F_i + D_s^- H_i) & 0 & -\xi_i I \end{bmatrix} \\ & + \zeta_i \begin{bmatrix} P_i B_i M_{i0} \\ 0 \\ F_{2i} M_{i0} \end{bmatrix} J_i \begin{bmatrix} M_{i0}^T B_i^T P_i & 0 & M_{i0}^T F_{2i}^T \end{bmatrix} \\ & + \zeta_i^{-1} \begin{bmatrix} (D_s F_i + D_s^- H_i)^T \\ 0 \\ 0 \end{bmatrix} J_i \begin{bmatrix} D_s F_i + D_s^- H_i & 0 & 0 \end{bmatrix} < 0,\end{aligned} \tag{6.52}$$

其中，

$$\Pi_{is6}=P_i[A_i+B_iM_{i0}(D_sF_i+D_s^-H_i)]+[A_i+B_iM_{i0}(D_sF_i+D_s^-H_i)]^TP_i \\ +\xi_iP_iT_iT_i^TP_i+\varepsilon_iP_iG_iG_i^TP_i+\varepsilon_i^{-1}\Gamma_i^T\Gamma_i+P_iE_iE_i^TP_i+\alpha P_i+C_i^TC_i.$$

根据式（6.7）和引理6.3，有

$$\begin{bmatrix}\Pi_{is7} & * \\ D_i^TC_i & D_i^TD_i+(1-\gamma^2)I\end{bmatrix}<0, \tag{6.53}$$

式中，

$$\Pi_{is7}=P_i[A_i+B_iM_i(D_sF_i+D_s^-H_i)]+[A_i+B_iM_i(D_sF_i+D_s^-H_i)]^TP_i \\ +\xi_i^{-1}[F_{1i}+F_{2i}M_i(D_sF_i+D_s^-H_i)]^T[F_{1i}+F_{2i}M_i(D_sF_i+D_s^-H_i)] \\ +\xi_iP_iT_iT_i^TP_i+\varepsilon_i^{-1}\Gamma_i^T\Gamma_i+\varepsilon_iP_iG_iG_i^TP_i+P_iE_iE_i^TP_i+\alpha P_i+C_i^TC_i.$$

将（6.53）左右分别乘以$\begin{bmatrix}x^T & w^T\end{bmatrix}$和$\begin{bmatrix}x^T & w^T\end{bmatrix}^T$，可得

$$x^T\{P_i[A_i+B_iM_i(D_sF_i+D_s^-H_i)]+[A_i+B_iM_i(D_sF_i+D_s^-H_i)]^TP_i \\ +\xi_i^{-1}[F_{1i}+F_{2i}M_i(D_sF_i+D_s^-H_i)]^T[F_{1i}+F_{2i}M_i(D_sF_i+D_s^-H_i)] \\ +\xi_iP_iT_iT_i^TP_i+\varepsilon_iP_iG_iG_i^TP_i+\varepsilon_i^{-1}\Gamma_i^T\Gamma_i+P_iE_iE_i^TP_i+\alpha P_i+C_i^TC_i\}x \\ +x^TC_i^TD_iw+w^TD_i^TC_ix+w^T[D_i^TD_i+(1-\gamma^2)I]w<0.$$

即，

$$\dot{V}_i(t)+\alpha V_i(t)+z^T(t)z(t)-\gamma^2w^Tw<0. \tag{6.54}$$

再根据（6.51）和（6.53），有

$$\begin{aligned} V_{\sigma(t_k)}(t) &\le e^{-\alpha(t-t_k)}V_{\sigma(t_k)}(t_k)-\int_{t_k}^t e^{-\alpha(t-\delta)}\Sigma(\delta)d\delta \\ &\le \mu^k e^{-\alpha(t-t_0)}V_{\sigma(t_0)}(t_0)-\mu^k\int_{t_0}^{t_1}e^{-\alpha(t-\delta)}\Sigma(\delta)d\delta \\ &\quad -\cdots-\mu^0\int_{t_k}^t e^{-\alpha(t-\delta)}\Sigma(\delta)d\delta \\ &= e^{-\alpha(t-t_0)+\frac{t-t_0}{\tau_\alpha}\ln\mu}V_{\sigma(t_0)}(t_0)-\int_{t_0}^t e^{-\alpha(t-\delta)+\frac{t-\delta}{\tau_\alpha}\ln\mu}\Sigma(\delta)d\delta. \end{aligned} \tag{6.55}$$

其中，$\Sigma(t)=z^T(t)z(t)-\gamma^2w^Tw$，$t_0=0$．

那么，在零初始条件下，可得

$$\int_0^t e^{-\alpha(t-\delta)+\frac{t-\delta}{\tau_\alpha}\ln\mu}\Sigma(\delta)d\delta\le 0. \tag{6.56}$$

进一步，将（6.56）两边乘以 $e^{-\frac{t-0}{\tau_\alpha}\ln\mu}$，可以得到如下不等式

$$\int_0^t e^{-\alpha(t-\delta)-\frac{\delta-0}{\tau_\alpha}\ln\mu} z^T(\delta)z(\delta)d\delta \le \int_0^t e^{-\alpha(t-\delta)-\frac{\delta-0}{\tau_\alpha}\ln\mu}\gamma^2 w^T(\delta)w(\delta)d\delta.$$

根据 $\frac{\delta-0}{\tau_\alpha}\ln\mu \le \alpha\delta$，有

$$\int_0^t e^{-\alpha(t-\delta)-\alpha\delta} z^T(\delta)z(\delta)d\delta \le \int_0^t e^{-\alpha(t-\delta)}\gamma^2 w^T(\delta)w(\delta)d\delta.$$

将上式两边从 $t=0$ 到 ∞ 积分，可得

$$\int_0^\infty e^{-\alpha\delta} z^T(\delta)z(\delta)d\delta \le \gamma^2\int_0^\infty w^T(\delta)w(\delta)d\delta. \tag{6.57}$$

证毕。

6.2.5 吸引域估计

对于所有满足定理 6.1 中集合不变性条件的椭球体，我们想要从中选择一个“最大”的椭球体来最大化吸引域。在文献中（例如，[161,164]），有用体积来衡量集合的大小。在这里，我们依然通过考虑集合的形状来最大化闭环系统（6.8）的吸引域的估计。

跟前述方法类似，这里依然用一个包含原点的凸集 $X_\mathrm{R}\subset\mathbb{R}^n$ 作为测量集合大小的参考集合。针对包含原点的集合，定义如下：

$$\Pi_R(\Xi) := \sup\left\{\Pi > 0 : \Pi X_R \subset \Xi\right\}.$$

如果 $\Pi_R(\Xi)\ge 1$，那么 $X_\mathrm{R}\subset\Xi$。很容易知道 $\Pi_R(\Xi)$ 可以反映集合 Ξ 的人小。两种典型的形状参考集是椭球体：

$$X_R = \left\{x\in\mathbb{R}^n : x^T R x \le 1, R > 0\right\},$$

和多面体：

$$X_R = co\left\{x_1, x_2, \ldots x_h\right\},$$

其中 $x_1,x_2,\cdots,x_h$ 是一个 n 维的给定向量，$co\{\bullet\}$ 代表这组向量的凸包。

因此，如何使集合 $\bigcup_{i=1}^{N}(\Omega(P_i,1))$ 最大化可以转化为如下约束优化问题：

$$\begin{aligned}&\sup_{P_i,F_i,\varepsilon_{1i},\zeta_i,\varepsilon_{2i}} \Pi,\\ &s.t.(a)\,\Pi X_R \subset \Omega(P_i,1), i\in I_N,\\ &\quad (b)\ inequalities(6.16)-(6.18), i\in I_N, s\in\mathbb{Q}.\end{aligned} \tag{6.58}$$

如果选择 X_R 作为椭球体，那么（a）等价于

$$\frac{R}{\Pi^2} \geq P_i \quad \Leftrightarrow \quad \begin{bmatrix} \frac{1}{\Pi^2}R & I \\ I & P_i^{-1} \end{bmatrix}.$$

如果选择 X_R 作为多面体，那么（a）等价于

$$\Pi^2 x_k^T P_i x_k \leq 1 \quad \Leftrightarrow \quad \begin{bmatrix} \frac{1}{\Pi^2} & x_k^T \\ x_k & P_i^{-1} \end{bmatrix}.$$

证毕。

6.2.6 优化问题和容错控制器设计

在本节中，容错控制器增益矩阵 F_i 被视为一个可设计变量。然后给出了一种使闭环系统（6.8）的估计吸引域最大化的算法，并得到了最大容许扰动值和加权 L_2- 增益的最小上界。即，将定理转化为相应的优化问题，便于应用于容错控制器设计问题。

接下来，将不等式（6.16）左右两边分别乘以对角矩阵 $\{P_i^{-1} \quad I\}$，并令 $P_i^{-1} = X_i, F_i X_i = \Lambda_i, Y = \frac{1}{\Pi^2}$，$H_i X_i = N_i$。那么通过利用 Schur 补引理，（6.16）等价于

$$\begin{bmatrix} \Pi_{is8} & * & * & * \\ \Pi_{is9} & -\xi_i I + \zeta_i F_{2i} M_{i0} J_i M_{i0}^T F_{2i}^T & * & * \\ \Gamma_i X_i & 0 & -\varepsilon_i I & * \\ \Pi_{is10} & 0 & 0 & -\zeta_i I \end{bmatrix} < 0, \tag{6.59}$$

其中，

$$\begin{aligned} \Pi_{is8} &= A_i X_i + X_i^T A_i + B_i M_{i0}(D_s \Lambda_i + D_s^- N_i) + (D_s \Lambda_i + D_s^- N_i)^T M_{i0}^T B_i^T \\ &\quad + \xi_i T_i T_i^T + \varepsilon_i G_i G_i^T + \alpha P_i + \zeta_i P_i B_i M_{i0} J_i M_{i0}^T B_i^T P_i, \\ \Pi_{is9} &= F_{1i} X_i + F_{2i} M_{i0}(D_s \Lambda_i + D_s^- N_i) + \zeta_i F_{2i} M_{i0} J_i M_{i0}^T B_i^T, \\ \Pi_{is10} &= J_i^{\frac{1}{2}}(D_s \Lambda_i + D_s^- N_i). \end{aligned}$$

进一步，可以将约束条件 $\Omega(P_i, 1) \subset \mathrm{L}\ (H_i)$ 表示成下式：

$$\begin{bmatrix} 1 & H_i^l \\ * & P_i \end{bmatrix} \geq 0, \tag{6.60}$$

其中H_i^l代表矩阵H_i的第l行。

根据（6.17）式，显然有

$$x^{\mathrm{T}} P_i x \le 1.$$

因此

$$P_i - H_i^{lT} H_i^l \ge 0. \quad (6.61)$$

$$x^T H_i^{lT} H_i^l x \le x^T P_i x \le 1,$$

即

$$\left| H_i^l x \right| \le 1.$$

因此，（6.60）可以表示（6.17）。

然后，将不等式（6.60）左右两边乘以对角矩阵$\left\{ P_i^{-1} \quad I \right\}$，可得

$$\begin{bmatrix} X_i & * \\ N_i^l & 1 \end{bmatrix} \ge 0. \quad (6.62)$$

此外，约束条件$P_i \le \mu P_j$可以表示为如下形式：

$$\begin{bmatrix} \mu P_j & * \\ P_i & P_i \end{bmatrix} \ge 0. \quad (6.63)$$

将（6.63）左右两边分别乘以$\begin{bmatrix} X_j & 0 \\ 0 & X_i \end{bmatrix}$，可得

$$\begin{bmatrix} \mu X_j & * \\ X_j & X_i \end{bmatrix} \ge 0. \quad (6.64)$$

因此，如果选择X_{R}作为椭球体，那么优化问题（58）可以分别重新写为

$$\begin{aligned} &\inf_{P_i, F_i, \varepsilon_{1i}, \zeta_i, \varepsilon_{2i}} Y, \\ &s.t.(a) \begin{bmatrix} YR & I \\ I & X_i \end{bmatrix}, i \in I_N, \\ &\qquad (b)\ inequalities (6.59), (6.62), (6.64), i \in I_N, s \in \mathbb{Q}. \end{aligned} \quad (6.65)$$

如果选择X_{R}作为多面体，那么优化问题（6.58）可以重新写为

$$\begin{aligned} &\inf_{P_i, F_i, \varepsilon_{1i}, \zeta_i, \varepsilon_{2i}} Y, \\ &s.t.(a) \begin{bmatrix} Y & x_k^T \\ x_k & X_i \end{bmatrix}, i \in I_N, \\ &\qquad (b)\ inequalities (6.59), (6.62), (6.64), i \in I_N, s \in \mathbb{Q}. \end{aligned} \quad (6.66)$$

根据不等式（6.35），标量β可以反映系统容许扰动能力的大小。因此，

估计系统（6.8）的最大允许扰动值可转化为如下优化问题：

$$
\begin{aligned}
&\sup_{P_i,F_i,\xi_i,\zeta_i,\varepsilon_i} \beta, \\
&s.t.(a)\,\text{inequality}(6.35), i\in[1,N], s\in\mathbb{Q}, \\
&\quad (b)\ \Omega(P_i,\beta)\subset \mathrm{L}\ (H_i), i\in[1,N], \\
&\quad (c)\ P_i \le \mu P_j,\quad i\ne j,\quad i,j\in[1,N].
\end{aligned} \tag{6.67}
$$

采用类似前面的处理方法，将（6.35）左右两边分别乘以对角矩阵$\left\{P_i^{-1}\quad I\right\}$，那么（6.35）可以转化为

$$
\begin{bmatrix}
\Pi_{is11} & * & * & * \\
\Pi_{is12} & -\xi_i I+\zeta_i F_{2i}M_{i0}J_i M_{i0}^T F_{2i}^T & * & * \\
\Gamma_i X_i & 0 & -\varepsilon_i I & * \\
\Pi_{is13} & 0 & 0 & -\zeta_i I
\end{bmatrix}<0, \tag{6.68}
$$

其中，

$$
\begin{aligned}
\Pi_{is11} &= A_i X_i + X_i^T A_i + B_i M_{i0}(D_s\Lambda_i + D_s^- N_i)+(D_s\Lambda_i + D_s^- N_i)^T M_{i0}^T B_i^T \\
&\quad + \xi_i T_i T_i^T + \varepsilon_i G_i G_i^T + E_i E_i^T + \alpha P_i + \zeta_i P_i B_i M_{i0} J_i M_{i0}^T B_i^T P_i, \\
\Pi_{is12} &= F_{1i}X_i + F_{2i}M_{i0}(D_s\Lambda_i + D_s^- N_i)+\zeta_i F_{2i}M_{i0}J_i M_{i0}^T B_i^T, \\
\Pi_{is13} &= J_i^{\frac{1}{2}}(D_s\Lambda_i + D_s^- N_i).
\end{aligned}
$$

接下来将（6.36）左右两边分别乘以对角矩阵$\left\{P_i^{-1}\quad I\right\}$，有

$$
\begin{bmatrix}
X_i & * \\
N_i^l & \beta^{-1}
\end{bmatrix}\ge 0. \tag{6.69}
$$

因此，优化问题（6.67）可以转化为下列优化问题：

$$
\begin{aligned}
&\inf_{P_i,F_i,\xi_i,\zeta_i,\varepsilon_i} \beta^{-1}, \\
&s.t.(a)\,\text{inequality}(6.68), i\in[1,N], s\in\mathbb{Q}, \\
&\quad (b)\ \text{inequality}(6.69), i\in[1,N], \\
&\quad (c)\ \text{inequality}(6.64), i\ne j,\quad i,j\in[1,N].
\end{aligned} \tag{6.70}
$$

对于给定的β，故障闭环系统（6.8）的权重 L_2- 增益最小上界可以通过求解下列优化问题获得：

$$
\begin{aligned}
&\inf_{P_i,F_i,\xi_i,\zeta_i,\varepsilon_i} \gamma^2, \\
&s.t.(a)\,\text{inequality}(6.47), i\in[1,N], s\in\mathbb{Q}, \\
&\quad (b)\ \Omega(P_i,\beta)\subset \mathrm{L}\ (H_i), i\in[1,N], \\
&\quad (c)\ P_i \le \mu P_j,\quad i\ne j,\quad i,j\in[1,N].
\end{aligned} \tag{6.71}
$$

为了将优化问题（6.71）转化为具有线性矩阵不等式约束的优化问题，我们采用类似将优化问题（6.67）转化为优化问题（6.70）的方法。因此，矩阵不等式（6.47）等价于下面的不等式：

$$\begin{bmatrix} \Pi_{is14} & * & * & * & * & * \\ D_i^T C_i X_i & D_i^T D_i + (1-\varsigma)I & * & * & * & * \\ \Pi_{is12} & 0 & -\xi_i I + \zeta_i F_{2i} M_{i0} J_i M_{i0}^T F_{2i}^T & * & * & * \\ \Gamma_i X_i & 0 & 0 & -\varepsilon_i I & * & * \\ \Pi_{is13} & 0 & 0 & 0 & -\zeta_i I & * \\ C_i X_i & 0 & 0 & 0 & 0 & -1 \end{bmatrix} < 0, \quad (6.72)$$

其中，

$$\begin{aligned} \Pi_{is14} &= A_i X_i + X_i^T A_i + B_i M_{i0}(D_s \Lambda_i + D_s^- N_i) + (D_s \Lambda_i + D_s^- N_i)^T M_{i0}^T B_i^T \\ &\quad + \xi_i T_i T_i^T + \varepsilon_i G_i G_i^T + E_i E_i^T + \alpha P_i + \zeta_i P_i B_i M_{i0} J_i M_{i0}^T B_i^T P_i, \\ \varsigma &= \gamma^2. \end{aligned}$$

那么，将优化问题（6.71）可以转化为下面的优化问题。

$$\begin{aligned} &\inf_{P_i, F_i, \xi_i, \zeta_i, \varepsilon_i} \varsigma, \\ &s.t.(a)\, \text{inequality}(6.72), i \in [1, N], s \in \mathbb{Q}, \\ &\quad (b)\ \text{inequality}(6.69), i \in [1, N], \\ &\quad (c)\ \text{inequality}(6.64), i \neq j, \quad i, j \in [1, N]. \end{aligned} \quad (6.73)$$

通过求解新的优化问题（6.65）、（6.70）和（6.73），系统不仅具有更好的性能指标，而且得到了容错状态反馈增益矩阵$F_i = \Lambda_i X^{-T}$。

推论 6.1. 如果不考虑执行器失效，则矩阵不等式（6.47）可以改写为下式：

$$\begin{bmatrix} \Pi_{is15} & * & * & * & * \\ D_i^T C_i X_i & D_i^T D_i + (1-\varsigma)I & * & * & * \\ \Pi_{is16} & 0 & -\xi_i I & * & * \\ \Gamma_i X_i & 0 & 0 & -\varepsilon_i I & * \\ C_i X_i & 0 & 0 & 0 & -1 \end{bmatrix} < 0, \quad (6.74)$$

其中，

$$\begin{aligned} \Pi_{is15} &= A_i X_i + X_i^T A_i + \xi_i T_i T_i^T + \varepsilon_i G_i G_i^T + E_i E_i^T + \alpha P_i \\ &\quad + B_i (D_s \Lambda_{ai} + D_s^- N_i) + (D_s \Lambda_{ai} + D_s^- N_i)^T B_i^T, \\ \Pi_{is16} &= F_{1i} X_i + F_{2i}(D_s \Lambda_{ai} + D_s^- N_i). \end{aligned}$$

那么，可以将状态反馈增益矩阵设计为 $F_{ai} = \Lambda_{ai} X^{-T}$。

6.2.7 数值仿真

为了证明定理 6.1、定理 6.2 和定理 6.3 中提出的方法的有效性，我们在本节中给出一个数值例子。考虑以下两个子系统具有外部扰动的非线性不确定切换系统：

$$\begin{cases} \dot{x}(t) = (A_\sigma + \Delta A_\sigma)x(t) + (B_\sigma + \Delta B_\sigma)sat(u) + E_\sigma w(t) + G_\sigma f_\sigma(x(t)), \\ z = C_\sigma x(t) + D_\sigma w(t), \end{cases} \tag{6.75}$$

其中 $\sigma \in \{1,2\}$,

$$A_1 = \begin{bmatrix} -4 & 0.1 \\ 0.2 & 0.7 \end{bmatrix}, A_2 = \begin{bmatrix} 0.2 & 1 \\ 0.5 & -5 \end{bmatrix}, B_1 = \begin{bmatrix} 6 \\ 8 \end{bmatrix}, B_2 = \begin{bmatrix} 6 \\ -4 \end{bmatrix}, E_1 = \begin{bmatrix} -0.1 \\ 0.4 \end{bmatrix}, E_2 = \begin{bmatrix} -0.6 \\ 0.3 \end{bmatrix},$$

$$T_1 = \begin{bmatrix} 0.1 & 0 \\ 0 & 1 \end{bmatrix}, T_2 = \begin{bmatrix} 0.2 & 0 \\ 1 & 2 \end{bmatrix}, G_1 = \begin{bmatrix} 1 & 0 \\ 1 & 1 \end{bmatrix}, G_2 = \begin{bmatrix} 1 & 0 \\ 0 & 4 \end{bmatrix}, F_{21} = \begin{bmatrix} -0.1 \\ 0 \end{bmatrix}, F_{22} = \begin{bmatrix} -0.3 \\ 0 \end{bmatrix},$$

$$\Gamma_1 = \begin{bmatrix} 1 & 0 \\ 0 & 0.2 \end{bmatrix}, \Gamma_2 = \begin{bmatrix} 0.2 & 0 \\ 0 & 0.1 \end{bmatrix}, F_{11} = \begin{bmatrix} 0.4 & 0 \\ 0 & 0.3 \end{bmatrix}, F_{12} = \begin{bmatrix} 0.3 & 0 \\ 0 & 0.4 \end{bmatrix},$$

$$f_1 = \begin{bmatrix} 0.2\sin x_1 \\ 0.1x_2 \sin x_2 \end{bmatrix}, \theta_1 = \begin{bmatrix} 0.8\sin(t) & 0 \\ 0 & 0.9\cos(t) \end{bmatrix}, C_1 = \begin{bmatrix} 1 & 0 \\ 0 & 2 \end{bmatrix}, D_1 = \begin{bmatrix} 1 \\ 3 \end{bmatrix},$$

$$f_2 = \begin{bmatrix} 0.1x_1 \sin x_1 \\ 0.01\sin x_2 \end{bmatrix}, \theta_2 = \begin{bmatrix} 0.9\cos(t) & 0 \\ 0 & 0.8\sin(t) \end{bmatrix}, C_2 = \begin{bmatrix} 3 & 0 \\ 0 & 1 \end{bmatrix}, D_2 = \begin{bmatrix} 2 \\ 1 \end{bmatrix}.$$

故障矩阵选取为：

$$0.4 \le m_{i1} \le 0.6.$$

由连续故障模型，可得

$$M_{10} = 0.5, M_{20} = 0.5,$$
$$J_1 = J_2 = 0.2.$$

执行器故障矩阵可以取 0.4–0.6 之间的任意值。这里我们让 $M_1 = 0.4$ 和 $M_2 = 0.6$。若 $\alpha = 0.8, \mu = 1.2$，最小驻留时间满足 $\tau_\alpha^* = \dfrac{\ln\mu}{\alpha} = 0.2279$，构造切换信号如图 6.1 所示。

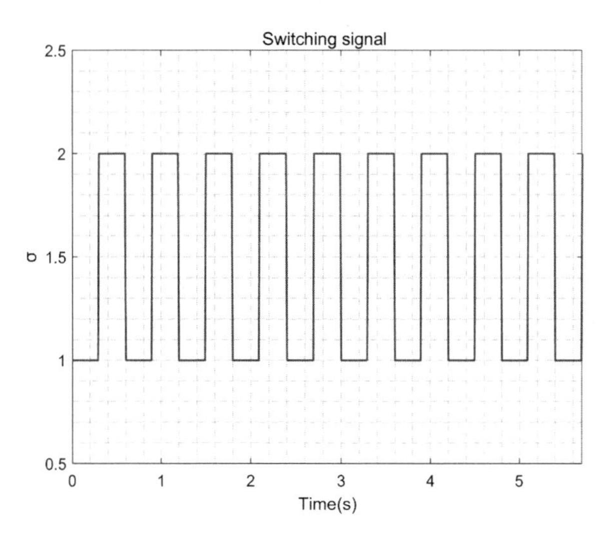

图6.1　切换系统（6.75）的切换信号

初始条件选取为 $x_0 = \begin{bmatrix} -1 & 1 \end{bmatrix}^T$ 。那么通过求解优化问题（6.65）可得如下优化解：

$$
\begin{aligned}
&Y = 3.6961, \\
&F_1 = \begin{bmatrix} 0.3429 & -0.7619 \end{bmatrix}, F_2 = \begin{bmatrix} -0.8643 & -0.3930 \end{bmatrix}, \\
&N_1 = \begin{bmatrix} 0.1653 & -1.1842 \end{bmatrix}, N_2 = \begin{bmatrix} -0.6911 & -0.6519 \end{bmatrix}.
\end{aligned}
$$

图 6.2 显示了当 $w = 0$ 时切换系统（6.75）的状态响应曲线和吸引域。

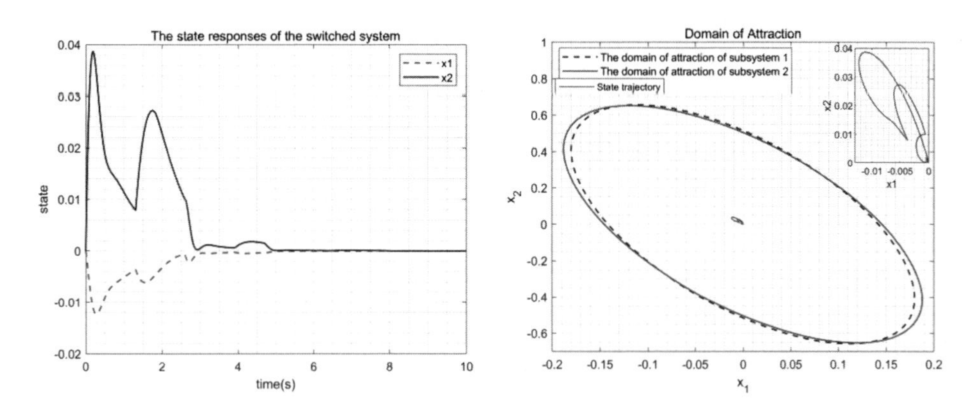

图6.2　当 $w = 0$ 时切换系统（6.75）的状态响应曲线和吸引域

初始条件选取为 $x_0 = \begin{bmatrix} 0 & 0 \end{bmatrix}^T$。那么，求解优化问题（6.70）可得：

$$\beta^* = 4.2197,$$
$$F_1 = [0.1742 \quad -0.9899], F_2 = [-1.0895 \quad -0.3296],$$
$$N_1 = [2.0606 \ \ -35.6522], N_2 = [-18.4619 \ \ -14.8641].$$

外部扰动输入选取如下：

$$w(t) = \begin{cases} \sqrt{2\times 4.2197}\, e^{-t}, & 0 \le t \le 6, \\ 0 \quad , & else. \end{cases}$$

图 6.3 显示了切换系统（6.75）的状态响应和状态轨迹曲线。显然，从图 6.3 可以看出，闭环系统（6.75）的状态轨迹始终保持在边界β内。

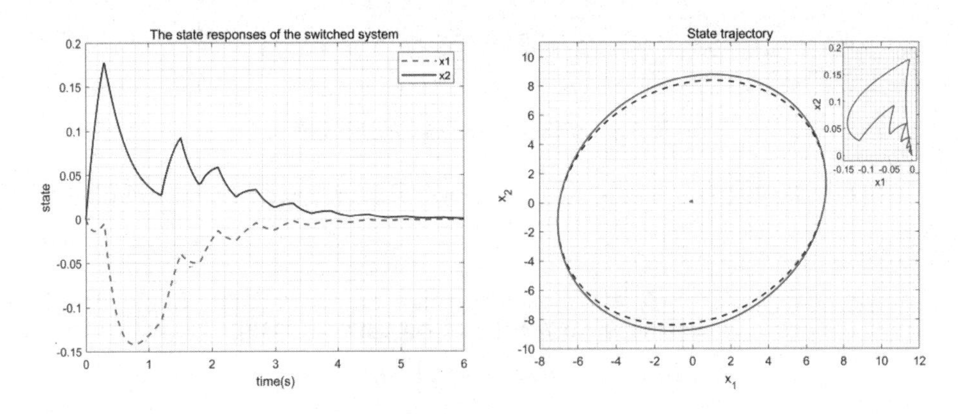

图6.3　当$w \neq 0$时切换系统（6.75）的状态响应曲线和状态轨迹

图 6.4 为加权 L_2– 增益 γ 与不同 $\beta \in [0, \beta^*]$ 值的对应关系曲线。此外，我们考虑了几种情况，得到了如下表 6.1 所示的数值结果：

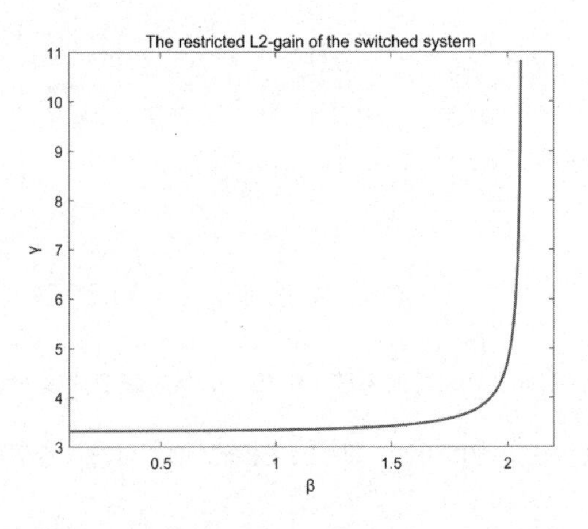

图6.4　切换系统（6.75）的加权L_2–增益曲线

表6.1　当取β不同值时γ的值

β	γ	F_1	F_2
0.5	3.4698	[−4.4136 −5.6086]	[−8.2585 1.8559]
1	3.5001	[−8.2619 −8.0793]	[−11.9095 3.5280]
2	3.7304	[−13.8700 −11.1626]	[−13.9220 4.2001]
2.5	4.6916	[−23.3054 −16.6373]	[−15.8248 5.3852]
3.5	--	--	--

以上结果表明，随着外部干扰的增加，闭环系统（6.8）的干扰抑制能力变弱。图 6.5（a）、（b）分别显示了执行器失效时系统（6.75）在标准控制器下的状态响应和状态轨迹。

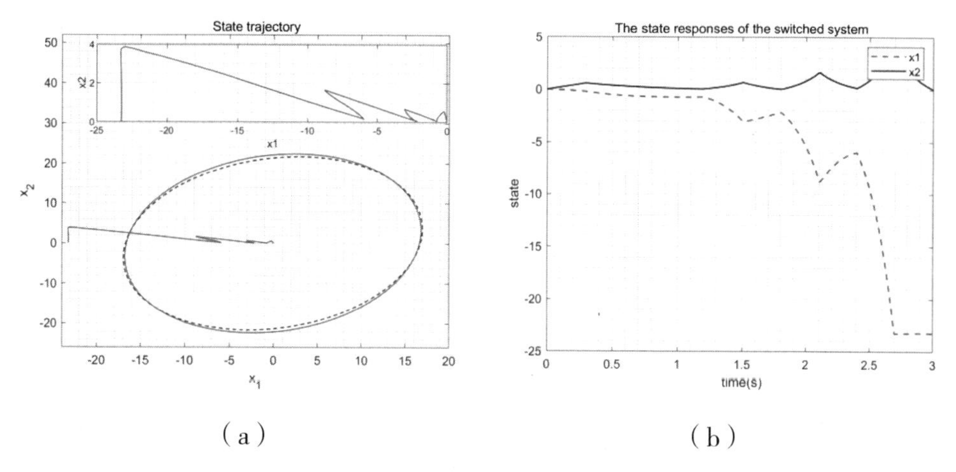

（a）　　　　（b）

图6.5　执行器发生故障时系统（6.75）在标准控制器下的状态响应和状态轨迹

注 6.1 显然，从图 6.5 可以看出，执行器失效时系统的状态轨迹超过了标准控制器下的最大界。换句话说，系统在这个条件下是不稳定的。然而，在容错控制器下，状态轨迹始终保持在集合 $\cup_{i=1}^{N}\Omega(P_i,\beta)$ 内。因此，根据本文设计的控制器具有较好的容错能力。

6.3 具有时变时滞和执行器饱和的非线性切换系统的加权L_2-增益分析与容错控制

6.3.1 问题描述与预备知识

考虑以下具有外部干扰和时变时滞的非线性饱和切换系统：

$$\begin{cases} \dot{x}(t) = A_\sigma x(t) + A_{d\sigma} x(t-d(t)) + B_\sigma sat(u) + E_\sigma w + G_\sigma f_\sigma(x(t)), \\ z = A_{z\sigma} x(t) + E_{z\sigma} w, \\ x(t) = \varphi(t), t \in [-d, 0], \end{cases} \tag{6.76}$$

其中，$x \in \mathbb{R}^n$是系统的状态向量，$u \in \mathbb{R}^q$是系统的输入向量，$w \in \mathbb{R}^h$是干扰输入信号，其性质如前所述，$z \in \mathbb{R}^c$是控制输出信号，$f_\sigma(x(t))$是未知的非线性函数，其特性如前所述。$A_\sigma, A_{d\sigma}, B_\sigma, E_\sigma, G_\sigma, A_{z\sigma}$和$E_{z\sigma}$是具有适当维数的已知实常数矩阵。$d(t)$是满足

$$\begin{aligned} 0 \le d(t) \le d, \\ \dot{d}(t) \le \vartheta \end{aligned} \tag{6.77}$$

的时变时滞项。我们假设初始函数$\varphi(t)$在$[-d, 0]$上是连续可微的，定义下面的集合：

$$\chi_\rho = \{\varphi(t) \in \mathbb{C}^1[-d, 0] : \max_{[-d,0]} \| \varphi(t) \| \le \rho, \max_{[-d,0]} \| \dot{\varphi}(t) \| \le \rho\}. \tag{6.78}$$

作为系统的切换信号，$\sigma = \sigma(t) : t \to I_N$是依赖于时间或者状态的分段常值函数。当$t \in [t_k, t_{k+1}), \sigma = \sigma(t_k) = i \in I_N$时，意味着切换系统的第$i$个子系统被激活。$sat : \mathbb{R}^q \to \mathbb{R}^q$为标准向量值的饱和函数，定义如下：

$$\begin{cases} sat(u) = [sat(u^1), \cdots sat(u^q)]^T, \\ sat(u^l) = sign(u^l) \min\{1, |u^l|\}, \\ \forall l \in \mathbb{Q}_q = \{1, \cdots, q\}. \end{cases} \tag{6.79}$$

接下来，考虑如下状态反馈控制器：

$$u_i(t) = F_i x(t), i \in I_N, \tag{6.80}$$

其中F_i代表控制器增益矩阵。那么，闭环系统可以被表示为

$$\begin{cases}\dot{x}(t)=A_i x(t)+A_{di}x(t-d(t))+B_i sat(F_i x(t))+E_i w+G_i f_i(x(t)),\\ z=A_{zi}x(t)+E_{zi}w,\\ x(t)=\varphi(t),t\in[-d,0].\end{cases} \tag{6.81}$$

为了描述闭环系统中致动器失效的情况，执行器故障矩阵的模型M_i，$i\in N$如下：

$$M_i=diag\left\{m_{i1},m_{i2},\cdots,m_{iq}\right\},$$

式中$0\le \underline{m}_{il}\le m_{il}\le \overline{m}_{il}\le 1,l\in \mathbb{Q}_q$。$\underline{m}_{il}$和$\overline{m}_{il}$是已知常数。那么，定义矩阵：

$$\begin{aligned}&L_i=diag\left\{\ell_{i1},\ell_{i2},\cdots,\ell_{iq}\right\},\\&|L_i|=diag\left\{|\ell_{i1}|,|\ell_{i2}|,\cdots,|\ell_{iq}|\right\},\\&J_i=diag\left\{\wp_{i1},\wp_{i2},\cdots,\wp_{iq}\right\},\\&M_{i0}=diag(\tilde{m}_{i1},\tilde{m}_{i2},\cdots,\tilde{m}_{iq}),\end{aligned}$$

其中

$$l_{il}=\frac{m_{il}-\tilde{m}_{il}}{\tilde{m}_{il}},\wp_{il}=\frac{\overline{m}_{il}-\underline{m}_{il}}{\overline{m}_{il}+\underline{m}_{il}},\tilde{m}_{il}=\frac{1}{2}\left(\overline{m}_{il}+\underline{m}_{il}\right). \tag{6.82}$$

因此得到如下连续故障模型：

$$M_i=M_{i0}(I+L_i),\quad |L_i|\le J_i\le I. \tag{6.83}$$

则包含执行器故障的闭环系统（6.81）可以被重新写为：

$$\begin{cases}\dot{x}(t)=A_i x(t)+A_{di}x(t-d(t))+B_i M_i sat(F_i x(t))+E_i w+f_i(x(t)),\\ z=A_{zi}x(t)+E_{zi}w,\\ x(t)-\varphi(t),t\subset[-d,0].\end{cases} \tag{6.84}$$

为了得到更理想的结果，引入了以下关键引理。

引理 6.4[294] 对于任意常数矩阵$Z=Z^T>0$以及标量$\tau>0$，有如下积分不等式成立：

$$\begin{aligned}-\int_{t-\tau}^{t}\vartheta^T(s)Z\vartheta(s)ds&\le-\frac{1}{\tau}\left(\int_{t-\tau}^{t}\vartheta(s)ds\right)^T Z\left(\int_{t-\tau}^{t}\vartheta(s)ds\right).\\-\int_{-\tau}^{0}\int_{t+\theta}^{t}\vartheta^T(s)Z\vartheta(s)dsd\theta&\le-\frac{2}{\tau^2}\left(\int_{-\tau}^{0}\int_{t+\theta}^{t}\vartheta(s)dsd\theta\right)^T Z\left(\int_{-\tau}^{0}\int_{t+\theta}^{t}\vartheta(s)dsd\theta\right).\end{aligned} \tag{6.85}$$

引理 6.5[294] 对于任意的z，$y\in\mathbb{R}^n$以及正定矩阵$X\in\mathbb{R}^{n\times n}$，有

$$-2z^T y\le z^T X^{-1}z+y^T Xy.$$

6.3.2 容许干扰

在本节中，结合 Jensen 积分不等式和自由权矩阵方法构造增广的 Lyapunov–Krasovskii 泛函，导出了闭环系统（6.84）状态轨迹始终保持在有界集合内的充分条件。当 $w \neq 0$ 时，我们利用最小驻留时间方法得到了主要结果，即 $t_{k+1} - t_k \geq \tau_\alpha$，$k = 0, 1, 2, \cdots$，其中 $t_0 < t_1 < \cdots < t_k < \cdots$ 为切换时间序列，τ_α 表示最小驻留时间。

定理 6.4. 对于给定常数 $d, \mu \geq 1$ 和 $\alpha > 0$，如果存在正定矩阵 P_i, Q_{i1}, Q_{i2}, Z_i，任意矩阵 T_{i1}，T_{i2}，矩阵 H_i 以及正实数 ε_{1i}，ε_{2i} 和 ξ_i 使得对于 $\forall i, j \in [1, N]$，$\forall s \in \mathbb{Q}$，有如下条件成立：

$$\begin{bmatrix} \Delta_{is1} & \sqrt{d}\Sigma_i^T \\ * & -Z_i \end{bmatrix} < 0, \quad \begin{bmatrix} \Delta_{is1} & \sqrt{d}\Pi_i^T \\ * & -Z_i \end{bmatrix} < 0, \tag{6.86}$$

$$\Omega(P_i, 1+\beta) \subset \mathrm{L}\,(H_i), \tag{6.87}$$

$$\begin{gathered} P_i \leq \mu P_j, \quad Q_{i1} \leq \mu Q_{j1}, \quad Q_{i2} \leq \mu Q_{j2} \quad , Z_i \leq \mu Z_j, \\ i \neq j, \end{gathered} \tag{6.88}$$

其中，

$$\Delta_{is1} = \begin{bmatrix} \Upsilon_{is1} & \Upsilon_{is2} & \Upsilon_{is4} & \Upsilon_{is7} \\ * & \Upsilon_{is3} & \Upsilon_{is5} & \Upsilon_{is8} \\ * & * & \Upsilon_{is6} & 0 \\ * & * & * & \Upsilon_{is9} \end{bmatrix},$$

$$\Sigma_i = \begin{bmatrix} \Sigma_{i1}^T & \Sigma_{i2}^T & \Sigma_{i3}^T & 0 \end{bmatrix}, \Pi_i = \begin{bmatrix} \Pi_{i1}^T & \Pi_{i2}^T & \Pi_{i3}^T & 0 \end{bmatrix},$$

$$\begin{aligned} \Upsilon_{is1} = {} & T_{i1}A_i + A_i^T T_{i1}^T + T_{i1}B_i M_{0i}(D_s F_i + D_s^- H_i) + (D_s F_i + D_s^- H_i)^T M_{0i}^T B_i^T T_{i1}^T \\ & + T_{i1}E_i E_i^T T_{i1}^T + Q_{i1} + Q_{i2} + \xi_i T_{i1} G_i G_i^T T_{i1}^T + \xi_i^{-1}\Gamma_i^T \Gamma_i + \varepsilon_{1i} T_{i1} B_i M_{0i} J_i M_{0i}^T B_i T_{i1}^T \\ & + \varepsilon_{1i}^{-1}(D_s F_i + D_s^- H_i)^T J_i (D_s F_i + D_s^- H_i) + \varepsilon_{2i}(D_s F_i + D_s^- H_i)^T J_i (D_s F_i + D_s^- H_i) \\ & + \Sigma_{i1} + \Sigma_{i1}^T + \alpha P_i, \quad \Upsilon_{is8} = A_{di}^T T_{i2}^T, \end{aligned}$$

$$\Upsilon_{is2} = T_{i1}A_{di} + \Sigma_{i2}^T - \Sigma_{i1} + \Pi_{i1}, \quad \Upsilon_{is3} = -(1-\vartheta)e^{-\alpha d}Q_{i1} + \Pi_{i2} + \Pi_{i2}^T - \Sigma_{i2} - \Sigma_{i2}^T,$$

$$\Upsilon_{is4} = \Sigma_{i3}^T - \Pi_{i1}, \quad \Upsilon_{is5} = \Pi_{i3}^T - \Sigma_{i3}^T - \Pi_{i2}, \quad \Upsilon_{is6} = -e^{-\alpha d}Q_{i2} - \Pi_{i3} + \Pi_{i3}^T,$$

$$\Upsilon_{is7} = P_i + A_i^T T_{i2}^T + (D_s F_i + D_s^- H_i)^T M_{0i}^T B_i^T T_{i2}^T - T_{i1} + T_{i1}E_i E_i^T T_{i2}^T + \xi_i T_{i1} G_i G_i^T T_{i2}^T,$$

$$\Upsilon_{is9} = de^{\alpha d} Z_i - 2T_{i2} + T_{i2}E_i E_i^T T_{i2}^T + \xi_i T_{i2} G_i G_i^T T_{i2}^T + \varepsilon_{2i}^{-1} T_{i2} B_i M_{0i} J_i M_{0i}^T B_i^T T_{i2}^T.$$

那么，基于（6.78）中的集合 χ_ρ，引入如下定义

$$\begin{aligned} \chi_\rho = \{ & \varphi(t) \in \mathbb{C}^1[-d, 0] : \| \varphi(t) \|^2 \left[\lambda_M(P_i) + \Psi_1 \lambda_M(Q_{i1}) + \Psi_2 \lambda_M(Q_{i2}) \right] \\ & + \| \dot{\varphi}(t) \|^2 \left[e^{\alpha d} \Psi_3 \lambda_M(Z_i) \right] \leq 1 \}, \end{aligned} \tag{6.89}$$

其中 $\Psi_1=\Psi_2=\dfrac{1-e^{-\alpha d}}{\alpha},\Psi_3=\dfrac{\alpha d-1+e^{-\alpha d}}{\alpha^2}$，那么，在切换律 σ 的作用下，闭环系统（6.84）从区域 $\bigcup_{i=1}^{N}\Omega(P_i,1)$ 出发的状态轨迹始终保持在区域 $\bigcup_{i=1}^{N}\Omega(P_i,1+\beta)$ 内。驻留时间 τ_α 满足

$$\tau_\alpha \ge \tau_\alpha^* = \frac{\ln\mu}{\alpha}, \tag{6.90}$$

证明　根据引理 6.2, 对于任意的 $x\in\mathscr{L}(H_i)$，有

$$sat(F_i x)\in co\{D_s F_i x + D_s^- H_i x, s\in Q\},$$

那么，

$$\begin{aligned}&A_i x(t)+A_{di}x(t-d(t))+B_i M_i sat(F_i x(t))+E_i w+f_i(x(t))\\&\in co\left\{A_i x(t)+A_{di}x(t-d(t))+B_i M_i(D_s F_i+D_s^- H_i)x(t)+E_i w+f_i(x(t)),\quad s\in\mathbb{Q}\right\}.\end{aligned}$$

选择如下 Lyapunov–Krasovskii 泛函

$$\begin{aligned}V_i(x_t)&=x^T(t)P_i x(t)+\int_{t-d(t)}^{t}e^{\alpha(s-t)}x^T(s)Q_{i1}x(s)ds\\&+\int_{t-d}^{t}e^{\alpha(s-t)}x^T(s)Q_{i2}x(s)ds+e^{\alpha d}\int_{-d}^{0}\int_{t+\theta}^{t}e^{\alpha(s-t)}\dot{x}^T(s)Z_i\dot{x}(s)dsd\theta.\end{aligned} \tag{6.91}$$

对于任意切换时间序列 $t_0<t_1<\cdots<t_k<\cdots$，假设对于 $\forall t\in[t_k,t_{k+1})$，有 $\sigma=\sigma(t_k)=i\in[1,N]$。当 $t\in[t_k,t_{k+1})$ 时，知 $V_i(x)$ 沿闭环系统（6.84）的轨迹关于时间的导数为

$$\begin{aligned}\dot{V}_i(t)&=2x^T(t)P_i x(t)+x^T(t)(Q_{i1}+Q_{i2})x(t)-(1-\vartheta)e^{-\alpha d}x^T(t-d(t))Q_{i1}x(t-d(t))\\&-e^{-\alpha d}x^T(t-d)Q_{i2}x(t-d)+de^{\alpha d}\dot{x}^T(t)Z_i\dot{x}(t)-\int_{t-d}^{t}\dot{x}^T(t)Z_i\dot{x}(t)ds.\end{aligned}$$

由引理 6.4 和 6.5 可知，存在任意矩阵 Σ_i，Π_i，使得下列不等式成立

$$\begin{aligned}&-\int_{t-d(t)}^{t}\dot{x}^T(s)Z_i\dot{x}(s)ds\le 2\zeta^T(t)\Sigma_i^T\int_{t-d(t)}^{t}\dot{x}(s)ds+d(t)\zeta^T(t)\Sigma_i^T Z_i^{-1}\Sigma_i\zeta(t),\\&-\int_{t-d}^{t-d(t)}\dot{x}^T(s)Z_i\dot{x}(s)ds\le 2\zeta^T(t)\Pi_i^T\int_{t-d}^{t-d(t)}\dot{x}(s)ds+(d-d(t))\zeta^T(t)\Pi_i^T Z_i^{-1}\Pi_i\zeta(t),\end{aligned} \tag{6.92}$$

其中，

$$\zeta_1^T(t)=\begin{bmatrix}x^T(t) & x^T(t-d(t)) & x^T(t-d) & \dot{x}^T(t)\end{bmatrix}.$$

接下来，使用自由权矩阵的方法，对于适当维数的矩阵 T_{i1} 和 T_{i2}，我们得到

$$\begin{aligned}&2[x^T(t)T_{i1}+\dot{x}^T(t)T_{i2}]\times\\&[A_i x(t)+A_{di}x(t-d(t))+B_i M_i sat(F_i x(t))+E_i w+f_i(x(t))-\dot{x}(t)]=0.\end{aligned} \tag{6.93}$$

由引理 6.1，则式（6.93）中的各项可处理为：

$$2[x^T(t)T_{i1}+\dot{x}^T(t)T_{i2}]\times G_i f_i(x(t))\le \xi_i x^T(t)T_{i1}G_iG_i^TT_{i1}^Tx(t)+\xi_i x^T(t)T_{i1}G_iG_i^TT_{i2}^T\dot{x}(t)$$
$$+\xi_i\dot{x}^T(t)T_{i2}G_iG_i^TT_{i1}^Tx(t)+\xi_i\dot{x}^T(t)T_{i2}G_iG_i^TT_{i2}^T\dot{x}(t)+\xi_i^{-1}x^T(t)\Gamma_i^T\Gamma_i x(t),$$
$$2[x^T(t)T_{i1}+\dot{x}^T(t)T_{i2}]\times E_i w\le x^T(t)T_{i1}E_iE_i^TT_{i1}^Tx(t)+x^T(t)T_{i1}E_iE_i^TT_{i2}^T\dot{x}(t)$$
$$+\dot{x}^T(t)T_{i2}E_iE_i^TT_{i1}^Tx(t)+\dot{x}^T(t)T_{i2}E_iE_i^TT_{i2}^T\dot{x}(t)+w^Tw.$$

不难推导出：

$$\dot{V}_i(t)+\alpha V_i(t)-w^Tw$$
$$\le\sum_{s=1}^{2^q}\eta_s\{x^T(t)[T_{i1}B_iM_i(D_sF_i+D_s^-H_i)+(D_sF_i+D_s^-H_i)^TM_i^TB_i^TT_{i1}^T$$
$$T_{i1}A_i+A_i^TT_{i1}^T++T_{i1}E_iE_i^TT_{i1}^T+\xi_iT_{i1}G_iG_i^TT_{i1}^T+\xi_i^{-1}\Gamma_i{}^T\Gamma_i+\alpha P_i]x(t)$$
$$+x^T(t)T_{i1}A_{di}x(t-d(t))-x^T(t-d(t))(1-\vartheta)e^{-\alpha d}Q_{i1}x(t-d(t))$$
$$+x^T(t-d(t))A_{di}^TT_{i1}^Tx(t)+x^T(t)[P_i+(D_sF_i+D_s^-H_i)^TM_i^TB_i^TT_{i2}^T$$
$$+A_i^TT_{i2}^T+T_{i1}E_iE_i^TT_{i2}^T+\xi_iT_{i1}G_iG_i^TT_{i2}^T-T_{i1}]\dot{x}(t)+\dot{x}^T(t)[P_i+T_{i2}A_i$$
$$+T_{i2}B_iM_i(D_sF_i+D_s^-H_i)+T_{i2}E_iE_i^TT_{i1}^T+\xi_iT_2G_iG_i^TT_{i1}^T-T_{i1}^T]x(t)$$
$$+x^T(t-d(t))A_{di}^TT_{i2}^T\dot{x}(t)+\dot{x}^T(t)T_{i2}A_{di}x(t-d(t))+Q_{i1}+Q_{i2}$$
$$-x^T(t-d)(1-\vartheta)e^{-\alpha d}Q_{i2}x(t-d)+\dot{x}^T(t)[de^{\alpha d}Z_i+T_{i2}E_iE_i^TT_{i2}^T$$
$$+\xi_iT_{i2}G_iG_i^TT_{i2}^T-2T_{i2}]\dot{x}(t)+2\zeta_1^T(t)\Sigma_i^T[x(t)-x(t-d(t))]$$
$$+2\zeta_1^T(t)\Pi_i^T[x(t-d(t))-x(t-d)]+\lozenge_1(t)\zeta_1^T(t)\Sigma_i^TZ_i^{-1}\Sigma_i\zeta_1(t)$$
$$+\lozenge_2(t)\zeta_1^T(t)\Pi_i^TZ_i^{-1}\Pi_i\zeta_1(t)\},$$

其中 $\lozenge_1=\dfrac{d(t)}{d},\lozenge_2=\dfrac{d-d(t)}{d}$ 。

根据式（6.83）和引理 6.3，可得

$$x^T(t)T_{i1}B_iM_{0i}L_i(D_sF_i+D_s^-H_i)x(t)+x^T(t)(D_sF_i+D_s^-H_i)^TL_i^TM_{0i}^TB_i^TT_{i1}^Tx(t)$$
$$\le\varepsilon_{1i}x^T(t)T_{i1}B_iM_{0i}J_iM_{0i}^TB_i^TT_{i1}^Tx(t)+\varepsilon_{1i}^Tx^T(t)(D_sF_i+D_s^-H_i)^TJ_i(D_sF_i+D_s^-H_i)x(t),$$
$$\dot{x}^T(t)T_{i2}B_iM_{0i}L_i(D_sF_i+D_s^-H_i)x(t)+x^T(t)(D_sF_i+D_s^-H_i)^TL_i^TM_{0i}^TB_i^TT_{i2}^T\dot{x}(t)$$
$$\le\varepsilon_{2i}x^T(t)(D_sF_i+D_s^-H_i)^TJ_i(D_sF_i+D_s^-H_i)x(t)+\varepsilon_{2i}^T\dot{x}^T(t)T_{i2}B_iM_{0i}J_iM_{0i}^TB_i^TT_{i2}^T\dot{x}(t).$$

根据舒尔补引理可知不等式（6.86）可等价地转化为以下不等式

$$\Delta_{is1}+d\Sigma_i^TZ_i^{-1}\Sigma_i<0,\quad \Delta_{is1}+d\Pi_i^TZ_i^{-1}\Pi_i<0,$$

进一步，有

$$\dot{V}_i(t)+\alpha V_i(t)-w^Tw<0.$$

对上述不等式两边进行积分，

$$V_i(t) \le e^{-\alpha(t-t_k)}V_i(t_k) + \int_{t_k}^{t} e^{-\alpha(t-\delta)} w^T(\delta)w(\delta)d\delta, \quad \forall t \in [t_k, t_{k+1}). \tag{6.94}$$

特别地，从上面的证明中我们可以看出：

$$\begin{aligned} &x^T(t)P_{\sigma(t_k)}x(t) \le V_{\sigma(t_k)}(t) \le e^{-\alpha(t-t_k)}V_{\sigma(t_k)}(t_k) + \int_{t_k}^{t} e^{-\alpha(t-\delta)} w^T(\delta)w(\delta)d\delta, \\ &\qquad \forall t \in [t_k, t_{k+1}), k = 0, 1, 2, \cdots. \end{aligned} \tag{6.95}$$

在每个切换时刻 t_k，由式（6.88）中的不等式可知：

$$V_{\sigma(t_k)}(t_k) \le \mu V_{\sigma(t_k^-)}(t_k), \quad k = 1, 2, 3, \cdots. \tag{6.96}$$

那么，对于任意初始状态 $\varphi(t) \in \chi_\rho$，可以根据式（6.89）和（6.95）得到如下不等式：

$$\begin{aligned} x^T(t)P_{\sigma(0)}x(t) &\le V_{\sigma(0)}(t) \le e^{-\alpha t}V_{\sigma(0)}(0) + \int_0^t e^{-\alpha(t-\delta)} w^T(\delta)w(\delta)d\delta \\ &\le V_{\sigma(0)}(0) + \int_0^t w^T(\delta)w(\delta)d\delta \le 1+\beta, \quad \forall t \in [0, t_1), (t_0 = 0), \end{aligned} \tag{6.97}$$

即，对于 $\forall t \in [0, t_1)$，有 $x(t) \in \Omega(P_{\sigma(0)}, 1+\beta)$。根据条件（6.87），不难得出 $x(t) \in \mathscr{L}(H_{\sigma(0)}), \forall t \in [0, t_1)$。另外，利用不等式（6.89），（6.95），（6.96）以及 $t_{k+1} - t_k > \tau_\alpha^* = \dfrac{\ln \mu}{\alpha}$，$(e^{-\alpha \tau_\alpha^*} = \dfrac{1}{\mu})$，不难推导：

$$\begin{aligned} V_{\sigma(t_1)}(t_1) &\le \mu V_{\sigma(t_1^-)}(t_1) \\ &\le \mu[e^{-\alpha t_1}V_{\sigma(0)}(0) + \int_0^{t_1} e^{-\alpha(t_1-\delta)} w^T(\delta)w(\delta)d\delta\,] \\ &\le e^{-\alpha t_1 + \frac{t_1 - t_0}{\tau_\alpha}\ln\mu} V_{\sigma(0)}(0) + \int_0^{t_1} e^{-\alpha(t_1-\delta) + \frac{t_1-\delta}{\tau_\alpha}\ln\mu} w^T(\delta)w(\delta)d\delta \\ &\le V_{\sigma(0)}(0) + \int_0^{t_1} w^T(\delta)w(\delta)d\delta \\ &\le 1+\beta. \end{aligned} \tag{6.98}$$

类似地，对于 $\forall t \in [t_1, t_2)$，从（6.95）和（6.98）不难得出：

$$\begin{aligned} x^T(t)P_{\sigma(t_1)}x(t) &\le V_{\sigma(t_1)}(t) \\ &\le e^{-\alpha(t-t_1)}V_{\sigma(t_1)}(t_1) \\ &\quad + \int_{t_1}^{t} e^{-\alpha(t-\delta)} w^T(\delta)w(\delta)d\delta \\ &\le V_{\sigma(t_1)}(t_1) + \int_{t_1}^{t} w^T(\delta)w(\delta)d\delta. \end{aligned}$$

由 $\int_0^{t_1} w^T(\delta)w(\delta)d\delta + \int_{t_1}^{t} w^T(\delta)w(\delta)d\delta = \int_0^{t} w^T(\delta)w(\delta)d\delta$，

可得

$$
\begin{aligned}
V_{\sigma(t_1)}(t) &\le V_{\sigma(t_1)}(t_1)+\int_{t_1} w^T(\delta)w(\delta)d\delta \\
&\le V_{\sigma(t_0)}(t_0)+\int_{t_0}^{t} w^T(\delta)w(\delta)d\delta \\
&\le 1+\beta,
\end{aligned}
$$

即，$x(t)\in\Omega(P_{\sigma(t_1)},1+\beta),\forall t\in[t_1,t_2)$。根据条件（6.87），对于$\forall t\in[t_1,t_2)$，有$x(t)\in\mathscr{L}(H_{\sigma(t_1)})$。重复以上分析过程，那么对于$\forall t\in[t_k,t_{k+1})$，$k=1,2,\cdots$，可得$x(t)\in\mathscr{L}(H_{\sigma(t_k)})$。换言之，对于任意初始条件$\varphi(t)\in\chi_\rho$，在任意切换信号作用下我们总能得出$x(t)\in\mathscr{L}(H_{\sigma(t)})$。

当$\sigma(t_k)=i$时，根据（6.88）和（6.94），在切换时刻$t_0<t_1<\cdots<t_k<t$，有：

$$
\begin{aligned}
V_{\sigma(t_k)}(t) &\le e^{-\alpha(t-t_k)}V_{\sigma(t_k)}(t_k)+\int_{t_k}^{t} e^{-\alpha(t-\delta)}w^T(\delta)w(\delta)d\delta \\
&\le \mu e^{-\alpha(t-t_k)}V_{\sigma(t_k^-)}(t_k^-)+\int_{t_k}^{t} e^{-\alpha(t-\delta)}w^T(\delta)w(\delta)d\delta \\
&\le \mu[e^{-\alpha(t_k-t_{k-1})}V_{\sigma(t_{k-1})}(t_{k-1})+\int_{t_{k-1}}^{t_k} e^{-\alpha(t_k-\delta)}w^T(\delta)w(\delta)d\delta\,]e^{-\alpha(t-t_k)} \\
&\quad +\int_{t_k}^{t} e^{-\alpha(t-\delta)}w^T(\delta)w(\delta)d\delta \le \cdots \\
&\le \mu^k e^{-\alpha(t-t_0)}V_{\sigma(t_0)}(t_0)+\mu^k\int_{t_0}^{t_1} e^{-\alpha(t-\delta)}w^T(\delta)w(\delta)d\delta \\
&\quad +\cdots+\mu^0\int_{t_k}^{t} e^{-\alpha(t-\delta)}w^T(\delta)w(\delta)d\delta \\
&\le e^{-\alpha(t-t_0)+\frac{t-t_0}{\tau_\alpha}\ln\mu}V_{\sigma(t_0)}(t_0)+\int_{t_0}^{t} e^{-\alpha(t-\delta)+\frac{t-\delta}{\tau_\alpha}\ln\mu}w^T(\delta)w(\delta)d\delta.
\end{aligned}
\tag{6.99}
$$

根据$t_{k+1}-t_k\ge\tau_\alpha$，$k=0,1,2,\cdots$和驻留时间$\tau_\alpha>\tau_\alpha^*=\dfrac{\ln\mu}{\alpha}$，记$k\le\dfrac{t-t_0}{\tau_\alpha}$。那么可以得到：

$$
V_{\sigma(t_k)}(t)\le e^{-\lambda(t-t_0)}V_{\sigma(t_0)}(t_0)+\int_{t_0}^{t} e^{-\lambda(t-\delta)}w^T(\delta)w(\delta)d\delta. \tag{6.100}
$$

其中$\lambda=\alpha-\dfrac{\ln\mu}{\tau_\alpha}$。

当$t\to\infty$时，可得：

$$
V(\infty)\le V_{\sigma(0)}(0)+\int_0^{\infty} w^T(\delta)w(\delta)d\delta\le 1+\beta. \tag{6.101}
$$

因此，显然可以知道闭环系统（6.84）从集合$\bigcup_{i=1}^N\Omega(P_i,1)$出发的状态轨迹始终保持在集合$\bigcup_{i=1}^N\Omega(P_i,1+\beta)$内。这就完成了证明。

注 6.2　与平均驻留时间方法相比，我们应用最小驻留时间方法证明了在每一个切换时刻，系统的状态始终处于新激活子系统的吸引域，从而可以用并集的形式估计出饱和切换系统的吸引域，充分扩大了吸引域的估计。

当闭环系统（6.84）不受外界干扰时，即 $w=0$。我们可以得到以下主要结论。

推论 6.2 对于给定常数 $d,\mu\ge 1$ 和 $\alpha>0$，如果存在正定矩阵 P_i,Q_{i1},Q_{i2},Z_i，任意矩阵 T_{i1}，T_{i2}，矩阵 H_i 以及正实数 ε_{1i}，ε_{2i} 和 ξ_i 使得对于 $\forall i,j\in[1,N]$，$\forall s\in\mathbb{Q}$，有如下条件成立：

$$\begin{bmatrix}\Delta_{is} & \sqrt{d}\Sigma_i^T\\ * & -Z_i\end{bmatrix}<0,\quad \begin{bmatrix}\Delta_{is} & \sqrt{d}\Pi_i^T\\ * & -Z_i\end{bmatrix}<0, \tag{6.102}$$

$$\Omega(P_i,1)\subset\mathscr{L}(H_i), \tag{6.103}$$

$$\begin{gathered}P_i\le\mu P_j,\quad Q_{i1}\le\mu Q_{j1},\quad Q_{i2}\le\mu Q_{j2}\quad ,Z_i\le\mu Z_j,\\ i\ne j,\end{gathered} \tag{6.104}$$

$$\nabla=[\max_{i\in[1,N]}\lambda_M(P_i)+\Psi_1\max_{i\in[1,N]}\lambda_M(Q_{i1})+\Psi_2\max_{i\in[1,N]}\lambda_M(Q_{i2})+e^{\alpha d}\Psi_3\max_{i\in[1,N]}\lambda_M(Z_i)]\rho^2, \tag{6.105}$$

其中，

$$\Delta_{is}=\begin{bmatrix}\Upsilon_{is10} & \Upsilon_{is2} & \Upsilon_{is4} & \Upsilon_{is11}\\ * & \Upsilon_{is3} & \Upsilon_{is5} & \Upsilon_{is8}\\ * & * & \Upsilon_{is6} & 0\\ * & * & * & \Upsilon_{is12}\end{bmatrix},$$

$$\begin{aligned}\Upsilon_{is10}=&T_{i1}A_i+A_i^TT_{i1}^T+T_{i1}B_iM_{0i}(D_sF_i+D_s^-H_i)+(D_sF_i+D_s^-H_i)^TM_{0i}^TB_i^TT_{i1}^T\\ &+Q_{i1}+Q_{i2}++\xi_iT_{i1}G_iG_i^TT_{i1}^T+\varepsilon_{1i}^{-1}(D_sF_i+D_s^-H_i)^TJ_i(D_sF_i+D_s^-H_i)\\ &+\varepsilon_{1i}T_{i1}B_iM_{0i}J_iM_{0i}^TB_iT_{i1}^T+\varepsilon_{2i}(D_sF_i+D_s^-H_i)^TJ_i(D_sF_i+D_s^-H_i)+\xi_i^{-1}\Gamma_i^T\Gamma_i\\ &+\Sigma_{i1}+\Sigma_{i1}^T+\alpha P_i,\\ \Upsilon_{is11}=&P_i+A_i^TT_{i2}^T+(D_sF_i+D_s^-H_i)^TM_{0i}^TB_i^TT_{i2}^T-T_{i1}+\xi_iT_{i1}G_iG_i^TT_{i2}^T,\\ \Upsilon_{is12}=&de^{\alpha d}Z_i-2T_{i2}+\xi_iT_{i2}G_iG_i^TT_{i2}^T+\varepsilon_{2i}^{-1}T_{i2}B_iM_{0i}J_iM_{0i}^TB_i^TT_{i2}^T.\end{aligned}$$

则对于集合 χ_ρ 中的任意初始函数，闭环系统（6.84）在任意切换信号 σ 作用下在原点处指数稳定，且最小驻留时间 τ_α 满足

$$\tau_\alpha\ge\tau_\alpha^*=\frac{\ln\mu}{\alpha}, \tag{6.106}$$

证明　选取以下 Lyapunov–Krasovskii 泛函

$$\begin{aligned}V_i(x_t)=&x^T(t)P_ix(t)+\int_{t-d(t)}^te^{\alpha(s-t)}x^T(s)Q_{i1}x(s)ds+\int_{t-d}^te^{\alpha(s-t)}x^T(s)Q_{i2}x(s)ds\\ &+e^{\alpha d}\int_{-d}^0\int_{t+\theta}^te^{\alpha(s-t)}\dot{x}^T(s)Z_i\dot{x}(s)dsd\theta,\end{aligned} \tag{6.107}$$

引入自由权矩阵：

$$2[x^T(t)T_{i1}+\dot{x}^T(t)T_{i2}]\times \\ \left[A_ix(t)+A_{di}x(t-d(t))+B_iM_isat(F_ix(t))+f_i(x(t))-\dot{x}(t)\right]=0, \tag{6.108}$$

将等式（6.108）的左边加到$\dot{V}_i$上，利用不等式（6.92），得到

$$\begin{aligned}&\dot{V}_i(t)+\alpha V_i(t)\\&\le\sum_{s=1}^{2^q}\eta_s\{x^T(t)[T_{i1}B_iM_i(D_sF_i+D_s^-H_i)+(D_sF_i+D_s^-H_i)^TM_i^TB_i^TT_{i1}^T+Q_{i1}+Q_{i2}\\&+T_{i1}A_i+A_i^TT_{i1}^T+\xi_iT_{i1}G_iG_i^TT_{i1}^T+\xi_i^{-1}\Gamma_i^T\Gamma_i+\alpha P_i]x(t)+x^T(t)T_{i1}A_{di}x(t-d(t))\\&+x^T(t-d(t))A_{di}^TT_{i1}^Tx(t)-x^T(t-d(t))(1-\vartheta)e^{-\alpha d}Q_{i1}x(t-d(t))\\&+x^T(t)[P_i+A_i^TT_{i2}^T+(D_sF_i+D_s^-H_i)^TM_i^TB_i^TT_{i2}^T+\xi_iT_{i1}G_iG_i^TT_{i2}^T-T_{i1}]\dot{x}(t)\\&+\dot{x}^T(t)[P_i+T_{i2}A_i+T_{i2}B_iM_i(D_sF_i+D_s^-H_i)+T_{i2}E_iE_i^TT_{i1}^T+\xi_iT_2G_iG_i^TT_{i1}^T\\&-T_{i1}^T]x(t)+x^T(t-d(t))A_{di}^TT_{i2}^T\dot{x}(t)+\dot{x}^T(t)T_{i2}A_{di}x(t-d(t))\\&+\dot{x}^T(t)[de^{\alpha d}Z_i+\xi_iT_{i2}G_iG_i^TT_{i2}^T-2T_{i2}]\dot{x}(t)-x^T(t-d)(1-\vartheta)e^{-\alpha d}Q_{i2}x(t-d)\\&+2\zeta_1^T(t)\Sigma_i^T[x(t)-x(t-d(t))]+2\zeta_1^T(t)\Pi_i^T[x(t-d(t))-x(t-d)]\\&+\Diamond_1(t)\zeta_1^T(t)\Sigma_i^TZ_i^{-1}\Sigma_i\zeta_1(t)+\Diamond_2(t)\zeta_1^T(t)\Pi_i^TZ_i^{-1}\Pi_i\zeta_1(t)\}.\end{aligned}$$

由不等式（6.102），我们可以得到以下不等式

$$\Delta_{is}+d\Sigma_i^TZ_i^{-1}\Sigma_i<0,\quad \Delta_{is}+d\Pi_i^TZ_i^{-1}\Pi_i<0,$$

这意味着$\dot{V}_i(t)+\alpha V_i(t)<0$。

由上面的不等式，有

$$V_i(t)\le e^{-\alpha(t-t_k)}V_i(t_k)\quad \forall t\in[t_k,t_{k+1}). \tag{6.109}$$

进一步推导，可得

$$x^T(t)P_{\sigma(t_k)}x(t)\le V_{\sigma(t_k)}(t)\le e^{-\alpha(t-t_k)}V_{\sigma(t_k)}(t_k), \\ \forall t\in[t_k,t_{k+1}),k=0,1,2,\cdots. \tag{6.110}$$

在每个切换瞬间t_k，根据不等式（6.88），可得

$$V_{\sigma(t_k)}(t_k)\le\mu V_{\sigma(t_k^-)}(t_k),\quad k=1,2,3,\cdots. \tag{6.111}$$

通过使用类似于定理6.4的证明方法，对于任意初始条件$\varphi(t)\in\chi_\rho$，在任意切换信号作用下我们总能得出$x(t)\in\mathscr{L}(H_{\sigma(t)})$。

当$\sigma(t_k)=i$时，根据（6.103）和（6.109），在切换时刻$t_0<t_1<\cdots<t_k<t$，有

$$\begin{aligned}V_{\sigma(t_k)}(t) &\le e^{-\alpha(t-t_k)}V_{\sigma(t_k)}(t_k) \le \mu e^{-\alpha(t-t_k)}V_{\sigma(t_k^-)}(t_k^-)\\ &\le \mu[e^{-\alpha(t_k-t_{k-1})}V_{\sigma(t_{k-1})}(t_{k-1})]e^{-\alpha(t-t_k)}\\ &\le \cdots \le \mu^k e^{-\alpha(t-t_0)}V_{\sigma(t_0)}(t_0)\\ &\le e^{-\alpha(t-t_0)+\frac{t-t_0}{\tau_\alpha}\ln\mu}V_{\sigma(t_0)}(t_0).\end{aligned} \tag{6.112}$$

根据式（6.112），可得

$$V_{\sigma(t_k)}(t) \le e^{-\lambda(t-t_0)}V_{\sigma(t_0)}(t_0). \tag{6.113}$$

通过式：推导，有

$$a\|x(t)\|^2 \le V(t) \le e^{-\alpha(t-t_0)}V_{\sigma(0)}(0) \le be^{-\alpha(t-t_0)}\|x_0\|^2.$$

进一步处理结果，为

$$\|x(t)\|^2 \le \frac{b}{a}e^{-\alpha(t-t_0)}\|x_0\|^2. \tag{6.114}$$

其中$a=\inf\limits_{i\in[1,N]}\lambda_{\min}(P_i)$, $b=\sup\limits_{i\in[1,N]}\left[\lambda_M(P_i)+\Psi_1\lambda_M(Q_{i1})+\Psi_2\lambda_M(Q_{i2})+e^{\alpha d}\Psi_3\lambda_M(Z_i)\right]$，这意味着对于任意的$\varphi(t)\in\chi_\rho$，闭环系统（6.84）是指数稳定的。

另外，我们有

$$\begin{aligned}&x^T(t)P_ix(t) \le e^{-\alpha(t-t_0)+\frac{t-t_0}{\tau_\alpha}\ln\mu}V_{\sigma(t_0)}(t_0) \le V_{\sigma(t_0)}(t_0) \le\\ &\|\varphi(t)\|^2\left[\lambda_M(P_i)+\Psi_1\lambda_M(Q_{i1})+\Psi_2\lambda_M(Q_{i2})\right]+\|\dot{\varphi}(t)\|^2\left[e^{\alpha d}\Psi_3\lambda_M(Z_i)\right] \le \nabla.\end{aligned} \tag{6.115}$$

因此，如果$\nabla \le 1$，那么$x^T(t)P_ix(t) \le 1$。换言之，对于所有的$i\in[1,N]$，闭环系统从$\nabla \le 1$出发的状态轨迹始终保持在$x^T(t)P_ix(t) \le 1$内。

6.3.3　L_2–增益分析

在本节中，基于定理 6.4，导出了保证加权 L_2– 性能的充分条件。其前提是假定状态反馈控制律$u_i = F_ix$已经给定，并计算出相应的容许扰动最大值β^*。

定理 6.5　对于给定常数$\beta\in[0,\beta^*]$，γ，$d,\mu\ge 1$和$\alpha>0$，假设存在正定矩阵P_i,Q_{i1},Q_{i2},Z_i，任意矩阵T_{i1}，T_{i2}，矩阵H_i以及正实数ε_{1i}，ε_{2i}和ξ_i使得对于$\forall i,j\in[1,N]$，$\forall s\in\mathbb{Q}$，有如下条件成立：

$$\begin{bmatrix}\Delta_{is2} & \sqrt{d}\Sigma_{i2}^T\\ * & -Z_i\end{bmatrix}<0,\quad \begin{bmatrix}\Delta_{is2} & \sqrt{d}\Pi_{i2}^T\\ * & -Z_i\end{bmatrix}<0, \tag{6.116}$$

$$\Omega(P_i,1+\beta)\subset\mathscr{L}(H_i), \tag{6.117}$$

$$P_i \le \mu P_j,\quad Q_{i1} \le \mu Q_{j1},\quad Q_{i2} \le \mu Q_{j2}\quad ,Z_i \le \mu Z_j,\quad i \ne j, \tag{6.118}$$

其中，

$$\Delta_{is2} = \begin{bmatrix} \Upsilon_{is10} & \Upsilon_{is2} & \Upsilon_{is4} & \Upsilon_{is11} & A_{zi}^T E_{zi} \\ * & \Upsilon_{is3} & \Upsilon_{is5} & \Upsilon_{is8} & 0 \\ * & * & \Upsilon_{is6} & 0 & 0 \\ * & * & * & \Upsilon_{is12} & 0 \\ * & * & * & * & \nabla \end{bmatrix},$$

$$\Sigma_i' = \begin{bmatrix} \Sigma_{i1}^T & \Sigma_{i2}^T & \Sigma_{i3}^T & 0 & 0 \end{bmatrix},$$

$$\Pi_i' = \begin{bmatrix} \Pi_{i1}^T & \Pi_{i2}^T & \Pi_{i3}^T & 0 & 0 \end{bmatrix},$$

$$\nabla = E_{zi}^T E_{zi} + (1-\gamma^2) I.$$

那么，对于所有的 $w \in W_\beta^2$，在切换信号 σ 作用下，闭环系统（6.84）从 w 到 z 的加权 L_2– 增益小于或等于 γ。最小驻留时间 τ_α 满足：

$$\tau_\alpha \ge \tau_\alpha^* = \frac{\ln \mu}{\alpha}. \tag{6.119}$$

证明 对于标量 γ，选择 L–K 泛函为：

$$V_i(x_t) = x^T(t) P_i x(t) + \int_{t-d(t)}^{t} e^{\alpha(s-t)} x^T(s) Q_{i1} x(s) ds + \int_{t-d}^{t} e^{\alpha(s-t)} x^T(s) Q_{i2} x(s) ds + e^{\alpha d} \int_{-d}^{0} \int_{t+\theta}^{t} e^{\alpha(s-t)} \dot{x}^T(s) Z_i \dot{x}(s) ds d\theta, \tag{6.120}$$

用类似于定理 6.4 的证明方法，我们可以得到如下不等式：

$$\begin{aligned}
&\dot{V}_i(t) + \alpha V_i(t) + z^T(t) z(t) - \gamma^2 w^T w \\
&\le \sum_{s=1}^{2^q} \eta_s \{ x^T(t) [T_{i1} B_i M_i (D_s F_i + D_s^- H_i) + (D_s F_i + D_s^- H_i)^T M_i^T B_i^T T_{i1}^T + Q_{i1} + Q_{i2} \\
&+ T_{i1} A_i + A_i^T T_{i1}^T + T_{i1} E_i E_i^T T_{i1}^T + \xi_i T_{i1} G_i G_i^T T_{i1}^T + \xi_i^{-1} \Gamma_i^T \Gamma_i + \alpha P_i + A_{zi}^T A_{zi}] x(t) \\
&+ x^T(t) T_{i1} A_{di} x(t-d(t)) + x^T(t-d(t)) A_{di}^T T_{i1}^T x(t) + x^T(t) [P_i + A_i^T T_{i2}^T \\
&+ (D_s F_i + D_s^- H_i)^T M_i^T B_i^T T_{i2}^T + T_{i1} E_i E_i^T T_{i2}^T + \xi_i T_{i1} G_i G_i^T T_{i2}^T - T_{i1}] \dot{x}(t) \\
&+ \dot{x}^T(t) [P_i + T_{i2} A_i + T_{i2} B_i M_i (D_s F_i + D_s^- H_i) + T_{i2} E_i E_i^T T_{i1}^T + \xi_i T_2 G_i G_i^T T_{i1}^T \\
&- T_{i1}^T] x(t) - x^T(t-d(t)) (1-\vartheta) e^{-\alpha d} Q_{i1} x(t-d(t)) + x^T(t-d(t)) A_{di}^T T_{i2}^T \dot{x}(t) \\
&+ \dot{x}^T(t) T_{i2} A_{di} x(t-d(t)) - x^T(t-d)(1-\vartheta) e^{-\alpha d} Q_{i2} x(t-d) + \dot{x}^T(t) [d e^{\alpha d} Z_i \\
&+ T_{i2} E_i E_i^T T_{i2}^T + \xi_i T_{i2} G_i G_i^T T_{i2}^T - 2 T_{i2}] \dot{x}(t) + 2 \zeta_2^T(t) \Sigma_i^T [x(t) - x(t-d(t))] \\
&+ 2 \zeta_2^T(t) \Pi_i^T [x(t-d(t)) - x(t-d)] + \Diamond_{i1}(t) \zeta_2^T(t) \Sigma_i^T Z_i^{-1} \Sigma_i \zeta_2(t) + x^T A_{zi}^T E_{zi} w \\
&+ w^T E_{zi}^T A_{zi} x + \Diamond_{i2}(t) \zeta_2^T(t) \Pi_i^T Z_i^{-1} \Pi_i \zeta_2(t) \} + w^T [E_{zi}^T E_{zi} + (1-\gamma^2) I] w,
\end{aligned} \tag{6.121}$$

其中 $\zeta_2^T(t)=\begin{bmatrix} x^T(t) & x^T(t-d(t)) & x^T(t-d) & \dot{x}^T(t) & w^T \end{bmatrix}$.

根据式（6.116），如下不等式成立：

$$\Delta_{is2}+d\Sigma_i^T Z_i^{-1}\Sigma_i<0,\quad \Delta_{is2}+d\Pi_i^T Z_i^{-1}\Pi_i<0.$$

那么，可以推导出如下不等式

$$\dot{V}_i(t)+\alpha V_i(t)+z^T(t)z(t)-\gamma^2 w^T w<0.$$

根据（6.118），有

$$\begin{aligned} V_{\sigma(t_k)}(t) &\le e^{-\alpha(t-t_k)}V_{\sigma(t_k)}(t_k)-\int_{t_k}^{t}e^{-\alpha(t-\delta)}\Xi(\delta)d\delta \\ &\le \mu^k e^{-\alpha(t-t_0)}V_{\sigma(t_0)}(t_0)-\mu^k\int_{t_0}^{t_1}e^{-\alpha(t-\delta)}\Xi(\delta)d\delta \\ &\quad -\cdots-\mu^0\int_{t_k}^{t}e^{-\alpha(t-\delta)}\Xi(\delta)d\delta \\ &= e^{-\alpha(t-t_0)+\frac{t-t_0}{\tau_\alpha}\ln\mu}V_{\sigma(t_0)}(t_0)-\int_{t_0}^{t}e^{-\alpha(t-\delta)+\frac{t-\delta}{\tau_\alpha}\ln\mu}\Xi(\delta)d\delta. \end{aligned} \tag{6.122}$$

其中 $\Xi(t)=z^T(t)z(t)-\gamma^2 w^T w$ and $t_0=0$.

因此，在零初始条件下，我们可以得到

$$\int_0^t e^{-\alpha(t-\delta)+\frac{t-\delta}{\tau_\alpha}\ln\mu}\Xi(\delta)d\delta\le 0. \tag{6.123}$$

然后，将（6.123）两边乘以 $e^{-\frac{t-0}{\tau_\alpha}\ln\mu}$，可以得到如下不等式

$$\int_0^t e^{-\alpha(t-\delta)-\frac{\delta\ 0}{\tau_\alpha}\ln\mu}z^T(\delta)z(\delta)d\delta\le\int_0^t e^{-\alpha(t-\delta)-\frac{\delta-0}{\tau_\alpha}\ln\mu}\gamma^2 w^T(\delta)w(\delta)d\delta.$$

根据 $\dfrac{\delta-0}{\tau_\alpha}\ln\mu\le\alpha\delta$，有

$$\int_0^t e^{-\alpha(t-\delta)-\alpha\delta}z^T(\delta)z(\delta)d\delta\le\int_0^t e^{-\alpha(t-\delta)}\gamma^2 w^T(\delta)w(\delta)d\delta.$$

将上式两边从 $t=0$ 到 ∞ 积分，可得

$$\int_0^\infty e^{-\alpha\delta}z^T(\delta)z(\delta)d\delta\le\gamma^2\int_0^\infty w^T(\delta)w(\delta)d\delta. \tag{6.124}$$

证毕。

6.3.4 优化问题和容错控制器设计

在本节中，容错控制器增益矩阵 F_i 被视为一个可设计变量。然后给出了一种使闭环系统（6.84）获得最大容许扰动能力和加权 L_2– 增益最小上界的算法。即将定理 6.4 和定理 6.5 转化为相应的优化问题，便于应用于容错控制器的设计问题。

根据不等式（6.86），标量 β 可以反映系统容许扰动能力的大小。因此，估计系统（6.84）的最大容许扰动值可转化为如下优化问题：

$$\begin{aligned}&\sup_{\bar{P}_i,\bar{Q}_{1i},\bar{Q}_{2i},\bar{Z}_i,X,\Lambda_i,N_i,\xi_i,\varepsilon_{1i},\varepsilon_{2i}} \beta,\\ &s.t.(a)\, inequality(6.86), i\in[1,N], s\in\mathbb{Q},\\ &\quad (b)\ \Omega(P_i,1+\beta)\subset L(H_i), i\in[1,N],\\ &\quad (c)\ inequality(6.88), i\neq j,\quad i,j\in[1,N].\end{aligned} \tag{6.125}$$

将不等式（6.86）左右两边分别乘以对角矩阵 $diag\{T^{-1},T^{-1},T^{-1},T^{-1},T^{-1}\}$ 和 $diag\{T^{-T},T^{-T},T^{-T},T^{-T},T^{-T}\}$。设 $T_{i1}=T$、$T_{i2}=hT$、$h\neq 0$，然后得到 LMI 可解条件。这里的 T 是可逆的。因此，可以通过一系列的线性变换得到以下新变量：

$$X=T^{-1},\bar{P}_i=XP_iX^T,\bar{Z}_i=XZ_iX^T,\bar{Q}_{i1}=XQ_{i1}X^T,\bar{Q}_{i2}=XQ_{i2}X^T, \tag{6.126}$$

$$\begin{aligned}&\bar{\Sigma}_i=\begin{bmatrix}\bar{\Sigma}_{i1}^T & \bar{\Sigma}_{i2}^T & \bar{\Sigma}_{i3}^T & 0\end{bmatrix},\bar{\Sigma}'_i=\begin{bmatrix}\bar{\Sigma}_{i1}^T & \bar{\Sigma}_{i2}^T & \bar{\Sigma}_{i3}^T & 0 & 0\end{bmatrix},\\ &\bar{\Pi}_i=\begin{bmatrix}\bar{\Pi}_{i1}^T & \bar{\Pi}_{i2}^T & \bar{\Pi}_{i3}^T & 0\end{bmatrix},\\ &\bar{\Pi}'_i=\begin{bmatrix}\bar{\Pi}_{i1}^T & \bar{\Pi}_{i2}^T & \bar{\Pi}_{i3}^T & 0 & 0\end{bmatrix},\end{aligned} \tag{6.127}$$

$$F_iX^T=\Lambda_i,\quad H_iX^T=N_i. \tag{6.128}$$

接下来，在对上述条件（6.86）进行处理之后，应用 Schur 补引理，我们可以推导出如下形式：

$$\begin{bmatrix}\bar{\Delta}_{is1} & \sqrt{d}\bar{\Sigma}_i^T\\ * & -\bar{Z}_i\end{bmatrix}<0,\ \begin{bmatrix}\bar{\Delta}_{is1} & \sqrt{d}\bar{\Pi}_i^T\\ * & -\bar{Z}_i\end{bmatrix}<0, \tag{6.129}$$

其中，

$$\bar{\Delta}_{is}=\begin{bmatrix}\bar{\Upsilon}_{is10} & \bar{\Upsilon}_{is2} & \bar{\Upsilon}_{is4} & \bar{\Upsilon}_{is11}\\ * & \bar{\Upsilon}_{is3} & \bar{\Upsilon}_{is5} & \bar{\Upsilon}_{is8}\\ * & * & \bar{\Upsilon}_{is6} & 0\\ * & * & * & \bar{\Upsilon}_{is12}\end{bmatrix},$$

$$\bar{\Upsilon}_{is2}=A_{di}X^T+\bar{\Sigma}_{i2}^T-\bar{\Sigma}_{i1}+\bar{\Pi}_{i1},\bar{\Upsilon}_{is3}=-(1-\vartheta)e^{-\alpha d}\bar{Q}_{i1}+\bar{\Pi}_{i2}+\bar{\Pi}_{i2}^T-\bar{\Sigma}_{i2}-\bar{\Sigma}_{i2}^T,$$

$$\bar{\Upsilon}_{is4}=\bar{\Sigma}_{i3}^T-\bar{\Pi}_{i1},\bar{\Upsilon}_{is5}=\bar{\Pi}_{i3}^T-\bar{\Sigma}_{i3}^T-\bar{\Pi}_{i2},\bar{\Upsilon}_{is6}=-e^{-\alpha d}\bar{Q}_{i2}-\bar{\Pi}_{i3}+\bar{\Pi}_{i3}^T,\bar{\Upsilon}_{is8}=hXA_{di}^T,$$

$$\begin{aligned}\bar{\Upsilon}_{is10}&=A_iX^T+XA_i^T+B_iM_{0i}(D_s\Lambda_i+D_s^-N_i)+(D_s\Lambda_i+D_s^-N_i)^TM_{0i}^TB_i^T+E_iE_i^T\\&\quad+\bar{Q}_{i1}+\bar{Q}_{i2}+\xi_iG_iG_i^T+\xi_i^{-1}X\Gamma_i^T\Gamma_iX^T+\varepsilon_{1i}^{-1}(D_s\Lambda_i+D_s^-N_i)^TJ_i(D_s\Lambda_i+D_s^-N_i)\\&\quad+\varepsilon_{1i}B_iM_{0i}J_iM_{0i}^TB_i+\varepsilon_{2i}(D_s\Lambda_i+D_s^-N_i)^TJ_i(D_s\Lambda_i+D_s^-N_i)+\bar{\Sigma}_{i1}+\bar{\Sigma}_{i1}^T+\alpha\bar{P}_i,\end{aligned}$$

$$\bar{\Upsilon}_{is11}=\bar{P}_i+hXA_i^T+hE_iE_i^T+h(D_s\Lambda_i+D_s^-N_i)^TM_{0i}^TB_i^T-X^T+\xi_ihG_iG_i^T,$$

$$\bar{\Upsilon}_{is12}=de^{\alpha d}\bar{Z}_i-2hX^T+h^2E_iE_i^T+\xi_ih^2G_iG_i^T+\varepsilon_{2i}^{-1}h^2B_iM_{0i}J_iM_{0i}^TB_i^T,$$

然后，我们将约束条件$\Omega(P_i,1+\beta)\subset\mathscr{L}(H_i)$表示成以下不等式

$$\begin{bmatrix}\psi & H_i^l\\ * & P_i\end{bmatrix}\geq 0,\tag{6.130}$$

其中$(1+\beta)^{-1}=\psi$，以及H_i^l代表矩阵H_i的第 l 行。

根据（6.125）中的（b），显然有

$$x^{\mathrm{T}}P_ix\leq 1+\beta=\psi^{-1}.$$

因此可得

$$\begin{aligned}&x^TP_ix\leq\psi^{-1},\\&P_i-H_i^{lT}\psi^{-1}H_i^l\geq 0.\end{aligned}\tag{6.131}$$

那么，

$$x^TH_i^{lT}\psi^{-1}H_i^lx\leq x^TP_ix\leq\psi^{-1},$$

这意味着

$$\left|H_i^lx\right|\leq 1.$$

所以，这意味着优化问题（57）的（b）式可由（6.130）表示。

然后，将不等式（6.130）左右两边分别乘以对角矩阵$\{X\quad I\}$和$\{X^T\quad I\}$，令$P_i^{-1}=X_i,F_iX_i=\Lambda_i$和$H_iX_i=N_i$，有

$$\begin{bmatrix} \bar{P}_i & * \\ N_i^l & \psi \end{bmatrix} \geq 0. \tag{6.132}$$

接下来，处理式（6.88）得到 $\bar{P}_i \leq \mu \bar{P}_j$，$\bar{Q}_{i1} \leq \mu \bar{Q}_{j1}$，$\bar{Q}_{i2} \leq \mu \bar{Q}_{j2}$ ，$\bar{Z}_i \leq \mu \bar{Z}_j$，进而，约束（6.88）可以用下面的不等式表示。

$$\begin{bmatrix} \mu\bar{P}_j & * \\ \bar{P}_i & \bar{P}_i \end{bmatrix} \geq 0, \begin{bmatrix} \mu\bar{Q}_{j1} & * \\ \bar{Q}_{i1} & \bar{Q}_{i1} \end{bmatrix} \geq 0, \begin{bmatrix} \mu\bar{Q}_{j2} & * \\ \bar{Q}_{i2} & \bar{Q}_{i2} \end{bmatrix} \geq 0, \begin{bmatrix} \mu\bar{Z}_j & * \\ \bar{Z}_i & \bar{Z}_i \end{bmatrix} \geq 0. \tag{6.133}$$

因此，可将优化问题（6.125）转化为如下优化问题：

$$\begin{aligned} &\inf_{\bar{P}_i,\bar{Q}_{1i},\bar{Q}_{2i},\bar{Z}_i,X,\Lambda_i,N_i,\xi_i,\varepsilon_{1i},\varepsilon_{2i}} \psi, \\ &s.t.(a)\, inequality(6.129), i \in [1,N], s \in \mathbb{Q}, \\ &\quad (b)\; inequality(6.132), i \in [1,N], \\ &\quad (c)\; inequality(6.133), i \neq j, \quad i,j \in [1,N]. \end{aligned} \tag{6.134}$$

对于给定的$1+\beta$，带有执行器故障的闭环系统（6.84）的权重 L_2– 增益最小上界可以通过求解下列优化问题获得

$$\begin{aligned} &\inf_{\bar{P}_i,\bar{Q}_{1i},\bar{Q}_{2i},\bar{Z}_i,X,\Lambda_i,N_i,\xi_i,\varepsilon_{1i},\varepsilon_{2i}} \gamma^2, \\ &s.t.(a)\, inequality(6.116), i \in [1,N], s \in \mathbb{Q}, \\ &\quad (b)\; \Omega(P_i, 1+\beta) \subset L(H_i), i \in [1,N], \\ &\quad (c)\; inequality(6.118), \quad i \neq j, \quad i,j \in [1,N]. \end{aligned} \tag{6.135}$$

为了将优化问题（6.135）转化为具有线性矩阵不等式约束的优化问题，我们使用类似将优化问题（6.125）转化为优化问题（6.134）的方法。因此，矩阵不等式（6.116）等价于下面的不等式。

$$\begin{bmatrix} \bar{\Delta}_{is} & \sqrt{d}\bar{\Sigma}_i^T \\ * & -\bar{Z}_i \end{bmatrix} < 0, \quad \begin{bmatrix} \bar{\Delta}_{is} & \sqrt{d}\bar{\Pi}_i^T \\ * & -\bar{Z}_i \end{bmatrix} < 0, \tag{6.136}$$

其中，

$$\bar{\Delta}_{is} = \begin{bmatrix} \bar{\Upsilon}_{is1} & \bar{\Upsilon}_{is2} & \bar{\Upsilon}_{is4} & \bar{\Upsilon}_{is7} & X^T A_{zi}^T E_{zi} \\ * & \bar{\Upsilon}_{is3} & \bar{\Upsilon}_{is5} & \bar{\Upsilon}_{is8} & 0 \\ * & * & \bar{\Upsilon}_{is6} & 0 & 0 \\ * & * & * & \bar{\Upsilon}_{is9} & 0 \\ * & * & * & * & E_{zi}^T E_{zi} + (1-\varsigma) I \end{bmatrix},$$

$\varsigma = \gamma^2$.

然后，将优化问题（6.135）转化为下面的优化问题。

$$\begin{aligned}&\inf_{\bar{P}_i,\bar{Q}_{1i},\bar{Q}_{2i},\bar{Z}_i,X,\Lambda_i,N_i,\xi_i,\varepsilon_{1i},\varepsilon_{2i}} \varsigma,\\ &s.t.(a)\, inequality(6.136), i\in[1,N], s\in\mathbb{Q},\\ &\quad (b)\ inequality(6.132), i\in[1,N],\\ &\quad (c)\ inequality(6.133), i\neq j,\quad i,j\in[1,N].\end{aligned} \tag{6.137}$$

通过求解新的优化问题（6.134）和式（6.137），系统不仅具有更好的性能指标，而且得到了容错状态反馈增益矩阵$F_i=\Lambda_i X^{-T}$。

推论 6.3 如果不考虑执行器失效，则式（6.136）可以改写为下式：

$$\begin{bmatrix}\bar{\Delta}_{is3} & \sqrt{d}\bar{\Sigma}_i^T\\ * & -\bar{Z}_i\end{bmatrix}<0,\quad \begin{bmatrix}\bar{\Delta}_{is3} & \sqrt{d}\bar{\Pi}_i^T\\ * & -\bar{Z}_i\end{bmatrix}<0, \tag{6.138}$$

其中，

$$\bar{\Delta}_{is3}=\begin{bmatrix}\bar{\Upsilon}_{is13} & \bar{\Upsilon}_{is2} & \bar{\Upsilon}_{is4} & \bar{\Upsilon}_{is14} & X^T A_{zi}^T E_{zi}\\ * & \bar{\Upsilon}_{is3} & \bar{\Upsilon}_{is5} & \bar{\Upsilon}_{is8} & 0\\ * & * & \bar{\Upsilon}_{is6} & 0 & 0\\ * & * & * & \bar{\Upsilon}_{is9} & 0\\ * & * & * & * & E_{zi}^T E_{zi}+(1-\varsigma)I\end{bmatrix},$$

$$\begin{aligned}\bar{\Upsilon}_{is13}&=A_iX^T+XA_i^T+B_i(D_s\Lambda_{ai}+D_s^- N_{ai})+(D_s\Lambda_{ai}+D_s^- N_{ai})^T B_i^T\\&\quad+\bar{Q}_{i1}+\bar{Q}_{i2}+E_iE_i^T+\xi_iG_iG_i^T+\xi_i^{-1}X\Gamma_i^T\Gamma_iX^T+\bar{\Sigma}_{i1}+\bar{\Sigma}_{i1}^T+\alpha\bar{P}_i,\\ \bar{\Upsilon}_{is14}&=\bar{P}_i+hXA_i^T+h(D_s\Lambda_{ai}+D_s^- N_{ai})^T B_i^T-X^T+hE_iE_i^T+\xi_ihG_iG_i^T.\end{aligned}$$

那么，可以将状态反馈增益矩阵设计为$F_{ai}=\Lambda_{ai}X^{-T}$。

6.3.5　数值仿真

在本节中，给出了一个数值例子来证明所提出方法的有效性。考虑以下具有不确定和外部扰动的非线性饱和切换系统：

$$\begin{cases}\dot{x}(t)=A_\sigma x(t)+A_{d\sigma}x(t-d(t))+B_\sigma sat(u)+E_\sigma w+G_\sigma f_\sigma(x(t)),\\ z=A_{z\sigma}x(t)+E_{z\sigma}w,\\ x(t)=\varphi(t), t\in[-d,0],\end{cases} \tag{6.139}$$

其中 $\sigma\in I_2=\{1,2\}, x_0=\begin{bmatrix}0 & 0\end{bmatrix}^T$.

$$A_1=\begin{bmatrix}-2 & 0.2\\ -0.8 & -0.1\end{bmatrix},A_2=\begin{bmatrix}0.1 & -0.4\\ -0.1 & -2.4\end{bmatrix},B_1=\begin{bmatrix}0.1\\ -2.6\end{bmatrix},B_2=\begin{bmatrix}0.8\\ -1.2\end{bmatrix},A_{d1}=\begin{bmatrix}0.1 & 1\\ -2 & 0.4\end{bmatrix},$$

$$A_{d2}=\begin{bmatrix}0.1 & -2\\ 2 & 0.4\end{bmatrix},E_1=\begin{bmatrix}-0.1\\ 0.1\end{bmatrix},E_2=\begin{bmatrix}0.1\\ 0.2\end{bmatrix},G_1=\begin{bmatrix}0.1 & 0\\ -0.9 & 0.1\end{bmatrix},\mathrm{G}_2=\begin{bmatrix}0.1 & -0.6\\ 0 & 0.1\end{bmatrix},$$

$$f_1=\begin{bmatrix}0.01\sin(x_1)\\ 0.1x_2\sin(x_2)\end{bmatrix},E_{z1}=\begin{bmatrix}1\\ -2\end{bmatrix},f_2=\begin{bmatrix}0.1x_1\sin(x_1)\\ 0.1\sin(x_2)\end{bmatrix},E_{z2}=\begin{bmatrix}-2\\ 1\end{bmatrix},$$

$$A_{z1}=\begin{bmatrix}1 & 0\\ 0 & 1\end{bmatrix},A_{z2}=\begin{bmatrix}1 & 0\\ 0 & 1\end{bmatrix},I=\begin{bmatrix}1 & 0\\ 0 & 1\end{bmatrix},\Gamma_{11}=\begin{bmatrix}0.1 & 0\\ 0 & 0.2\end{bmatrix},\Gamma_{12}=\begin{bmatrix}0.2 & 0\\ 0 & 0.1\end{bmatrix},$$

$$0\le d(t)=0.1+0.1\sin(t)\le d=0.2,h=1,\quad \dot{d}(t)=0.1\cos(t)\le\vartheta=0.1.$$

$$h=1,0\le d(t)=0.1+0.1\sin(t)\le d=0.2,$$
$$\dot{d}(t)=0.1\cos(t)\le\vartheta=0.1.$$

故障矩阵参数取值范围为：

$$0.4\le m_{i1}\le 0.6.$$

根据式（6.83），可得

$$M_{10}=0.5,M_{20}=0.5,$$
$$J_1=J_2=0.2.$$

执行器故障矩阵 M_i 可以取 0.4–0.6 之间的任意值。这里我们让 $M_1=M_2=0.4$。

若 $\alpha=0.8,\mu=1.6$，最小驻留时间满足 $\tau_\alpha^*=\dfrac{\ln\mu}{\alpha}=0.5875$，构造切换信号如图 6.6 所示。

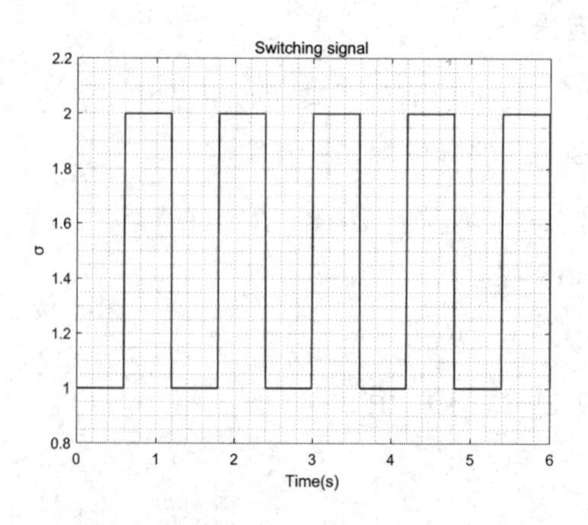

图6.6　切换系统（6.139）的切换信号

那么通过求解优化问题（6.134）可得如下优化解：

$$\psi^* = 0.2612, 1+\beta = 3.8283,$$
$$F_1 = \begin{bmatrix}-4.1879 & 4.4758\end{bmatrix}, F_2 = \begin{bmatrix}-5.6308 & 8.9486\end{bmatrix},$$
$$N_1 = \begin{bmatrix}-1.7696 & 3.8305\end{bmatrix}, N_2 = \begin{bmatrix}-1.8110 & 8.1764\end{bmatrix}.$$

然后，当驻留时间 $\tau_\alpha^* = \dfrac{\ln\mu}{\alpha} = 0.5875$ 选择不同 α 和 μ 时，重复上述步骤求解 $1+\beta$，得到表 6.2。当最小驻留时间 τ_α^* 为一个定值时，系统的最大容许扰动 $1+\beta$ 随 α 值的增大而减小。

表 6.2　不同 α 值时 $1+\beta$ 的值

α	μ	τ_α^*	$1+\beta$
0.2	1.1247	0.5875	7.2620
0.4	1.2649	0.5875	5.8359
0.6	1.4226	0.5875	4.7391
0.8	1.6	0.5875	3.8283
0.9	1.6968	0.5875	3.4030

外部扰动输入 $w(t)$ 选取如下：

$$w(t) = \begin{cases} \sqrt{2\times 3.8283}\, e^{-t}, & 0 \le t \le 6, \\ 0, & else. \end{cases}$$

图 6.7 显示了切换系统（6.139）的状态响应和状态轨迹曲线。显然，从图 6.7 可以看出，闭环系统（6.139）的状态轨迹始终保持在边界 $1+\beta$ 内。

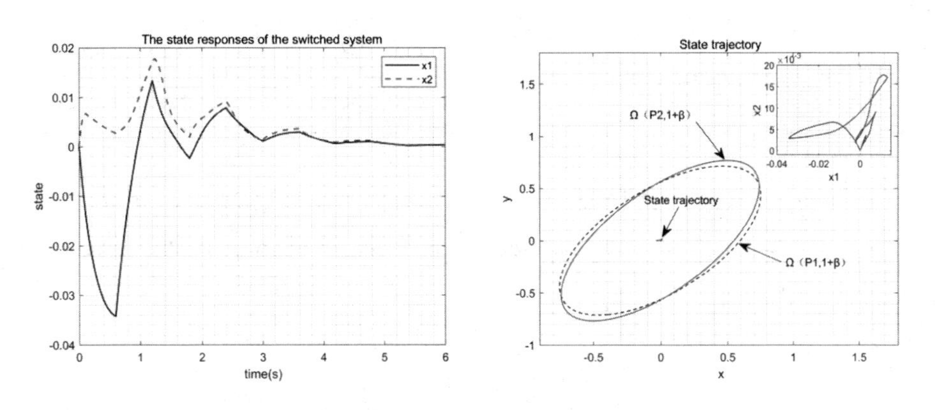

图 6.7　切换系统（6.139）的状态响应曲线和状态轨迹

那么，通过求解 $1+\beta=3.8283$ 的优化问题（6.137），可以得到 γ 的值为 3.0565。图 6.8 为加权 L_2- 增益与不同 $\beta\in[0,\beta^*]$ 值的对应关系曲线。此外，我们考虑了几种情况，得到了如下表 6.3 所示的数值结果。

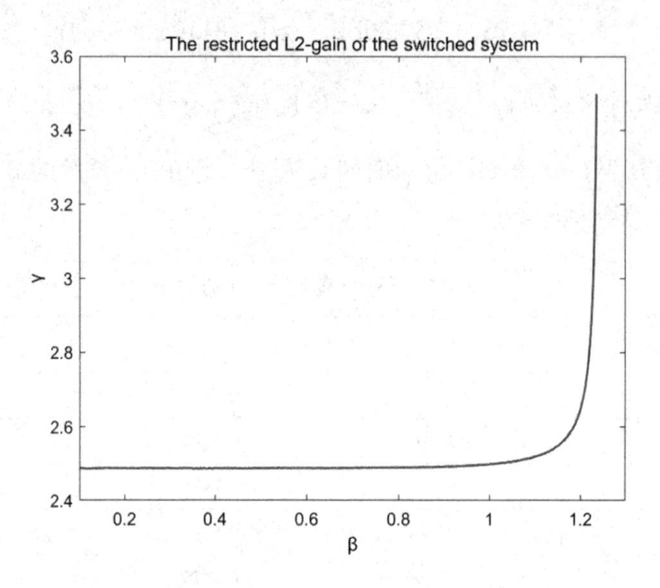

图6.8　切换系统（6.139）的加权 L_2– 增益曲线

表6.3　当取 β 不同值时 γ 的值

$1+\beta$	γ	F_1	F_2
1.5	2.4630	[−5.3397　4.8043]	[−3.2500　5.7815]
2	2.4632	[−4.7414　4.1547]	[−2.7835　5.3838]
2.5	2.4649	[−4.1707　3.4356]	[−2.7101　5.3268]
3	2.4723	[−3.6969　2.9227]	[−2.4142　5.0365]
3.5	2.5208	[−3.1449　2.2797]	[−2.3849　5.0364]

以上结果表明，切换系统（6.139）的加权 L_2- 增益始终小于或等于 $\gamma=3.0565$。图 6.9 分别显示了执行器失效时系统（6.139）在标准控制器下的状态响应和状态轨迹。

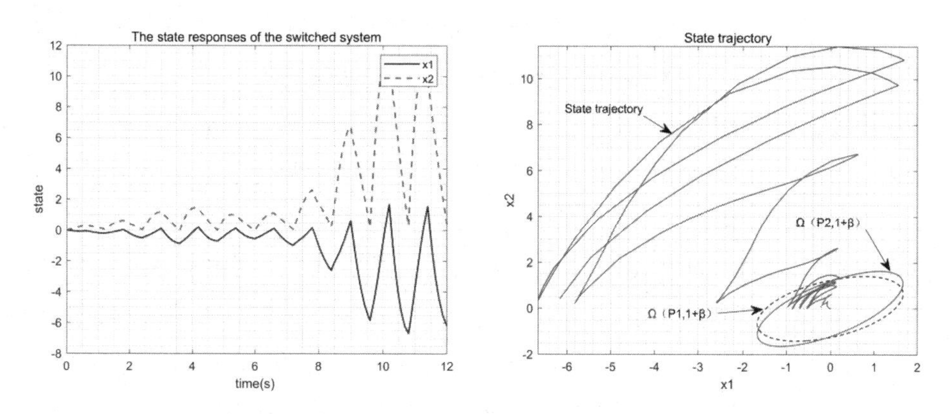

图6.9　在标准控制器下，执行器失效时系统（6.139）的状态响应和状态轨迹。

注 6.3 显然，从图 6.9 可以看出，执行器失效时系统的状态响应和状态轨迹超过了标准控制器下的最大界。因此，在这种情况下，系统是不稳定的。然而，在容错控制器下，状态轨迹始终保持在集合$\bigcup_{i=1}^{N}\Omega(P_i,1+\beta)$内。因此，根据本文方法设计的控制器具有较好的容错能力。

6.4　小节

本章利用最小驻留时间方法，研究了具有执行器饱和的非线性切换系统的L_2– 增益分析问题、容错控制问题。

第一部分研究了采用最小驻留时间方法，研究了一类具有输入饱和和执行器失效的非线性连续时间切换系统的L_2– 增益分析和控制综合问题。与现有的状态相关切换方法不同，本部分采用最小驻留时间方法设计了一种容错控制器，使整个系统具有鲁棒指数镇定、容错性能、抗干扰能力和加权L_2– 增益等性能。此外，为了最大限度地估计闭环系统的吸引域，我们引入一个包含原点的凸集$X_{\mathrm{R}} \subset \mathbb{R}^n$作为测量集合大小的参考集。进一步，将上述优化问题转化为若干约束优化问题，由若干具有 LMI 约束的优化问题求解。最后，通过数值算例验证了所提方法的有效性，并比较了容错控制器与标准控制器作用下的状态轨迹。

与已有的输入饱和非线性连续时间切换系统的研究成果相比，本文具有两个明显的特点：第一，本文采用最小驻留时间方法，避免系统状态轨迹超出限制区域；第二，解决了容错控制问题，而现有的研究成果大多只设计了常规的状态反馈控制器，而没有考虑执行器发生故障的情况。

第二部分研究了具有输入饱和和时变时滞的非线性连续时间切换系统的加权 L_2- 增益分析和容错控制问题。与现有状态相关切换方法的结果不同，设计了一种带有时变切换机制的容错控制器，使整个系统具有容错性能、抗干扰能力和加权 L_2- 增益。此外，为了更好地利用时滞信息，降低得到结果的保守性，引入多重增广 Lyapunov–Krasovskii 泛函数方法、Jensen 积分不等式和自由加权矩阵方法，设计了容错状态反馈控制器。最后，通过数值算例验证了所提方法的有效性，并比较了容错控制器与标准控制器作用下的状态轨迹。

与已有的输入饱和时变时滞非线性连续时间切换系统的研究成果相比，本部分的主要贡献如下：

（1）采用最小驻留时间方法避免了系统状态轨迹超出吸引域；

（2）解决了容错控制问题，而现有的大多数研究成果只设计了常规的状态反馈控制器，而没有考虑执行器发生故障的情况[16]。

第7章　非线性离散时间饱和切换系统的 L_2-增益分析与容错控制

7.1　引言

在前述两章，基于多李雅普诺夫函数方法，最小驻留时间方法以及异步切换技术，我们讨论了具有执行器饱和的非线性切换系统的可靠镇定、可靠保成本以及 L_2- 增益容错控制问题。但是，随着计算机控制技术的普及以及迅速发展，从工业自动化控制的实际问题出发，对具有执行器饱和的离散时间切换系统的容错控制问题的研究显得更为重要。文献 [295] 采用了切换李雅普诺夫函数方法研究一类具有时变时滞和饱和执行器的离散切换系统的抗干扰问题。文献 [296] 利用切换李雅普诺夫函数方法和动态抗饱和补偿器的设计，研究了一类具有时变范数有界不确定性和饱和执行器的离散切换系统的稳定性分析问题。文献 [297] 考虑了一类具有时滞和执行器饱和的不确定离散时间切换线性系统的 L_2- 增益分析和控制综合问题。文献 [188] 基于饱和依赖的切换 Lyapunov 函数方法研究了具有执行器饱和的切换离散系统的抗干扰问题。然而，上述文献都没考虑执行器可能发生故障的问题，原因是执行器故障、时滞、执行器饱和的相互作用，对切换系统性能的分析变得更加复杂，给控制器设计带来了巨大的挑战。目前，对于具有执行器饱和的非线性离散时间切换系统的 L_2- 增益分析与容错控制问题研究较少，所以这是本章要解决的问题。

本章针对以上几种问题，研究了离散时间非线性饱和切换系统的 L_2- 增益分析与容错控制问题。本章共分为两个部分。第一部分的工作内容是基于多李雅普诺夫函数法研究了一类有执行器饱和的非线性离散切换系统的 L_2- 增益容错控制问题，给出了系统在外部干扰作用下状态轨迹有界的充分条件，通过求解受限优化问题获得最大容许干扰水平。接着给出了在容许干扰集合内的受限 L_2– 增益存在的充分条件，通过解受限优化问题获得受限 L_2– 增益的最小上界。通过多 Lyapunov 函数方法设计出容错控制器和切换率，仿真结果验证了该设计方法的有效性。第二部分的工作内容是基于最小驻留时间策略和李雅普诺夫函数方法研究了一类有执行器饱和的非线性离散切换系统的加权 L_2– 增益容错控制问题。第一，通过李雅普诺夫函数方法，得到了非线性离散时间切换系统的指数稳定性结果。第二，给出了系统在外部干扰作用下状态轨迹有界的充分条件，通过求解优化问题获得最大容许干扰水平。第三，给出了在容许干扰集合内的加权 L_2– 增益存在的充分条件，通过解优化问题获得加权 L_2– 增益的最小上界。最后设计出切换律和容错状态反馈控制器，仿真结果验证了该设计方法的有效性。

7.2 具有执行器饱和的不确定非线性离散切换系统的 L_2-增益分析与容错控制

7.2.1 问题描述与预备知识

考虑如下的具有执行器饱和和外部干扰的不确定非线性离散切换系统：

$$\begin{cases} x(k+1)=(A_\sigma+\Delta A_\sigma)x(k)+(B_\sigma+\Delta B_\sigma)\text{sat}(u_\sigma(k))+E_\sigma w(k)+Q_\sigma f_\sigma(x), \\ \quad z(k)=C_\sigma x(k), \end{cases} \tag{7.1}$$

其中，$k\in Z^+=\{0,1,2,\cdots\}$，$x(k)\in \mathrm{R}^n$ 是系统的状态，$u_\sigma(k)\in \mathrm{R}^m$ 为控制输入，$z(k)\in \mathrm{R}^p$ 表示被控输出，$w(k)\in \mathrm{R}^q$ 为外部干扰输入。$f(x)$ 为非线性函数，且存在矩阵 G_i，对于任意 $x\in R^n$，满足

$$f_i^T f_i \le x^T(k) G_i^T G_i x(k), \tag{7.2}$$

对于系统（7.1），其干扰抑制能力可用 L_2 – 增益来表示，然而非常大的外部干扰可导致系统的状态无界。为此，做如下规定

$$W_\beta^2 := \left\{ w:\mathrm{R}_+ \to \mathrm{R}^q, \sum_{k=0}^{\infty} w^{\mathrm{T}}(k)w(k) \le \beta \right\}, \tag{7.3}$$

其中，β 为一个正数，它反映了系统的容许干扰能力。σ 是在 $I_N=\{1,\cdots,N\}$

中取值的待设计的切换信号，$\sigma = i$ 意味着第 i 个子系统被激活。$\mathrm{sat}: \mathrm{R}^m \to \mathrm{R}^m$ 为标准的向量值饱和函数，定义如下：

$$\begin{cases} \mathrm{sat}(u_i) = \left[\mathrm{sat}(u_i^1),\ \cdots,\ \mathrm{sat}(u_i^m)\right]^{\mathrm{T}}, \\ \mathrm{sat}(u_i^j) = \mathrm{sign}(u_i^j)\min\left\{1,\ \left|u_i^j\right|\right\}, \\ \forall j \in V_m = \{1,\ \cdots,\ m\}. \end{cases}$$

显然，假设单位饱和限幅是不失一般性的，因为非标准饱和函数总可以通过采用适当的变换改变矩阵而得到，为简单起见，按文献中普遍采用的记号，我们采用符号 $\mathrm{sat}(\cdot)$ 同时表示标量与向量饱和函数。A_i，B_i，E_i，Q_i 和 C_i 为适当维数的常数矩阵，ΔA_i，ΔB_i 是满足如下条件的不确定项：

$$\left[\Delta A_i \quad \Delta B_i\right] = T_i \Gamma(k)\left[F_{1i} \quad F_{2i}\right], i \in I_N, \tag{7.4}$$

其中，T_i，F_{1i} 和 F_{2i} 为具有适当维数的已知常数矩阵，$\Gamma(k)$ 为未知的时变的矩阵函数，且满足：

$$\Gamma^{\mathrm{T}}(k)\Gamma(k) \le I.$$

本文采用如下形式的状态反馈控制律

$$u_i(k) = F_i x(k), i \in I_N, \tag{7.5}$$

则闭环系统为

$$\begin{cases} x(k+1) = (A_i + \Delta A_i)x(k) + (B_i + \Delta B_i)\mathrm{sat}(F_i x(k)) + E_i w(k) + Q_i f_i(x), \\ \quad z(k) = C_i x(k). \end{cases} \tag{7.6}$$

考虑控制系统可能发生执行器结构性失效故障，其模型为 $u^f(k) = S_i u(k)$，其中执行器故障矩阵为 $S_i = diag\{s_{i1}, s_{i2}, \cdots s_{im}\}$，$0 \le s_{ijl} \le s_{ij} \le s_{iju} \le 1, j = 1, 2, \cdots, \mathrm{m}$。矩阵 S_{iu} 和矩阵 S_{il} 的对角元分别是矩阵 S_i 相应元素的上下界。当 $s_{ij} = 0$ 时，表示第 j 个执行器完全失效；当 $s_{ij} = 1$ 时，表示第 j 个执行器正常工作；当 $s_{ij} \in (0,1)$ 时，表示第 j 个执行器部分失效。

为便于分析，引入如下矩阵：

$$\begin{aligned} S_{iu} &= diag[s_{i1u}, s_{i2u}, \cdots s_{imu}], \\ S_{il} &= diag[s_{i1l}, s_{i2l}, \cdots s_{iml}], \\ S_{i0} &= diag[\tilde{s}_{i1}, \tilde{s}_{i2}, \cdots \tilde{s}_{im}], \end{aligned}$$

$$\tilde{s}_{ij}=\frac{(s_{iju}+s_{ijl})}{2},$$

$$O_i=diag\{o_{i1},o_{i2},\cdots o_{im}\},o_{ij}=\frac{s_{iju}-s_{ijl}}{s_{iju}+s_{ijl}},$$

$$L_i=diag\{l_{i1},l_{i2},\cdots l_{im}\},l_{ij}=\frac{s_{ij}-\tilde{s}_{ij}}{\tilde{s}_{ij}},$$

则 $S_i=S_{i0}(I+L_i)$, （7.7）

其中 $|L_i|\le O_i\le I$。

则包含执行器失效的闭环系统状态方程为

$$\begin{cases}x(k+1)=(A_i+\Delta A_i)x(k)+(B_i+\Delta B_i)S_i\mathrm{sat}(F_ix(k))+E_iw(k)+Q_if_i(x),\\ z(k)=C_ix(k).\end{cases}$$

（7.8）

定义 7.1[153,187] 给定$\gamma>0$，如果存在切换律σ，对满足所有非零$w(k)\in W_\beta^2$和初始状态$x_0=0$，使得不等式

$$\sum_{k=0}^{\infty}z^{\mathrm{T}}(k)z(k)<\gamma^2\sum_{k=0}^{\infty}w^{\mathrm{T}}(k)w(k) \quad (7.9)$$

成立，则系统（7.8）称为具有从干扰输入w到控制输出z小于γ的受限L_2-增益。

定义 7.2[130] 令$P\in\mathrm{R}^{n\times n}$表示正定矩阵，定义椭球体：

$$\Omega(P,\ \rho)=\{x\in\mathrm{R}^n:x^{\mathrm{T}}Px\le\rho,\ \rho>0\}. \quad (7.10)$$

为了符号的简单，有时我们也用$\Omega(P)$表示$\Omega(P,\ 1)$。

用F^j表示矩阵$F\in R^{m\times n}$的第j行，定义下面的对称多面体：

$$L(F)=\{x\in R^n:|F^jx|\le 1,j\in V_m\}. \quad (7.11)$$

令D表示$m\times m$的对角矩阵集合，它的对角元素是1或者0。例如：如果$m=2$，那么，

$$D=\left\{\begin{bmatrix}1&0\\0&1\end{bmatrix},\begin{bmatrix}1&0\\0&0\end{bmatrix},\begin{bmatrix}0&0\\0&1\end{bmatrix},\begin{bmatrix}0&0\\0&0\end{bmatrix}\right\}.$$

得知，这里有2^m个元素在D中。假定D中的元素表示成$D_s,\ s\in V=\{1,2,\cdots,2^m\}$，显然$D_s^-=I-D_s\in D$。

引理 7.1[130] 给定矩阵$F,H\in\mathrm{R}^{m\times n}$。对于$x\in\mathrm{R}^n$，如果$x\in L(H)$，则

$$\mathrm{sat}(Fx)\in \mathrm{co}\left\{D_sFx+D_s^-Hx, s\in V\right\},$$

其中 $\mathrm{co}\{\cdot\}$ 表示一个集合的凸包。因此，相应的 $\mathrm{sat}(Fx)$ 可表示为

$$\mathrm{sat}(Fx)=\sum_{s=1}^{2^m}\eta_s(D_sF+D_s^-H)x,$$

其中 η_s 是状态 x 的函数，并且 $\sum_{s=1}^{2^m}\eta_s=1, 0\le\eta_s\le 1$。

引理 7.2[298] 给定 R_1，R_2 为适当维数的实常数矩阵，Y 为任意的对称实矩阵。如果 $\Sigma(t)$ 为时变对角阵，满足 $\left|\sum(t)\right|\le U$，且存在 $t>0$ 使得 $\left|\sum(t)\right|=U$，U 为正定对角阵，则 $Y+R_1\sum R_2+R_2^T\sum^T R_1^T<0$ 的充要条件是存在一个常数 $\beta>0$，使 $Y+\beta R_1UR_1^T+\beta^{-1}R_2^TUR_2<0$。

引理 7.3[250] 设 Y，U，V 是给定的适当维数矩阵，对任意满足 $\Gamma^{\mathrm{T}}\Gamma\le I$ 的 Γ

$$Y+U\Gamma V+V^{\mathrm{T}}\Gamma^{\mathrm{T}}U^{\mathrm{T}}<0$$

的充要条件是存在一个常数 $\lambda>0$，使得

$$Y+\lambda UU^{\mathrm{T}}+\lambda^{-1}V^{\mathrm{T}}V<0.$$

7.2.2　容许干扰条件

假定状态反馈控制律 $u_i=F_ix$ 给定，利用多 Lyapunov 函数方法，给出了确保在外部干扰作用和执行器失效条件下闭环系统（7.8）的状态轨迹有界的充分条件。

定理 7.1 如果存在正定矩阵 P_i，矩阵 H_i 和 G_i，以及非负实数 β_{ir}，使下列矩阵不等式成立

$$\begin{bmatrix}\Lambda_{is11} & \Lambda_{is12} & \Lambda_{is13}\\ * & E_i^{\mathrm{T}}P_iE_i-I & E_i^TP_iQ_i\\ * & * & Q_i^TP_iQ_i-I\end{bmatrix}<0, \quad i\in I_N,\ s\in V, \tag{7.12}$$

其中，

$$\Lambda_{is11}=\left[(A_i+\Delta A_i)+(B_i+\Delta B_i)S_i(D_sF_i+D_s^-H_i)\right]^{\mathrm{T}}P_i\left[(A_i+\Delta A_i)+(B_i+\Delta B_i)S_i(D_sF_i+D_s^-H_i)\right]$$
$$-P_i+G_i^TG_i+\sum_{r=1,r\ne i}^{N}\beta_{ir}\left(P_r-P_i\right),$$

$$\Lambda_{is12}=\left[(A_i+\Delta A_i)+(B_i+\Delta B_i)S_i(D_sF_i+D_s^-H_i)\right]^{\mathrm{T}}P_iE_i,$$

$$\Lambda_{is13}=\left[(A_i+\Delta A_i)+(B_i+\Delta B_i)S_i(D_sF_i+D_s^-H_i)\right]^{\mathrm{T}}P_iQ_i,$$

并且有

$$\Omega(P_i,\beta)\bigcap\Phi_i\subset L(H_i),i\in I_N, \tag{7.13}$$

其中，$\Phi_i=\{x\in \mathrm{R}^n:x^{\mathrm{T}}(P_r-P_i)x\geq 0,\forall r\in I_N,r\neq i\}$，那么，对于$\forall w\in W_\beta^2$，具有零初始条件$(x_0=0)$的闭环系统（7.8）的状态轨迹始终保持在集合$\bigcup_{i=1}^N(\Omega(P_i,\beta)\bigcap\Phi_i)$内，相应的切换律由下式决定：

$$\sigma=\arg\min\{x^{\mathrm{T}}P_ix,i\in I_N\}. \tag{7.14}$$

证明 由引理7.1，对任意$\Omega(P_i,\beta)\bigcap\Phi_i\subset L(H_i)$，可得

$$(A_i+\Delta A_i)x(k)+(B_i+\Delta B_i)S_i\mathrm{sat}(F_ix(k))+E_iw(k)+Q_if_i(x)\in$$
$$\mathrm{co}\left\{(A_i+\Delta A_i)x(k)+(B_i+\Delta B_i)S_i(D_sF_i+D_s^-H_i)x(k)+E_iw(k)+Q_if_i(x),s\in V\right\}.$$

根据切换律（7.14），当$x\in\Omega(P_i,\beta)\bigcap\Phi_i\subset L(H_i)$时，第$i$个子系统被激活。

选取Lyapunov函数

$$V(x_k)=V_\sigma(x_k)=x^{\mathrm{T}}(k)P_\sigma x(k)\ . \tag{7.15}$$

（1）当$\sigma(k+1)=\sigma(k)=i$时，对于$\forall x(k)\in\Omega(P_i,\beta)\bigcap\Phi_i\subset L(H_i)$，有

$$\begin{aligned}\Delta V(x_k)&=V_i(x_{k+1})-V_i(x_k)\\&=x^{\mathrm{T}}(k+1)P_ix(k+1)-x^{\mathrm{T}}(k)P_ix(k)\\&\leq\max_{s\in V}x^{\mathrm{T}}(k)[(A_i+\Delta A_i)+(B_i+\Delta B_i)S_i(D_sF_i+D_s^-H_i)]^{\mathrm{T}}P_i[(A_i+\Delta A_i)\\&\quad+(B_i+\Delta B_i)S_i(D_sF_i+D_s^-H_i)]x(k)-x^{\mathrm{T}}(k)P_ix(k)\\&\quad+2x^{\mathrm{T}}(k)[(A_i+\Delta A_i)+(B_i+\Delta B_i)S_i(D_sF_i+D_s^-H_i)]^{\mathrm{T}}P_iE_iw(k)\\&\quad+2x^{\mathrm{T}}(k)[(A_i+\Delta A_i)+(B_i+\Delta B_i)S_i(D_sF_i+D_s^-H_i)]^{\mathrm{T}}P_iQ_if_i(x)\\&\quad+2w^T(k)E_i^TP_iQ_if_i(x)+w^{\mathrm{T}}(k)E_i^{\mathrm{T}}P_iE_iw(k)+f_i^{\mathrm{T}}(x)Q_i^TP_iQ_if_i(x)\\&\quad+x^T(k)G_i^TG_ix(k)-f_i^Tf_i.\end{aligned}$$

对式（7.12）两端分别左乘$\begin{bmatrix}x(k)\\w(k)\\f\end{bmatrix}^T$和右乘$\begin{bmatrix}x(k)\\w(k)\\f\end{bmatrix}$，可以得到

$$\Delta V(x_k)<w^{\mathrm{T}}(k)w(k)-\sum_{r=1,\,r\neq i}^N\beta_{ir}x^{\mathrm{T}}(k)(P_r-P_i)x(k).$$

根据切换律（7.14），可知

$$\sum_{r=1,\, r\neq i}^{N} \beta_{ir} x^{\mathrm{T}}(k)(P_r - P_i)x(k) \geq 0.$$

所以有

$$\Delta V(x_k) < w^{\mathrm{T}}(k)w(k). \tag{7.16}$$

（2）当$\sigma(k)=i$，$\sigma(k+1)=r$且$i\neq r$时，对于$\forall x(k)\in\Omega(P_i,\beta)\cap\Phi_i\subset L(H_i)$，由切换律（7.14）可知

$$\begin{aligned}\Delta V(x_k) &= V_r(x_{k+1}) - V_i(x_k)\\ &\leq V_i(x_{k+1}) - V_i(x_k)\\ &< w^T(k)w(k) - \sum_{r=1,\, r\neq i}^{N} \beta_{ir} x^{\mathrm{T}}(k)(P_r - P_i)x(k).\end{aligned}$$

由切换律（7.14），可知

$$\sum_{r=1,\, r\neq i}^{N} \beta_{ir} x^{\mathrm{T}}(k)(P_r - P_i)x(k) \geq 0,$$

因而有

$$\Delta V(x_k) < w^{\mathrm{T}}(k)w(k). \tag{7.17}$$

结合（7.16）（7.17）可得

$$\Delta V(x_k) = V(x_{k+1}) - V(x_k) < w^{\mathrm{T}}(k)w(k), \forall x(k)\in \bigcup_{i=1}^{N}(\Omega(P_i,\beta)\cap\Phi_i). \tag{7.18}$$

所以有下式成立

$$\sum_{t=0}^{k} \Delta V(x_t) < \sum_{t=0}^{k} w^{\mathrm{T}}(t)w(t),$$

可以计算出

$$V(x_{k+1}) < V(x_0) + \sum_{t=0}^{k} w^{\mathrm{T}}(t)w(t), \forall k \geq 0.$$

由于$x_0=0$，$\sum_{k=0}^{\infty} w^{\mathrm{T}}(k)w(k) \leq \beta$，有

$$V(x_{k+1}) < \beta. \tag{7.19}$$

不等式（7.19）表示具有零初始条件（$x_0=0$）的闭环系统（7.8）的状态轨迹仍将停留在集合$\bigcup_{i=1}^{N}(\Omega(P_i,\beta)\cap\Phi_i)$内。

证毕。

根据定理 7.1，确定闭环系统（7.8）最大容许干扰水平β^*可通过解如下优化问题获得

$$\begin{aligned}&\sup_{P_i,G_i,H_i,\beta_{ir},}\ \beta,\\&\text{s.t.}(a)\,\text{inequality}\,(7.12), i\in I_N, s\in V,\\&(b)\,\Omega(P_i,\beta)\cap\Phi_i\subset L(H_i), i\in I_N.\end{aligned}\tag{7.20}$$

但是，注意到上面优化问题的约束条件不是线性矩阵不等式，上面的优化问题不易直接求解，因此我们需要将上面的优化问题做如下处理。

对式（7.12）运用 Schur 补引理，得

$$\begin{bmatrix}-P_i+G_i^TG_i+\sum\limits_{r=1,r\neq i}^{N}\beta_{ir}\left(P_{\mathrm{r}}-P_i\right) & * & * & *\\ 0 & -I & * & *\\ 0 & 0 & -I & *\\ P_i\left[(A_i+\Delta A_i)+(B_i+\Delta B_i)S_i(D_sF_i+D_s^-H_i)\right] & P_iE_i & P_iQ_i & -P_i\end{bmatrix}<0,\tag{7.21}$$

通过式（7.4）和引理 7.3，存在$\lambda_i>0$,，不等式（7.21）可整理成

$$\begin{bmatrix}-P_i+G_i^TG_i+\sum\limits_{r=1,r\neq i}^{N}\beta_{ir}\left(P_{\mathrm{r}}-P_i\right) & * & * & *\\ 0 & -I & * & *\\ 0 & 0 & -I & *\\ P_i\left[A_i+B_iS_i(D_sF_i+D_s^-H_i)\right] & P_iE_i & P_iQ_i & -P_i\end{bmatrix}+\lambda_i\begin{bmatrix}0\\0\\0\\P_iT_i\end{bmatrix}\begin{bmatrix}0 & 0 & 0 & T_i^TP_i\end{bmatrix}$$

$$+\lambda_i^{-1}\begin{bmatrix}\left[F_{1i}+F_{2i}S_i\left(D_sF_i+D_s^-H_i\right)\right]^T\\0\\0\\0\end{bmatrix}\begin{bmatrix}\left[F_{1i}+F_{2i}S_i\left(D_sF_i+D_s^-H_i\right)\right] & 0 & 0 & 0\end{bmatrix}<0.$$

上式由 Schur 补引理，得

$$\begin{bmatrix}-P_i+G_i^TG_i+\sum\limits_{r=1,r\neq i}^{N}\beta_{ir}\left(P_{\mathrm{r}}-P_i\right) & * & * & * & *\\ 0 & -I & * & * & *\\ 0 & 0 & -I & * & *\\ P_i\left[A_i+B_iS_i\left(D_sF_i+D_s^-H_i\right)\right] & P_iE_i & P_iQ_i & -P_i+\lambda_iP_iT_iT_i^TP_i & *\\ F_{1i}+F_{2i}S_i\left(D_sF_i+D_s^-H_i\right) & 0 & 0 & 0 & -\lambda_iI\end{bmatrix}<0.\tag{7.22}$$

将式（7.7）代入式（7.22），并通过引理 7.2，存在 $\lambda_{1i}>0, O_{1i}>0$，不等式（7.22）整理为

$$
\begin{bmatrix}
-P_i+G_i^TG_i+\sum_{r=1,r\neq i}^{N}\beta_{ir}(P_r-P_i) & * & * & * & * \\
0 & -I & * & * & * \\
0 & 0 & -I & * & * \\
P_i\left[A_i+B_iS_{i0}\left(D_sF_i+D_s^-H_i\right)\right] & P_iE_i & P_iQ_i & \begin{matrix}-P_i+\\ \lambda_iP_iT_iT_i^TP_i\end{matrix} & * \\
F_{1i}+F_{2i}S_{i0}\left(D_sF_i+D_s^-H_i\right) & 0 & 0 & 0 & -\lambda_iI
\end{bmatrix}
+\lambda_{1i}\begin{bmatrix}0\\0\\0\\P_iB_iS_{i0}\\F_{2i}S_{i0}\end{bmatrix}O_{1i}\begin{bmatrix}0 & 0 & 0 & S_{i0}^TB_i^TP_i & S_{i0}^TF_{2i}^T\end{bmatrix}
$$

$$
+\lambda_{1i}^{-1}\begin{bmatrix}\left(D_sF_i+D_s^-H_i\right)^T\\0\\0\\0\\0\end{bmatrix}O_{1i}\begin{bmatrix}\left(D_sF_i+D_s^-H_i\right) & 0 & 0 & 0 & 0\end{bmatrix}<0,
$$

再次运用 Schur 补引理，得

$$
\begin{bmatrix}
-P_i+G_i^TG_i+\sum_{r=1,r\neq i}^{N}\beta_{ir}(P_r-P_i) & * & * & * & * & * \\
0 & -I & * & * & * & * \\
0 & 0 & -I & * & * & * \\
P_i\left[A_i+B_iS_{i0}\left(D_sF_i+D_s^-H_i\right)\right] & P_iE_i & P_iQ_i & \begin{matrix}-P_i+\lambda_iP_iT_iT_i^TP_i+\\ \lambda_{1i}P_iB_iS_{i0}O_{1i}S_{i0}^TB_i^TP_i\end{matrix} & * & * \\
F_{1i}+F_{2i}S_{i0}\left(D_sF_i+D_s^-H_i\right) & 0 & 0 & \lambda_{1i}F_{2i}S_{i0}O_{1i}S_{i0}^TB_i^TP & \begin{matrix}-\lambda_iI+\\ \lambda_{1i}F_{2i}S_{i0}O_{1i}S_{i0}^TF_{2i}^T\end{matrix} & * \\
D_sF_i+D_s^-H_i & 0 & 0 & 0 & 0 & -\lambda_{1i}O_{1i}^{-1}
\end{bmatrix}<0. \tag{7.23}
$$

如果式（7.23）成立，则不等式（7.12）成立。

对式（7.23）两端分别左乘和右乘对角矩阵 $\{P_i^{-1}, I, I, P_i^{-1}, I, I\}$ 并且令

$P_i^{-1}=X_i$，$H_iX_i=N_i$，我们得到

$$\begin{bmatrix} X_i+X_iG_i^TG_iX_i+\sum_{r=1,r\neq i}^{N}\beta_{ir}\left(X_iP_rX_i-X_i\right) & * & * & * & * & * \\ 0 & -I & * & * & * & * \\ 0 & 0 & -I & * & * & * \\ A_iX_i+B_iS_{i0}\left(D_sF_iX_i+D_s^-N_i\right) & E_i & Q_i & \begin{matrix}-X_i+\lambda_iT_iT_i^T+\\ \lambda_{1i}B_iS_{i0}O_{1i}S_{i0}{}^TB_i^T\end{matrix} & * & * \\ F_{1i}X_i+F_{2i}S_{i0}\left(D_sF_iX_i+D_s^-N_i\right) & 0 & 0 & \lambda_{1i}F_{2i}S_{i0}O_{1i}S_{i0}{}^TB_i^T & \begin{matrix}-\lambda_iI+\\ \lambda_{1i}F_{2i}S_{i0}O_{1i}S_{i0}{}^TF_{2i}{}^T\end{matrix} & * \\ D_sF_iX_i+D_s^-N_i & 0 & 0 & 0 & 0 & -\lambda_{1i}O_{1i}{}^{-1} \end{bmatrix}<$$

（7.24）

根据 Schur 补引理，式（7.24）等价于下式：

$$\begin{bmatrix} \nabla_{is11} & * \\ \nabla_{is21} & \nabla_{i22} \end{bmatrix}<0, \tag{7.25}$$

其中，

$$\nabla_{is11}=\begin{bmatrix} -X_i-\sum_{r=1,r\neq i}^{N}\beta_{ir}X_i & * & * & * & * \\ 0 & -I & * & * & * \\ 0 & 0 & -I & * & * \\ A_iX_i+B_iS_{i0}\left(D_sF_iX_i+D_s^-N_i\right) & E_i & Q_i & \begin{matrix}-X_i+\lambda_iT_iT_i^T+\\ \lambda_{1i}B_iS_{i0}O_{1i}S_{i0}{}^TB_i^T\end{matrix} & * \\ F_{1i}X_i+F_{2i}S_{i0}\left(D_sF_iX_i+D_s^-N_i\right) & 0 & 0 & \lambda_{1i}F_{2i}S_{i0}O_{1i}S_{i0}{}^TB_i^T & -\lambda_iI+\lambda_{1i}F_{2i}S_{i0}O_{1i}S_{i0}{}^TF_{2i}{}^T \end{bmatrix},$$

$$\nabla_{is21}=\begin{bmatrix} D_sF_iX_i+D_s^-N_i & 0 & 0 & 0 & 0 \\ G_iX_i & 0 & 0 & 0 & 0 \\ X_i & 0 & 0 & 0 & 0 \\ X_i & 0 & 0 & 0 & 0 \\ X_i & 0 & 0 & 0 & 0 \end{bmatrix},$$

$$\nabla_{i22}=\begin{bmatrix} -\lambda_{1i}O_{1i}{}^{-1} & * & * & * & * \\ 0 & -I & * & * & * \\ 0 & 0 & -\beta_{i1}{}^{-1}X_1 & * & * \\ 0 & 0 & 0 & \ddots & * \\ 0 & 0 & 0 & 0 & -\beta_{iN}{}^{-1}X_N \end{bmatrix}.$$

将说明约束条件 $\Omega(P_i,\beta)\cap\Phi_i\subset L(H_i)$ 可转化为下式表达。

$$\begin{bmatrix} \varepsilon & H_i^j \\ * & P_i - \sum_{r=1, r\neq i}^{N} \delta_{ir}(P_r - P_i) \end{bmatrix} \geq 0, \tag{7.26}$$

其中，$\varepsilon = \beta^{-1}$，H_i^j表示矩阵H_i的第j行，$\delta_{ir} > 0$，$P_i - \sum_{r=1, r\neq i}^{N} \delta_{ir}(P_r - P_i) > 0$。令$G_i = P_i - \sum_{r=1, r\neq i}^{N} \delta_{ir}(P_r - P_i)$。因而$\forall x(k) \in \Omega(P_i, \beta) \cap \Phi_i$，显然可得

$$x^{\mathrm{T}}(k) P_i x(k) \leq \beta = \varepsilon^{-1}$$

和

$$\sum_{r=1, r\neq i}^{N} \delta_{ir} x^{\mathrm{T}}(k)(P_r - P_i) x(k) \geq 0.$$

可以得到

$$x^{\mathrm{T}} G_i x \leq \varepsilon^{-1}, \tag{7.27}$$

$$G_i - H_i^j \varepsilon^{-1} H_i^{j\mathrm{T}} \geq 0, \tag{7.28}$$

$$x^T H_i^j \varepsilon^{-1} H_i^{j\mathrm{T}} x \leq x^T G_i x \leq \varepsilon^{-1},$$

$$\left| H_i^j x \right| \leq 1. \tag{7.29}$$

式（7.29）表明，如果$\forall x(k) \in \Omega(P_i, \beta) \cap \Phi_i$，那么$x(k) \in L(H_i)$。因此，约束条件$\Omega(P_i, \beta) \cap \Phi_i \subset L(H_i)$可转化为由式（7.26）表达。

对式（7.26）采用类似于从式（7.24）到式（7.26）的处理过程，可得

$$\begin{bmatrix} X_i + \sum_{r=1, r\neq i}^{N} \delta_{ir} X_i & * & * & * & * \\ N_i^j & \varepsilon & * & * & * \\ X_i & 0 & \delta_{i1}^{-1} X_1 & * & * \\ X_i & 0 & 0 & \ddots & * \\ X_i & 0 & 0 & 0 & \delta_{iN}^{-1} X_N \end{bmatrix} \geq 0, \tag{7.30}$$

其中，N_i^j表示矩阵N_i的第j行。

如果令标量β_{ir}，δ_{ir}给定，那么优化问题（7.20）可转化为如下带有线性矩阵不等式约束的凸优化问题：

$$\inf_{X_i, N_i, \beta_{ir}, \lambda_i, \lambda_{1i}, \delta_{ir}, O_{1i}} \varepsilon,$$

$$\text{s.t.}(a)\,\text{inequality}\,(7.25), i \in I_N, s \in V, \tag{7.31}$$

$$(b)\,\text{inequality}\,(7.30), i \in I_N, j \in V_m.$$

推论 7.1 在现有的文献（如文献 [299]）中，有一些关于具有执行器饱和的离散切换系统扰动界限的结果。然而，对于具有执行器饱和和执行器失效的不确定非线性离散切换系统的扰动界限和干扰抑制问题，目前还没有研究。定理 7.1 给出了这个问题的解决方案。

7.2.3 L_2–增益分析

在本节中，我们将用多李雅普诺夫函数方法来解决系统（7.8）的受限 L_2 – 增益问题，基于定理 7.1，只有当系统从原点开始的状态轨迹有界时才有意义。

定理 7.2 考虑闭环系统（7.8），对给定常数 $\beta \in (0, \beta^*]$ 和 $\gamma > 0$，如果存在 N 个正定矩阵 P_i，矩阵 H_i 和 G_i，以及一组非负实数 β_{ir}，使下列矩阵不等式成立

$$\begin{bmatrix} \Upsilon_{is11} & \Upsilon_{is12} & \Upsilon_{is13} \\ * & E_i^{\mathrm{T}} P_i E_i - I & E_i^T P_i Q_i \\ * & * & Q_i^T P_i Q_i - I \end{bmatrix} < 0, \tag{7.32}$$

其中，

$$\Upsilon_{is11} = \left[(A_i + \Delta A_i) + (B_i + \Delta B_i) S_i (D_s F_i + D_s^- H_i)\right]^{\mathrm{T}} P_i \left[(A_i + \Delta A_i) + (B_i + \Delta B_i) S_i (D_s F_i + D_s^- H_i)\right]$$

$$-P_i + G_i^T G_i + \sum_{r=1, r\neq i}^{N} \beta_{ir} \left(P_r - P_i\right) + \gamma^{-2} C_i^T C_i,$$

$$\Upsilon_{is12} = \left[(A_i + \Delta A_i) + (B_i + \Delta B_i) S_i (D_s F_i + D_s^- H_i)\right]^{\mathrm{T}} P_i E_i,$$

$$\Upsilon_{is13} = \left[(A_i + \Delta A_i) + (B_i + \Delta B_i) S_i (D_s F_i + D_s^- H_i)\right]^{\mathrm{T}} P_i Q_i,$$

且满足

$$\Omega(P_i, \beta) \cap \Phi_i \subset L(H_i), \tag{7.33}$$

其中，$\Phi_i = \left\{x \in \mathrm{R}^n : x^{\mathrm{T}} (P_r - P_i) x \geq 0, \forall r \in I_N, r \neq i\right\}$。则在切换律

$$\sigma = \arg\min\left\{x^{\mathrm{T}} P_i x, i \in I_N\right\} \tag{7.34}$$

作用下，对所有的 $w \in W_\beta^2$，闭环系统（7.8）从 w 到 z 的受限 L_2–增益小于 γ。

证明 定义下面的函数为系统 Lyapunov 函数：

$$V(x_k) = V_\sigma(x_k) = x^{\mathrm{T}}(k) P_\sigma x(k) \tag{7.35}$$

（1）当 $\sigma(k+1)=\sigma(k)=i$ 时，对于 $\forall x(k)\in\Omega(P_i,\beta)\bigcap\Phi_i\subset L(H_i)$，有

$$
\begin{aligned}
\Delta V(x_k) &= V_i(x_{k+1})-V_i(x_k) \\
&= x^{\mathrm{T}}(k+1)P_ix(k+1)-x^{\mathrm{T}}(k)P_ix(k) \\
&\le \max_{s\in V} x^{\mathrm{T}}(k)[(A_i+\Delta A_i)+(B_i+\Delta B_i)S_i(D_sF_i+D_s^-H_i)]^{\mathrm{T}}P_i[(A_i+\Delta A_i) \\
&\quad +(B_i+\Delta B_i)S_i(D_sF_i+D_s^-H_i)]x(k)-x^{\mathrm{T}}(k)P_ix(k) \\
&\quad +2x^{\mathrm{T}}(k)[(A_i+\Delta A_i)+(B_i+\Delta B_i)S_i(D_sF_i+D_s^-H_i)]^{\mathrm{T}}P_iE_iw(k) \\
&\quad +2x^{\mathrm{T}}(k)[(A_i+\Delta A_i)+(B_i+\Delta B_i)S_i(D_sF_i+D_s^-H_i)]^{\mathrm{T}}P_iQ_if_i(x) \\
&\quad +2w^T(k)E_i^TP_iQ_if_i(x)+w^{\mathrm{T}}(k)E_i^{\mathrm{T}}P_iE_iw(k)+f_i^{\mathrm{T}}(x)Q_i^TP_iQ_if_i(x) \\
&\quad +x^T(k)G_i^TG_ix(k)-f_i^Tf_i.
\end{aligned}
$$

对式（7.32）两端分别左乘 $\begin{bmatrix} x(k) \\ w(k) \\ f \end{bmatrix}^T$ 和右乘 $\begin{bmatrix} x(k) \\ w(k) \\ f \end{bmatrix}$，可以得到

$$
\Delta V(x_k)<w^{\mathrm{T}}(k)w(k)-\gamma^{-2}z^T(k)z(k)-\sum_{r=1,r\ne i}^{N}\beta_{ir}x^{\mathrm{T}}(k)(P_r-P_i)x(k).
$$

根据切换律（7.34），可知

$$
\sum_{r=1,r\ne i}^{N}\beta_{ir}x^{\mathrm{T}}(k)(P_r-P_i)x(k)\ge 0. \tag{7.36}
$$

所以有

$$
\Delta V(x_k)<w^{\mathrm{T}}(k)w(k)-\gamma^{-2}z^T(k)z(k). \tag{7.37}
$$

（2）当 $\sigma(k)=i$，$\sigma(k+1)=r$ 且 $i\ne r$ 时，对于 $\forall x(k)\in\Omega(P_i,\beta)\bigcap\Phi_i\subset L(H_i)$，由切换律（7.34），可知

$$
\begin{aligned}
\Delta V(x_k)&=V_r(x_{k+1})-V_i(x_k)\le V_i(x_{k+1})-V_i(x_k) \\
&<w^T(k)w(k)-\gamma^{-2}z^T(k)z(k).
\end{aligned} \tag{7.38}
$$

结合式（7.37）、（7.38），可得

$$
\Delta V(x_k)=V(x_{k+1})-V(x_k)<w^T(k)w(k)-\gamma^{-2}z^T(k)z(k),\forall x(k)\in\bigcup_{i=1}^{N}(\Omega(P_i,\beta)\bigcap\Phi_i).
$$

有下式成立

$$
\sum_{k=0}^{\infty}\Delta V(x_k)<\sum_{k=0}^{\infty}w^{\mathrm{T}}(k)w(k)-\gamma^{-2}\sum_{k=0}^{\infty}z^{\mathrm{T}}(k)z(k). \tag{7.39}
$$

进一步，有下式成立

$$
V(x_\infty)<V(x_0)+\sum_{k=0}^{\infty}w^{\mathrm{T}}(k)w(k)-\gamma^{-2}\sum_{k=0}^{\infty}z^{\mathrm{T}}(k)z(k). \tag{7.40}
$$

又由于$x_0=0$，$V(x_\infty)\ge 0$，所以有

$$\sum_{k=0}^{\infty} z^{\mathrm{T}}(k)z(k)<\gamma^2\sum_{k=0}^{\infty} w^{\mathrm{T}}(k)w(k) . \tag{7.41}$$

所以，对所有的$w\in W_\beta^2$，闭环系统（7.8）从w到z的受限L_2－增益小于γ。

证毕。

对于定理7.2，对每个给定$\beta\in(0,\beta^*]$，解一个优化问题，以便使闭环系统（7.8）的受限L_2－增益的上界最小。这个优化问题如下所示描述：

$$\begin{aligned} &\inf_{P_i,G_i,H_i,\beta_{ir}} \gamma^2,\\ &\text{s.t.}(a)\,\text{inequality}\,(7.32), i\in I_N, s\in V,\\ &\qquad(b)\,\Omega(P_i,\beta)\bigcap\Phi_i\subset L(H_i), i\in I_N. \end{aligned} \tag{7.42}$$

采用从优化问题（7.20）到优化问题（7.31）的处理方法。因此，如果下式成立，则式（7.32）成立。

$$\begin{bmatrix} \Theta_{is11} & * \\ \Theta_{i21} & \Theta_{i22} \end{bmatrix}<0, \tag{7.43}$$

其中，$\zeta=\gamma^2$，

$$\Theta_{is11}=\begin{bmatrix} -X_i-\sum\limits_{r=1,r\ne i}^{N}\beta_{ir}X_i & * & * & * & * \\ 0 & -I & * & * & * \\ 0 & 0 & -I & * & * \\ A_iX_i+B_iS_{i0}\left(D_sF_iX_i+D_s^-N_i\right) & E_i & Q_i & \begin{matrix}-X_i+\lambda_iT_iT_i^T+\\ \lambda_{1i}B_iS_{i0}O_{1i}S_{i0}^TB_i^T\end{matrix} & * \\ F_{1i}X_i+F_{2i}S_{i0}\left(D_sF_iX_i+D_s^-N_i\right) & 0 & 0 & \lambda_{1i}F_{2i}S_{i0}O_{1i}S_{i0}^TB_i^T & -\lambda_iI+\lambda_{1i}F_{2i}S_{i0}O_{1i}S_{i0}^TF_{2i}^T \end{bmatrix},$$

$$\Theta_{i21}=\begin{bmatrix} D_sF_iX_i+D_s^-N_i & 0 & 0 & 0 & 0 & 0 \\ G_iX_i & 0 & 0 & 0 & 0 & 0 \\ X_i & 0 & 0 & 0 & 0 & 0 \\ X_i & 0 & 0 & 0 & 0 & 0 \\ X_i & 0 & 0 & 0 & 0 & 0 \\ C_iX_i & 0 & 0 & 0 & 0 & 0 \end{bmatrix},$$

$$\Theta_{i22}=\begin{bmatrix} -\lambda_{1i}O_{1i}^{-1} & * & * & * & * & * \\ 0 & -I & * & * & * & * \\ 0 & 0 & -\beta_{i1}^{-1}X_1 & * & * & * \\ 0 & 0 & 0 & \ddots & * & * \\ 0 & 0 & 0 & 0 & -\beta_{iN}^{-1}X_N & * \\ 0 & 0 & 0 & 0 & 0 & -\xi I \end{bmatrix},$$

约束条件$\Omega(P_i,\beta)\cap\Phi_i\subset L(H_i)$可由下式表达

$$\begin{bmatrix} X_i+\sum_{r=1,r\neq i}^{N}\delta_{ir}X_i & * & * & * & * \\ N_i^j & \beta^{-1} & * & * & * \\ X_i & 0 & \delta_{i1}^{-1}X_1 & * & * \\ X_i & 0 & 0 & \ddots & * \\ X_i & 0 & 0 & 0 & \delta_{iN}^{-1}X_N \end{bmatrix}\geq 0. \tag{7.44}$$

因此，受限 L_2- 增益的最小上界可通过解如下优化问题获得

$$\begin{aligned} &\inf_{X_i,N_i,\beta_{ir},\delta_{ir},\lambda_i,\lambda_{1i},O_{1i}}\ \zeta, \\ &\text{s.t.}\,(a)\ \text{inequality}\,(7.43), i\in I_N, s\in V, \\ &\quad\ \ (b)\ \text{inequality}\,(7.44), i\in I_N, j\in V_m. \end{aligned} \tag{7.45}$$

7.2.4　控制器优化

我们可以把容错控制器增益矩阵作为待设计的变量。进而，通过设计控制器进一步改善闭环系统（7.8）的性能。因此，优化问题（7.31）和（7.45）可转化为如下的两个优化问题。

$$\begin{aligned} &\inf_{X_i,M_i,N_i,\beta_{ir},\lambda_i,\lambda_{1i},\delta_{ir},O_{1i}}\ \varepsilon, \\ &\text{s.t.}\,(a)\begin{bmatrix}\Pi_{is11} & * \\ \Pi_{i21} & \Pi_{i22}\end{bmatrix}<0,\ i\in I_N, s\in V, \\ &\quad\ \ (b)\ \text{inequality}\,(30), i\in I_N, j\in V_m, \end{aligned} \tag{7.46}$$

其中，$M_i=F_iX_i$,

$$\Pi_{is11}=\begin{bmatrix} -X_i-\sum\limits_{r=1,r\neq i}^{N}\beta_{ir}X_i & * & * & * & * & * & * \\ 0 & -I & * & * & * & * & * \\ 0 & 0 & -I & * & * & * & * \\ \begin{matrix} A_iX_i+ \\ B_iS_{i0}\left(D_sM_i+D_s^-N_i\right)\end{matrix} & E_i & Q_i & \begin{matrix} -X_i+\lambda_iT_iT_i^T+ \\ \lambda_{1i}B_iS_{i0}O_{1i}S_{i0}{}^TB_i^T\end{matrix} & * & * & * \\ \begin{matrix} F_{1i}X_i+ \\ F_{2i}S_{i0}\left(D_sM_i+D_s^-N_i\right)\end{matrix} & 0 & 0 & \lambda_{1i}F_{2i}S_{i0}O_{1i}S_{i0}{}^TB_i^T & \begin{matrix} -\lambda_iI+ \\ \lambda_{1i}F_{2i}S_{i0}O_{1i}S_{i0}{}^TF_{2i}{}^T\end{matrix} & * & * \\ D_sM_i+D_s^-N_i & 0 & 0 & 0 & 0 & -\lambda_{1i}O_{1i}{}^{-1} & * \\ G_iX_i & 0 & 0 & 0 & 0 & 0 & -I \end{bmatrix},$$

$$\Pi_{i21}=\begin{bmatrix} X_i & 0 & 0 \\ X_i & 0 & 0 \\ X_i & 0 & 0 \end{bmatrix},\ \Pi_{i22}=\begin{bmatrix} -\beta_{i1}{}^{-1}X_1 & * & * \\ 0 & \ddots & * \\ 0 & 0 & -\beta_{iN}{}^{-1}X_N \end{bmatrix}$$

和

$$\inf_{X_i, M_i, N_i, \beta_{ir},\delta_{ir},\lambda_i,\lambda_{1i},O_{1i}} \zeta,$$

$$\text{s.t.}(a)\begin{bmatrix} \text{Ш}_{is11} & * \\ \text{Ш}_{i21} & \text{Ш}_{i22} \end{bmatrix}<0,\ i\in I_N, s\in V, \tag{7.47}$$

$$(b)\ \text{inequality}\ (7.44), i\in I_N, j\in V_m.$$

其中，$M_i=F_iX_i$，

$$\text{Ш}_{is11}=\begin{bmatrix} -X_i-\sum\limits_{r=1,r\neq i}^{N}\beta_{ir}X_i & * & * & * & * & * & * \\ 0 & -I & * & * & * & * & * \\ 0 & 0 & -I & * & * & * & * \\ \begin{matrix} A_iX_i+ \\ B_iS_{i0}\left(D_sM_i+D_s^-N_i\right)\end{matrix} & E_i & Q_i & \begin{matrix} -X_i+\lambda_iT_iT_i^T+ \\ \lambda_{1i}B_iS_{i0}O_{1i}S_{i0}{}^TB_i^T\end{matrix} & * & * & * \, S_{i0} \\ \begin{matrix} F_{1i}X_i+ \\ F_{2i}S_{i0}\left(D_sM_i+D_s^-N_i\right)\end{matrix} & 0 & 0 & \lambda_{1i}F_{2i}S_{i0}O_{1i}S_{i0}{}^TB_i^T & \begin{matrix} -\lambda_iI+ \\ \lambda_{1i}F_{2i}S_{i0}O_{1i}S_{i0}{}^TF_{2i}{}^T\end{matrix} & * & * \\ D_sM_i+D_s^-N_i & 0 & 0 & 0 & 0 & -\lambda_{1i}O_{1i}{}^{-1} & * \\ G_iX_i & 0 & 0 & 0 & 0 & 0 & -I \end{bmatrix},$$

$$\text{Ш}_{i21}=\begin{bmatrix} X_i & 0 & 0 & 0 & 0 & 0 & 0 \\ X_i & 0 & 0 & 0 & 0 & 0 & 0 \\ X_i & 0 & 0 & 0 & 0 & 0 & 0 \\ C_iX_i & 0 & 0 & 0 & 0 & 0 & 0 \end{bmatrix},\ \text{Ш}_{i22}=\begin{bmatrix} -\beta_{i1}{}^{-1}X_1 & * & * & * \\ 0 & \ddots & * & * \\ 0 & 0 & -\beta_{iN}{}^{-1}X_N & * \\ 0 & 0 & 0 & -\xi I \end{bmatrix}.$$

一旦以上两个优化问题获得了优化解，那么相应的容错控制器增益矩阵即可解出，即 $F_i = M_i X_i^{-1}$。

7.2.5　数值仿真

为了说明所提方法的有效性，我们考虑以下具有执行器饱和和执行器失效的不确定非线性离散时间切换系统。

$$\begin{cases} x(k+1) = (A_\sigma + \Delta A_\sigma)x(k) + (B_\sigma + \Delta B_\sigma)\mathrm{sat}(u_\sigma(k)) + E_\sigma w(k) + Q_\sigma f_\sigma(x), \\ z(k) = C_\sigma x(k), \end{cases} \tag{7.48}$$

其中，$\sigma \in I_2 = \{1,2\}$，

$$A_1 = \begin{bmatrix} 1.1 & 0 \\ 0 & 1 \end{bmatrix}, A_2 = \begin{bmatrix} -1.1 & 0 \\ 0 & 0.9 \end{bmatrix}, B_1 = \begin{bmatrix} 1 \\ 0 \end{bmatrix}, B_2 = \begin{bmatrix} 0 \\ 1 \end{bmatrix},$$

$$Q_1 = \begin{bmatrix} 0.1 & 0 \\ 0 & 0.1 \end{bmatrix}, Q_2 = \begin{bmatrix} 0.1 & 0 \\ 0 & -0.2 \end{bmatrix}, G_1 = \begin{bmatrix} 0.1 & 0 \\ 0 & 0.1 \end{bmatrix}, G_2 = \begin{bmatrix} 0.1 & 0 \\ 0 & 0.1 \end{bmatrix},$$

$$E_1 = \begin{bmatrix} 0.1 \\ 0.1 \end{bmatrix}, E_2 = \begin{bmatrix} 0.1 \\ -0.1 \end{bmatrix}, C_1 = \begin{bmatrix} 0.9 \\ -0.25 \end{bmatrix}^{\mathrm{T}}, C_2 = \begin{bmatrix} -1.1 \\ 0.6 \end{bmatrix}^{\mathrm{T}},$$

$$T_1 = \begin{bmatrix} 0.1 \\ 0 \end{bmatrix}, T_2 = \begin{bmatrix} 0 \\ 0.1 \end{bmatrix}, F_{11} = \begin{bmatrix} 0.15 \\ -0.3 \end{bmatrix}^{\mathrm{T}}, F_{12} = \begin{bmatrix} -0.3 \\ 0.2 \end{bmatrix}^{\mathrm{T}},$$

$$F_{21} = 0.1, F_{22} = 0.2, \Gamma(k) = \sin(k).$$

故障矩阵参数选择，为

$$0.2 \le s_{ij} \le 0.8, S_{10} = 0.5, S_{20} = 0.5, O_{11} = 0.6, O_{12} = 0.6.$$

令 $\beta_1 = \beta_2 = 20$，$\delta_1 = \delta_2 = 1$，$S_1 = 0.4$　$S_2 = 0.6$。为了设计切换律和状态反馈控制律使得获得闭环系统（7.48）的容许干扰能力最大，通过解优化问题（7.46），可得到如下解：

$$\varepsilon^* = 0.6099, \beta^* = 1.6396, \lambda_1 = 31.3222, \lambda_2 = 35.5947,$$

$$\lambda_{11} = 25.8901,\ \lambda_{12} = 22.1104,$$

$$X_1 = \begin{bmatrix} 5.4700 & * \\ 0.0207 & 6.3640 \end{bmatrix}, X_2 = \begin{bmatrix} 5.3718 & * \\ 0.0201 & 6.4568 \end{bmatrix},$$

$$M_1=\begin{bmatrix}-11.0183\\0.0344\end{bmatrix}^{\mathrm{T}},M_2=\begin{bmatrix}0.0052\\-9.0270\end{bmatrix}^{\mathrm{T}},$$

$$F_1=\begin{bmatrix}-2.0144\\0.0119\end{bmatrix}^{\mathrm{T}},F_2=\begin{bmatrix}0.0062\\-1.3981\end{bmatrix}^{\mathrm{T}}.$$

在外部干扰输入 $w(k)=0.16(k<10)$， $w(k)=0(k\geq 10)$ 的作用下进行仿真。切换系统（7.48）在零初始条件下的状态响应曲线如图 7.1 所示。图 7.2 和图 7.3 分别为切换系统（7.48）的切换信号和控制输入信号。图 7.4 为切换系统（7.48）的 Lyapunov 函数值的变化曲线。由图 7.4 可以看出，切换系统（7.48）的 Lyapunov 函数值一直小于 $\beta=1.6$，这说明切换系统（48）在零初始条件下的状态轨迹始终保持在有界集合内，图 7.5 为切换系统（7.48）的状态轨迹图。

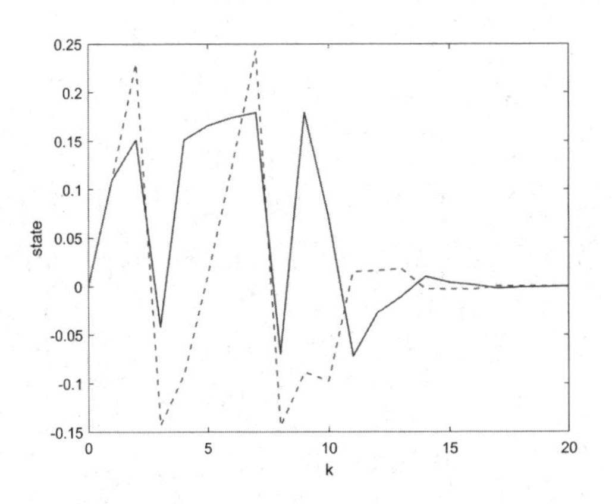

图7.1　切换系统（7.48）的状态响应

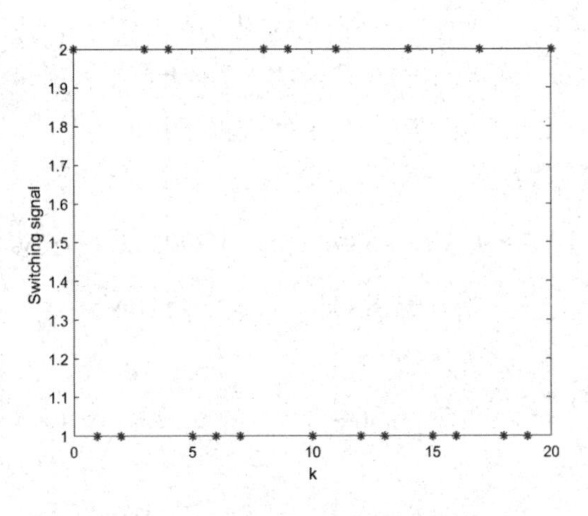

图7.2　切换系统（7.48）的切换信号

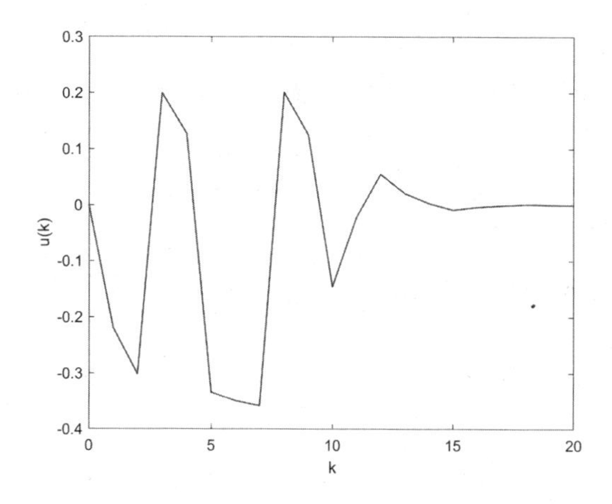

图7.3　切换系统（7.48）的控制输入信号

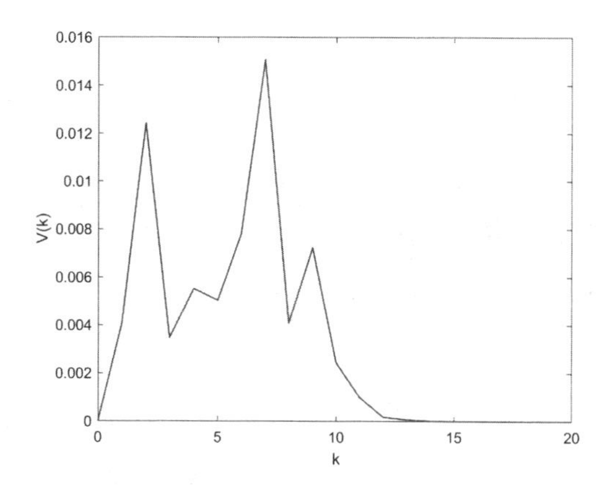

图7.4　切换系统（7.48）的Lyapunov函数值

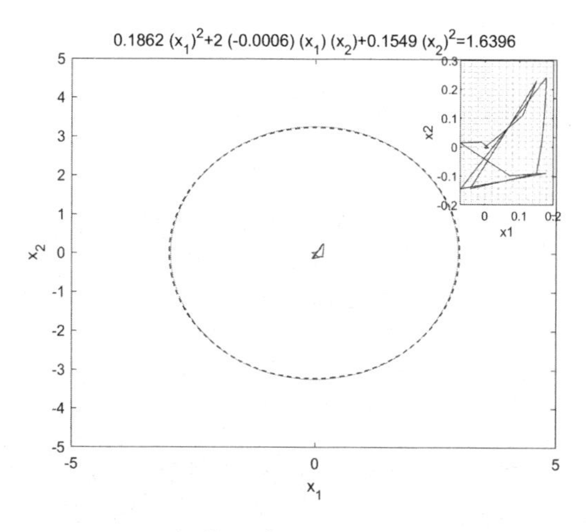

图7.5　切换系统（7.48）的状态轨迹

对每个给定$\beta\in(0,\beta^*]$，设计切换律和容错状态反馈控制律使得闭环系统（7.48）的受限L_2－增益的上界最小。通过解优化问题（7.47）获得如下几种情况：

1．如果$\beta=0.5$，可得

$$\gamma=1.6507, F_1=\begin{bmatrix}-1.8201\\0.0039\end{bmatrix}^{\mathrm{T}}, F_2=\begin{bmatrix}-0.0134\\-0.7963\end{bmatrix}^{\mathrm{T}}.$$

2．如果$\beta=1$，可得

$$\gamma=1.6982, F_1=\begin{bmatrix}-1.9012\\0.0017\end{bmatrix}^{\mathrm{T}}, F_2=\begin{bmatrix}-0.0239\\-0.7452\end{bmatrix}^{\mathrm{T}}.$$

3．如果$\beta=1.6$，可得

$$\gamma=5.9692, F_1=\begin{bmatrix}-2.0415\\0.0001\end{bmatrix}^{\mathrm{T}}, F_2=\begin{bmatrix}-0.0723\\-1.0299\end{bmatrix}^{\mathrm{T}}.$$

切换系统（7.48）在一段时间内的截断L_2－增益变化曲线图7.6所示。从图7.6可以看出，切换系统（7.48）的截断L_2－增益始终小于$\gamma=5.9692$。此外，给出了不同的$\beta\in(0,\beta^*]$和切换系统（7.48）的受限L_2－增益γ的对应关系曲线，如图7.7所示。

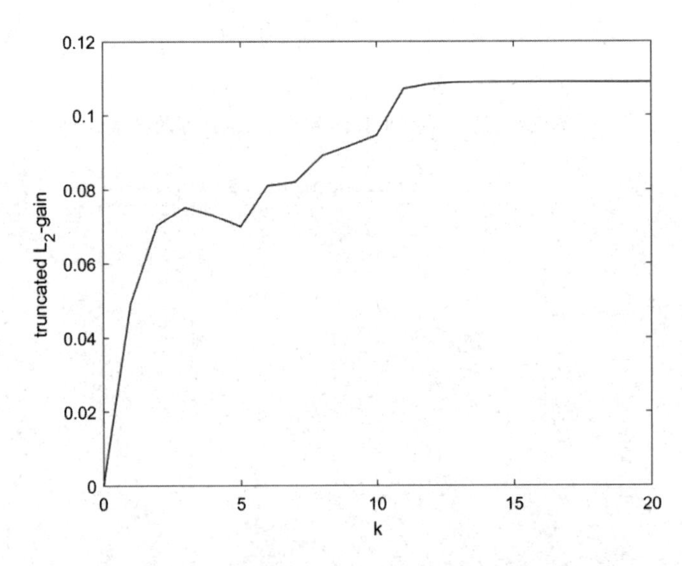

图7.6　切换系统（7.48）的截断L_2－增益

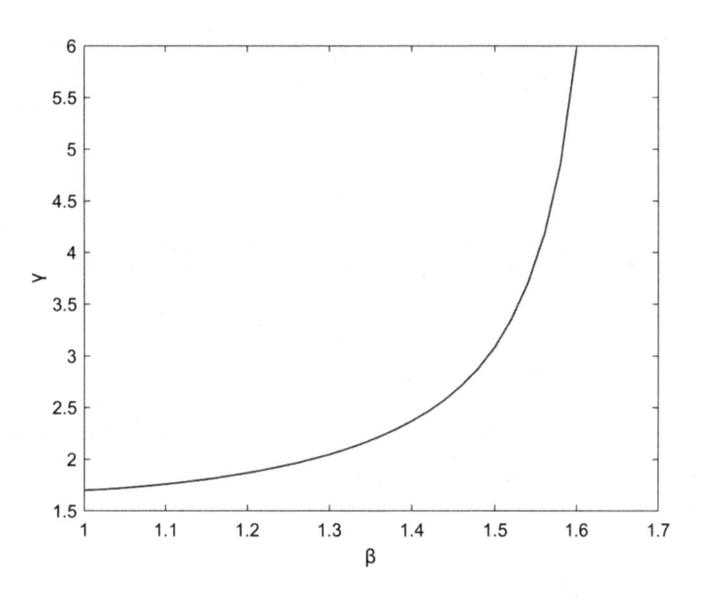

图7.7　对任意 $\beta \in (0, \beta^*]$ 切换系统（7.48）的受限 L_2- 增益

如果在闭环切换系统中不处理执行器失效问题，由于频繁的切换，执行器及传感器常常会发生故障，从而导致闭环切换系统的稳定性下降，甚至闭环切换系统会变得不稳定。当执行器发生故障时，具有常规状态反馈控制器的切换系统（7.48）的状态响应曲线如图 7.8 所示。

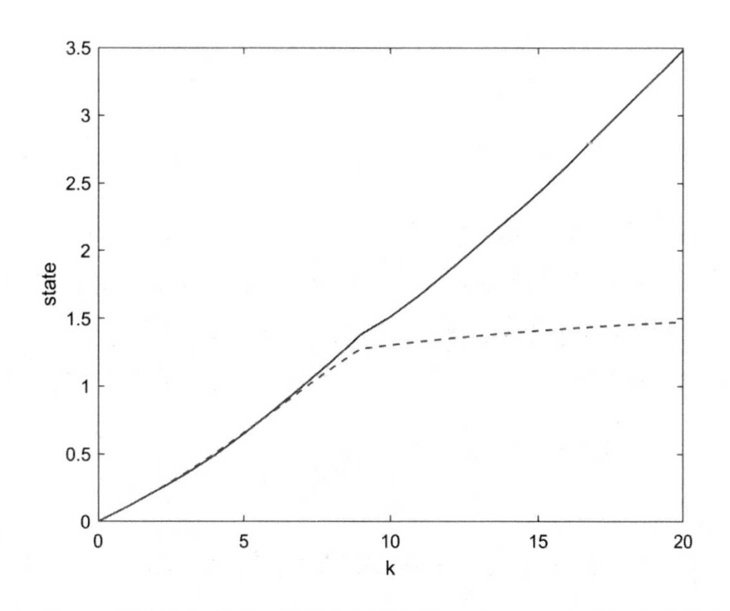

图7.8　具有常规状态反馈控制器的切换系统（7.48）的状态响应

通过比较图 7.1 和图 7.8 可以看出本文设计的容错状态反馈控制器在系统执行器发生失效时可以使系统的整体性能更好。

7.3 具有最小驻留时间的不确定非线性离散饱和切换系统的加权L_2-增益分析与容错控制

7.3.1 问题描述与预备知识

考虑如下的具有执行器饱和和外部干扰的不确定非线性离散切换系统：

$$\begin{cases} x(k+1)=(A_\sigma+\Delta A_\sigma)x(k)+(B_\sigma+\Delta B_\sigma)\mathrm{sat}(u_\sigma(k))+E_\sigma w(k)+V_\sigma f_\sigma(x), \\ z(k)=(C_\sigma+\Delta C_\sigma)x(k)+(D_\sigma+\Delta D_\sigma)\mathrm{sat}(u_\sigma(k)), \end{cases} \tag{7.49}$$

其中，$x(k)\in \mathrm{R}^n$ 是系统的状态，$u_\sigma(k)\in \mathrm{R}^m$ 为控制输入，$z(k)\in \mathrm{R}^p$表示被控输出，$w(k)\in \mathrm{R}^q$为外部干扰输入，其特性满足（7.3）。$f(x)$为非线性函数，且存在矩阵G_i，对于任意$x\in R^n$，其特性满足（7.2）。$\sigma(k)$是在$I_N=\{1,\cdots,N\}$中取值的待设计的切换信号，$\sigma(k)=i$意味着第i个子系统被激活。当$k\in\left[k_p,\ k_{p+1}\right)$时，切换序列$\left\{x(k_0);(s_0,k_0),\cdots,(s_p,k_p),\cdots\middle| s_p\in I_N,p=0,1,\cdots\right\}$表示第$s_p$个子系统被激活。$\mathrm{sat}:\mathrm{R}^m\to\mathrm{R}^m$为标准的向量值饱和函数，定义如下：

$$\begin{cases} \mathrm{sat}(u_i)=\left[\mathrm{sat}(u_i^1),\ \cdots,\ \mathrm{sat}(u_i^m)\right]^{\mathrm{T}}, \\ \mathrm{sat}(u_i^l)=\mathrm{sign}(u_i^l)\min\left\{1,\ \left|u_i^l\right|\right\}, \\ \forall l\in Q_m=\left\{1,\ \cdots,\ m\right\}. \end{cases}$$

显然，假设单位饱和限幅是不失一般性的，因为非标准饱和函数总可以通过采用适当的变换改变矩阵而得到，为简单起见，按文献中普遍采用的记号，我们采用符号$\mathrm{sat}(\cdot)$同时表示标量与向量饱和函数。A_i，B_i，E_i，V_i，C_i和D_i为适当维数的常数矩阵，ΔA_i，ΔB_i，ΔC_i和ΔD_i是满足如下条件的不确定项：

$$\begin{bmatrix} \Delta A_i & \Delta B_i \\ \Delta C_i & \Delta D_i \end{bmatrix}=\begin{bmatrix} E_{1i} \\ E_{2i} \end{bmatrix}\Gamma(k)\begin{bmatrix} F_{1i} & F_{2i} \end{bmatrix},i\in I_N, \tag{7.50}$$

其中，E_{1i},E_{2i},F_{1i}和F_{2i}为具有适当维数的已知常数矩阵，$\Gamma(k)$为未知的时变的矩阵函数，且满足

$$\Gamma^{\mathrm{T}}(k)\Gamma(k)\le I.$$

本文采用如下形式的状态反馈控制律

$$u_i(k)=F_i x(k), i\in I_N, \tag{7.51}$$

则闭环系统为

$$\begin{cases} x(k+1)=(A_i+\Delta A_i)x(k)+(B_i+\Delta B_i)\mathrm{sat}(F_i x(k))+E_i w(k)+V_i f_i(x), \\ z(k)=(C_\sigma+\Delta C_\sigma)x(k)+(D_\sigma+\Delta D_\sigma)\mathrm{sat}(F_i x(k)), \end{cases} \tag{7.52}$$

考虑控制系统可能发生执行器结构性失效故障，其模型为 $u^f(k)=S_i u(k)$.

其中执行器故障矩阵为 $S_i=diag\{s_{i1},s_{i2},\cdots s_{im}\}$， $0\le s_{ilo}\le s_{il}\le s_{ilu}\le 1$，$l=1,2,\cdots,\mathrm{m}$。矩阵 S_{iu} 和矩阵 S_{io} 的对角元分别是矩阵 S_i 相应元素的上下界。当 $s_{il}=0$ 时，表示第 l 个执行器完全失效；当 $s_{il}=1$ 时，表示第 l 个执行器正常工作；当 $s_{il}\in(0,1)$ 时，表示第 l 个执行器部分失效。

为便于分析，引入如下矩阵：

$$\begin{aligned} &S_{iu}=diag[s_{i1u},s_{i2u},\cdots s_{imu}],\\ &S_{io}=diag[s_{i1o},s_{i2o},\cdots s_{imo}],\\ &S_{i0}=diag[\tilde{s}_{i1},\tilde{s}_{i2},\cdots \tilde{s}_{im}],\\ &\tilde{s}_{il}=\frac{(s_{ilu}+s_{ilo})}{2},\\ &O_i=diag\{o_{i1},o_{i2},\cdots o_{im}\},o_{il}=\frac{s_{ilu}-s_{ilo}}{s_{ilu}+s_{ilo}},\\ &L_i=diag\{l_{i1},l_{i2},\cdots l_{im}\},l_{il}=\frac{s_{il}-\tilde{s}_{il}}{\tilde{s}_{il}}. \end{aligned}$$

则 $S_i=S_{i0}(I+L_i)$, （7.53）

其中 $|L_i|\le O_i\le I$ 。

则包含执行器失效的闭环系统状态方程为

$$\begin{cases} x(k+1)=(A_i+\Delta A_i)x(k)+(B_i+\Delta B_i)S_i\mathrm{sat}(F_i x(k))+E_i w(k)+V_i f_i(x), \\ z(k)=(C_\sigma+\Delta C_\sigma)x(k)+(D_\sigma+\Delta D_\sigma)S_i\mathrm{sat}(F_i x(k)), \end{cases} \tag{7.54}$$

定义 7.3 对于切换信号 $\sigma(k)$ 和 $k\ge k_0\ge 0$， $N_{\sigma(k)}(k_0,k)$ 表示在时间段 (k_0,k) 上的切换次数。如果存在 $N_0\ge 0$， $\tau_a>0$，使得

$$N_{\sigma(k)}(k_0,k)\le N_0+\frac{k-k_0}{\tau_a} \tag{7.55}$$

成立，则τ_a称为最小驻留时间，即$k_{p+1}-k_p \ge \tau_a$。另外，通常$N_0=0$。

定义 7.4[300] 给定$\gamma>0$，$0<\alpha<1$，如果存在切换律σ，对满足所有非零$w(k)\in W_\beta^2$和初始状态$x_0=0$，使得不等式

$$\sum_{s=k_0}^{\infty}(1-\alpha)^s z^{\mathrm{T}}(s)z(s)<\gamma^2\sum_{s=k_0}^{\infty}w^{\mathrm{T}}(s)w(s), \tag{7.56}$$

成立，则系统（7.54）具有加权L_2–增益。

7.3.2　容许干扰条件

假定状态反馈控制律$u_i=F_i x$给定，并试图推导出闭环系统（7.54）指数稳定的充分条件，所得结果基于最小驻留时间切换规则，即$k_{p+1}-k_p\ge\tau_a$，$p=0,1,2\cdots$，利用 Lyapunov 函数方法，给出了确保在外部干扰作用和执行器失效条件下闭环系统（7.54）的状态轨迹有界的充分条件。

定理 7.3 如果存在正定矩阵P_i，矩阵H_i和G_i，$0<\alpha<1$，$\mu>1$，使下列矩阵不等式成立

$$\begin{bmatrix} \Lambda_{is11} & \Lambda_{is12} & \Lambda_{is13} \\ * & E_i^{\mathrm{T}}P_iE_i-I & E_i^TP_iV_i \\ * & * & V_i^TP_iV_i-I \end{bmatrix}<0, \tag{7.57}$$

$$i\in I_N,\ s\in Q,$$

其中，

$$\Lambda_{is11}=\left[(A_i+\Delta A_i)+(B_i+\Delta B_i)S_i(D_sF_i+D_s^-H_i)\right]^T P_i\left[(A_i+\Delta A_i)+(B_i+\Delta B_i)S_i(D_sF_i+D_s^-H_i)\right]$$
$$-P_i+G_i^TG_i+\alpha P_i,$$

$$\Lambda_{is12}=\left[(A_i+\Delta A_i)+(B_i+\Delta B_i)S_i(D_sF_i+D_s^-H_i)\right]^{\mathrm{T}}P_iE_i,$$

$$\Lambda_{is13}=\left[(A_i+\Delta A_i)+(B_i+\Delta B_i)S_i(D_sF_i+D_s^-H_i)\right]^{\mathrm{T}}P_iV_i,$$

$$\Omega(P_i,(1-\alpha)^{-1}\beta)\subset L(H_i),i\in I_N \tag{7.58}$$

和

$$P_i\le\mu P_j,\quad \forall i,j\in I_N, \tag{7.59}$$

成立，则对于任意满足最小驻留时间

$$\tau_a\ge\tau_a^*=\frac{\ln\mu}{\ln\lambda},\quad \lambda\in(1,\frac{1}{1-\alpha}) \tag{7.60}$$

的切换律，则闭环系统（7.54）是指数稳定的，并且从原点出发的状态轨迹始终保持在集合$\bigcup_{i=1}^{N}(\Omega(P_i,(1-\alpha)^{-1}\beta))$内。

证明　由引理 7.1，对任意$\Omega(P_i,(1-\alpha)^{-1}\beta)\subset L(H_i)$，可得

$$(A_i+\Delta A_i)x(k)+(B_i+\Delta B_i)S_i\text{sat}(F_i x(k))+E_i w(k)+V_i f_i(x)\in$$
$$\text{co}\left\{(A_i+\Delta A_i)x(k)+(B_i+\Delta B_i)S_i(D_s F_i+D_s^- H_i)x(k)+E_i w(k)+V_i f_i(x),s\in Q\right\}.$$

选取 Lyapunov 函数

$$V(x_k)=V_\sigma(x_k)=x^{\mathrm{T}}(k)P_\sigma x(k)\,. \tag{7.61}$$

则下式成立

$$a\|x(k)\|^2\le V_i(x(k))\le b\|x(k)\|^2, \tag{7.62}$$

其中

$$a=\inf_{i\in I_N}\lambda_{\min}(P_i),b=\inf_{i\in I_N}\lambda_{\max}(P_i).$$

当第 i 个子系统被激活时，对于$\forall x(k)\in\Omega(P_i,(1-\alpha)^{-1}\beta)\subset L(H_i)$，有

$$\begin{aligned}\Delta V(x_k)&=V_i(x_{k+1})-V_i(x_k)\\&=x^{\mathrm{T}}(k+1)P_i x(k+1)-x^{\mathrm{T}}(k)P_i x(k)\\&\le\max_{s\in Q}x^{\mathrm{T}}(k)[(A_i+\Delta A_i)+(B_i+\Delta B_i)S_i(D_s F_i+D_s^- H_i)]^{\mathrm{T}}P_i[(A_i+\Delta A_i)\\&\quad+(B_i+\Delta B_i)S_i(D_s F_i+D_s^- H_i)]x(k)-x^{\mathrm{T}}(k)P_i x(k)\\&\quad+2x^{\mathrm{T}}(k)[(A_i+\Delta A_i)+(B_i+\Delta B_i)S_i(D_s F_i+D_s^- H_i)]^{\mathrm{T}}P_i E_i w(k)\\&\quad+2x^{\mathrm{T}}(k)[(A_i+\Delta A_i)+(B_i+\Delta B_i)S_i(D_s F_i+D_s^- H_i)]^{\mathrm{T}}P_i V_i f_i(x)\\&\quad+2w^{T}(k)E_i^{T}P_i V_i f_i(x)+w^{\mathrm{T}}(k)E_i^{\mathrm{T}}P_i E_i w(k)+f_i^{\mathrm{T}}(x)V_i^{T}P_i V_i f_i(x)\\&\quad+x^{T}(k)G_i^{T}G_i x(k)-f_i^{T}f_i.\end{aligned}$$

对式（7.57）两端分别左乘$\begin{bmatrix}x(k)\\w(k)\\f\end{bmatrix}^{T}$和右乘$\begin{bmatrix}x(k)\\w(k)\\f\end{bmatrix}$，可以得到

$$\Delta V_i(x_k)<w^{\mathrm{T}}(k)w(k)-\alpha V_i(x_k),$$

即

$$V_i(x_{k+1})<(1-\alpha)V_i(x_k)+w^{\mathrm{T}}(k)w(k), \tag{7.63}$$

进一步根据切换序列$\left\{x(k_0);(s_0,k_0),\cdots,(s_p,k_p),\cdots\middle|s_p\in I_N,p=0,1,\cdots\right\}$，得知

$$V_{s_p}(k)<(1-\alpha)^{k-k_p}V_{s_p}(k_p)+\sum_{s=k_p}^{k-1}(1-\alpha)^{k-s-1}w^T(s)w(s). \tag{7.64}$$

由条件（7.59）及式（7.63）可得

$$\begin{aligned}
V(k)&<(1-\alpha)^{k-k_p}V_{s_p}(k_p)+\sum_{s=k_p}^{k-1}(1-\alpha)^{k-s-1}w^T(s)w(s)\\
&\le(1-\alpha)^{k-k_p}\mu V_{s_{p-1}}(k_p)+\sum_{s=k_p}^{k-1}(1-\alpha)^{k-s-1}w^T(s)w(s)\\
&\le(1-\alpha)^{k-k_p}\mu\left[(1-\alpha)^{k_p-k_{p-1}}V_{s_{p-1}}(k_{p-1})+\sum_{s=k_{p-1}}^{k_p-1}(1-\alpha)^{k_p-s-1}w^T(s)w(s)\right]\\
&\quad+\sum_{s\underset{p}{=}k}^{k-1}(1-\alpha)^{k-s-1}w^T(s)w(s)\\
&\le(1-\alpha)^{k-k_{p-1}}\mu^2\left[(1-\alpha)^{k_{p-1}-k_{p-2}}V_{s_{p-2}}(k_{p-2})+\sum_{s=k_{p-2}}^{k_{p-1}-1}(1-\alpha)^{k_{p-1}-s-1}w^T(s)w(s)\right]\\
&\quad+(1-\alpha)^{k-k_p}\mu\sum_{s=k_{p-1}}^{k_p-1}(1-\alpha)^{k_p-s-1}w^T(s)w(s)+\sum_{s=k_p}^{k-1}(1-\alpha)^{k-s-1}w^T(s)w(s)\\
&\le(1-\alpha)^{k-k_0}\mu^{N\sigma(k_0,k)}V_{s_0}(k_0)+(1-\alpha)^{k-k_1}\mu^{N\sigma(k_0,k)}\sum_{s=k_0}^{k_1-1}(1-\alpha)^{k_1-s-1}w^T(s)w(s)\\
&\quad+(1-\alpha)^{k-k_2}\mu^{N\sigma(k_1,k)}\sum_{s=k_1}^{k_2-1}(1-\alpha)^{k_2-s-1}w^T(s)w(s)+\cdots+\sum_{s=k_p}^{k-1}(1-\alpha)^{k-s-1}w^T(s)w(s)\\
&=(1-\alpha)^{k-k_0}\mu^{N\sigma(k_0,k)}V(k_0)+\sum_{s=k_0}^{k-1}\mu^{N\sigma(\mathrm{s},k)}(1-\alpha)^{k-s-1}w^T(s)w(s).
\end{aligned} \tag{7.65}$$

在零初始条件和$\sum_{k=0}^{\infty}w^{\mathrm{T}}(k)w(k)\le\beta$条件下，

有

$$\begin{aligned}
V(x_k)&\le\sum_{s=k_0}^{k-1}\mu^{N\sigma(s,k)}(1-\alpha)^{k-s-1}w^T(s)w(s)\\
&\le\sum_{s=k_0}^{k-1}\mu^{N\sigma(s,k)}(1-\alpha)^{k-s-1}w^T(s)w(s)\\
&\le(1-\alpha)^{-1}\beta.
\end{aligned} \tag{7.66}$$

下面，在没有外部扰动时，我们考虑闭环系统（7.54）的指数稳定性。

当 $\omega(k)=0$ 时，有

$$V(k)<(1-\alpha)^{k-k_0}\mu^{N\sigma(k_0,k)}V(k_0), \tag{7.67}$$

根据（7.60）式，可得

$$N_{\sigma(k)}\ln\mu\le N_{\sigma(k)}\tau_a\ln\lambda, \tag{7.68}$$

有

$$\mu^{N_{\sigma(k)}}\le\lambda^{N_{\sigma(k)}\tau_a}. \tag{7.69}$$

根据（7.55）式，可得

$$N_{\sigma(k)}\tau_a\le k-k_0, \tag{7.70}$$

结合（7.69）和（7.70），得到如下关系式

$$\mu^{N_{\sigma(k)}}\le\lambda^{N_{\sigma(k)}\tau_a}\le\lambda^{k-k_0}. \tag{7.71}$$

结合（7.67）和（7.71），得知

$$\begin{aligned}V(k)&<\mu^{N_{\sigma(k)}}(1-\alpha)^{k-k_0}V(k_0)\\&\le[\lambda(1-\alpha)]^{k-k_0}V(k_0).\end{aligned} \tag{7.72}$$

由（7.62）和（7.72），可得

$$a\|x(k)\|^2\le V(k)\le[\lambda(1-\alpha)]^{k-k_0}V(k_0)\le b\|x(k_0)\|^2[\lambda(1-\alpha)]^{k-k_0}. \tag{7.73}$$

因此，

$$a\|x(k)\|^2\le b\|x(k_0)\|^2[\lambda(1-\alpha)]^{k-k_0}, \tag{7.74}$$

进一步处理，可得

$$\|x(k)\|\le\sqrt{\frac{b}{a}}\{[\lambda(1-\alpha)]^{\frac{1}{2}}\}^{k-k_0}\|x(k_0)\|. \tag{7.75}$$

式（7.75）说明了闭环系统（7.54）是指数稳定的。

接下来说明在每个切换时刻，新激活的子系统满足饱和非线性处理条件即 $x^TP_ix\le(1-\alpha)^{-1}\beta$，下面以任意切换时刻 k_p 为例说明，假设 $[k_{p-1},k_p)$、$[k_p,k_{p+1})$ 分别为子系统 j,i 的激活时间，则根据条件（7.59），可得

$$V_i(x(k_p))=x^T(k_p)P_ix(k_p)\le\mu x^T(k_p)P_jx(k_p)=\mu V_j(x(k_p)), \tag{7.76}$$

由式（7.64）可以获得

$$
\begin{aligned}
& V_i(x(k_p)) \\
& = x^T(k_p)P_i x(k_p) \\
& \le \mu x^T(k_p)P_j x(k_p) \\
& = \mu V_j(x(k_p)) \\
& \le \mu[(1-\alpha)]^{k_p-k_{p-1}} V_j(x(k_{p-1})).
\end{aligned}
\tag{7.77}
$$

因为 $k_p - k_{p-1} \ge \tau_a^* = \dfrac{\ln \mu}{\ln \lambda}$，所以

$$
\begin{aligned}
& V_i(x(k_p)) \\
& \le \mu V_j(x(k_{p-1}))[(1-\alpha)]^{k_p-k_{p-1}} \\
& \le \mu V_j(x(k_{p-1}))[(1-\alpha)]^{\frac{\ln \mu}{\ln \lambda}} \\
& \le e^{\ln \mu} e^{\frac{\ln \mu}{\ln \lambda}\ln(1-\alpha)} V_j(x(k_{p-1})) \\
& = e^{\ln \mu (1+\frac{\ln(1-\alpha)}{\ln \lambda})} V_j(x(k_{p-1})).
\end{aligned}
\tag{7.78}
$$

根据式（7.60）可得

$$1 < \lambda < (1-\alpha)^{-1}, \tag{7.79}$$

因此，容易推出

$$\frac{\ln(1-\alpha)}{\ln \lambda} < -1, \tag{7.80}$$

因而可以得到

$$e^{\ln \mu (1+\frac{\ln(1-\alpha)}{\ln \lambda})} < 1, \tag{7.81}$$

根据式（7.78），有

$$V_i(x(k_p)) \le e^{\ln \mu (1+\frac{\ln(1-\alpha)}{\ln \lambda})} V_j(x(k_{p-1})) \le (1-\alpha)^{-1}\beta \cdot \tag{7.82}$$

由式（7.66）、式（7.75）和式（7.82），可得带有执行饱和的闭环系统（7.54）是指数稳定的，并且从原点出发的状态轨迹始终保持在集合 $\bigcup_{i=1}^{N}(\Omega(P_i,(1-\alpha)^{-1}\beta))$ 内，证毕。

根据定理 7.3，确定闭环系统（7.54）最大容许干扰水平 β^* 可通过解如下优化问题获得

$$
\begin{aligned}
&\sup_{P_i, G_i, H_i,} \ \beta, \\
&\text{s.t.}(a)\,\text{inequality}\,(7.57), i \in I_N, s \in Q, \\
&\quad (b)\,\text{inequality}\,(7.58), i \in I_N, \\
&\quad (c)\,\text{inequality}\,(7.59), \forall i, j \in I_N.
\end{aligned} \tag{7.83}
$$

但是，注意到上面优化问题的约束条件不是线性矩阵不等式，上面的优化问题不易直接求解，因此我们需要将上面的优化问题做如下处理。

对式（7.57）运用 Schur 补引理得

$$
\begin{bmatrix}
-P_i + G_i^T G_i + \alpha P_i & \square & & \\
\square & -I & & \\
0 & 0 & -I & * \\
P_i\left[(A_i + \Delta A_i) + (B_i + \Delta B_i) S_i (D_s F_i + D_s^- H_i)\right] & P_i E_i & P_i V_i & -P_i
\end{bmatrix} < 0, \tag{7.84}
$$

通过式（7.50）和引理 7.3，存在 $\lambda_i > 0$, 不等式（7.84）可整理成

$$
\begin{bmatrix}
-P_i + G_i^T G_i + \alpha P_i & * & * & * \\
0 & -I & * & * \\
0 & 0 & -I & * \\
P_i\left[A_i + B_i S_i (D_s F_i + D_s^- H_i)\right] & P_i E_i & P_i V_i & -P_i
\end{bmatrix}
+ \lambda_i
\begin{bmatrix}
0 \\ 0 \\ 0 \\ P_i E_{1i}
\end{bmatrix}
\begin{bmatrix}
0 & 0 & 0 & E_{1i}{}^T P_i
\end{bmatrix}
,
$$

$$
+ \lambda_i^{-1}
\begin{bmatrix}
\left[F_{1i} + F_{2i} S_i \left(D_s F_i + D_s^{-} H_i\right)\right]^T \\ 0 \\ 0 \\ 0
\end{bmatrix}
\begin{bmatrix}
\left[F_{1i} + F_{2i} S_i \left(D_s F_i + D_s^{-} H_i\right)\right] & 0 & 0 & 0
\end{bmatrix} < 0
$$

上式由 Schur 补引理得

$$
\begin{bmatrix}
-P_i + G_i^T G_i + \alpha P_i & * & * & * & * \\
0 & -I & * & * & * \\
0 & 0 & -I & * & * \\
P_i\left[A_i + B_i S_i \left(D_s F_i + D_s^{-} H_i\right)\right] & P_i E_i & P_i V_i & -P_i + \lambda_i P_i E_{1i} E_{1i}{}^T P_i & * \\
F_{1i} + F_{2i} S_i \left(D_s F_i + D_s^{-} H_i\right) & 0 & 0 & 0 & -\lambda_i I
\end{bmatrix} < 0, \tag{7.85}
$$

将式（7.53）代入式（7.85），并通过引理 2，存在 $\lambda_{1i} > 0, O_{1i} > 0$，不等式（7.85）整理为

$$\begin{bmatrix} -P_i+G_i^TG_i+\alpha P_i & * & * & * & * \\ 0 & -I & * & * & * \\ 0 & 0 & -I & * & * \\ P_i\left[A_i+B_iS_{i0}\left(D_sF_i+D_s^-H_i\right)\right] & P_iE_i & P_iV_i & \begin{matrix}-P_i+\\ \lambda_iP_iE_{1i}E_{1i}^TP_i\end{matrix} & * \\ F_{1i}+F_{2i}S_{i0}\left(D_sF_i+D_s^-H_i\right) & 0 & 0 & 0 & -\lambda_iI \end{bmatrix}+\lambda_{1i}\begin{bmatrix}0\\0\\0\\P_iB_iS_{i0}\\F_{2i}S_{i0}\end{bmatrix}O_{1i}\left[0\ \ 0\ \ 0\ \ S_{i0}^TB_i^TP_i\ \ S_{i0}^TF_{2i}^T\right]$$

$$+\lambda_{1i}^{-1}\begin{bmatrix}\left(D_sF_i+D_s^-H_i\right)^T\\0\\0\\0\\0\end{bmatrix}O_{1i}\left[\left(D_sF_i+D_s^-H_i\right)\ \ 0\ \ 0\ \ 0\ \ 0\right]<0,$$

再次运用 Schur 补引理得

$$\begin{bmatrix} -P_i+G_i^TG_i+\alpha P_i & * & * & * & * & * \\ 0 & -I & * & * & * & * \\ 0 & 0 & -I & * & * & * \\ \upsilon_{1i} & P_iE_i & P_iV_i & \upsilon_{3i} & * & * \\ \upsilon_{2i} & 0 & 0 & \lambda_{1i}F_{2i}S_{i0}O_{1i}S_{i0}^TB_i^TP & \upsilon_{4i} & * \\ D_sF_i+D_s^-H_i & 0 & 0 & 0 & 0 & -\lambda_{1i}O_{1i}^{-1} \end{bmatrix}<0. \tag{7.86}$$

其中

$$\upsilon_{1i}=P_i\left[A_i+B_{1i}S_{i0}\left(D_sF_i+D_s^-H_i\right)\right],$$

$$\upsilon_{2i}=F_{1i}+F_{2i}S_{i0}\left(D_sF_i+D_s^-H_i\right),$$

$$\upsilon_{3i}=-P_i+\lambda_iP_iE_{1i}E_{1i}^TP_i+\lambda_{1i}P_iB_iS_{i0}O_{1i}S_{i0}^TB_i^TP_i,$$

$$\upsilon_{4i}=-\lambda_iI+\lambda_{1i}F_{2i}S_{i0}O_{1i}S_{i0}^TF_{2i}^T.$$

如果式（7.86）成立，则不等式（7.57）成立。

对式（7.86）两端分别左乘和右乘对角矩阵 $\{P_i^{-1}, I, I, P_i^{-1}, I, I\}$ 并且令 $P_i^{-1}=X_i$，$H_iX_i=N_i$，我们得到

$$\begin{bmatrix} -X_i+X_iG_i^TG_iX_i+\alpha X_i & * & * & * & * & * \\ 0 & -I & * & * & * & * \\ 0 & 0 & -I & * & * & * \\ \Omega_{1i} & E_i & V_i & \Omega_{3i} & * & * \\ \Omega_{2i} & 0 & 0 & \lambda_{1i}F_{2i}S_{i0}O_{1i}S_{i0}^TB_i^T & \Omega_{4i} & * \\ D_sF_iX_i+D_s^-N_i & 0 & 0 & 0 & 0 & -\lambda_{1i}O_{1i}^{-1} \end{bmatrix}<0. \tag{7.87}$$

其中

$$\Omega_{1i}=A_iX_i+B_iS_{i0}\left(D_sF_iX_i+D_s^-N_i\right),$$

$$\Omega_{2i}=F_{1i}X_i+F_{2i}S_{i0}\left(D_sF_iX_i+D_s^-N_i\right),$$

$$\Omega_{3i}=-X_i+\lambda_iE_{1i}E_{1i}^T+\lambda_{1i}B_iS_{i0}O_{1i}S_{i0}^TB_i^T,$$

$$\Omega_{4i}=-\lambda_iI+\lambda_{1i}F_{2i}S_{i0}O_{1i}S_{i0}^TF_{2i}^T,$$

根据 Schur 补引理，式（7.87）等价于下式：

$$\begin{bmatrix} -X_i+\alpha X_i & * & * & * & * & * & * \\ 0 & -I & * & * & * & * & * \\ 0 & 0 & -I & * & * & * & * \\ \Omega_{1i} & E_i & V_i & \Omega_{3i} & * & * & * \\ \Omega_{2i} & 0 & 0 & \lambda_{1i}F_{2i}S_{i0}O_{1i}S_{i0}^TB_i^T & \Omega_{4i} & * & * \\ D_sF_iX_i+D_s^-N_i & 0 & 0 & 0 & 0 & -\lambda_{1i}O_{1i}^{-1} & * \\ G_iX_i & 0 & 0 & 0 & 0 & 0 & -I \end{bmatrix}<0. \quad (7.88)$$

将说明约束条件 $\Omega(P_i,(1-\alpha)^{-1}\beta)\subset L(H_i)$, 可转化为下式表达。

$$\begin{bmatrix} \varepsilon & H_i^l \\ * & P_i \end{bmatrix}\geq 0, \quad (7.89)$$

其中，$\varepsilon=(1-\alpha)\beta^{-1}$，$H_i^l$ 表示矩阵 H_i 的第 l 行。

因而 $\forall x(k)\in\Omega(P_i,(1-\alpha)^{-1}\beta)$，可得

$$x^{\mathrm{T}}(k)P_ix(k)\leq(1-\alpha)^{-1}\beta=\varepsilon^{-1},$$

可以得到

$$P_i-H_i^l\varepsilon^{-1}H_i^{l\mathrm{T}}\geq 0, \quad (7.90)$$

$$x^TH_i^l\varepsilon^{-1}H_i^{l\mathrm{T}}x\leq x^TP_ix\leq\varepsilon^{-1},$$

$$\left|H_i^lx\right|\leq 1. \quad (7.91)$$

式（7.91）表明，如果 $\forall x(k)\in\Omega(P_i,(1-\alpha)^{-1}\beta)$，那么 $x(k)\in L(H_i)$。因此，约束条件 $\Omega(P_i,(1-\alpha)^{-1}\beta)\subset L(H_i)$, 可转化为由式（7.89）表达。

对式（7.59）和式（7.89）采用从式（7.57）到式（7.88）的类似的处理过程，可得

$$\begin{bmatrix} \mu X_j & * \\ X_j & X_i \end{bmatrix} \geq 0, \tag{7.92}$$

$$\begin{bmatrix} X_i & * \\ N_i^l & \varepsilon \end{bmatrix} \geq 0, \tag{7.93}$$

其中，N_i^l 表示矩阵 N_i 的第 l 行。

优化问题（7.83）可转化为如下带有线性矩阵不等式约束的凸优化问题

$$\begin{aligned} &\inf_{X_i, N_i, \lambda_i, \lambda_{1i}, O_{1i}} \varepsilon, \\ &\text{s.t.}\,(a)\,\text{inequality}\,(7.88), i \in I_N, s \in Q, \\ &\quad (b)\,\text{inequality}\,(7.92), \forall i, j \in I_N, \\ &\quad (c)\,\text{inequality}\,(7.93), \forall i, j \in I_N, l \in Q_m. \end{aligned} \tag{7.94}$$

7.3.3 加权L_2–增益分析

在本节中，我们将用最小驻留时间策略来解决系统（7.54）的加权 L_2– 增益问题，基于定理 7.3，只有当系统从原点开始的状态轨迹有界时才有意义。

定理 7.4 考虑闭环系统（7.54），对给定常数 $\beta \in (0, \beta^*]$，$\gamma > 0$，$0 < \alpha < 1$，和 $\mu > 1$，如果存在 N 个正定矩阵 P_i，矩阵 H_i 和 G_i，使下列矩阵不等式成立

$$\begin{bmatrix} \Upsilon_{is11} & \Upsilon_{is12} & \Upsilon_{is13} \\ * & E_i^{\mathrm{T}} P_i E_i - \gamma^2 I & E_i^T P_i V_i \\ * & * & V_i^T P_i V_i - I \end{bmatrix} < 0, \tag{7.95}$$

其中，

$$\begin{aligned} \Upsilon_{is11} = &\left[(A_i + \Delta A_i) + (B_i + \Delta B_i) S_i (D_s F_i + D_s^- H_i)\right]^{\mathrm{T}} P_i \left[(A_i + \Delta A_i) + (B_i + \Delta B_i) S_i (D_s F_i + D_s^- H_i)\right] \\ &+ \left[(C_i + \Delta C_i) + (D_i + \Delta D_i) S_i (D_s F_i + D_s^- H_i)\right]^{\mathrm{T}} \left[(C_i + \Delta C_i) + (D_i + \Delta D_i) S_i (D_s F_i + D_s^- H_i)\right] \\ &- P_i + G_i^T G_i + \alpha P_i, \end{aligned}$$

$$\Upsilon_{is12} = \left[(A_i + \Delta A_i) + (B_i + \Delta B_i) S_i (D_s F_i + D_s^- H_i)\right]^{\mathrm{T}} P_i E_i,$$

$$\Upsilon_{is13} = \left[(A_i + \Delta A_i) + (B_i + \Delta B_i) S_i (D_s F_i + D_s^- H_i)\right]^{\mathrm{T}} P_i V_i,$$

满足，

$$\begin{bmatrix} \varepsilon & H_i^l \\ * & P_i \end{bmatrix} \geq 0, \tag{7.96}$$

其中，

$$P_i \le \mu P_j\,,\quad \forall i,j \in I_N\,, \tag{7.97}$$

则在切换律 $\tau_a \ge \tau_a^* = \dfrac{\ln \mu}{\ln \lambda}$，$\lambda \in (1, \dfrac{1}{1-\alpha})$ 作用下，对所有的 $w \in W_\beta^2$，闭环系统（7.54）具有加权 L_2– 增益。

证明　由引理 7.1，对任意 $\Omega(P_i,(1-\alpha)^{-1}\beta) \subset L(H_i)$，可得：

$$\begin{aligned}&(C_i + \Delta C_i)x(k) + (D_i + \Delta D_i)S_i \mathrm{sat}(F_i x(k)) \in \\ &\mathrm{co}\left\{(C_i + \Delta C_i)x(k) + (D_i + \Delta D_i)S_i(D_s F_i + D_s^- H_i)x(k), s \in Q\right\}.\end{aligned}$$

定义下面的函数为系统 Lyapunov 函数

$$V(x_k) = V_\sigma(x_k) = x^{\mathrm{T}}(k)P_\sigma x(k) \tag{7.98}$$

当第 i 个子系统被激活时，对于 $\forall x(k) \in \Omega(P_i,(1-\alpha)^{-1}\beta) \subset L(H_i)$，有

$$\begin{aligned}\Delta V(x_k) &= V_i(x_{k+1}) - V_i(x_k) \\ &= x^{\mathrm{T}}(k+1)P_i x(k+1) - x^{\mathrm{T}}(k)P_i x(k) \\ &\le \max_{s\in Q} x^{\mathrm{T}}(k)[(A_i + \Delta A_i) + (B_i + \Delta B_i)S_i(D_s F_i + D_s^- H_i)]^{\mathrm{T}} P_i[(A_i + \Delta A_i) \\ &\quad + (B_i + \Delta B_i)S_i(D_s F_i + D_s^- H_i)]x(k) - x^{\mathrm{T}}(k)P_i x(k) \\ &\quad + 2x^{\mathrm{T}}(k)[(A_i + \Delta A_i) + (B_i + \Delta B_i)S_i(D_s F_i + D_s^- H_i)]^{\mathrm{T}} P_i E_i w(k) \\ &\quad + 2x^{\mathrm{T}}(k)[(A_i + \Delta A_i) + (B_i + \Delta B_i)S_i(D_s F_i + D_s^- H_i)]^{\mathrm{T}} P_i V_i f_i(x) \\ &\quad + 2w^T(k)E_i^T P_i V_i f_i(x) + w^{\mathrm{T}}(k)E_i^{\mathrm{T}} P_i E_i w(k) + f_i^{\mathrm{T}}(x)V_i^T P_i V_i f_i(x) \\ &\quad + x^T(k)G_i^T G_i x(k) - f_i^T f_i.\end{aligned}$$

对式（7.95）两端分别左乘 $\begin{bmatrix} x(k) \\ w(k) \\ f \end{bmatrix}^T$ 和右乘 $\begin{bmatrix} x(k) \\ w(k) \\ f \end{bmatrix}$，可以得到

$$\Delta V_i(k) + \alpha V_i(k) + \Psi(k) < 0, \tag{7.99}$$

其中 $\Psi(k) = z^T(k)z(k) - \gamma^2\omega^T(k)\omega(k)$.

由式（7.97）和式（7.99），得

$$
\begin{aligned}
V(k) &< (1-\alpha)^{k-k_p} V_{s_p}(k_p) - \sum_{s=k_p}^{k-1} (1-\alpha)^{k-s-1} \Psi(s) \\
&\le (1-\alpha)^{k-k_p} \mu V_{s_{p-1}}(k_p) - \sum_{s=k_p}^{k-1} (1-\alpha)^{k-s-1} \Psi(s) \\
&\le (1-\alpha)^{k-k_0} \mu^{N\sigma(k_0,k)} V_{s_0}(k_0) - (1-\alpha)^{k-k_1} \mu^{N\sigma(k_0,k)} \sum_{s=k_0}^{k_1-1} (1-\alpha)^{k_1-s-1} \Psi(s) \\
&\quad - (1-\alpha)^{k-k_2} \mu^{N\sigma(k_1,k)} \sum_{s=k_1}^{k_2-1} (1-\alpha)^{k_2-s-1} \Psi(s) - \cdots - \sum_{s=k_p}^{k-1} (1-\alpha)^{k-s-1} \Psi(s) \\
&= (1-\alpha)^{k-k_0} \mu^{N\sigma(k_0,k)} V(k_0) - \sum_{s=k_0}^{k-1} \mu^{N\sigma(s,k)} (1-\alpha)^{k-s-1} \Psi(s).
\end{aligned}
$$

在零初始条件下，有 $\sum_{s=k_0}^{k-1} \mu^{N\sigma(s,k)} (1-\alpha)^{k-s-1} \Psi(s) \le 0$.

将上述不等式两边分别乘以 $\mu^{-N\sigma(0,k)}$ ，可以得到

$$
\mu^{-N\sigma(0,k)} \sum_{s=k_0}^{k-1} \mu^{N\sigma(s,k)} (1-\alpha)^{k-s-1} z^T(s) z(s) \le \mu^{-N\sigma(0,k)} \sum_{s=k_0}^{k-1} \mu^{N\sigma(s,k)} (1-\alpha)^{k-s-1} \gamma^2 \omega^T(s) \omega(s) ,
$$

等价于

$$
\sum_{s=k_0}^{k-1} \mu^{-N\sigma(0,s)} (1-\alpha)^{k-s-1} z^T(s) z(s) \le \sum_{s=k_0}^{k-1} \mu^{-N\sigma(0,s)} (1-\alpha)^{k-s-1} \gamma^2 \omega^T(s) \omega(s) ,
$$

由于 $N_\sigma(0,s) \le \frac{s}{\tau_a} \le \frac{s \ln \lambda}{\ln \mu}$ ， $\lambda \in (1, \frac{1}{1-\alpha})$ ，有

$$
\begin{aligned}
\sum_{s=k_0}^{k-1} \mu^{-\frac{s\ln\lambda}{\ln\mu}} (1-\alpha)^{k-s-1} z^T(s) z(s) &\le \sum_{s=k_0}^{k-1} \mu^{-N\sigma(0,s)} (1-\alpha)^{k-s-1} z^T(s) z(s) \\
&\le \sum_{s=k_0}^{k-1} (1-\alpha)^{k-s-1} \gamma^2 \omega^T(s) \omega(s),
\end{aligned}
$$

因此

$$
\sum_{s=k_0}^{k-1} (1-\alpha)^s (1-\alpha)^{k-s-1} z^T(s) z(s) \le \sum_{s=k_0}^{k-1} (1-\alpha)^{k-s-1} \gamma^2 \omega^T(s) \omega(s) ,
$$

即

$$
\sum_{s=k_0}^{\infty} (1-\alpha)^s z^T(s) z(s) \le \sum_{s=k_0}^{\infty} \gamma^2 \omega^T(s) \omega(s) . \tag{7.100}
$$

所以闭环系统（7.54）具有加权 L_2- 增益。

证毕。

对于定理 7.3，对每个给定 $\beta \in (0, \beta^*]$，解一个优化问题，以便使闭环系统（7.54）的加权 L_2- 增益的上界最小。这个优化问题如下所示描述：

$$\begin{aligned} &\inf_{P_i, G_i, H_i} \gamma^2, \\ &\text{s.t.} (a) \text{ inequality } (7.95), i \in I_N, s \in Q, \\ &\quad (b) \text{ inequality } (7.96), i \in I_N, l \in Q_m. \\ &\quad (c) \text{ inequality } (7.97), \forall i, j \in I_N. \end{aligned} \tag{7.101}$$

采用从优化问题（7.83）到优化问题（7.94）的处理方法。因此，如果下式成立，则式（7.95）成立。

$$\begin{bmatrix} -X_i + \alpha X_i & * & * & * & * & * & * & * \\ 0 & -\zeta I & * & * & * & * & * & * \\ 0 & 0 & -I & * & * & * & * & * \\ \Omega_{1i} & E_i & V_i & \Omega_{3i} & * & * & * & * \\ \Omega_{\Box i} & 0 & 0 & \Omega_{\ i} & \Omega_{\ i} & * & * & * \\ \Omega_{2i} & 0 & 0 & \Omega_{8i} & \Omega_{9i} & \Omega_{4i} & * & * \\ D_s F_i X_i + D_s^- N_i & 0 & 0 & 0 & 0 & 0 & -\lambda_{1i} O_{1i}^{-1} & * \\ G_i X_i & 0 & 0 & 0 & 0 & 0 & 0 & -I \end{bmatrix} < 0, \tag{7.102}$$

其中，$\zeta = \gamma^2$，

$$\Omega_{5i} = C_i X_i + D_i S_{i0} \left(D_s F_i X_i + D_s^- N_i \right),$$

$$\Omega_{6l} = \lambda_l F_{2i} F_{1i}^T + \lambda_{1i} D_i S_{i0} O_{1i} S_{i0}^T B_i^T,$$

$$\Omega_{7i} = -I + \lambda_i E_{2i} E_{2i}^T + \lambda_{1i} D_i S_{i0} O_{1i} S_{i0}^T D_i^T,$$

$$\Omega_{8i} = \lambda_{1i} F_{2i} S_{i0} O_{1i} S_{i0}^T B_i^T,$$

$$\Omega_{9i} = \lambda_{1i} F_{2i} S_{i0} O_{1i} S_{i0}^T D_i^T.$$

因此，闭环系统（7.54）的加权 L_2- 增益的最小上界可通过解如下优化问题获得。

$$\begin{aligned} &\inf_{X_i, N_i, \lambda_i, \lambda_{1i}, O_{1i}} \zeta, \\ &\text{s.t.} (a) \text{ inequality } (7.102), i \in I_N, s \in Q, \\ &\quad (b) \text{ inequality } (7.92), \forall i, j \in I_N, \\ &\quad (c) \text{ inequality } (7.93), i \in I_N, l \in Q_m. \end{aligned} \tag{7.103}$$

7.3.4 控制器优化

我们可以把容错控制器增益矩阵作为待设计的变量。进而，通过设计控制器进一步改善闭环系统（7.54）的性能。因此，优化问题（7.94）和（7.103）可转化为如下两个优化问题。

$$\begin{aligned}&\inf_{X_i, M_i, N_i, \lambda_i, \lambda_{1i}, O_{1i}} \quad \varepsilon,\\ &\text{s.t.}(a)\begin{bmatrix}\Pi_{is11} & *\\ \Pi_{i21} & \Pi_{i22}\end{bmatrix}<0,\ i\in I_N, s\in Q,\\ &(b)\,\text{inequality}\,(7.92), \forall i, j\in I_N,\\ &(c)\,\text{inequality}\,(7.93), i\in I_N, l\in Q_m,\end{aligned} \tag{7.104}$$

其中，$M_i = F_i X_i$，

$$\Pi_{is11}=\begin{bmatrix}-X_i+\alpha X_i & * & * & *\\ 0 & -I & * & *\\ 0 & 0 & -I & *\\ A_i X_i + B_i S_{i0}\left(D_s M_i + D_s^{-} N_i\right) & 0 & 0 & \begin{matrix}-X_i+\lambda_i E_{1i} E_{1i}^{T} + \\ \lambda_{1i} B_i S_{i0} O_{1i} S_{i0}^{T} B_i^{T}\end{matrix}\end{bmatrix},$$

$$\Pi_{i21}=\begin{bmatrix}F_{1i} X_i + F_{2i} S_{i0}\left(D_s M_i + D_s^{-} N_i\right) & 0 & 0 & \lambda_{1i} F_{2i} S_{i0} O_{1i} S_{i0}^{T} B_i^{T}\\ D_s M_i + D_s^{-} N_i & 0 & 0 & 0\\ G_i X_i & 0 & 0 & 0\end{bmatrix},$$

$$\Pi_{i22}=\begin{bmatrix}-\lambda_i I + \lambda_{1i} F_{2i} S_{i0} O_{1i} S_{i0}^{T} F_{2i}^{T} & * & *\\ 0 & -\lambda_{1i} O_{1i}^{-1} & *\\ 0 & 0 & -I\end{bmatrix}$$

和

$$\begin{aligned}&\inf_{X_i\,\square M_i\ N_i\ \lambda_i, \lambda_{1i}, O_{1i}} \quad \zeta,\\ &\text{s.t.}(a)\begin{bmatrix}\coprod_{is11} & *\\ \coprod_{i21} & \coprod_{i22}\end{bmatrix}<0,\ i\in I_N, s\in Q,\\ &(b)\,\text{inequality}\,(7.92), \forall i, j\in I_N,\\ &(c)\,\text{inequality}\,(7.93), i\in I_N, l\in Q_m,\end{aligned} \tag{7.105}$$

其中，$M_i = F_i X_i$，

$$
\amalg_{is11}=\begin{bmatrix} -X_i+\alpha X_i & * & * & * \\ 0 & -\zeta I & * & * \\ 0 & 0 & -I & * \\ A_iX_i+B_iS_{i0}\left(D_sM_i+D_s^-N_i\right) & E_i & V_i & \begin{matrix} -X_i+\lambda_iE_{1i}E_{1i}^T+ \\ \lambda_{1i}B_iS_{i0}O_{1i}S_{i0}^TB_i^T \end{matrix} \end{bmatrix},
$$

$$
\amalg_{i21}=\begin{bmatrix} C_iX_i+D_iS_{i0}\left(D_sM_i+D_s^-N_i\right) & 0 & 0 & \lambda_iE_{2i}E_{1i}^T+\lambda_{1i}D_iS_{i0}O_{1i}S_{i0}^TB_i^T \\ F_{1i}X_i+F_{2i}S_{i0}\left(D_sM_i+D_s^-N_i\right) & 0 & 0 & \lambda_{1i}F_{2i}S_{i0}O_{1i}S_{i0}^TB_i^T \\ D_sM_i+D_s^-N_i & 0 & 0 & 0 \\ G_iX_i & 0 & 0 & 0 \end{bmatrix},
$$

$$
\amalg_{i22}=\begin{bmatrix} -I+\lambda_iE_{2i}E_{2i}^T+\lambda_{1i}D_iS_{i0}O_{1i}S_{i0}^TD_i^T & * & * & * \\ \lambda_{1i}F_{2i}S_{i0}O_{1i}S_{i0}^TD_i^T & -\lambda_iI+\lambda_{1i}F_{2i}S_{i0}O_{1i}S_{i0}^TF_{2i}^T & * & * \\ 0 & 0 & -\lambda_{1i}O_{1i}^{-1} & * \\ 0 & 0 & 0 & -I \end{bmatrix},
$$

一旦以上两个优化问题获得了优化解，那么相应的容错控制器增益矩阵即可解出，即 $F_i=M_iX_i^{-1}$。

7.3.5　数值仿真

为了说明所提方法的有效性，我们考虑以下具有执行器饱和和执行器失效的不确定非线性离散时间切换系统。

$$
\begin{cases} x(k+1)=(A_\sigma+\Delta A_\sigma)x(k)+(B_\sigma+\Delta B_\sigma)\mathrm{sat}(u_\sigma(k))+E_\sigma w(k)+V_\sigma f_\sigma(x), \\ z(k)=(C_\sigma+\Delta C_\sigma)x(k)+(D_\sigma+\Delta D_\sigma)\mathrm{sat}(u_\sigma(k)), \end{cases} \tag{7.106}
$$

其中，$\sigma\in I_2=\{1,2\}$，

$$
A_1=\begin{bmatrix} -0.5 & 0.35 \\ -0.5 & 1 \end{bmatrix}, A_2=\begin{bmatrix} -0.5 & 0.57 \\ 0.249 & -0.5 \end{bmatrix}, B_1=\begin{bmatrix} 0.9 \\ 0 \end{bmatrix}, B_2=\begin{bmatrix} 0 \\ 0.9 \end{bmatrix},
$$

$$
C_1=\begin{bmatrix} 0.6 & 0 \\ 0 & 0.5 \end{bmatrix}, C_2=\begin{bmatrix} -0.5 & 0 \\ 0 & 0.6 \end{bmatrix}, D_1=\begin{bmatrix} -0.2 \\ 0.2 \end{bmatrix}, D_2=\begin{bmatrix} -0.1 \\ 0.1 \end{bmatrix},
$$

$$
E_{11}=\begin{bmatrix} -0.6 & 0 \\ 0 & 0.1 \end{bmatrix}, E_{12}=\begin{bmatrix} -0.6 & 0 \\ 0 & 0.1 \end{bmatrix}, E_{21}=\begin{bmatrix} 0.6 & 0 \\ 0 & -0.2 \end{bmatrix}, E_{22}=\begin{bmatrix} 0.2 & 0 \\ 0 & -0.2 \end{bmatrix},
$$

$$F_{11}=\begin{bmatrix}0.2 & -0.1\\ 0 & 0.1\end{bmatrix}, F_{12}=\begin{bmatrix}0.2 & 0.1\\ 0 & 0.1\end{bmatrix}, F_{21}=\begin{bmatrix}-0.01\\ 0.01\end{bmatrix}, F_{22}=\begin{bmatrix}0.01\\ 0.01\end{bmatrix},$$

$$G_1=\begin{bmatrix}0.1 & 0\\ 0 & 0.1\end{bmatrix}, G_2=\begin{bmatrix}0.1 & 0\\ 0 & 0.1\end{bmatrix}, V_1=\begin{bmatrix}0.1 & 0\\ 0 & 0.1\end{bmatrix}, V_2=\begin{bmatrix}0.1 & 0\\ 0 & -0.2\end{bmatrix},$$

$$E_1=\begin{bmatrix}0.1\\ 0.1\end{bmatrix}, E_2=\begin{bmatrix}0.1\\ -0.1\end{bmatrix}, \Gamma(k)=\sin(k).$$

故障矩阵参数选择为$0.2\le s_{ij}\le 0.8, S_{10}=0.5, S_{20}=0.5, O_{11}=0.6, O_{12}=0.6$.

令$\alpha=0.2, \mu=2$，$S_1=0.4$，$S_2=0.6$。为了设计切换律和状态反馈控制律使得获得闭环系统（7.106）的容许干扰能力最大，通过解优化问题（7.104），可得到如下解：

$$\varepsilon^*=0.1579, \beta^*=6.3325, \lambda_1=3.7687, \lambda_2=4.6395,$$

$$\lambda_{11}=13.0418,\ \lambda_{12}=12.0505$$

$$X_1=\begin{bmatrix}10.1185 & *\\ 4.5463 & 4.9372\end{bmatrix}, X_2=\begin{bmatrix}10.2552 & *\\ 3.1905 & 4.8605\end{bmatrix},$$

$$M_1=\begin{bmatrix}3.9842\\ 3.9972\end{bmatrix}^{\mathrm{T}}, M_2=\begin{bmatrix}-3.2817\\ 3.0248\end{bmatrix}^{\mathrm{T}},$$

$$F_1=\begin{bmatrix}0.0512\\ 0.7625\end{bmatrix}^{\mathrm{T}}, F_2=\begin{bmatrix}-0.6454\\ 1.0460\end{bmatrix}^{\mathrm{T}}.$$

在外部干扰输入$w(k)=0.6(k<10)$，$w(k)=0(k\ge 10)$的作用下进行仿真。切换系统（7.106）在零初始条件下的状态响应曲线如图 7.9 所示。图 7.10 和图 7.11 分别为切换系统（7.106）的切换信号和控制输入信号。图 7.12 为切换系统（7.106）的 Lyapunov 函数值的变化曲线。由图 7.12 可以看出，切换系统（7.106）的 Lyapunov 函数值一直小于$(1-\alpha)^{-1}\beta=6.3$，这说明切换系统（7.106）在零初始条件下的状态轨迹始终保持在有界集合内，图 7.13 为切换系统（7.106）的状态轨迹图。

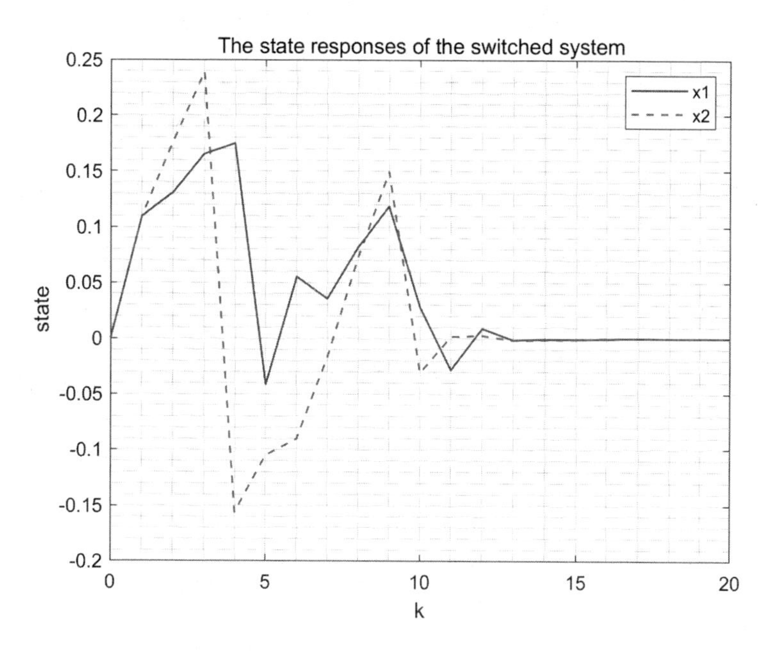

图7.9　切换系统（7.106）的状态响应

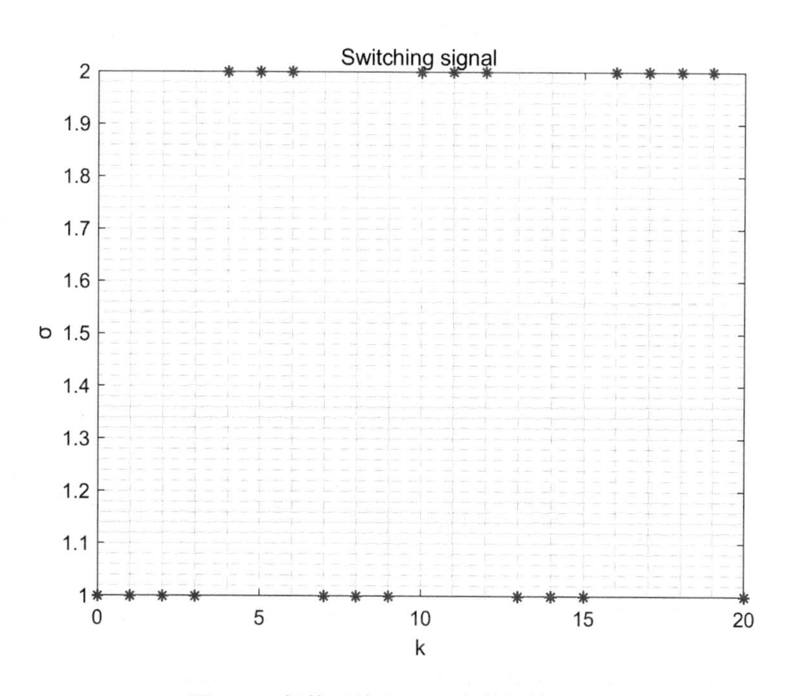

图7.10　切换系统（7.106）的切换信号

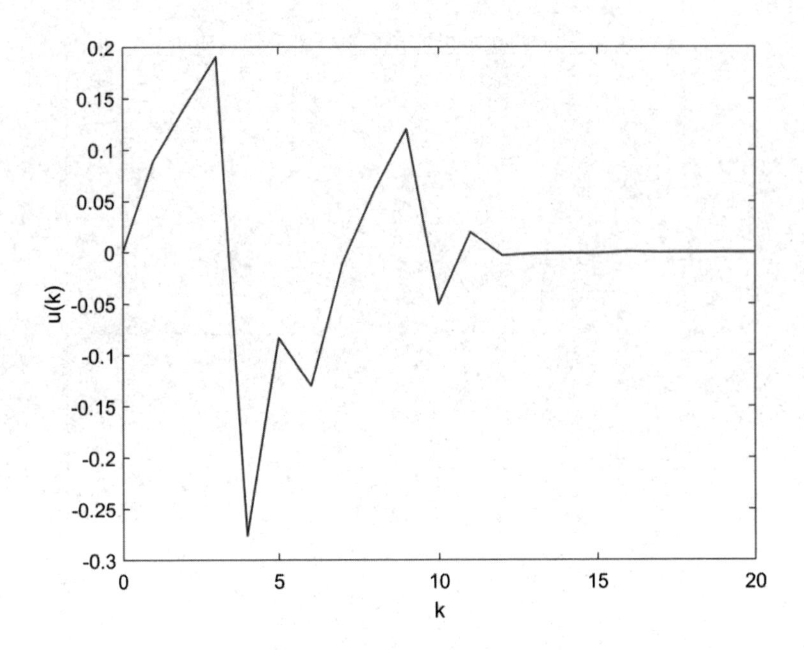

图7.11　切换系统（7.106）的控制输入信号

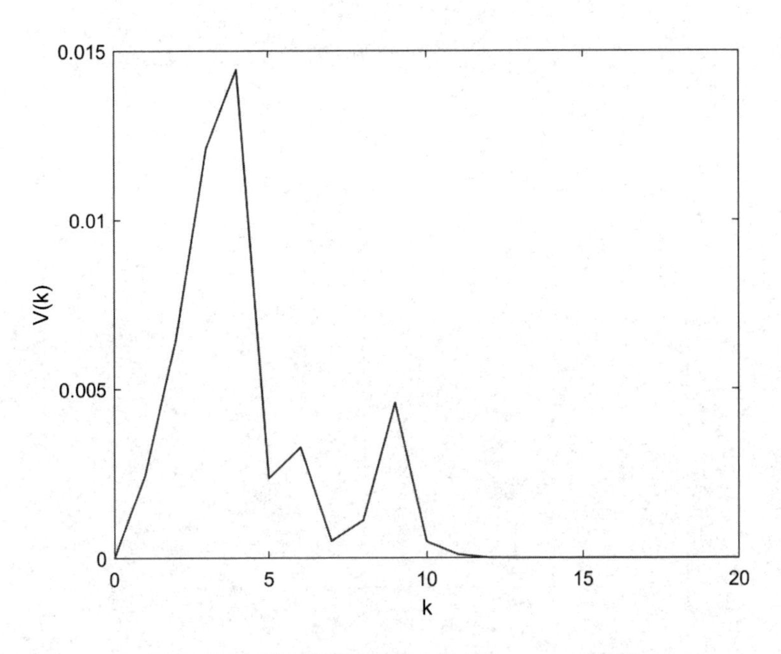

图7.12　切换系统（7.106）的Lyapunov函数值

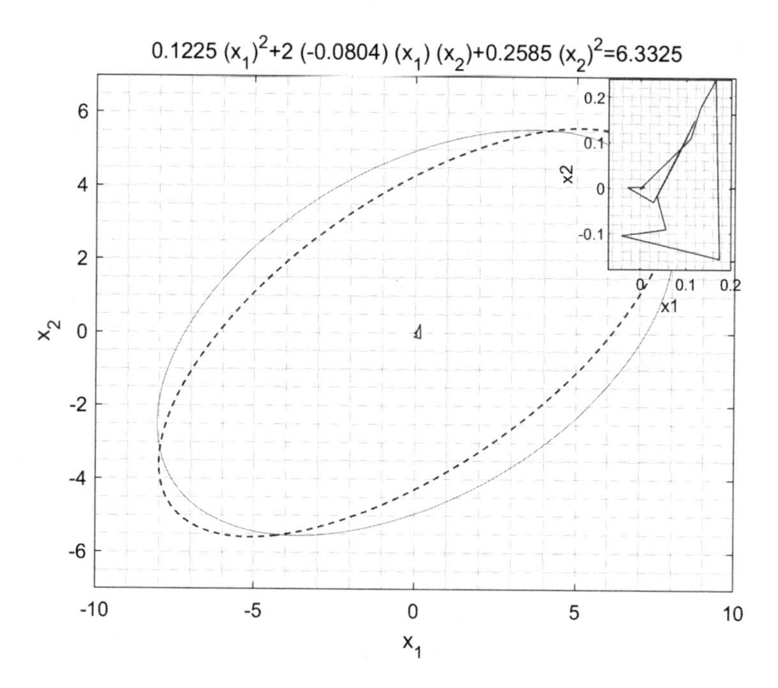

图 7.13　切换系统（7.106）的状态轨迹

对每个给定 $\beta\in(0,\beta^*]$，设计切换律和容错状态反馈控制律使得闭环系统（7.106）的加权 L_2 - 增益的上界最小。通过解优化问题（7.105）获得如下几种情况：

4. 如果 $\beta=1$，可得

$$\gamma=0.4947, F_1=\begin{bmatrix}-0.0056\\1.5911\end{bmatrix}^{\mathrm{T}}, F_2=\begin{bmatrix}-0.9184\\1.4371\end{bmatrix}^{\mathrm{T}}.$$

5. 如果 $\beta=3$，可得

$$\gamma=0.9573, F_1=\begin{bmatrix}-0.0755\\1.4177\end{bmatrix}^{\mathrm{T}}, F_2=\begin{bmatrix}-0.7735\\1.1909\end{bmatrix}^{\mathrm{T}}.$$

6. 如果 $\beta=6$，可得

$$\gamma=3.8509, F_1=\begin{bmatrix}-0.1497\\1.4049\end{bmatrix}^{\mathrm{T}}, F_2=\begin{bmatrix}-0.7090\\1.0969\end{bmatrix}^{\mathrm{T}}.$$

切换系统（7.106）在一段时间内的截断 L_2- 增益变化曲线图 7.14 所示。从图 7.14 可以看出，切换系统（7.106）的截断 L_2- 增益始终小于 $\gamma=3.8509$。此外，给出了不同的 $\beta\in(0,\beta^*]$ 和切换系统（7.106）的加权 L_2- 增益 γ 的对应关系曲线，如图 7.15 所示。

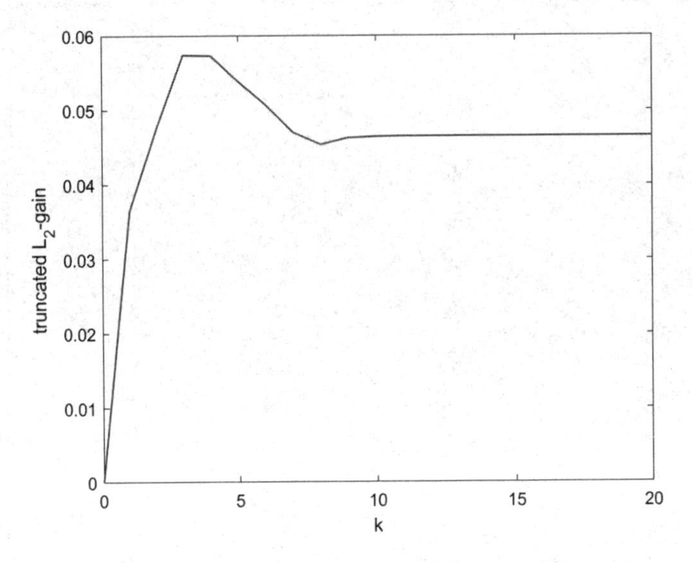

图7.14 切换系统（7.106）的截断 L_2– 增益

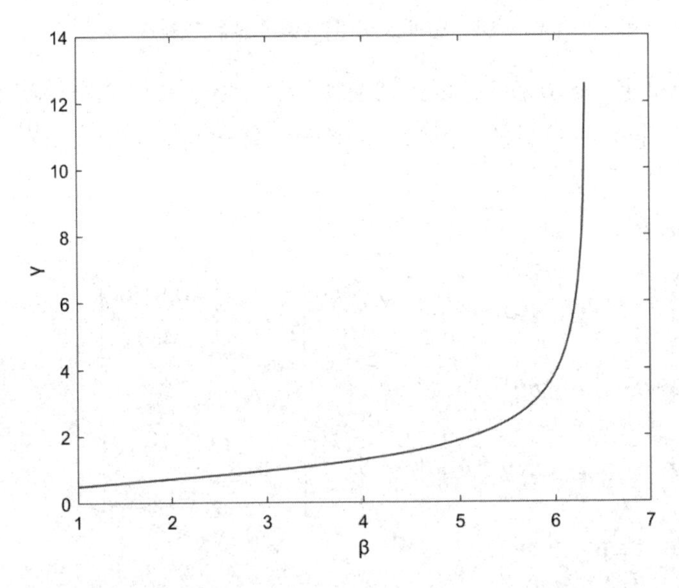

图7.15 对任意 $\beta \in (0, \beta^*]$ 切换系统（7.106）的加权 L_2– 增益

如果在闭环切换系统中不处理执行器失效问题，会导致闭环切换系统的稳定性下降，甚至闭环切换系统会变得不稳定。当执行器发生故障时，具有常规状态反馈控制器的切换系统的状态响应曲线如图 7.16 所示。

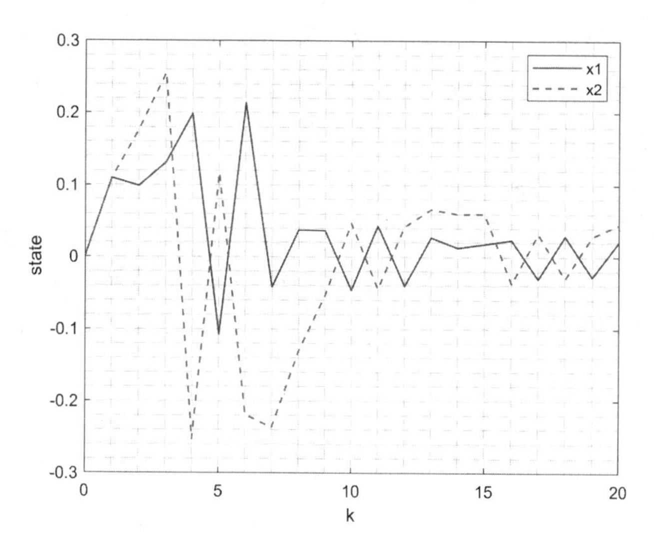

图7.16　具有常规状态反馈控制器的切换系统（7.106）的状态响应

通过比较图 7.9 和图 7.16 可以看出本文设计的容错状态反馈控制器在系统执行器发生失效时可以使系统的整体性能更好。

7.4　小节

本章利用多李雅普诺夫函数方法、最小驻留时间方法以及切换李雅普诺夫函数方法，研究了具有执行器饱和的离散时间非线性切换系统的 L_2- 增益分析问题、有记忆反馈及容错控制问题。

第一部分利用多 Lyapunov 函数方法研究了一类具有执行器饱和和执行器失效的不确定非线性离散切换系统的 L_2- 增益分析和容错控制问题，当执行器出现故障时，闭环系统在扰动作用下仍能状态轨迹有界，通过设计切换律和容错状态反馈控制器使得系统获得最大的容许干扰水平和最小的受限 L_2- 增益上界，所有结果都能通过解带有线性矩阵不等式约束的凸优化问题获得。

与现有的受执行器饱和影响的切换系统的结果相比，我们的结果有两个特点。首先，采用执行器饱和的离散时间切换系统同时解决了 L_2- 增益分析和容错控制问题，而在目前的文献中只考虑稳定性问题；其次，通过对正常状态反馈控制器与容错状态反馈控制器效果的比较，进一步看出对系统进行可靠控制设计的必要性。

第二部分利用最小驻留时间策略和 Lyapunov 函数方法研究了一类具有执行器饱和和执行器失效的不确定非线性离散切换系统的加权 L_2- 增益分析和容错控制问题，采用最小驻留时间法导出了非线性离散切换系统容错鲁棒指数稳定的充分条件。当执行器出现故障时，闭环系统在扰动作用下仍能状态轨迹有界，通过设计切换律和容错状态反馈控制器使得系统获得最大的容许干扰水平和最小的加权 L_2- 增益上界。通过给定一些标量参数，将容错状态反馈控制器问题转化为线性矩阵不等式约束的凸优化问题，最后，通过数值算例验证了该方法的有效性。

与现有的受执行器饱和度影响的开关系统的结果相比，我们的结果有两个特点。首先，研究了具有执行器饱和的离散时间切换系统，以解决加权 L_2- 增益分析和容错控制问题，而在目前的文献中，只考虑了稳定性问题。其次，我们考虑最小停留时间策略，确保新激活的子系统的执行器可以放置在任意切换时刻具有一组线性反馈的凸包中，而大多数现有的文献使用平均停留时间方法，这种方法不能保证新激活子系统的李亚普诺夫函数值落入相应的椭球体，因此不能保证闭环系统的稳定性。

第8章　结论与展望

本文研究了几类具有执行器饱和并考虑模型带有不确定、非线性以及时滞的切换系统非脆弱镇定、非脆弱 L_2- 增益控制、非脆弱保成本控制、可靠镇定、L_2- 增益容错控制、吸引域估计、非脆弱 / 可靠状态反馈控制器设计以及相关的系统性能优化等问题。主要工作体现在如下几方面：

（1）基于多李雅普诺夫函数法对同时具有控制器摄动以及执行器饱和的非线性切换系统的在其受外部干扰时的最大容许干扰问题，L_2- 增益以及非脆弱控制器设计问题进行研究。首先基于李雅普诺夫函数法分析系统的状态有界性，得出系统状态有界的充分条件与一个可以获取系统容许干扰能力的优化问题；然后通过证明得到系统存在受限 L_2- 增益的充分条件，在已给出的特定状态反馈控制律的作用下，系统的最大的容许干扰水平和最小的受限 L_2- 增益上界均可以通过求解凸优化问题来获得。

基于最小驻留时间方法对同时具有控制器摄动和执行器饱和的非线性切换系统，在其受外部干扰时的最大容许干扰问题进行分析研究，首先给出了系统指数稳定的证明，然后证明了在每个切换时刻被激活的新的子系统都是满足饱和非线性处理条件，最后得到一个可以获取系统容许干扰能力的优化问题，并将其约束条件也转化为线性矩阵不等式形式。然后，基于最小驻留时间方法对此类系统的 L_2- 增益以及非脆弱控制器设计问题进行了研究，首先证明了对于任意满足最小驻留时间的切换信号，闭环系统是指数稳定的，具有加权 L_2- 增益，并且这个闭环系统从原点出发的状态轨迹不会延伸到一个有界集合的范围之外，然后将求解 L_2- 增益的上界问题转化为一个优化问题，接着将控制器增益矩阵视为可设计的变量，对闭环系统的最大容许干扰水平优化问题和闭环系统 L_2- 增益上界优化问题进行求解，当两个优化问题有解时，可以得到对应的状态反馈增益矩阵。

（2）分别利用多 Lyapunov 函数方法、切换李雅普诺夫函数方法和最小驻留时间方法，研究带有饱和环节的离散时间非线性切换系统的非脆弱镇定控制问题。给出了保证闭环系统渐近稳定的充分条件，提出了切换律和非脆弱状态反馈控制器的设计方法，提出了使闭环系统的吸引域估计最大化的设计方法。

（3）在考虑系统非脆弱镇定的基础上，还要使系统具有一定的性能指标。因此研究了具有执行器饱和的离散时间非线性切换系统在基于状态切换规则下的非脆弱保成本控制及优化设计问题。当控制器参数中含有时变不确定性时，目的是设计非脆弱状态反馈控制律使得闭环系统渐近稳定的同时，使得所给定的成本函数的上界最小。

（4）研究了一类具有执行器饱和的不确定非线性切换系统的鲁棒容错控制问题，设计了切换律和鲁棒容错控制器，目的是保证闭环系统是渐近稳定的同时，闭环系统吸引域估计尽可能大。基于多 Lyapunov 函数方法，给出了闭环系统鲁棒容错镇定的充分条件，提出了切换律和鲁棒容错控制器的设计方法，然后将鲁棒容错控制器设计和吸引域估计问题转化为具有线性矩阵不等式约束的凸优化问题。

研究了一类带有执行器饱和的不确定非线性切换系统的可靠保成本控制问题。通过设计切换律和可靠保成本控制器，保证闭环系统仍能渐近稳定，并获得成本函数的最小上界。采用多 Lyapunov 函数方法，给出了可靠保成本控制器存在的充分条件，提出了确定成本函数最小上界的切换律和可靠保成本控制器的设计方法。

（5）针对具有执行器饱和和执行器故障的非线性连续时间切换系统，研究了其干扰抑制问题。首先利用最小驻留时间法给出了系统鲁棒指数镇定的充分条件。接着基于类似方法得到了系统最大容忍干扰的充分条件。然后对加权 L_2- 增益进行了分析。考虑集合的形状，引入形状参考集使闭环系统的吸引域估计最大化。在此基础上，设计了容错控制器，以获得容错干扰的最大值和加权 L_2- 增益的最小上界。

研究了具有执行器饱和和时变时滞的非线性连续时间切换系统的 L_2- 增益分析和容错控制问题。首先，利用李雅普诺夫泛函方法，结合 Jensen 积分不等式和自由权重矩阵方法，给出了系统存在外部扰动时容许干扰存在的充分条件；其次，对系统加权 L_2- 增益进行了分析。在此基础上，设计了干扰抑制容错控制器，以获得容错干扰的最大值和加权 L_2- 增益的最小上界。

（6）基于线性矩阵不等式和干扰抑制理论，利用多李雅普诺夫函数方法研究了具有执行器饱和的不确定非线性离散时间切换系统的 L_2– 增益分析与容错控制问题，设计了状态反馈控制器和切换律，使带有执行器故障的闭环系统保持渐近稳定，满足扰动衰减性能指标。保证闭环系统在外部扰动作用下状态轨迹有界，将估计容许干扰能力的问题转化为一个受限优化问题。

利用最小驻留时间技术研究了具有执行器饱和的不确定非线性离散时间切换系统的加权 L_2– 增益分析与容错控制问题。首先，利用李亚普诺夫函数方法研究了离散时间闭环切换系统的指数稳定性，基于线性矩阵不等式和干扰抑制理论，设计了容错状态反馈控制器和切换律，使带有执行器故障的闭环系统保持指数稳定，并且在切换律下的闭环系统具有容许干扰能力和加权 L_2– 增益。其次，将估计容许干扰能力的问题转化为一个优化问题；通过解优化问题估计了加权 L_2– 增益的上界。

饱和切换系统的非脆弱与容错控制问题是一个具有挑战性的课题，由于切换信号、控制器不确定性 / 执行器故障、时滞和饱和非线性的共同作用，使得这类系统的特性不同于一般饱和系统或者切换系统，其动态行为异常复杂，对此类系统的研究还有很多困难，还有许多问题亟待解决。作者认为，在今后需要继续深入研究的有如下若干问题：

（1）降低结果的计算量问题

本文对于具有执行器饱和的处理方法只是采用了直接设计法的线性凸包法，但是，当系统的输入维度在不断加大时，实际分析中会有很大的计算量。因此使用第二种处理饱和的方法有很大的意义。但本文中没有采用抗饱和方法进行研究，所以当使用最小驻留时间方法，多李雅普诺夫函数技术，切换李雅普诺夫函数方法等技术策略对于此类系统问题的研究具有重要的价值和意义。

（2）降低结果的保守性问题

本文所设计的非脆弱 / 容错控制器只是静态控制器，而没有研究对于动态控制器的设计，在实际过程中，控制器并非静态的，若采用静态控制器来镇定系统的话，相对而言还是具有一定的保守性。所以对于非线性饱和切换系统非脆弱 / 容错动态控制器的设计更加符合实际控制的需求，这也有待于进一步的研究。

（3）饱和切换系统的非脆弱 / 可靠跟踪控制问题研究

由于饱和非线性、控制器不确定性 / 执行器故障的相互作用，使得现有的跟踪控制理论和方法不能完全适用于饱和切换系统的非脆弱 / 可靠跟踪控制问题之中。如何确定此类系统的跟踪域是一个极具挑战性的课题。但是由于问题本身的难度，想取得全面突破性进还相对困难，从具有特殊结构的饱和切换系统入手，利 Barrier Lyapunov 理论，Backstepping 等方法，有望取得进展。

（4）同时含有执行器幅度与速率饱和切换系统的控制问题研究

在实际控制系统中，执行器的物理结构决定了不但它的输出量存在饱和，而且它的输出变化率也存在饱和，也即它的输出速率也是有上限的。具有输出幅度与速率饱和的非切换系统的控制问题已经有了一些成果。但是对于同时具有输出幅度与速率约束的切换系统的研究结果还十分少见，值得深入研究。

（5）饱和切换系统的模型问题

实际系统中，切换系统的模型结构呈现出更为复杂和多样化的特征。例如，脉冲切换系统模型用于模拟系统在切换瞬间状态发生的瞬时变化。设计模糊切换 系统时需要兼顾系统的切换特性和模糊建模方法。因此，分析这一特殊结构的切 换系统具有相当的挑战性，值得进行深入研究。

（6）系统状态受限的控制问题研究

在实际工程系统中，出于安全的考虑，系统的某些状态不能超过某个设定的值，否则将酿成严重的事故。一个很自然的想法就是利用切换技术解决这一问题，即通过设计适当的切换律使得系统不但不触碰安全边界而且还能使系统具有良好的性能。针对如此切换信号进行研究将具有极大的理论意义和潜在的应用价值，同时这一课题也具有极大的挑战性，也是个控制领域中的难点。

（7）切换系统的故障检测问题

在切换系统故障检测的研究中，降低故障检测的误报率是值得关注的课题。实际控制系统中含有不确定参数和各种干扰会影响故障检测的精度。因此，提高 故障检测精度的方法需要研究。

（8）切换系统的饱和控制在工程实际中的应用

饱和切换系统有着深刻的研究背景，如受约束机器人控制、飞行器控制及一些化学生产过程等。如何将执行器饱和切换系统的相关研究的结果应用于实际，解决工程中遇到的实际问题。这也是理论研究的初衷。

参考文献

[1] WITSENHAUSEN H. A class of hybrid–state continuous–time dynamic systems [J]. IEEE Transactions on Automatic Control, 1966, 11（2）: 161–167.

[2] ATHANS M. Command and control（C2）theory: A challenge to control science [J]. IEEE Transactions on Automatic Control, 1987, 32（4）: 286–293.

[3] BAIL JL, ALLA H, DAVID R. Hybrid petri nets[A]. Proceedings of 1991 European control conference [C]. France, 1991:1472–1477.

[4] ALURl R, COURCOUBETIS C, HENZINGER T A, et al. Hybrid automata: an algorithmic approach to the specification and verification of hybrid systems in workshop on theory of hybrid systems [J]. Lecture notes in computer science 736, Denmark. 1992:209–229.

[5] IEEE Transactions on Automatic Control, 1998, 43（4）,（Special Issue on Hybrid Systems）.

[6] Automatica, 1999, 35（3）,（Special Issue on Hybrid Systems）.

[7] International Journal of Control, 2002, 75（16）,（Special Issue on Hybrid Systems）.

[8] System & Control letters, 1999, 40（5）,（Special Issue on Hybrid Systems）.

[9] PETTERSSON S. Analysis and design of hybrid systems [D]. Sweden, Goteborg: Chalmers University of Technology, 1999.

[10] YE H, MICHEL A N, HOU L. Stability theory for hybrid dynamical systems [J]. IEEE Transactions on Automatic Control, 1998, 43（4）: 461–474.

[11] DECARLO R A, BRANICKY M S, PETTERSSON S, et al. Perspectives and results on the stability and stabilizability of hybrid systems [J]. Proceedings of the IEEE, 2000, 88（7）: 1069–1082.

[12] LIBERZON D. Switching in systems and control [M]. Boston: Birkhauser, 2003.

[13] ANTSAKLIS P J, NERODE A. Hybrid control systems: An introductory discussion to the special issue [J] . IEEE Transactions on Automatic Control, 1998, 43（4）: 457–459.

[14] ZHAO G, ZHANG Y A. New control decision of variable structure control for servo system [J]. Joumal of Zhejiang University（Natural Science）, 1996, 30（6）: 673–682.

[15] 郑大钟, 赵千川. 离散事件动态系统[M] . 北京:清华大学出版社, 2001.

[16] 邹洪波. 切换线性系统稳定性若干问题研究 [D] . 杭州, 浙江大学, 2007.

[17] ALUR R, COURCOUBETIS C, HALBWACHS N, et al. The algorithmic analysis of hybrid systems [J]. Theoretical Computer Science, 1995, 138（1）: 3–34.

[18] GOLLU A, VARAIYA P P. Hybrid dynamical systems [A]. Proceedings of the 28th Conference on Decision & Control[C]. Tampa, Florida, USA, 1989: 2708–2712.

[19] SHTESSEL Y B, RZANOPOLOV O A, OZEROV L A. Control of multiple modular dc–to–dc power converters in conventional and dynamic sliding surfaces[J]. IEEE Transactions on Circuits and Systems, 1998, 45（10）:1091–1100.

[20] BACK A, GUCKENHEIMERuck J, MYERS M A. A dynamical simulation facility for hybrid systems [M]. London: Springer–Verlag, 1993.

[21] BALLUCHI A, BENVENUTI L, BENEDETTO M, et al. Automotive engine control and hybrid systems: Challenges and opportunities [J]. Proceedings of the IEEE, 2000, 88（7）: 888–911.

[22] ZHANG L J, CHENG D Z, LI C W. Disturbance decoupling of switched nonlinear systems[C]. Proceedings of the 23rd Chinese Control Conference, 2004:1591–1595.

[23] ALLISON A, ABBOTT D. Some benefits of random variables in switched control systems [J]. Microelectronics J., 2000, 31（7）: 515–522.

[24] WANG R, ZHAO J. Output feedback control for uncertain linear systems with faulty actuators based on a switching method [J]. International Journal of Robust and Nonlinear Control, 2008, 19（12）: 1295–1312.

[25] WANG J, ZHANG X. Non–fragile stabilisation of nonlinear switched systems with actuator saturation [J]. Journal of Control and Decision, 2023, 10(2): 260–269.

[26] 林相泽, 李世华, 邹云. 非线性切换系统不变集的输出反馈镇定[J].自动化学报, 2008, 34（7）: 784–791.

[27] WANG J, ZHANG X. Non-fragile Robust Stabilization of Nonlinear Uncertain Switched Systems with Actuator Saturation [J]. Journal of Control, Automation and Electrical Systems, 2023, 34(1): 18–28.

[28] CHENG D Z. Stabilization of planar switching systems [J]. Systems & Control Letters, 2004, 51(2): 79–88.

[29] WANG J, ZHANG X. Nonfragile robust exponential stabilization of nonlinear uncertain switched systems with actuator saturation, Asian Journal of Control, 2023, 25(2): 1464–1475.

[30] CHEN W, ZHANG X. Robust exponential stabilization and L2–gain analysis for saturated switched nonlinear systems subject to actuator failure under asynchronous switching [J]. Optimal Control Applications and Methods, 2024, 45(2): 674–699.

[31] GEROMEL JC, COLANERI P, BOLZERN P. Dynamic output feedback control of switched linear systems [J]. IEEE Transactions on Automatic Control, 2008, 53（3）: 720–733.

[32] LIBERZON D, MORSE AS. Basic problems in stability and design of switched systems [J]. IEEE Contr. Syst. Mag., 1999, 19（5）: 59–70.

[33] DAYAWANSA W P, MARTIN C F. Converse Lyapunov theorem for a class of dynamical systems which undergo switching [J]. IEEE Transactions on Automatic Control, 1999, 44（4）: 751–760.

[34] MANCILLA J L, GARCIA RA. A converse Lyapunov theorem for nonlinear switched systems [J]. Systems and Control Letters, 2000, 41（1）: 67–71.

[35] LIBERZON D, HEPSPANHA J P, MORSE AS. Stability of switched systems: Lie algebraic condition [J]. Systems & Control Letters, 1999, 37: 117–122.

[36] NARENDRA K S, BALAKRISHNAN J. A common Lyapunov function for stable LTI systems with commuting A–Matrices [J]. IEEE Trans. Automat. Contr., 1994, 39（12）: 2469–2471.

[37] ZHAI GS, LIU DR, IMAE J, et al. Lie algebraic stability analysis for switched systems with continuous–time and discrete–time subsystems [J]. IEEE Transactions on Circuits and Systems II: Express Briefs, 2006, 53（2）: 152–156.

[38] VU L, LIBERZON D. Common Lyapunov functions for families of commuting

nonlinear systems [J]. Systems and Control Letters, 2005, 54（5）: 405–416.

[39] DAAFOUA J, RIEDINGER P, IUNG C. Stability analysis and control synthesis for switched systems: a switched lyapunov function approach [J]. IEEE Trans. Automat. Contr., 2002, 47（11）: 1883–1887.

[40] PETTERSSON S, LENNARTSON B. Stabilization of hybrid systems using a min-projection strategy [C]. Proc. of the American control conference. 2001:223–228.

[41] DECARLO RA, BRANICKY MS, PETTERSSON S, et al. Perspectives and results on the stability and stabilizability of hybrid systems [J]. Proc. of the IEEE, 2000, 88（7）: 1069 - 1082.

[42] LIBERZON D. Switching in Systems and Control [M]. Boston: Birkhauser, 2003:17–72.

[43] JI Z J, WANG L, XIE G, et al. Linear matrix inequality approach to quadratic stabilisation of switched systems [J]. IEE Proceedings: Control Theory and Applications, 2004, 151（3）: 289–294.

[44] HU T, MA L, LIN Z. Stabilization of switched systems via composite quadratic functions [J]. IEEE Transactions on Automatic Control, 2008, 53（11）: 2571–2585.

[45] SKAFINDAS E, EVANS RJ, SAVKIN AV, et al. Stability results for switched controller systems[J]. Automatica, 1999, 35（4）: 553–564.

[46] PELETIES P, DECARLO A. Asymptotic stability of m–switched systems using Lyapunov–like functions [C]. Proc. of the American control conference. 1999, 1679–1684.

[47] BRANICKY MS. Multiple Lyapunov functions and other analysis tools for switched and hybrid systems [J]. IEEE Trans. Automat. Contr., 1998, 43（4）: 475–482

[48] PETTERSSON S, LENNARTSON B. Controller design of hybrid systems, Lecture Notes in Computer Science[M]. Berlin, Germany, Springer, 1997, 240–245.

[49] YE H, MICHEL AN, HOU L. Stability analysis of systems with impulse effects[J]. IEEE Trans. Automat. Contr., 1998, 43（12）: 1719–1723.

[50] MICHEL AN. Recent trends in the stability analysis of hybrid dynamical systems[J]. IEEE Trans. Circuits Syst. I, 1999, 46（1）: 120–134.

[51] ZHAO J, HILL D J. On stability, L_2 –gain and H_∞ control for switched systems [J].

Automatica, 2008, 44（5）: 1220–1232.

[52] MORSE A S. Supervisory control of families of linear set–point controllers—part 1: exact matching [J]. IEEE Trans. Automat. Contr., 1996, 41（10）: 1413–1431.

[53] HESPANHA J P, MORSE A S. Stability of switched systems with average dwell–time [C]. Proc. of the 38th IEEE Conf. on Decision and Control. 1999:2655–2660.

[54] ZHAI G, HU B, YASUDA K, et al. Stability analysis of switched systems with stable and unstable subsystems: an average dwell time approach [C]. Proc. of the American control conference. 2000:200–204.

[55] COLANERI P C, ASTOLFI A G. Stabilization of continuous–time switched nonlinear systems [J]. System & Control Letter, 2008, 57: 95–103.

[56] GEROMEL J C, DEAECTO G S. Switched state feedback control for continuous–time uncertain systems [J]. Automatica, 2009, 45（2）: 593–597.

[57] SUN Z D. Combined stabilizing strategies for switched linear systems [J]. IEEE Trans. Automat. Contr., 2006, 51（4）: 666–674.

[58] HESPANHA J P. Uniform Stability of Switched Linear Systems: Extensions of LaSalle’ s Invariance Principle [J]. IEEE Trans. Automat. Contr., 2004, 49（4）: 470– 482.

[59] YUAN Y Y, CHENG D Z. Stability and stabilisation of planar switched linear systems via LaSalle’ s invariance principle [J]. International Journal of Control, 2008, 81（10）: 1590–1599.

[60] CHENG D Z, GUO L, LIN Y D, et al. Stabilization of switched linear systems [J]. IEEE Trans. Automat. Contr., 2005, 50（5）: 661–666.

[61] HAN T T, GE S S, HENG L T. Adaptive neural control for a class of switched nonlinear systems [J]. Systems and Control Letters, 2009, 58（2）: 109–118.

[62] VU L, CHATTERJEE D, LIBERZON D. Input–to–state stability of switched systems and switching adaptive control [J]. Automatica, 2007, 43（4）: 639–646.

[63] XIE D, XU N, CHEN X. Stabilisability and observer–based switched control design for switched linear systems [J]. IET Control Theory and Applications, 2008, 2（3）: 192–199.

[64] WU J L. Stabilizing controllers design for switched nonlinear systems in strict–feedback form [J]. Automatica, 2009, 45（4）: 1092–1096.

[65] MA R, ZHAO J. Backstepping design for global stabilization of switched nonlinear systems in lower triangular form under arbitrary switchings [J]. Automatica, 2010, 46（11）: 1819–1823.

[66] LONG L, ZHAO J. Global stabilization for a class of switched nonlinear feedforward systems [J]. Systems & Control Letters, 2011, 60（9）: 734–738.

[67] LOPARO K A, ASLANIS J T, IIAJEK O. Analysis of switching linear systems in the plane, part 2, globale behavier of tractories, controllability and atainability [J]. Journal of Optimization Theory and Application, 1987, 52（3）:395–427.

[68] EZZINE J, HADDAD A H. Controllability and observability of hybrid dynamic [J]. Int. J. Control, 1989, 49（6）: 2045–2055.

[69] XIE G M, WANG L. Necessary and sufficient conditions for controllability and observability of switched impulsive control systems [J]. IEEE Transactions on Automatic Control, 2004, 49（6）: 960–966.

[70] SUN Z D, GE S S, LEE T H. Controllability and reachability criteria for switched linear systems [J]. Automatica, 2002, 38（5）: 775–786.

[71] JI Z J, WANG L, GUO X X. On controllability of switched linear systems [J]. IEEE Transactions on Automatic Control, 2008, 53（3）: 796–801.

[72] JI Z J, FENG G, GUO X X. Construction of switching sequences for reachability realization of switched impulsive control systems [J]. International Journal of Robust and Nonlinear Control, 2008, 18（6）: 648–664.

[73] CHENG DZ. Controllability of switched bilinear systems [J]. IEEE Transactions on Automatic Control, 2005, 50（4）: 511–515.

[74] DAS T, MUKHERJEE R. Optimally switched linear systems [J]. Automatica, 2008, 44（5）: 1437–1441.

[75] SEATZU C, CORONA D, GIUA A, et al. Optimal control of continuous–time switched affine systems [J]. IEEE Transactions on Automatic Control, 2006, 51（5）: 726–741.

[76] HESPANHA J P. Logic–Based switching algorithms in contor [D]. PhD thesis, Yale University, New Haven, CT. 1998.

[77] SUN G, WANG L, XIE G M. Delay–dependent robust stability and H_∞ control for uncertain discrete–time switched systems with mode–dependent time delays [J].

Applied Mathematics and Computation, 2006, 187(2): 1228–1237.

[78] DU DS, JIANG B. Roust H_∞ output feedback controller design for uncertain discrete–time switched systems via switched Lyapunov functions [J]. Journal of Systems Engineering and Electronics, 2007, 18(3): 584–590.

[79] ZHAI G, CHEN X, IKEDA M, et al. Stability and L_2 gain analysis for a class of switched symmetric systems[C]. In Proceedings 41st IEEE Conference Decision Control. USA, 2002: 4395–4400.

[80] ZHAI G, SUN Y, CHEN X, et al. Stability and L_2 gain analysis for switched symmetric systems with time delay[C]. In Proceedings American Control Conference, 2003, Colorado, 2683–2687.

[81] LONG F, FEI S, FU Z, et al. H_∞ control and quadratic stabilization of switched linear systems with linear fractional uncertainties via output feedback [J]. Nonlinear Analysis: Hybrid Systems, 2008, 2(1): 18–27.

[82] JI Z J, GUO X, WANG L, et al. Robust H_∞ control and stabilization of uncertain switched linear systems: A multiple Lyapunov functions approach [J]. IEEE Trans. Autom. Contr., 2006, 128(3): 696–700.

[83] LONG F, LI C L, CUI C Z, et al. Roubust stabilization and disturbance rejection for a class of hybride linear systems subject to exponential uncertainty [J]. Journal of Dynamic Systems Measurement, and Control, 2009, 131(3): 4501–4507.

[84] LIAN J, DIMIROVSKI G M, ZHAO J. Robust H_∞ control of uncertain switched delay systems using multiple Lyapunov functions [C]. Proc. of the American control conference. 2008:1582–1587.

[85] ZHAI G S, HU B, YASUDA K, et al. Disturbance attenuation properties of time–controlled switched systems [J]. Journal of the Franklin Institute, 2001, 338（7）: 765–779.

[86] ZHAO S Z, ZHAO J. H_∞ control for cascade minimum–phase switched nonlinear systems [J]. Journal of Control Theory and Applications, 2005, 3（2）: 163–167.

[87] WANG R, LIU M, ZHAO J. Reliable H_∞ control for a class of switched nonlinear systems with actuator failure [J]. Nonlinear Analysis: Hybrid Systems, 2007, 1: 317–325.

[88] 龙飞. 切换动态系统的H_∞控制研究 [D]. 南京：东南大学, 2006.

[89] 连捷. 切换系统的变结构控制若干问题的研究 [D]. 沈阳：东北大学, 2008.

[90] LI Q K, ZHAO J, DIMIROVSKI G M. Robust tracking control for switched linear systems with time-varying delays [J]. IET Control Theory and Applications, 2008, 2（6）: 449-457.

[91] BENOSMAN M, LUM K Y. Output trajectory tracking for a switched nonlinear non-minimum phase system: The VSTOL aircraft [C]. Proceedings of the IEEE International Conference on Control Applications, 2007:262-269.

[92] 王东. 切换时滞系统的H_∞滤波与故障检测[D]. 大连：大连理工大学, 2010.

[93] ZHAO J, HILL D J. Passivity and stability of switched systems: a multiple storage function method [J]. Systems & Control Letters, 2008, 57（2）: 158-164.

[94] ZHAO J, HILL D J. Dissipativity theory for switched systems [J]. IEEE Trans. Automat. Contr., 2008, 53（4）: 941-953.

[95] MHASKAR P, FARRA N H, CHRISTOFIDES P D. Predictive control of switched nonlinear systems with scheduled mode transitions [J]. IEEE Transactions on Automatic Control, 2005, 50（11）: 1670-1680.

[96] 李莉莉, 冯佳昕, 赵军. 一类非线性切换系统的鲁棒非脆弱H_∞控制 [J]. 东北大学学报（自然科学版）, 2009, 30（4）: 471-474.

[97] YANG H, JIANG B, COCQUEMPOT V. A fault tolerant control framework for periodic switched non-linear systems [J]. International Journal of Control, 2009, 82（1）: 117-129.

[98] LIN H, ANTSAKLIS P J. Stability and persistent disturbance attenuation properties for a class of networked control systems: Switched system approach [J]. International Journal of Control, 2005, 78（18）: 1447-1458.

[99] YUAN K, CAO J, LI H X. Robust stability of switched Cohen-Grossberg neural networks with mixed time-varying delays [J], IEEE Trans. SMC, Part B: Cybernetics, 2006, 36（6）: 1356-1363.

[100] ZHAO J, HILL D J. Synchronization of complex dynamical networks with switching topology: a switched system point of view [C]. Proceedings of International Federation of Automatic Control World Congress, 2008:3653-3658.

[101] DORHNEIM M A. Report Pinpoints factors leading to YF-22 crash [J]. Aviation Week Space Tech, 1992, 137（1）: 53-54.

[102] SSTEIN G. Respect the unstable [J]. IEEE Control Systems Magazine. 2003, 23（1）: 12–25.

[103] FULLER A T. In–the–large stability of relay and saturating control systems with linear controllers [J].International Journal of Control, 1969, 10（4）: 457–480.

[104] LEMAY J L. Recoverable and reachable zones for linear systems with linear plants and bounded controller outputs [J]. IEEE trans. Automat. Control, 1964, 9（2）: 346–354.

[105] SCHMITENDORF W E, BARMISH B R. Null controllability of linear systems with constrained controls [J].SIAM Journal of Control and optimization, 1980, 18（4）: 327–345.

[106] SONTAG E D, SUSSMANN H J. Nonlinear output feedback design for linear systems with saturating controls [C]. Proceedings of the Conference on Decision and Control, 1990:3414–3416.

[107] TYAN F, BERNSTEIN D S. Global stabilization for systems containing a double integrator using a saturated linear controller [J].International Journal of Robust and Nonlinear Control, 1999, 9（15）: 1143–1156.

[108] GONCALVES J. Quadratic surface Lyapunov functions in global stability analysis of saturating systems [C]. Proceedings of the American Control Conference, 1990:4183–4185.

[109] SUSSMARM H J, YANG Y. On the stabilizability of multiper integrators by means of bounded feedback controls [C]. Proceedings of the Conference on Decision and Control, 1991（1）: 3414–3416.

[110] TEEL A R. Global stabilization and restricted tracking for multiple integrators with bounded control [J]. Systems and Control Letters, 1992, 18（2）: 165–171.

[111] SUSSNANN HJ, SONTAG ED, YANG Y. A general result on stabilization of linear systems using bounded controls [J]. IEEE Trans. Automat. Control, 1994, 39（12）:2411–2425.

[112] Teel A R. Linear systems with input nonlinearities: global stabilization by scheduling a family of H_∞ type controllers [J]. International Journal of Robust and Nonlinear Control, 1995, 5（6）: 399–411.

[113] SHEWCHUN J M, FERON E. High performance control with position and rate

limited actuators[J]. International Journal of Robust and Nonlinear Control, 1999, 9（10）: 617-630.

[114] LIN Z, SABERI A. Semi-global exponential stabilization of linear systems subject to input saturation via linear feedbacks [J]. Systems and Control Letters, 1993, 21（3）:225-239.

[115] LIN Z, SABERI A. Semi-global exponential stabilization of linear discrete-time systems subject to input saturation via linear feedbacks [J]. Systems and Control Letters, 1995, 24（2）:125-132.

[116] SABERI A, LIN Z, TEEL A R. Control of linear systems with saturating actuators [J]. IEEE Transaction on Automatic Control, 1996, 41（3）:368-378.

[117] LAUVDAL T, FOSSEN TI. Exponential stability of linear unstable systems with bounded control [C]. Proceedings of the 36th IEEE Conference on Decision and Control, 1997:4504-4509.

[118] HU T, QIU L, LIN Z. The Controllability and Stabilization of Unstable LTI Systems with Input Saturation [C]. Proceedings of the 36th IEEE Conference on Decision and Control, 1997:4498-4503.

[119] WREDENHAGEN GF, BELANGER PR. Piecewise-linear LQ control for systems with input constraints [J]. Automatica, 1994, 30（4）: 403-416.

[120] HUANG S, LAMS J, CHEN B. Local reliable control for linear systems with saturating actuators [C]. Proceedings of the 41st IEEE Conference on Decision and Control, 2002:4154-4159.

[121] HU T, LIN Z. Exact characterization of invariant ellipsoids for linear systems with saturating actuators [J]. IEEE Trans. Automat. Contr., 2002, 47（1）: 164-169.

[122] BLANCHINI F. Set invariance in control-A survey [J]. Automatics, 1999, 35（11）: 1747-1767.

[123] HU T, LIN Z, SHAMASHh Y. Semi-global stabilization with guaranteed regional performance of linear systems subject to actuator saturation [J]. Systems and Control Letters, 2001, 43（2）: 203-210.

[124] BLANCHINI F. Constrained stabilization via smooth Lyapunov function [J]. Systems and Control Letters, 1998, 35（3）: 155-163.

[125] PITTET C, TARBOURIECH S, BURGAT C. Stability region for linear systems

with saturating controls via circle and popov criteria [C]. Proceedings of the 36th IEEE Conference on Decision and Control, 1997:4518–4523.

[126] GLATTFELDER A H, SCHAUFELBERGER W. Stability analysis of single-loop control systems with saturation and antireset–windup circuits [J]. IEEE Transaction on Automatic Control, 1983, 28（12）: 1074–1081.

[127] GLATTFELDER A H, SCHAUFELBERGER W. Stability of discrete override and cascade–limiter single–loop control systems [J]. IEEE Transaction on Automatic Control, 1988, 33（6）: 532–540.

[128] MULDER E F, KOTHARE M V. Multivariable anti–windup controller synthesis using linear matrix inequalities [J]. Automatica, 2001, 37（9）: 1407–1416.

[129] ZACCARIAN L, TEEL A R. A common framework for anti–windup, bumpless transfer and reliable design [J]. Automatics, 2002, 38（10）: 1735–1744.

[130] HU T, LIN Z, CHEN B M. Analysis and design for discrete–time linear systems subject to actuator saturation [J]. Systems & Control Letters, 2002, 45（2）: 97–112.

[131] HU T, HUANG B, LIN Z. Absolute stability with a generalized sector condition [J]. IEEE Transactions on Automatic Control, 2004, 49（4）: 535–548.

[132] JOHANSSON M, RANTZER A. Computation of piecewise quadratic Lyapunov functions for hybrid systems [J]. IEEE Transaction on Automatic Control, 1998, 43（4）: 555–559.

[133] HU T, LIN Z L. Composite Quadratic Lyapunov Functions for constrained Control systems [J]. IEEE Transactions on Automatic Control, 2003, 48（3）: 440–450.

[134] MILANI A. Piecewise–affine Lyapunov functions for discrete–time linear systems with saturating controls [C].//Proceedings of the American Control Conference, 2001:4206–4211.

[135] CAO Y Y, LIN Z L. Stability analysis of discrete–time systems with actuator saturation by a saturation dependent Lyapunov function [J]. Automatica, 2003, 39（7）: 1235–1241.

[136] HU T S. Nonlinear control design for linear differential inclusions via convex hull of quadratics [J]. Automatics, 2007, 43（3）: 685–692.

[137] WANG Y Q, CAO Y Y, SUN Y X. Stability analysis and anti–windup design for

discrete-time systems by a saturation-dependent lyapunov function approach [J]. In Proceedings of 16th IFAC World Congress, Prague, 2005, 593-598.

[138] NGUYEN T, JABBARI F. Disturbance attenuation for systems with input saturation: An LMI approach [J]. IEEE Transactions on Automatic Control, 1994, 44（4）: 852-857.

[139] NGUYEN T, JABBARI F. Output feedback controller for disturbance attenuation with bounded inputs [C]. Proceedings of the 36th IEEE Conference on Decision and Control, 1997:177-182.

[140] HU T, LIN Z, CHEN B M. An analysis and design method for linear systems subject to actuator saturation and disturbance [J]. Automatica, 2002, 38（2）: 351-359.

[141] CHEN B, LU H. State estimation of large-scale systems [J]. International Journal of Control, 1988, 47（6）: 1613-1632.

[142] MAHMOUD M S. Dynamic controllers for systems with actuators [J]. International Journal of Systems Science, 1995, 26（2）: 359-374.

[143] KLAI M, TARBOURIECH S, BURGAT C. Some independent time-delay stabilization of linear systems with saturating actuators [C]. Proceedings of IEE Control, 1994:1358-1363.

[144] SABERI A, STOORVOGEL A A. Stabilization and regulation of linear systems with saturated and rate-limited actuators [C]. Proceedings of the American Control Conference, 1997:3920-3921.

[145] LIN Z. Semi-global stabilization of linear systems with position and rate-limited actuators [J]. Systems and Control Letters, 1997, 30（1）:1-11.

[146] LIN Z. Semi-global stabilization of discrete-time linear systems with position and rate-limited actuators [J]. Systems and Control Letters, 1998, 34（5）: 313-322.

[147] LIN Z. Robust semi-global stabilization of linear systems with imperfect actuators [J] Systems and Control Letters, 1997, 29（4）: 215-221.

[148] COLLADO J, LOZANO R, ALION A. Semi-global stabilization of linear discrete-time systems with bounded input using a periodic controller [J]. Systems and Control Letters, 1999, 36（4）: 267-275.

[149] FANG H, LIN Z, HU T. Analysis of linear systems in the presence of actuator

saturation and L_2–disturbances [J]. Automatica, 2004, 40（7）: 1229–1238.

[150] LIN Z, LV L. Set invariance conditions for singular linear systems subject to actuator saturation [J]. IEEE Transactions on Automatic Control, 2007, 52（12）: 2351–2355.

[151] WU F, LIN Z, ZHENG Q. Output feedback stabilization of linear systems with actuator saturation [J]. IEEE Transactions on Automatic Control, 2007, 52（1）: 122–128

[152] WADA N, SAEKI M. An LMI based scheduling algorithm for constrained stabilization problems [J]. Systems & Control Letters, 2008, 57（3）: 255–261.

[153] ZHENG Q, WU F. Output feedback control of saturated discrete–time linear systems using parameter–dependent Lyapunov functions [J]. Systems & Control Letters, 2008, 57（11）: 896–903.

[154] TEEL A R, KAPOOR N. The L_2 anti–windup problem: its definition and solution [C]. Proceedings of the Europe Control Conference, 1997:1032–1037.

[155] TYAN F, BERNSTEIN D S. Anti–windup compensator synthesis for systems with saturation actuators [J]. International Journal of Robust and Nonlinear Control, 1995, 5（4）: 521–537.

[156] GRIMM G, HATFIELD J, POSTLETHWAIT I, et al. Anti windup for stable linear systems with input saturation: an LMI–based synthesis [J]. IEEE trans. Automat. Control,2003, 48（9）: 1509–1525.

[157] WU F, LU B. Anti–windup control design for exponentially unstable LTI system with actuator saturation [J]. Systems and Control Letters, 2004, 34（5）: 313–322.

[158] WU F, SOTO M. Extended LTI anti–windup control with actuator magnitude and rate saturation[C]. Proceedings of the conference on Decision and Control, 2003:2786–2791

[159] HU T, TEEL A R, ZACCARIAN L. Regional anti–windup compensation for linear systems with input saturation [C]. Proceedings of the American Control Conference 2005:3397–3402.

[160] HU T, TEEL A R, ZACCARIAN L. Nonlinear L_2 gain and regional analysis for linear systems with anti–windup compensation [C]. Proceedings of the American

Control Conference, 2005:3391–3396.

[161] CAO Y, LIN Z, WARD D G. An antiwindup approach to enlarging domain of attraction for linear systems subject to actuator saturation [J]. IEEE Trans. Automat. Control, 2002, 47（1）: 140–145

[162] CAO Y, LIN Z, WARD D G. Anti–windup design output tracking systems subject to actuator saturation and constant disturbance [J]. Automatica, 2004, 40（7）: 1221–1248.

[163] TARBOURIECH S, GOMES M, GARCIA G. Delay–dependent anti–windup strategy for linear systems with saturating inputs and delayed outputs [J]. International Journal of Robust and Nonlinear Control, 2004, 14（7）: 665–682.

[164] GOMES M, TARBOURIECH S. Antiwindup design with guaranteed regions of stability: an LMI–based approach [J]. IEEE Transactions on Automatic Control, 2005, 50（1）: 106–111.

[165] GOMES M, TARBOURIECH S. Anti–windup design with guaranteed regions of stability for discrete–time linear systems [J]. Systems & Control Letters, 2006, 55（3）: 184–192.

[166] GOMES M, LIMON D, ALAMO T, et al. Dynamic output feedback for discrete–time systems under amplitude and rate actuator constraints [J]. IEEE Transactions on Automatic Control, 2008, 53（10）: 2367–2372.

[167] GOMES M, GHIGGI I, TARBOURIECH S. Non–rational dynamic output feedback for time–delay systems with saturating inputs [J]. International Journal of Control, 2008, 81（4）: 557–570.

[168] BENDER F A, GOMES M, TARBOURIECH S. A convex framework for the design of dynamic anti–windup for state–delayed systems [C]. Proceedings of the American Control Conference, 2010:6763–6768.

[169] KEEL L H, BHATTACHARYYA S P. Robust, fragile, or optimal [J]. IEEE Transactions on Automatic Control, 1997, 42（8）: 1098–1105.

[170] PERTTI M M. Comments on Robust, Fragile, or Optimal[J]. IEEE Transactions on Automatic Control, 1998, 43(9): 1265–1267.

[171] DORATO P. Non–fragile controller design: an overview[C]. Proceedings of the American Control Conference, 1998, 5: 2829–2831.

[172] KAVIKUMAR R, SAKTHIVEL R, KAVIARASAN B, et al. Non-fragile control design for interval-valued fuzzy systems against nonlinear actuator faults[J]. Fuzzy Sets and Systems, 2019, 365(Jun.15): 40–59.

[173] LI M, ZHANG J, JIA X. Non-fragile reliable control for positive switched systems with actuator faults[C].//The15th International Conference on Control, Automation, Robotics and Vision, 2018: 1104–1109.

[174] 刘玉忠, 宋宇宁. 一类不确定变时滞切换系统的非脆弱H_∞控制[J].沈阳师范大学学报（自然科学版）,2021,39（03）:205–209.

[175] HAKIMZADEH A, GHAFFARI V. Designing of non-fragile robust model predictive control for constrained uncertain systems and its application in process control[J]. Journal of Process Control,2020, 95: 86–97.

[176] 张亮,李明,李树多.线性离散系统非脆弱H_∞状态反馈控制器设计[J]. 渤海大学学报（自然科学版）, 2016, 37（04）: 361–364+372.

[177] LI G. On the structure of digital controllers with finite word length consideration[J]. IEEE Transactions on Automatic Control, 1998, 43（5）: 689–693.

[178] CHE W W, YANG G H. Non-fragile H_∞ filtering for discrete-time systems with finite word length consideration[J]. Acta Automatica Sinica, 2008, 34（8）: 886–892.

[179] YANG G H, CHE W W. Non-fragile H_∞ filter design for linear continuous-time systems[J]. Automatica, 2008, 44（11）: 2849–2856.

[180] YANG G H, CHE W W. Non-fragile H_∞ controller design with sparse structure[C]. 2007 IEEE International Conference on Control and Automation. IEEE, 2007: 57–62.

[181] LU L, LIN Z. Design of switched linear systems in the presence of actuator saturation [J]. IEEE Transactions on Automatic Control, 2008, 53（6）: 1536–1542.

[182] NI W, CHENG D. Control of switched linear systems with input saturation [J]. International Journal of Systems Science, 2010, 41（9）: 1057–1065.

[183] LU L, LIN Z. A switching anti-windup design using multiple Lyapunov functions [J]. IEEE Transactions on Automatic Control, 2010, 55（1）: 142–148.

[184] BENZAOUIA A, SAYDY L, AKHRIF O. Stability and control synthesis of switched systems subject to actuator saturation [C]. Proceedings of the American

Control Conference, 2004: 5818–5823.

[185] BENZAOUIA A, AKHRIF O, SAYDY L. Stabilization of switched systems subject to actuator saturation by output feedback[C]. Proceedings of the 45th IEEE Conference on Decision and Control, 2006: 777–782.

[186] BENZAOUIA A, AKHRIF O, SAYDY L. Stabilisation and control synthesis of switching systems subject to actuator saturation [J]. International Journal of Systems Science, 2010 41（4）: 397–409.

[187] LU L, LIN Z, FANG H. L_2 gain analysis for a class of switched systems [J]. Automatica, 2009, 45（4）, 965–972.

[188] MA Y, YANG, G. Disturbance rejection of switched discrete–time systems with saturation nonlinearity [C]. Proceedings of the 46th IEEE Conference on Decision & Control, 2007, 3170–3175.

[189] STENGEL R E. Intelligent failure tolerant control[J].IEEE Control System Magzine, 199l, 11（3）:14–23.

[190] LIANG Y W, CHU T C, LIAW D C, et al. Reliable control ofnonlinear systems via variable structure scheme[A]. Proceedings of the American Control Conference[C]. Denver, Colorado, 2003:915–920.

[191] VEILLETTE RJ. Reliable linear–quadratic state–feedback control[J]. Automafica, 1995, 31（1）: 137–143.

[192] ZHAO Q, JIANG J. Reliable state feedback control system design against actuator failures[J]. Automatica, 1998, 34（10）: 1267–1272.

[193] WANG Z D, HUANG B, UNBCHAUEN H. Robust reliable control for a class of uncertain nonlinear state–delayed systems[J]. Automatica,1999, 35（5）: 955–963.

[194] YANG G H, WANG J L, SOH Y C. Reliable H_∞ controller design for linear systems [J], Automatica, 2001, 37（3）: 717–725.

[195] 孙金生, 李军, 冯缵刚，等. 鲁棒容错控制系统设计[J]. 控制理论与应用, 1994, 11（3）: 376–380.

[196] NIEDERLINSKI A. A heuristic approach to the design of linear multivariable interacting control systems [J]. Automatica, 1971, 7（6）: 691–701.

[197] SALJAK D D. Reliable control using multiple control systems [J]. International

Journal of Control, 1980, 31（2）: 303–329.

[198] 郑应平．控制科学面临的挑战: 专家意见综述[J]. 控制理论与应用, 1987（3）: 1–9.

[199] PATTON R J. Robustness issues in fault tolerant control [A]. In Proceedings of International Conference on Fault Diagnosis [C]. Toulouse, France, 1993:1081–1117.

[200] 叶银忠, 潘日芳, 蒋慰孙. 多变量稳定容错控制器的设计问题[A]. 第一届过程控制科学论文集, 1987:203–209.

[201] 叶银忠, 潘日芳, 蒋慰孙. 控制系统容错控制器的地回顾与展望[A], 第二届过程控制科学论文集, 1988:49–61.

[202] 葛建华, 孙优贤. 容错控制系统的分析与综合[M].杭州: 浙江大学出版社, 1994.

[203] 周东华, 孙优贤. 控制系统的故障检测与诊断技术[M].北京: 清华大学出版社, 1994.

[204] 张育林, 李东旭, 动态系统故障诊断理论与应用[M].长沙: 国防科技大学出版社, 1997.

[205] 闻新, 张洪钺, 周露. 控制系统的故障诊断和容错控制[M].北京: 机械工业出版社, 2000.

[206] 周东华, 叶银忠. 现代故障诊断与容错控制[M].北京: 清华大学出版社, 2000.

[207] 王福利, 张颖伟. 容错控制[M].沈阳: 东北大学出版社, 2003.

[208] 南英, 陈士橹, 戴冠中. 容错控制进展[J].航空与航天, 1993,（4）: 62–67.

[209] 周东华, 王庆林. 基于模型的控制系统故障诊断技术的最新进展[J].自动化学报, 1995, 21（2）: 244–248.

[210] OUNDES A N. Controller design for reliable stabilization[A].In Proceedings of 12th IFAC World Congress[C].1993:（4）: 1–4.

[211] SABE N, KITAMORI T. Reliable stabilization based on a multi–compensator configuration[A]. In Proceedings of 12th IFAC world Congress[C]. 1993（4）5–8.

[212] SACKS R, MURRAY J. Fractional representation, algebraic geometry, and the simultaneous stabilization problem[J]. IEEE Transaction on Automatic Control, 1982, 24（4）: 895–903.

[213] OLBROT A W. Robust stabilization of uncertain systems by periodic feedback[J]. International Journal of Control, 1987, 45（3）: 747–758.

[214] KABAMBA P T, YANG C. Simultaneous controller design for linear time-invariant systems[J]. IEEE Transaction on Automatic Control, 1991, 36（1）: 106–111.

[215] MORARI M. Robust stability of systems with integral control[J], IEEE Transaction on Automatic Control, 1985, 30（4）: 574–588.

[216] 葛建华, 孙优贤, 周春辉. 故障系统容错能力判别的研究[J]. 信息与控制, 1989, 18（4）: 8–11.

[217] NWOKAH I, YAU C, PEREZ A. Robust integral stabilization and regulation of uncertain multi variable systems [A]. In Proceedings of 12th IFAC World Congress[C]. 1993（4）: 13–17.

[218] YE Y Z. Fault tolerant pole assignment for multi-variable systems using affixed state feedback[J]. 控制理论与应用, 1993, 10（2）: 212–218.

[219] 倪茂林, 吴宏鑫. 具有完整性的最优控制系统设计[J]. 控制理论与应用, 1992, 9（3）: 245–249.

[220] 黄苏南, 邵惠鹤. 分散容错控制的最优设计[M]. 智能控制与智能自动化, 北京: 科学出版社, 1993：1499–1503.

[221] BAO J, ZHANG W Z, LEE P L. Decentralized fault-tolerant control system design for unstable processes[J], Chemical Engineering Science, 2003, 58（22）: 5045–5054.

[222] 伏玉笋, 田作华, 施颂椒. 具有冗余执行机构的不确定非线性系统的H_∞状态反馈可靠控制[J], 应用科学学报, 2001, 19（2）: 182–184.

[223] LIU Y Q, WANG J L, YANG G H. Reliable Control of Uncertain Nonlinear Systems[J], Automatica, 1998, 34（7）: 875–879.

[224] YANG G H, LAM J, WANG J L. Reliable H_∞ control for affine nonlinear systems[J]. IEEE Trans. Automat. Contr., 1998, 43（8）: 1112–1117.

[225] LIANG Y W, LIAW D C, LEE T C. Reliable control of nonlinear systems[J]. IEEE trans. Automat. Contr., 2000, 45（4）: 706–710.

[226] YANG Y, YANG G H, SOB Y C. Reliable control of discrete-time systems with actuator failure[J]. IEE Proceedings-Control Theory and Applications, 2000, 47

（4）: 428–432.

[227] YU L. An LMI approach to reliable guaranteed cost control of discrete-time systems with actualor failure[J]. Applied Mathematics and Computation, 2005, 162（3）: 1325–1331.

[228] 王子栋, 孙翔, 孙金生, 等. 不确定线性系统的鲁棒容错控制设计[J]. 航空学报, 1996, 17（1）: 112–115.

[229] 贾新春, 郑南宁, 张元林. 线性不确定时滞系统的可靠保性能鲁棒控制[J]. 自动化学报, 2003, 29（6）: 971–975.

[230] 王景成, 邵惠鹤. 不确定时滞系统的基于Razumikhin定理的鲁棒可靠H_∞控制[J], 自动化学报, 2002, 28（2）: 262–266.

[231] YUE D, LAIN J, HO D. Reliable H_∞ control of uncertain descriptor systems with multiple time delays[J]. IEE Proceedings: Control Theory and Applications, 2003, 150（6）: 557–564.

[232] YANG G H, YEE J S, WANG J L. An iterative LMI method to discrete-time reliable state feedback controller design with mixed H_∞ performance [J]. European Journal of Control, 2002, 8（2）: 126–135.

[233] SHOR M H, PERKINS W R, MEDANIC J V. Design of reliable decentralized controllers: a unified continuous/discrete formulations[J]. Imemational Journal of Control, 1992, 56（4）: 943–956.

[234] 黄苏南, 邵惠鹤. 分散控制的完整性设计[J]. 自动化学报, 1994, 20（5）: 594–598.

[235] WANG L F, HUANG B, TAN K C. Fault-tolearut vibration control in anetworked and embedded rocket fairing Systems[J]. IEEE Transaction on Automatic Control, 2004, 51（6）: 1127–1141.

[236] VEILLETTE R J, MEDANIC J V, et al. Design of reliable control systems[J]. IEEE Transaction on Automatic Control, 1992, 37（3）: 290–304.

[237] WU H N. Reliable L Q fuzzy control for continuous-time nonlinear systems with actuator faults[J]. IEEE Tram. on Systems, Man and Cybernetics-Part B: Cybernetics, 2004, 34（4）: 1743–1752.

[238] DEMETRIOU M A. Adaptive reorganization of switched systems with faulty actuators[A]. Proceedings of the 40th IEEE Conference on Decision and Control

[C]. Orlando, FL, 2001: 1879–1884.

[239] 金刚, 赵军. 切换时滞系统的鲁棒容错控制[A], 第16界中国控制与决策年会[C].沈阳：东北大学出版社，2004:20–26.

[240] DU M, MHASKAR P. Uniting safe–parking and reconfiguration–based approaches for fault–tolerant control of switched nonlinear systems [C]://2010 American Control Conference, 2010:2829–2834.

[241] YANG H, JIANG B, COCQUEMPOT V. Fault tolerant control design for hybrid systems [M]. Springer Verlag, 2010.

[242] JIANG B, YANG H, COCQUEMPOT V. Results and perspectives on fault tolerant control for a class of hybrid systems [J]. International Journal of Control, 2011, 84（2）: 396–11.

[243] ZHENG R X, CHEN Q W. Robust reliable control for uncertain switched nonlinear systems with time delay under asynchronous switching[J]. Applied Mathematics and Computation, 2010, 216（3）: 800–811.

[244] DONG X P, WANG Z Q. fault tolerant control for a class of uncertain nonlinear switched systems[J]. Control and Decision, 2009, 24（6）: 916–920.

[245] 王福利, 张颖伟. 容错控制[M]. 沈阳:东北大学出版社, 2003.

[246] 南英，陈士橹，戴冠中. 容错控制进展[[J]. 航空与航天，1993（4）: 62–67.

[247] MA H J, YANG G H. Adaptive logic–based switching fault–tolerant controller design for nonlinear uncertain systems [J]. International Journal of Robust and Nonlinear Control, 2011, 21（4）:404–428.

[248] 汪锐.切换系统的鲁棒可靠控制若干问题的研究[D]. 沈阳：东北大学, 2006.

[249] DONG Y, LI T, MEI S. Exponential stabilization and L_2 - gain for uncertain switched nonlinear systems with interval time - varying delay. Mathematical Methods in the Applied Sciences, 2016, 39（13）, 3836–3854.

[250] PETERSEN R I. A stabilization algorithm for a class of uncertain linear systems [J]. System & control letters, 1987, 8（4）: 351–357.

[251] 俞立. 鲁棒控制：线性矩阵不等式处理方法[M]. 北京：清华大学出版社, 2002.

[252] SONG G, WANG Z. A delay partitioning approach to output feedback control

for uncertain discrete time-delay systems with actuator saturation[J]. Nonlinear Dynamics, 2013, 74（1-2）: 189-202.

[253] ZHAO XQ, ZHAO J. L_2-gain analysis and output feedback control for continuous-time switched systems with actuator saturation[J]. Nonlinear Dynamics, 2014, 78（2）:1357-1367.

[254] DONG JG. Stability of switched positive nonlinear systems[J]. International Journal of Robust and Nonlinear Control, 2016, 26（14）: 3118-3129.

[255] LIU C, YANG Z, SUN D, et al. Stability of variable-time switched systems[J]. Arabian Journal for Science and Engineering, 2017, 42: 2971-2980.

[256] LIU C, YANG Z, LIU X, et al. Stability of delayed switched systems with state-dependent switching[J]. IEEE/CAA Journal of Automatica Sinica, 2019, 7（3）: 872-881.

[257] ZHANG H, XIE D, ZHANG H, et al. Stability analysis for discrete-time switched systems with unstable subsystems by a mode-dependent average dwell time approach[J]. Isa Transactions, 2014, 53（4）: 1081-1086.

[258] SAKTHIVEL R, WANG C, SANTRA S, et al. Non-fragile reliable sampled-data controller for nonlinear switched time-varying systems[J]. Nonlinear Analysis: Hybrid Systems, 2018, 27: 62-76.

[259] PENG X, WU H. Non-fragile robust finite-time stabilization and H_∞ performance analysis for fractional-order delayed neural networks with discontinuous activations under the asynchronous switching[J].Neural Computing and Applications, 2020, 32（8）: 4045-4071.

[260] LIU Y, NIU Y, ZOU Y. Non-fragile observer-based sliding mode control for a class of uncertain switched systems[J]. Journal of the Franklin Institute, 2014, 351（2）: 952-963.

[261] XIA J, GAO H, LIU M, et al. Baoyong Non-fragile finite-time extended dissipative control for a class of uncertain discrete time switched linear systems[J]. Journal of the Franklin Institute, 2018, 355（6）: 3031-3049.

[262] CHEN Y, FEI S, ZHANG K, et al. Control synthesis of discrete-time switched linear systems with input saturation based on minimum dwell time approach[J]. Circuits, Systems, and Signal Processing, 2012, 31（2）: 779-795.

[263] CHANG S, PENG T. Adaptive guaranteed cost control of systems with uncertain parameters[J]. IEEE Transactions on Automatic Control, 1972, 17（4）: 474–483.

[264] 李岩. 一类不确定性区间时滞切换系统的稳定性分析及保成本控制[D].沈阳师范大学,2011.

[265] 张立俊. 关于几类切换奇异系统的鲁棒非脆弱保性能H_∞控制[D].河北科技大学,2014.

[266] 王进. 不确定时滞切换广义系统的保成本控制[D].东北大学,2013.

[267] ZHANG X, WANG J. Guaranteed cost control and anti–windup design of saturated switched systems[J]. Journal of Control and Decision, 2022: 1–7.

[268] ZHANG X, ZHAO J. Guaranteed cost control of uncertain discrete–time switched linear systems with actuator saturation[C]//2013 25th Chinese Control and Decision Conference（CCDC）. IEEE, 2013: 1341–1345.

[269] ZHANG X, LI X, CAO Z, et al. Guaranteed Cost Control and Anti–windup Design for Discrete–time Saturated Switched Systems[C]//2020 39th Chinese Control Conference（CCC）. IEEE, 2020: 1311–1315.

[270] AMIN, A A, HASAN K M. A review of fault tolerant control systems: advancements and applications[J]. Measurement, 2019, 143: 58–68.

[271] XIONG J, CHANG X H, PARK J H, et al. Nonfragile fault–tolerant control of suspension systems subject to input quantization and actuator fault[J]. International Journal of Robust and Nonlinear Control, 2020,30(16): 6720–6743.

[272] SHEN Q, YUE C, GOH C H, et al. Active fault–tolerant control system design for spacecraft attitude maneuvers with actuator saturation and faults[J]. IEEE Transactions on Industrial Electronics, 2018, 66(5): 3763–3772.

[273] SHEN Q, JIANG B, SHI P. Active fault–tolerant control against actuator fault and performance analysis of the effect of time delay due to fault diagnosis[J]. International Journal of Control, Automation and Systems, 2017, 15(2): 537–546.

[274] LADEL A A, BENZAOUIA A, OUTBIB R, et al. Robust fault tolerant control of continuous–time switched systems: An LMI approach[J]. Nonlinear Analysis: Hybrid Systems, 2021, 39: 1–30.

[275] FU J, CHAI T, JIN Y, et al. Fault–tolerant control of a class of switched nonlinear

systems with structural uncertainties[J]. IEEE Transactions on Circuits and Systems II: Express Briefs, 2015, 63(2): 201–205.

[276] HOU Q, DONG J. Adaptive fuzzy reliable control for switched uncertain nonlinear systems based on closed–loop reference model[J]. Fuzzy Sets and Systems, 2020, 385(Apr.15):39–59.

[277] ZHANG J, LI M, TAREK R. Reliable actuator fault control of positive switched systems with double switchings[J]. Asian Journal of Control, 2021, 23(4): 1831–1844.

[278] YU L, CHU J. An LMI approach to guaranteed cost control of linear uncertain time–delay systems[J]. Automatica, 1999, 35(6): 1155 – 1159.

[279] XIE CH, YANG G H. Approximate guaranteed cost fault–tolerant control of unknown nonlinear systems with time–varying actuator faults[J]. Nonlinear Dynamics, 2016, 83(1–2):269–282.

[280] LIU Y, ARUMUGAM A, RATHINASAMY S, et al. Event–triggered non–fragile finite–time guaranteed cost control for uncertain switched nonlinear networked systems[J]. Nonlinear Analysis: Hybrid Systems, 2020, 36, 100884.

[281] PETERSEN I R, HOLLOT C V. A Riccati equation approach to the stabilization of uncertain linear systems[J]. Automatica, 1986, 22(4): 397–411.

[282] XIANG Z, WANG R. Robust reliable stabilization of uncertain stochastic switched nonlinear systems[C]. In Proceedings of the 2010 International Conference on Modelling, Identification and Control.:IEEE, 2010: 831–836.

[283] ZHANG X, SUN H. Guaranteed cost control of discrete–time saturated switched systems based on anti–windup approach[J]. International Journal of Control, 2022, 95(3): 736–742.

[284] ZHAO J, HILL D J. On stability, L_2–gain and H_∞ control for switched systems[J]. Automatica, 2008, 44(5): 1220–1232.

[285] LU L, LIN Z, FANG H. L_2 gain analysis for a class of switched systems[J]. Automatica, 2009, 45(4): 965–972.

[286] ZHAO X Q, ZHAO J. L_2–gain analysis and output feedback control for switched delay systems with actuator saturation[J]. Journal of the Franklin Institute, 2015, 352(7): 2646–2664.

[287] ZHANG C K, HE Y, JIANG L, et al. Stability analysis of discrete-time neural networks with time-varying delay via an extended reciprocally convex matrix inequality[J]. IEEE Transactions on Cybernetics, 2017, 47(10): 3040–3049.

[288] SHEN H, ZHU Y, ZHANG L, et al. Extended dissipative state estimation for Markov jump neural networks with unreliable links[J]. IEEE Transactions on Neural Networks and Learning Systems, 2016, 28(2): 346–358.

[289] XI R, ZHANG H, WANG Y, et al. Event-triggered control for a class of nonlinear random systems involving time-varying delay and exogenous disturbances[J]. Asian Journal of Control, 2022, 24(2): 973–984.

[290] PUANGMALAI J, TONGKUM J, ROJSIRAPHISAL T. Finite-time stability criteria of linear system with non-differentiable time-varying delay via new integral inequality[J]. Mathematics and Computers in Simulation, 2020（171）: 170–186.

[291] MOHAMMED C, NOUREDDINE C, HOUSSAINE T. Robust stability of uncertain discrete-time switched systems with time-varying delay by Wirtinger Inequality via a switching signal design[C]. In 2019 8th International Conference on Systems and Control, 2019:525–532.

[292] DATTA R, BHATTACHARYA B, CHAKRABARTI A. On improved delay-range-dependent stability condition for linear systems with time-varying delay via Wirtinger inequality[J]. International Journal of Dynamics and Control, 2018, 6(4): 1745–1754.

[293] CHEN Y, FU Z, FEI S, SONG S. Delayed anti-windup strategy for input-delay systems with actuator saturations[J]. Journal of the Franklin Institute, 2020, 357(8): 4680–4696.

[294] WANG J, ZHANG X. Nonfragile robust exponential stabilization of nonlinear uncertain switched systems with actuator saturation[J]. Asian Journal of Control, 2023, 25(2): 1464–1475.

[295] QIAN Y, XIANG Z, KARIMI H R. Disturbance tolerance and rejection of discrete switched systems with time-varying delay and saturating actuator[J]. Nonlinear Analysis: Hybrid Systems, 2015(16):81–92.

[296] ZHANG X, WANG M, ZHAO J. Stability analysis and antiwindup design of

uncertain discrete–time switched linear systems subject to actuator saturation[J]. Journal of Control Theory and Applications, 2012, 10(3): 325–331.

[297] ZHANG X, ZHAO J, DIMIROVSKI G M. L_2–Gain analysis and control synthesis of uncertain discrete–time switched linear systems with time delay and actuator saturation[J]. International Journal of Control, 2011, 84(10): 1746–1758.

[298] WAND S B, HUANG H, WABG Z Q. Non–fragile fault tolerant control of the linear discrete–time systems with multi–indices constraints[C]. In 2008 3rd International Conference on Innovative Computing Information and Control, 2008:349–349.

[299] ZHANG X, ZHAO J. L_2–gain analysis and anti–windup design of discrete–time switched systems with actuator saturation[J]. International Journal of Automation and Computing, 2012, 9(4): 369–377.

[300] ZHANG L, BOUKAS EI–KEBIR, SHI P. Exponential H_∞ filtering for uncertain discrete - time switched linear systems with average dwell time: A μ –dependent approach[J]. International Journal of Robust and Nonlinear Control, 2010, 18(11): 1188–1207.